U0965420

"十四五"职业教育国家规划教材

"十三五"职业教育国家规划教材

"十二五"江苏省高等学校重点教材(编号:2015-1-095)

# 养猪与猪病防治

第3版

邢　军　主编

中国农业大学出版社
·北京·

## 内容简介

本教材根据“工学结合、理实一体、学做合一”的理念，对现代养猪生产的工作流程进行了梳理与分析，对传统教学内容进行了整合与重构，设计了“4岗位—9项目—36任务”的内容体系(4岗位指猪繁殖育种、猪饲养管理、猪场经营管理、猪病防治)。

教材主要内容包括养猪生产和猪群健康管理两大部分。第一部分养猪生产包括“猪品种识别与选育技术”“猪的繁殖技术”“猪的饲养管理技术”“猪场规划设计技术”“猪场经营管理技术”5个项目，第二部分猪群健康管理包括“猪群健康管理基础”“猪常见传染病防治”“猪寄生虫病防治”“猪常见普通病防治”4个项目。全书一共9个项目，包括36个典型工作任务。

工作任务设计包括“基础知识”“实验实训”“自测训练”等。各部分均配有大量二维码[视频、照片(图片)、动画、文本(标准、规程、方案)等资源]。

本教材可供高等职业院校畜牧兽医及相关专业教学使用，也可以作为基层从事养猪生产的技术人员和管理人员的参考书。

**图书在版编目(CIP)数据**

养猪与猪病防治／邢军主编．--3版．--北京：中国农业大学出版社，2022.2(2023.7重印)

ISBN 978-7-5655-2729-6

Ⅰ.①养… Ⅱ.①邢… Ⅲ.①养猪学－高等职业教育－教材②猪病－防治－高等职业教育－教材 Ⅳ.①S828②S858.28

中国版本图书馆CIP数据核字(2022)第030388号

**书　名** 养猪与猪病防治　第3版

**作　者** 邢　军　主编

**策划编辑** 康昊婷　　**责任编辑** 林孝栋

**封面设计** 李尘工作室　郑　川

**出版发行** 中国农业大学出版社

**社　址** 北京市海淀区圆明园西路2号　　**邮政编码** 100193

**电　话** 发行部 010-62733489,1190　　读者服务部 010-62732336

编辑部 010-62732617,2618　　出　版　部 010-62733440

**网　址** http://www.caupress.cn　　**E-mail** cbsszs@cau.edu.cn

**经　销** 新华书店

**印　刷** 北京溢漾印刷有限公司

**版　次** 2022年2月第3版　2023年7月第3次印刷

**规　格** 185 mm×260 mm　16开本　18.5印张　500千字

**定　价** 56.00元

# 第3版 编审人员


**主　编**　邢　军（江苏农林职业技术学院）

**副主编**　高　睿（杨凌职业技术学院）

李　丽（江苏农林职业技术学院）

鄂禄祥（辽宁农业职业技术学院）

柳高峰（湖南猪场动力信息科技有限公司）

**编　者**（按姓氏笔画排序）

王　杰（青海农牧科技职业学院）

邢　军（江苏农林职业技术学院）

曲向阳（南京博维特健康管理有限公司）

刘俊琦（永州职业技术学院）

李　丽（江苏农林职业技术学院）

吴井生（江苏农林职业技术学院）

张　伟（新疆农业职业技术学院）

范学伟（黑龙江农业经济职业学院）

柳高峰（湖南猪场动力信息科技有限公司）

高　睿（杨凌职业技术学院）

鄂禄祥（辽宁农业职业技术学院）

崔炳灿（新疆农业职业技术学院）

**审　稿**　黄瑞华（南京农业大学）

# 第2版 编审人员

**主　编**　邢　军（江苏农林职业技术学院）

**副主编**　高　睿（杨凌职业技术学院）

鄂禄祥（辽宁农业职业技术学院）

柳高峰（湖南猪场动力信息科技有限公司）

**编　者**　（按姓氏笔画排序）

王　杰（青海农牧科技职业学院）

邢　军（江苏农林职业技术学院）

曲向阳（环山集团股份有限公司）

刘俊琦（永州职业技术学院）

吴井生（江苏农林职业技术学院）

张　伟（新疆农业职业技术学院）

范学伟（黑龙江农业经济职业学院）

柳高峰（湖南猪场动力信息科技有限公司）

高　睿（杨凌职业技术学院）

鄂禄祥（辽宁农业职业技术学院）

崔炳灿（新疆农业职业技术学院）

**审　稿**　王林云（南京农业大学）

张建生（江苏省苏州市农业委员会）

# 第1版 编审人员

**主　编**　邢　军（江苏农林职业技术学院）

**副主编**　高　睿（杨凌职业技术学院）
杨和平（杨凌职业技术学院）
鄂禄祥（辽宁农业职业技术学院）

**编　者**　（按姓氏笔画排序）
王　杰（青海畜牧兽医职业技术学院）
邢　军（江苏农林职业技术学院）
李长军（北京农业职业学院）
杨和平（杨凌职业技术学院）
吴井生（江苏农林职业技术学院）
张　伟（新疆农业职业技术学院）
范学伟（黑龙江农业经济职业学院）
周　俊（江苏畜牧兽医职业技术学院）
高　睿（杨凌职业技术学院）
鄂禄祥（辽宁农业职业技术学院）
崔炳灿（新疆农业职业技术学院）

**审　稿**　王林云（南京农业大学）
张建生（江苏省苏州市农业委员会）

# 第3版前言

养猪与猪病防治课程是高职院校畜牧兽医、畜牧等专业的核心专业课程，该课程内容涉及养猪生产的种、料、病、管各主要环节，实践性强。为进一步提升该教材的实用性和适合性，我们进一步加强校企合作，组织了教学经验、生产实践经历兼具的产教融合团队，经充分学习调研，在第2版基础上进行完善和修订，新编的第3版教材有以下几个新特点：

1.本版教材更注重深挖专业课程中的“思政元素”。党的二十大报告指出，实施科教兴国战略，强化现代化建设人才支撑。深入贯彻《教育部关于印发〈高等学校课程思政建设指导纲要〉的通知》（教高〔2020〕3号）文件精神，教材编写组围绕怎样将专业课程中蕴含的爱国主义精神、工匠精神、“三农”情怀、劳动精神的培养教育与专业知识讲授、专业技能培养相结合，围绕如何对学生进行正确的价值引领，开展了广泛深入的调研，在理论和实践教学环节中增加了种质资源保护、安全生产、生态发展、法律法规等内容，相关的新标准、新规范、新法律法规等资料进行升级。

2.本版教材更重视对绿色发展方面的新政策、新成果、新技术的吸收采用。教材编写组成员认真学习《习近平关于“三农”工作论述摘编》以及《党的二十大报告》等重要著作及文件，将绿色发展的理念贯彻落实在教材编写中。教材编写组充分调研，查阅大量的产业发展政策、产业规划、产业标准以及教学科研工作者的研究成果，注重对发展方式绿色转型、无抗生产、废弃物循环利用、生物安全体系建设等新内容的吸收采用。

3.本版教材更重视对智能养殖方面的新政策、新成果、新技术的吸收采用。教材编写组成员认真学习《“十四五”国家信息化规划》《数字乡村发展行动计划（2022—2025年）》以及《党的二十大报告》等重要著作及文件，跟踪5G、物联网、大数据、人工智能、高端装备等技术的最新研究进展、最新应用形势，将其在教材编写中充分体现，重视将智能养殖企业的装备智能化、经营网络化、管理数据化和服务在线化的案例转化成教学素材。

4.本版教材更加重视数字化资源建设。本版教材对数字化资源进行了补充建设，对近80个现场教学视频和教学实训动画，进行了技术升级，动画、视频、3D仿真等形式更加生动有趣，基于校园智慧教学云平台升级建设，融合线下与线上、课内与课外，连接现实与虚拟、当下与未来，实现新时代养猪课程学习的新模式，满足新时代智慧学习的新诉求，支持教师混合式教学与智能化评价，激发学生立体思维与学习潜能，构建教、学、测、评、研的新生态，为学生、教师和专业发展注入新活力。

第3版教材编写分工如下：绪论、项目2、20个视频由邢军编写制作；项目1由吴井生编写；项目3的工作任务3-1～3-2及相关7个动画由鄂禄祥编写制作；项目3的工作任务3-3由张伟编写；项目3的工作任务3-4～3-5由范学伟编写；项目4由王杰编写；项目5由崔炳灿编写；项目6的工作任务6-1由曲向阳编写；项目6的工作任务6-2～6-5、项目7、项目8、项目9由高睿编写；46个视频由柳高峰制作提供，2个动画由刘俊琦制作提供；课程思政案例由李丽编写。

本教材在修订过程中得到了湖南猪场动力信息科技有限公司、南京博维特健康管理有限公司、北京伟嘉集团等许多企业同行的支持，很多专家为本教材的编写提出了许多宝贵的建议，本版书稿完成后由南京农业大学黄瑞华教授悉心审阅，在此一并表示诚挚的谢意。

因为编者水平有限，书中疏漏和错误在所难免，恳请广大读者批评指正。

编　者

2023年12月

# 第2版前言

《养猪与猪病防治》(第 2 版)以《关于深化职业教育教学改革 全面提高人才培养质量的若干意见》为指导,以《高等职业学校专业教学标准(试行)》为依据,采纳近年养猪研究新成果、新技术,以及行业发展的新理念和新模式,吸收近年教育教学改革方面的新成果,在第 1 版基础上修订而成。

1. 本教材体现了养猪行业发展的新成果

本教材增加了生态养殖相关的新法律法规、新标准、新规范等资料;增加了种养结合生态养殖模式的设计,增加了标准化环保型养猪场典型方案介绍。针对近年猪病发展变化大的形势,增加了猪病防治技术等新内容。

2. 本教材体现了信息化教学改革的新需求

本教材对信息化资源进行了补充建设,建有时长达 204 min 的 66 个现场教学视频,9 个教学实训动画,媒体形式采用动画、视频、3D 仿真等生动有趣的形式,直观的视、音、图、文等实现了教材内容的数字化、交互功能的智能化,使用灵活性、实用性强,能适合多种途径使用(手机、电脑、电视),可激发学生的学习兴趣,提高学生的学习效率,有效地解决了传统实训教学受猪场生产条件影响大等问题。

第 2 版教材编写分工如下:绪论、项目 2、20 个视频由邢军编写制作;项目 1 由吴井生编写;项目 3 的工作任务 3-1～3-2 及相关的 7 个动画由鄂禄祥编写制作;项目 3 的工作任务 3-3 由张伟编写;项目 3 的工作任务 3-4～3-5 由范学伟编写;项目 4 由王杰编写;项目 5 由崔炳灿编写;项目 6 的工作任务 6-1 由曲向阳编写;项目 6 的工作任务 6-2～6-5、项目 7、项目 8、项目 9 由高睿编写;46 个视频由柳高峰制作提供,2 个动画由刘俊琦制作提供。

本教材在修订过程中得到了湖南猪场动力信息科技有限公司、环山集团、北京伟嘉集团等许多企业同行的支持,很多专家为本教材的编写提出了许多宝贵的建议,在此一并表示诚挚的谢意。

因为编者水平有限,书中疏漏和错误在所难免,恳请广大读者批评指正。

**编　者**

2017 年 5 月

# 第1版前言

2006年教育部、财政部启动了“国家示范性高等职业院校建设计划”，教高〔2006〕14号文件《关于实施国家示范性高等职业院校建设计划加快高等职业教育改革与发展的意见》提出：要建成100所高水平示范高职院校、500个左右特色专业群、1 000门工学结合的精品课程、3 000种工学结合国家规划教材。2007年3月在海南，在教育部相关部门指导下全国农业类国家示范院校联合成立了工学结合课程建设协作委员会，成立了农业、林业、畜牧兽医三个专业大组，确定联合开发一批工学结合课程，建设一批教材。本教材正是在这一背景下，由8所示范院校教学人员及部分企业人员联合开发的。

《养猪与猪病防治》是高职院校畜牧兽医专业的核心课程。本教材的编写贯穿了“以现代养猪岗位的职业需求为导向，以国家职业资格鉴定标准为依据，以养猪实际工作流程为主线，以养猪岗位实际项目为载体，创新教学做一体的教学方式，培养学生可持续发展的就业与创业能力”的理念。教材编写组成员深入各地猪场进行调研，对现代养猪生产的工作流程进行分析，同时参考社会劳动保障部养殖工、动物疫病防治员等职业资格鉴定标准，确定了现代养猪生产主要工作岗位为猪繁殖育种、猪饲养管理、猪场经营管理、猪病防治4个主要方向，对传统的养猪教材的内容进行了更新、整合与重构，形成了“猪品种识别与选育技术”“猪繁殖技术”“猪饲料配制与筹划技术”“猪饲养管理技术”“安全猪肉生产技术”“猪场规划设计技术”“猪场经营管理技术”“常见猪病防治技术”8个项目；8个项目包括32个工作任务，每个工作任务设计包括“相关知识”“实训操作”“技术考核”“自测训练”“实训附录”等。

教材既注重实用性，又不缺乏系统的理论，课程的教学采取“教学做一体”形式，将理论教学与实践教学融为一体，进行现场实境教学，结合采用企业参观、专题讲座、实训演示、验证实训、顶岗实训、服务锻炼、小组研讨、网络互动等形式进行组织，边学边做中培养学生的职业素养和职业技能。教材具有题材新颖，内容翔实，技术实用的特点，可供高职高专畜牧兽医及相关专业教学使用，也可作为养猪企业技术人员、个体养殖户和基层兽医站技术服务人员的参考书。

本教材具体编写分工如下：项目1由吴井生编写；绪论、项目2由邢军编写；项目3由李长军编写；项目4的任务1～2由鄂禄祥编写；项目4的任务3由张伟编写；项目4的任务4～5由范学伟编写；项目5由王杰编写；项目6由周俊编写；项目7由崔炳灿编写；项目8的任务 1～2 由杨和平编写；项目 8 的任务 3 由高睿编写。

本教材在编写过程中得到了全国许多高校、企业同行的支持和帮助，为本教材的编写提出了许多宝贵的建议，参阅了许多研究人员和企业的最新成果；书稿完成后南京农业大学王林云教授、江苏省苏州市农业委员会张建生研究员对书稿悉心审阅；在校审阶段得到了江苏农林职业技术学院畜牧兽医系汪善锋博士、丁威博士、陈明博士、刘海侠博士、邹晓亮副教授、胡培全副教授、樊月钢副教授的热心帮助，在此一并表示诚挚谢意。

因为水平有限，书中疏漏和错误在所难免，恳请广大读者批评指正。

**编　者**

2010 年 10 月

# 目　录



## 第一部分　养猪生产

# 第二部分 猪群健康管理

# 绪　论

现代家猪具有多胎高产、世代间隔短、生长发育快、饲料利用率高、适宜集约饲养等特点，能在较短时间内以较低的成本生产出营养丰富、用途广泛的生活食品和工业产品。家猪的这些显著特性和重要经济价值在世界各地被广泛挖掘和利用，人们从遗传繁育、饲料营养、饲养管理、疾病防治、环境控制、设施设备研发、产品加工、经营管理等多个方面进行研究和实践，逐步形成了集约化、工业化、社会化程度高的现代养猪业。

## 一、现代养猪业

### (一)现代养猪业的概念

20 世纪 40 年代开始，发达国家养猪业逐步由传统养殖模式向现代化生产过渡，涵盖猪饲养繁育、饲料兽药开发、产品加工销售的现代养猪业迅猛发展。现代养猪业可概括为：以现代科学理论来规范和改进养猪生产的各个技术环节，用现代经济管理方法科学地组织和管理养猪生产，实现养猪生产的专业化和各个环节的社会化；合理利用猪的品种资源和饲料资源，建立合理的养猪生产结构和生态系统；不断提高劳动生产率、产品率和商品率，使养猪生产实现高产、优质、低成本的目标，以满足社会对优质猪肉等产品的日益增长的需要。

### (二)现代养猪业的特点

现代养猪业是猪的自然再生产过程和社会再生产过程在更高程度上的有机结合，通过现代科学技术综合成果的应用，实现了规模化、集约化、机械化、工厂化、社会化生产。概括起来，现代养猪业具有以下特征。

1. 生产规模大

现代养猪为了充分利用土地和设备，实行集约化生产，猪只饲养密度较大。规模是以年产肉猪头数或活重总量来表示的，一般以万头或千吨为单位。一般来讲，商品肉猪年产 15 万头以上为大型，5 万～15 万头为中型，1 万～5 万头为小型。规模猪场实行密闭饲养，在封闭的猪舍内，饲料全价配合，环境人工控制，温湿度等条件比较稳定。

2. 生产效率高

由于饲料配制、粪污处理、饲养管理及疾病防治等设施设备的机械化和现代化程度越来越高，单位猪肉生产耗工越来越少。现代养猪采用流水式生产工艺，猪场分为若干生产单元(车间），全年分批进行生产，猪场规模越大，节律越快，按“全进全出”批量连续生产的原则，各生产环节衔接精确，有严格的节律性。养猪业发达国家中，1名工人可以饲养数百头母猪或上千头肉猪，一个年出栏1万头肉猪的猪场仅需几名工人。我国各地情况不尽相同，应根据实际情况进行改造提升。

3. 生产水平高

由于育种、营养调配、疾病防治等技术的应用，现代猪单产水平大幅度提高。在养猪业发达国家，肉猪的料重比大多在3.0以下，出栏率可达190%以上；每头母猪每年平均分娩胎数一般在2.2胎以上，仔猪存活率可达95%，每头母猪每年提供断奶仔猪多在20头以上；人工授精技术（AI）有60%以上的养猪场应用，超早期隔离断奶技术（SEW）有50%以上的养猪者采用，多位点生产技术在养猪业发达国家的大型养猪联合企业迅速普及，计算机管理技术已经普遍使用，养猪的新工艺与猪舍的环境控制技术已经广泛应用。目前我国部分地区部分猪场的生产水平可以接近上述水平，但总体养猪生产水平仍需提高。

## 二、我国养猪业的发展现状

### （一）我国养猪业的发展历程及成就

我国养猪历史悠久，品种资源丰富。随着经济的发展和现代科学技术在养猪业中的广泛应用，我国已发展成为世界养猪大国。半个多世纪以来，我国养猪业已取得了举世瞩目的成就。纵观新中国成立以来我国养猪业的发展历程，概括而言，经历了三个阶段。

1. 第一阶段：恢复时期

从新中国成立到20世纪70年代末，这一阶段我国养猪业的特点是低投入、低产出、低效益。养猪是农民的一种家庭副业，其目的是为了积肥与肉食品自给，是一种以千家万户为主体的传统分散型养殖模式。品种多为脂肪型和兼用型，如中约克夏猪、巴克夏猪、苏联大白猪及我国地方猪种等，瘦肉型猪种极少。多以引进的脂肪型和兼用型品种与地方猪进行二元杂交，筛选一些优良杂交组合生产育肥猪。1972年“全国猪育种科研协作组”成立后，提出了“着重加强地方品种选育，同时积极培育新猪种”的方针，有的地方还提出了“三化”，即“公猪外来化，母猪本地化，商品猪杂交化”，推动了兼用型猪新品种培育工作的开展。这一时期，育种主要以杂种群为基础，归纳整理培育出一批新品种，如哈白猪、上海白猪、北京黑猪、新金猪等。饲养上主要推广应用传统的经验和方法，饲料以粗放传统的青贮饲料和糠麸、糟渣等农副产品为主，同时推广应用了水生饲料、青贮饲料、糖化饲料；人工授精技术在江苏、广西等地区得到了推广应用；研制出了猪瘟兔化疫苗，推广了猪瘟、猪丹毒、猪肺疫等几大传染性疾病的疫苗注射和控制技术，贯彻“预防为主，治疗为辅”的方针，建立了全国性的兽医防疫体系，有效地控制了猪瘟等重大疫病的流行。

2. 第二阶段：发展时期

从20世纪70年代末到90年代初，这一阶段我国养猪生产已开始由传统分散型向现代集约型转变，规模化养猪已成为发展趋势，但传统养猪仍占较大比例，育种方向则逐步由脂肪型、兼用型向培育瘦肉型猪新品种（新品系）转变。1978年后，逐步开始瘦肉型猪新品种（新品系）培育和杂交生产，在商品瘦肉型猪生产中广泛开展杂交组合试验和配合力测定，筛选杂优组合,如“六五”攻关期间,优选出的杜长太、杜长大等多个杂优组合,促进了我国商品瘦肉猪生产的蓬勃发展。在育种技术和方法上,采用典型设计、群体继代选育培育新品种(新品系),活体测膘技术已开始在猪育种中应用,如中国武汉种猪测定中心开展了种猪集中测定,并提出以“现场测定为主,集中测定为辅”的测定制度,促进了我国种猪测定工作的开展。开展了氟烷测验、酶型酶活测定、单倍型推断等方面的研究,建立了活体鉴别猪氟烷敏感性的有效方法,并制定了猪氟烷测验规程。1985 年提出了中国瘦肉型猪饲养标准,编制出《猪鸡饲料营养价值成分表》和《中国饲料数据库》。先后研制出了猪系列饲料配方,猪用预混料、浓缩料、添加剂广泛应用。以鲜精为主的人工授精技术有了较大发展,冻精、冻胚技术处在引进消化阶段。环境控制技术、粪污处理技术也开始研究。规模化猪场疫病控制主要转向病毒病诊断技术和疫苗的研制与开发。

3. 第三阶段:转型时期

20 世纪 90 年代至现在,生猪养殖从以数量增长为主逐步向数量质量并重、优化结构和增加效益为主转变。主要特点是生猪养殖开始向优势区域集中,产业整合速度加快,更加注重质量安全和可持续发展。尤其是 2007 年以来,生猪养殖规模化、标准化水平大幅提升,良种覆盖率逐步提高,现代生猪产业转型升级步伐加快。

(1)猪肉产量持续稳定增长　尤其是 21 世纪以来,生猪生产总体保持增长态势。“十二五”“十三五”期间,我国生猪生产总体保持稳定增长,生猪存栏量和猪肉产量稳居世界第一,有力地保障了城乡居民的生活需求。猪肉产量占肉类总产量的 60%左右,猪肉产品仍然是我国城乡居民肉类消费的主要来源。2010—2021 年全国生猪生产情况见表 0-1-1。

**表 0-1-1　2010—2021 年全国生猪生产情况**

| 年份 | 生猪存栏/万头 | 生猪出栏/万头 | 猪肉 | |
|---|---|---|---|---|
| | | | 产量/万 t | 占肉类比重/% |
| 2010 | 46 460.0 | 66 676.4 | 5 071.2 | 63.97 |
| 2011 | 46 762.7 | 66 170.3 | 5 060.4 | 63.53 |
| 2012 | 47 592.2 | 69 779.5 | 5 342.7 | 63.70 |
| 2013 | 47 411.3 | 71 557.3 | 5 493.0 | 64.44 |
| 2014 | 46 572.7 | 73 510.4 | 5 671.4 | 65.14 |
| 2015 | 45 113.0 | 70 725.0 | 5 477.0 | 63.62 |
| 2016 | 44 209.2 | 70 073.9 | 5 425.5 | 62.88 |
| 2017 | 44 158.9 | 70 202.1 | 5 451.8 | 62.99 |
| 2018 | 42 817.1 | 69 382.4 | 5 403.7 | 62.65 |
| 2019 | 31 041.0 | 54 419.0 | 4 255.0 | 55.63 |
| 2020 | 40 650.0 | 52 704.0 | 4 113.0 | 53.84 |
| 2021 | 44 922.0 | 67 128.0 | 5 296.0 | 59.59 |

资料来源:《全国生猪生产发展规划(2016—2020 年)》《历年中国统计年鉴》。

(2)产业区域布局基本形成　国家相关部门根据各地区饲料资源、生产基础、市场竞争、产品加工等优势,确定 19 个省(自治区、直辖市)为优势区域。目前,生猪生产区域主要集中在四川盆地、东北玉米大豆主产区、黄淮流域玉米小麦主产区和长江中下游水稻主产区等四大区域。全国生猪出栏排名前10位的河南、四川、湖南、云南、山东、湖北、广西、河北、广东、江西等省(自治区)生猪出栏量占全国总量的60%以上;500个养殖大县生猪出栏量占全国总量的70%以上。

(3)标准化规模养殖水平不断提升　在规模化养殖场建设等政策的带动下,基础设施条件明显改善,自动饲喂、环境控制等现代化设施设备被广泛应用,规模化养猪场和养殖小区正成为主产区规模化养猪的新趋势。随着生猪规模化、标准化水平的提升,生猪产业化进程加快,一大批产业化企业集团相继涌现。2016年,以生猪养殖为主导产业的上市公司达12家,前十大养猪企业生猪出栏3 000万头以上,占全国的45%。2018年以来,温氏、牧原、正邦、新希望、正大、天邦、双胞胎、大北农等农牧企业持续扩产增量,30家集团化养猪企业2020年末母猪存栏达到1 253.34万头,接近全国母猪存栏的1/3,集中度快速上升。随着养猪行业集中度增强,加之非洲猪瘟防控需要,大型集团为满足产业链需要将加大育种投入,保证集团种源供应的内部循环,如牧原股份2020年种猪销售达到65万头。生猪生产效率持续提高,2010—2021年生猪生产效率变化情况见表0-1-2。

**表0-1-2　2010—2021年生猪生产效率变化情况**

| 年份 | 出栏率/% | 每头能繁母猪年提供商品猪头数/头 | 育肥猪饲料转化率 | 生猪出栏日龄/d | 人均饲养育肥猪头数/头 |
|---|---|---|---|---|---|
| 2010 | 142 | 13.7 | 2.9∶1 | 175 | 500 |
| 2014 | 155 | 14.7 | 2.7∶1 | 170 | 650 |
| 2020 | 130 | 12.67 | | | |
| 2021 | 149 | 15.5 | 2.7∶1 | | |

资料来源:《全国生猪生产发展规划(2016—2020年)》《历年中国统计年鉴》。

(4)良种繁育体系日趋完善　生猪遗传改良计划持续推进,引进品种本土化进程加快,分子育种技术取得明显进展,育种能力不断提高。2006年成立"全国猪联合育种协作组"。2009年8月,原农业部办公厅印发了《全国生猪遗传改良计划(2009—2020)》,正式拉开全国生猪全面系统选育的序幕。随着规模化养猪迅速发展,猪育种已转向适应不同市场需求的专门化品系培育,并配套生产。目前,全国范围已遴选出96家国家生猪核心育种场,核心群种猪达15万头;成立了国家种猪遗传评估中心和华南、华中、华东等区域性种猪遗传评估中心,建立了武汉、广州、重庆等农业农村部种猪质量监督检验测试中心和山东等省级种猪质量监督检验测试中心;目前,以核心育种场、资源场为基础,扩繁场、改良站为支撑,质量检测中心为保障的生猪良种繁育体系初步形成。目前,我国共有地方猪品种83个,其中国家级保护品种42个,省级保护品种39个。同时,建立了62个国家级地方猪保种场、保护区以及1个基因库(家畜)。1999年以来,以我国地方猪种和引进品种为育种素材,培育了16个品种和14个配套系。主产区人工授精率达到75%以上,母猪每年提供的断奶仔猪数(PSY)可达30,基本可以与国外先进水平持平。

(5)饲料工业形成体系　目前全国饲料企业已达10 000余家,年生产猪饲料产品超过1亿t,新型饲料研究取得了很大成就,研制开发出了代乳料、仔猪抗应激料、早期断奶料等饲料高新技术产品。计算机在饲料工业中广泛应用,促进了饲料配方的优化和生产效率的提高,饲料原料、添加剂开发生产及饲料加工设备研制等工作进展很大。全国动物营养指导委员会成立后，将全面开展饲料原料营养价值评定，特别是基于净能和可消化氨基酸等重要指标参数和模型建立饲料原料营养价值大数据库，系统评定动物营养需要量等基础性工作，加快推广饲料精准配方技术体系，挖掘利用国内饲料资源，将精准营养理论在规模化养殖场全面推行应用。2020 年为无抗饲料元年，替抗产品群雄逐鹿，2021 年药物饲料添加剂全面退出，无抗饲料将会更加深入，抗生素替代品或无抗营养技术将成为长期的热点和重点，未来将围绕调养机体、健康肠胃、改善吸收、强化营养、增强免疫等研究目标，加快集成推广全链条抗菌药减量替代技术规程，进一步推广新型抗菌制剂、生物饲料、酶制剂、植物提取物等新型综合替抗产品和配套技术。

(6)设施设备研制成果显著　国内养猪事业的繁荣，推动着猪场养殖设备的发展进入了飞跃时期，设备类型逐渐从机械化向自动化转型，设备生产从引进推广，到自主研发，再到部分出口，真正实现了跨越式发展。20 世纪末期，自动化料线、自动化粪污处理系统、自动消毒系统、自动称重系统、自动升降温系统研发快速发展。21 世纪初期，国内主要引进和研发了一些自动控制下料的装置。近年来，随着物联网的发展以及猪耳标的引进，国内养猪设备开始将研究重心转向至网络化、智能化方向，以实现猪群的精细化、个性化饲养。目前国内已经出现了很多基于网络的无线射频(RFID)电子耳标、母猪饲喂站、种猪测定站及环境控制箱等智能化养猪设备。一批专业化养猪设备工厂，研制开发出一些新型猪舍建筑材料、设施、设备和产品，并应用计算机辅助设计(CAD)技术设计和装备了一批现代化的大型工厂化猪场，引进开发了液体粪肥运输系统、粪肥农田施用专用设备等粪污处理设施设备，到 2020 年年底，全国畜禽粪污综合利用率达到 75%以上，规模养殖场粪污治理设施装备配套率达到 95%以上。

(7)疫病防控工作取得显著成效　研究开发出了主要病毒病的监控技术、抗体检测技术以及快速诊断试剂盒等，研制出了新型的基因灭活疫苗、基因缺失疫苗，如伪狂犬油乳剂灭活疫苗、伪狂犬病基因缺失疫苗等。随着国家进一步加大对动物防疫工作的投入力度，各地切实落实各项防控措施，生猪重大疫情得到有效控制，影响生猪生产的口蹄疫、高致病性猪繁殖与呼吸障碍综合征、猪瘟等疫病流行强度逐年下降，发病频次大幅降低，发病范围显著缩小。2021 年以来，各级农业农村部门按照“保供固安全、振兴畅循环”的工作定位，扎实做好动物防疫工作，全国动物疫情形势总体平稳，未出现区域性重大动物疫情。但我国畜禽养殖体量大，动物疫病种类持续增加，防控难度不断加大。非洲猪瘟病毒已在我国定殖，布病等重点人畜共患病有所抬头，周边国家和地区动物疫情频发，关键环节监管存在短板漏洞，疫情形势仍然复杂严峻，现实威胁和风险隐患依然很大。

(8)屠宰行业加快转型升级　1997 年国务院颁布实施《生猪屠宰管理条例》，2013 年国务院机构改革将生猪定点屠宰管理职能划入农业农村部，2019 年开展落实生猪屠宰环节“两项制度”(非洲猪瘟自检制度和官方兽医派驻制度)活动，生猪屠宰企业总量大幅减少，行业集中度明显提升。据统计，截至 2021 年 6 月底，全国共有生猪定点屠宰企业 5 443 家，其中上年度屠宰生猪 2 万头以上的企业 1 957 家，占总数的 36%。近年来，农业农村部加快畜禽屠宰行业标准制修订力度，共制修订标准 97 项，初步构建了畜禽屠宰行业的标准体系。部分品牌屠宰加工企业开始跨省(自治区、直辖市)配置生产资源，冷链物流配送体系迅猛发展，品牌猪肉专卖店、连锁店、加盟店迅速扩张，地区市场封锁现象逐步破解，优质猪肉产品跨区域流通格局初步形成。

(9)质量安全水平明显提高　标准化规模养猪场质量安全风险管控的意识不断增强，按照

《畜牧法》《农产品质量安全法》《兽药管理条例》《饲料和饲料添加剂管理条例》等法律法规的规定，建立养殖档案、健全防疫制度、规范投入品使用，生产管理更加规范，有力地保障了猪肉质量安全水平的提高。屠宰检疫和肉品品质检验制度的推行，有效提高了屠宰企业上市肉品质量。2020 年，农业农村部组织开展了 4 次国家农产品质量安全例行监测(风险监测)，全年共监测了 31 个省份和 5 个计划单列市，监测结果显示，猪肉、猪肝合格率分别为 99.5%、99.6%。

(10)信息化建设进展迅速　生猪规模化养殖场及养猪户档案管理不断规范，并逐步实现从纸质档案向数字档案的转变，为构建猪肉产品质量安全体系奠定了基础。全国种猪遗传评估信息平台的不断完善，初步实现了种猪良种登记、生产性能测定等数据信息的电子化管理和网络化评估。猪饲料原料营养成分基础数据不断充实，精准配方水平持续提高。物联网、互联网等信息技术逐步推广应用，养殖、销售、服务等线上线下结合，提升了生产效率和管理效能。重庆、湖北、江苏、浙江等省(直辖市)构建了生猪及产品电子交易平台。

### (二)我国养猪业面临的形势

“十四五”时期，世情国情农情深刻变化，生猪生产既面临国内资源环境的制约，又承受国际市场竞争的压力，在产量高起点上实现突破难度加大，可持续发展面临巨大挑战。

1. 环境压力大

生猪养殖粪便特别是污水产生量大，处理成本高，污染治理难度大。据测算，目前生猪粪便产生量超过 6 亿 t，约占畜牧业粪便总量的 1/3，综合利用率不足一半。一个 600 头母猪，年出栏 10 000 头肉猪的猪场，估计全年约排粪 2 300 t、尿 6 000 t、污水约 24 000 t，平均每天约排粪 6.5 t、尿 16 t、污水约 65 t。中小养殖场户缺乏环保意识和资金投入，大多没有配备建设粪污处理设施设备；具备一定规模的生猪养殖企业，尽管配套建设了粪污处理设施，由于缺乏技术工艺完备、运行成本低廉的成熟处理模式，粪污处理不彻底的现象较为普遍。同时，农牧结合不紧密和区域布局不合理等问题逐步显现，生猪养殖与环境保护矛盾日益突出，特别是南方水网地区等环境敏感区环境保护压力加大，生猪绿色生产发展面临严峻挑战。随着《畜禽规模养殖污染防治条例》《水污染防治行动计划》《畜禽养殖禁养区划定技术指南》《关于促进南方水网地区生猪养殖布局调整优化的指导意见》《国务院关于建立病死畜禽无害化处理机制的意见》《关于推进农业废弃物资源化利用试点的方案》等相关法规及文件的相继颁布实施，养殖粪污处理主体责任进一步明确，生猪养殖污染防治压力巨大。

2. 资源约束趋紧

一是饲料资源相对紧张。2021 年，我国存栏猪 4.49 亿头，出栏肉猪 6.71 亿头，年需饲料量达 3 亿 t 左右，如果以粮食占 60%计，则需用粮食 1.8 亿 t，约占当年粮食总产 5 亿 t 的 40%。目前，中国用于畜禽饲料的粮食约占粮食总产量的 30%，低于世界平均数 40%，更低于发达国家 60%～70%的比例。受国际粮食价格上涨等因素影响，玉米等主要饲料原料价格波动大。此外，我国蛋白质饲料原料对外依存度高，进口量不断增加，大豆 70%以上需要进口。据中国海关总署统计数据显示，2015 年，我国大豆进口量增加到

**二维码 0-1-1 《畜禽规模养殖污染防治条例》等文件**

7 169 万 t，占世界贸易总量的 60%，2019 年进口量达到 8 851 万 t，2020 年进口量达到 10 033 万 t，2021 年进口量为 9 652 万 t。二是劳动力成本增加。随着工业化、城镇化进程的加快，农村劳动力转移进一步增加，发展养猪劳动力成本明显加大。三是用地难。十八届五中全会提出坚持最严格的节约用地制度，多数地方没有把生猪规模养殖用地纳入土地利用总体规划，“十四五”期间，生猪规模化养殖发展将进一步提高，土地供需矛盾突出，将成为加快规模养殖发展的制约因素。

3. 疫病防控形势依然严峻

一是疫情复杂。近几年来，猪常见病在我国呈多发态势，由 4～5 种增加至 10 多种，增加了养猪户疫病防治的难度。重大动物疫病时有发生，近年部分地区发生的猪链球菌病和高致病性猪繁殖与呼吸综合征疫情，对猪生产构成严重威胁。加之，我国生猪散养比例仍然偏高，中小规模养殖场和散养户防疫条件差，生猪长途调运频繁，流通环节引发疫情的风险较高，生猪疫病防控难度进一步加大。二是外来疫病传入风险加大。2018 年发现的非洲猪瘟疫情虽然得到有效控制，但是仍在部分地区传播，传染源与污染源并未彻底清除，通过构建完善的生物安全体系可以有效防控非洲猪瘟已成为养猪行业的共识。此外，东南亚地区口蹄疫已呈地方性流行，对我国边境防控工作构成极大威胁。加之我国陆路边境线长，动物跨境流入通道众多，边民过境频繁，境外疫情极易通过边境互市、引种、混牧、野生动物迁徙等途径传入我国，防堵难度很大。

4. 猪肉产品安全隐患仍然很大

我国养猪的主要饲料原料玉米和豆粕中，含有较高的化肥与农药残留。部分抗生素被认为是保证猪健康、促进生长的药物，在母猪、仔猪和肉猪饲料中普遍使用，致使在猪肉中有残留。β-兴奋剂及其人工合成产品克伦特罗、塞曼特罗等被误导为是提高猪胴体瘦肉率的有效产品，农业农村部虽明令禁止使用，但少数厂家仍违法添加，致使出现数宗残留中毒事件。高铜在仔猪生产中广泛使用，但高铜可损害肝脏和肾脏，引起急性中毒或慢性中毒，残留的铜随粪便排出体外，污染土壤、牧草、饲料。砷制剂目前在养猪中也广泛应用，而过量的砷制剂，也有可能引起家畜与人中毒。

5. 产业服务体系仍不健全

一是产业化程度仍然较低，很多地区龙头企业带动力不强，公司与生产基地、农户结合不紧密，真正的利益共同体没有形成，各环节的利益分配矛盾突出，产供销一体化经营尚未形成。千家万户小规模分散养殖仍占很大比重，规模化、专业化、组织化程度不高，小生产与大市场脱节，抗风险能力较弱。二是良种繁育体系不完善，层次结构不分明，选育水平低，供种能力小。同时，地方猪种资源开发利用也不够。三是技术服务机构不完善，技术服务设施和手段不完备，制约了新产品、新设备、新技术的推广应用。四是信息服务网络不完善，不能适应养猪业发展的需要。五是信贷机制不健全。由于圈舍和牲畜不能作为资产抵押，农民无法从银行借贷到扩大养猪生产规模所需的资金。

6. 价格波动频繁

目前猪肉在我国居民消费价格指数(CPI)中的贡献率达 3.03%，生猪价格的大幅波动，不利于生猪产业的稳定发展和城乡居民猪肉消费，甚至可能影响国民经济的平稳运行。2003 年以来，以生猪价格波峰波谷作为判断依据，一共经历了 4 轮完整的猪周期，目前正处于第五轮

“超级猪周期”中，生猪存栏量和能繁母猪存栏量大幅减少，而且叠加非洲猪瘟疫情和新冠肺炎疫情影响，恢复难度很大。产能降幅之深和价格涨幅之大前所未有，农业农村部监测，产能低谷时能繁母猪和生猪存栏同比减少了 40%左右，2020 年 2 月第 4 周猪肉价格同比涨幅 165%。为防止生猪价格出现大起大落，国家近年先后发布实施了《防止生猪价格过度下跌调控预案》《缓解生猪市场价格周期性波动调控预案》《关于促进生猪产业持续健康发展的意见》《生猪产能调控实施方案》，通过加大冻猪肉收储等手段在一定程度上缓解了生猪价格的大幅波动。当前生猪产业发展面临的不确定因素增多、价格波动风险加大，现有的调控手段单一，难以适应新时期生猪产业平稳发展的要求。

7. 国际竞争加剧

一是我国生猪综合竞争力明显低于发达国家，养殖成本比美国高 40%左右。目前，养猪业发达的国家已基本实现养猪工厂化、自动化、标准化，在流通和服务领域已自成体系，并通过物联网技术管理。而我国除大中型企业外，大部分猪场工艺落后，技术水平低，猪的单产水平较低。我国育肥猪 90 kg 左右体重平均出栏日龄为 170 d，先进国家为 135～150 d；育肥猪平均每千克增重耗料在 3.0 kg 以上，比美国和欧盟多消耗饲料 0.5 kg 左右；母猪年提供断奶仔猪约为 15 头，比国外先进水平低 10 头以上。二是随着经济全球化、贸易自由化的发展，我国市场开放程度不断提高，猪肉进口持续增加，中国海关总署公布的数据显示，2020 年鲜、冷、冻猪肉进口量为 430.41 万 t，同比上升 114.40%；冻猪杂碎（包括冻猪肝和其他冻猪杂碎）进口量为 126.69 万 t，同比上升 26.18%，为世界最大猪肉进口国，占全球进口总量的 46.31%，进口猪肉均价低于国内的价格，给国内生猪生产发展带来一定压力。

## 三、我国养猪业发展展望

### （一）发展前景

1. 我国猪生产的资源潜力大

我国饲草资源丰富，草地面积达 40 000 万 $hm^2$，可用草地面积达 31 333 万 $hm^2$；劳动力资源丰富，目前我国有 1.5 亿～2 亿农村剩余劳动力；我国生猪和猪肉出口的空间巨大；同时我国地方猪种资源丰富，特征鲜明，有繁殖力高的二花脸猪、能耐寒的东北民猪、适合做火腿的金华猪、用作实验动物的五指山猪等。

2. 国内消费量呈刚性增长

预计到 2025 年我国人均猪肉消费量将达到 43.9 kg。据估算，2025 年我国猪肉消费量将达到约 6 500 万 t。虽然肉类消费结构发生了变化，猪肉消费比重有所下降，但在相当长的时期内，猪肉仍将是我国肉类消费中的第一大品种，绝对消费量持续增长，特别是广大农村市场增长潜力巨大。

3. 国内生猪产销区对接更加紧密

长江三角洲、珠江三角洲和环渤海等经济发达地区产业结构调整步伐加快，二、三产业比重提高，养猪业向内地主产区转移，全国产区、销区更趋明显，销区生猪调入量逐年增加。

4. 市场对猪肉及其产品品质要求更高

随着人民生活的不断改善，人们对猪肉及其产品品质要求越来越高，安全卫生的无公害猪肉已显示出很好的市场前景。

5. 市场流通方式发生变化

当前，冷鲜肉、分割肉及猪肉制品的花色品种越来越多，其占猪肉消费量的比重越来越大，专卖店、连锁店、超市等销售方式正在兴起。

6. 产品出口前景看好

目前，世界活猪贸易量每年约 2 000 万头，猪肉贸易量约 1 000 万 t。猪肉净出口地区主要为欧盟和北美，净进口主要集中在亚洲的日本、韩国、新加坡、菲律宾等国家和中国香港地区，以及俄罗斯，进口量约 300 万 t。据预测，未来世界肉类消费增量的 70% 在亚洲，我国具有明显的地缘优势，出口潜力较大。随着生猪优势产业带建设的不断推进，动物疫病防控水平不断提高，屠宰加工业不断发展，我国与发达国家的差距将逐渐缩小，逐渐与国际标准接轨，猪肉及生猪产品出口前景看好。

## （二）发展思路

坚持创新、协调、绿色、开放、共享的新发展理念，以“提素质、增效益、稳供给、保安全、促生态”为目标，以调结构、转方式为抓手，优化区域布局，统筹种养加协调发展，推进标准化规模养殖，建设现代生猪种业，促进养殖废弃物综合利用，加强屠宰管理和疫病防控，建立健全猪肉产品质量安全追溯体系，推动全产业链一体化发展，加快产业转型升级和绿色发展，全面提升综合生产能力、国际竞争力和可持续发展能力。

## （三）发展原则

1. 转变方式，提质增效

大力发展适度规模养殖，提高规模化、标准化、集约化水平。形成以科技进步为主的内涵式增长模式，尽快实现由传统数量型增长向数量、质量和效益并重的方向转变。

2. 优化布局，绿色发展

推动种养结合、资源循环利用的产业发展模式，因地制宜优化产业区域布局。根据全国生猪养殖分布，优化屠宰企业区域布局，鼓励适度规模屠宰，逐步建立与区域生猪养殖规模相适应的屠宰企业设置新格局。

3. 龙头带动，产业融合

培育壮大一批带动能力强的生猪养殖加工龙头企业，支持发展生猪养殖专业合作组织，构建合理的产业链利益联结机制，提高生猪生产的组织化、产业化程度，提升养殖效益。

4. 消费引领，政策支持

充分发挥市场机制在资源配置中的基础性作用，引导资金、技术、人才进入生猪产业。加大对生猪产业的政策支持力度，强化政策扶持和宏观调控，抓好行业管理和服务，推动生猪产业健康发展。

## （四）主要发展目标

1. 数量目标

2025 年猪肉产量达到 6 000 万 t（表 0-1-3），规模以上屠宰企业屠宰量占全部屠宰量的

75%以上，猪肉自给率保持在95%左右。

2. 质量目标

2025年，屠宰率73%以上，瘦肉率60%以上。猪肉系列产品全面达到无公害标准以上。

3. 生态目标

推进种养结合、粪污综合利用、清洁生产、有机肥等为主体的环境保护措施，产业布局合理。到2025年畜禽养殖规模化率和畜禽粪污综合利用率分别达到70%及以上和80%及以上，到2030年分别达到75%及以上和85%及以上。

4. 产业化目标

推进以规模化、产业化为主体的生猪养殖模式。2025年，出栏500头以上的规模养殖比例达到18万家以上。

**表0-1-3 全国生猪产业发展规划目标**

| 项目 | 2010年 | 2015年 | 2020年 | 2025年 |
|---|---|---|---|---|
| 数量目标 | | | | |
| 猪肉产量/万t | 5 071 | 5 700 | 6 000 | 6 000 |
| 猪肉自给率/% | 95 | 95 | 95 | 95 |
| 生产技术目标 | | | | |
| 出栏率/% | 144 | 155 | 160 | |
| 屠宰率/% | 70 | 72 | 73 | |
| 冰鲜肉市场占有率/% | 10 | 25 | 35 | |
| 种业目标(PSY) | 13 | 16 | 17 | |
| 胴体重/kg | 76.05 | | | |
| 质量目标 | | | | |
| 猪肉合格率/% | 99 | 99 | 100 | 100 |
| 生态目标 | | | | |
| 粪污处理与综合利用率/% | 72 | 75 | 75 | 80 |
| 产业化目标 | | | | |
| 规模养殖比重/% | 37 | 47 | 60 | 70 |
| 规模企业屠宰率/% | 66 | 75 | 75 | |

资料来源：《全国生猪生产发展规划(2016—2020年)》《国务院办公厅关于促进畜牧业高质量发展的意见国办发〔2020〕31号》。

## (五)区域布局

综合考虑环境承载能力、资源禀赋、养殖传统、消费偏好、屠宰加工和区位优势等条件，分类推进重点发展区、约束发展区、潜力增长区和适度发展区生猪生产协调发展。

1. 重点发展区

重点发展区包括河北、山东、河南、重庆、广西、四川、海南。2020年，区域内猪肉产量

1 524.3 万 t，占全国的 37%。作为我国传统的生猪主产区，该区域生猪生产总量大、调出量大。该区域生猪生产发展在满足本区域需求的同时，还要重点满足沿海省份。预计年均增长1%左右，成为稳定我国猪肉供给的核心区域。主要任务是：依托现有发展基础，加快产业转型升级，提高规模化、标准化、产业化、信息化水平；加强粪便综合利用，完善良种繁育体系，扩大屠宰加工能力，推进生猪“就近屠宰，冷链运输，冰鲜上市”的经营方式，提高综合生产能力和市场竞争力；开发利用优良的地方品种资源，打造地方特色生猪养殖。

2. 约束发展区

约束发展区包括北京、天津、上海等大城市和江苏、浙江、福建、安徽、江西、湖南、湖北、广东等南方水网地区。2020 年，猪肉产量 1 421.6 万 t，占全国的 34.6%。该区域受资源环境条件限制，生猪生产发展空间受限，未来区域养殖总量保持稳定。

(1)京津沪地区　2020 年，区域内猪肉产量 24 万 t，占全国的 0.6%。该区域经济发展水平和城镇化率较高，生猪养殖总量小，但规模化程度高，生产水平等均处于全国前列。主要任务是，稳定现有规模，优化生猪养殖布局，加强生猪育种能力建设，推行沼气工程、种养一体化等生猪粪便综合利用模式，提高集约化养猪水平和猪肉产品质量安全水平，加快信息化建设，构建质量安全可追溯体系，发展现代生猪产业。

(2)南方水网地区　包括江苏、浙江、福建、安徽、江西、湖南、湖北、广东。2020 年，区域内猪肉产量 1 397.6 万 t，占全国的 34%。该区域河网密布，人口密集，生猪产量大，水环境治理任务重。主要任务是：调整优化区域布局，实行合理承载，推动绿色发展；推进生猪适度规模标准化养殖，提升设施装备水平；淘汰落后屠宰产能，推进生猪标准化、规模化屠宰；推进经济高效的生猪粪便处理利用模式，促进粪便综合利用。

3. 潜力增长区

潜力增长区包括内蒙古、黑龙江、吉林、辽宁、云南、贵州。2020 年，区域内猪肉产量 931.9 万 t，占全国猪肉总产量的 22.7%；该区域在环境承载、饲料资源等方面有优势，增长潜力大，近几年，先后有温氏、正邦、双汇等多家大型企业在区域内建立生产或加工基地。该区域生猪生产发展在满足本区域需求的同时，还要重点满足京、津等大中城市供应。预计年均增长1%～2%，成为我国猪肉生产增加的主要区域。主要任务是：一是发挥成本优势，建设一批高标准的种养结合养殖基地；二是做大做强加工龙头企业，实现产加销对接；三是加强良种繁育体系建设，保障种源供给。

4. 适度发展区

适度发展区包括山西、陕西、甘肃、新疆、西藏、青海、宁夏。2020 年，区域内猪肉产量 235.2 万 t，占全国猪肉总产量的 5.7%。该区域地域辽阔，土地资源和农副产品资源丰富，生猪养殖农牧结合条件较好，但是，生猪养殖基础薄弱，部分地区为草原和荒漠区，水资源缺乏，属于生态脆弱区。主要任务：一是大力推进农牧结合，逐步实现生态恢复，针对区域内气候特点，探索生猪养殖的科学模式；二是积极引导沿海、东部等区域大型养殖企业向该区域转移；三是突出区域特色，打造知名品牌，支持整合培育本土特色全产业链龙头企业，形成高效带动能力，发展优质高效特色生猪产业。

## (六)主要任务

1. 大力发展标准化规模养殖

综合考虑资源禀赋、环境承载能力等因素,因地制宜发展适度规模养殖和大型现代生猪企业集团,加快生猪生产方式转变。继续实施生猪标准化规模养殖场(小区)建设项目和标准化规模养殖扶持项目,加强养殖场基础设施改造,提升设施化装备水平。深入开展生猪养殖标准化示范创建,建立健全标准生产体系,推进高效适用生产技术的集成创新与推广,切实发挥示范场的辐射带动作用。发挥大型一体化企业的引领作用,依托龙头企业科技、人才、信息、资金等优势,带动规模猪场提高管理水平和技术水平,促进生猪养殖的标准化、规模化和产业化。生猪养殖规模化促进养殖的精细化,精细化主要体现人员管理、饲养管理、猪场规划建设、疫病防控的精细化。目前标准化的养殖场基本都做到了对猪舍的精细设计,在品种改良、饲料营养、母猪繁殖等环节的精细管控,在清洁消毒、疫苗接种、药物保健、疫病监测等疫病防控环节的精细把握。2010 年以来,农业农村部先后颁发了《农业部关于加快推进畜禽标准化规模养殖的意见》《农业农村部畜禽标准化示范场管理办法》等规章制度,旨在推进生猪及其他畜禽的标准化养殖,并且每年都会评选一批畜禽养殖标准化示范场。目前,全国共创建国家级生猪标准化示范场 2 000 多个。

2. 加快现代生猪种业建设

深入实施全国生猪遗传改良计划,以国家生猪核心育种场为主体,建立健全种猪联合育种机制,加快种猪群体遗传改良,提升生猪种业自主创新能力,2021 年中央一号文件正式发布,强调指出“开展种源‘卡脖子’技术攻关,立志打一场种业翻身仗”。增加畜禽良种工程项目资金投入,以提升种猪品质为重点,突出核心育种场、种公猪站、生产性能测定中心等关键性和公益性建设内容,增强制种供种能力。坚持保护和开发并重,扩大畜禽种质资源保护项目投入,以国家级生猪遗传资源保护品种为重点,建立生猪遗传资源动态监测机制,加强政策支持和技术指导,提升生猪遗传资源保护和开发利用能力。实施生猪良种补贴项目,扩大资金规模和实施范围,创新补贴方式,建立健全生猪良种推广网络体系,提高生猪良种覆盖率。加强种畜禽质量安全监管,严格种猪生产经营和进出口审批许可,规范生猪种业健康有序发展。“十四五”期间,应基于基因组、转录组、代谢组等多组学手段,结合基因编辑技术,系统解析肌肉生长发育、脂肪沉积、抗病抗逆形成等方面遗传机理,挖掘出重要经济性状的功能基因或分子元件,为我国猪优质、抗病抗逆新品种培育提供支撑。利用引进、地方两类资源,坚持自主选育,培育肉质优良、抗逆新品种,满足我国优质肉产业发展对高端品种的需求。“十四五”期间,国家生猪核心育种场种猪核心群保有量保持在 15 万头以上,最低保有量不低于 12 万头。

3. 提升饲料兽药产业发展

大力发展酶制剂、微生态制剂、植物提取物等优质高效安全饲料,促进药物饲料添加剂减量使用,开发低氮、低磷和低矿物质等环保饲料。完善猪营养物质消化利用率等基础数据,推广精准配方技术。按照细分品种、细分阶段、精细饲养的要求,推广精细加工工艺,提高饲料利用效率。培育一批研发能力强、生产技术先进、营销网络完善的兽药产业集团,提升兽药产业集约发展水平。增强自主知识产权兽药的研发能力。严格饲料市场准入,加强对饲料质量的监督检查;规范饲料、饲料添加剂等投入品的使用,以打击“瘦肉精”为重点,严肃查处在猪饲料中违法添加违禁药品和化学物质的行为，保障猪肉产品的质量安全。加强兽药检验机构检测能力建设，建立全国兽药检验技术信息数据管理平台。培育一批兽药知名品牌、驰名商标，推动兽药电子商务发展，规范兽药网络经营。

4. 构建质量安全追溯体系

重点是建立完善的质量标准体系，加快质量标准的制订、修订和推广应用，完善饲料、兽药等投入品使用的监控手段，实行产品标识，建立产品质量追溯制度。建立生猪及其产品质量标准体系，主要制定生产技术规程、兽医卫生操作规程、猪肉质量标准、猪肉制品质量标准和加工标准等。建设和完善各级畜产品质量监测中心，重点对生猪及其产品的瘦肉精、药物残留及重金属超标等进行监测。同时，省市县各级监管机构提高基层检测手段。加强畜禽标识和养殖档案管理，引导养殖、屠宰、销售一体化经营，推动建立质量安全追溯体系，提高品牌肉市场占有率。加强对生猪饲养环境、种猪质量、饲料和兽药等投入品的使用以及生猪交易与运输的监督管理，指导生猪安全生产。

5. 促进屠宰行业转型升级

按照减数控量、提质增效的要求，制订完善生猪屠宰企业设置规划，优化屠宰产业布局。持续推进生猪屠宰行业转型升级，鼓励地方新建改建大型屠宰自营企业，加快小型屠宰场点撤停并转。开展生猪屠宰标准化示范创建，实施生猪屠宰企业分级管理。积极推进生猪“就近屠宰，冷链运输，冰鲜上市”，支持屠宰企业在生猪主产区设厂，建立冷却分割车间，调整产品结构，增加冷鲜肉和分割肉生产能力，配置冷链物流设施设备，扩大猪肉产品跨区域运输、销售范围。支持屠宰企业品牌建设，推进企业品牌化经营，落实肉品质量安全主体责任。推进以保障肉品质量安全、防范失信风险为核心的屠宰企业诚信管理体系建设。推行生猪定点屠宰企业分级分类管理制度。强化屠宰监管能力建设，建立风险分析及预警评估机制，提升屠宰行业信息化监管水平，健全中央、省、市、县四级屠宰监督执法体系和技术支撑体系，构建联合执法机制。

6. 加强生猪疫病防控

以实施国家中长期动物疫病防治规划为契机，在前期工作基础上进一步加大生猪疫病防控力度，切实落实免疫、监测、检疫监管、消毒、无害化处理以及养殖环节防疫管理等各项防控措施，努力确保不发生区域性生猪重大疫情。进一步加强非洲猪瘟、口蹄疫等重大猪病防控，统筹做好生猪流行性腹泻等常见病防控指导。加强养猪场综合防疫管理，不断提高生物安全水平。加快推进分区防控，支持有条件的地区和企业建设无疫区和无疫小区。建立完善动物防疫风险管理制度和标准体系，修改完善《动物防疫条件审查办法》。

7. 加强废弃物综合利用

研究和推广高效、经济、适用的畜禽养殖粪污综合利用模式，促进粪污的资源化利用。坚持减量化、资源化废弃物综合利用原则，合理布局生猪养殖，大力推行养猪业与种植业、林果业有机结合的生态养殖方式，引导在耕地、山地、园林中建设相应的配套牧场，例如每 66.67 $hm^2$ 基本农田规划配套一个千头猪场，每 666.7 $hm^2$ 规划配套一个万头猪场，形成田中有场、园中有场等新格局，推进生猪养殖生产生态协调发展。进一步完善相关扶持政策，落实地方政府、生产经营者责任，以及时处理、清洁环保、合理利用为目标，坚持统筹规划与属地负责相结合、政府监管与市场运作相结合、财政补助与保险联动相结合、集中处理与自行处理相结合，尽快建成覆盖饲养、屠宰、经营、运输等各环节的病死畜禽无害化处理体系，构建科学完备、运转高效的病死畜禽无害化处理机制，确保养殖业健康安全、公共卫生安全、动物源性食品安全和生态环境安全。

8.积极促进产业化经营

完善生猪产业链利益连接机制，协调和引导龙头企业与基地农户通过契约、股份合作等方式结成利益共同体。引导建立生猪合作社等合作组织，稳步增强养殖场户市场竞争能力和抗风险能力。推进生产者与屠宰加工的利益融合，逐步取消活猪中间流通环节。鼓励生猪定点屠宰厂（场）采用“厂场挂钩”、订单生产以及建设生猪养殖基地等方式，扩大协议养殖或自养生猪规模。逐步推行生猪主产区生猪“就近屠宰，冷链运输，冰鲜上市”的养殖、屠宰、加工一体化经营模式，在全国形成以跨区域流通的现代化屠宰加工企业为主体，区域性肉品加工企业发挥重要功能作用，以供应本地市场的定点屠宰企业为补充，梯次配置、布局合理、有序流通的产业布局。制定生猪屠宰及肉类加工业的产业发展政策，推动大型加工企业加大体制机制创新力度，不断完善生产、加工、配送和销售供应链的管理体系。支持生猪屠宰及肉类加工龙头企业和养殖基地建设，进一步推动生猪产品加工业由初级加工向精深精细加工转变，朝着规范化、标准化、规模化、集团化、一体化方向发展。

9.加强生产信息的分析和预警

建立准确、可靠的基础数据采集系统，以养猪大县和生猪规模养殖场为重点，加强定点跟踪调查，强化生产形势分析，定期进行信息发布和预警，引导养殖户合理安排生产。加强生猪产销区供需信息交流，促进产销衔接，引导合理出栏，促进均衡上市，对重点养殖基地实行动态管理，确定固定监测点，建立全国生猪生产定点监测制度，切实做好生产动态监测数据统计工作，收集、整理和分析生猪生产基础数据，做到数据准、情况明、底数清，对生猪生产形势进行分析和预警，合理指导养殖户发展生猪生产。各地要在人员、经费和平台等方面，支持完善生猪生产和市场监测预警体系建设，强化监测数据采集、分析、形势会商和信息发布，及时、准确掌握生产和供应情况，视情况启动相应政策措施。针对行业热点和突发性事件，及时回应社会关切并加强宣传报道，合理引导市场预期。

10.完善促进养猪产业发展的政策

落实和巩固能繁母猪补贴制度、能繁母猪保险、生猪良种繁育体系、对生猪调出大县进行奖励、扶持生猪标准化规模饲养等现有扶持政策，向优势区域倾斜，不断完善扶持生猪生产发展的政策体系，加快构建生猪产业持续健康发展的长效机制，切实解决发展生猪生产贷款难、用地难以及粪污处理难问题，为生猪产业稳定发展创造良好的政策条件。市场波动、自然灾害或突发疫病等因素导致能繁母猪存栏量大幅减少（低于正常保有量 95%）或生猪养殖连续严重亏损 3 个月（含）以上时，可按规定统筹相关资金对规模猪场（户）和种猪场（含地方保种场）给予一次性临时救助补贴。同时，要协调地方法人金融机构扩大和增加对符合条件的生猪养殖场（户）的信贷投放，可按规定统筹相关资金给予贴息补助。

随着科学技术的不断进步，我国养猪业将进入一个新的历史时期，优质、高效、安全的养猪业必将取得更大的进展。

二维码 0-1-2　历史文物见证中国六千年养猪史(课程思政案例)

二维码 0-1-3　保障国家食品安全和不发生规模性返贫(课程思政案例)

二维码 0-1-4　养猪业如何助力乡村振兴(课程思政案例)

二维码 0-1-5　中国养猪业“有种”才硬气！(课程思政案例)

The first part

# 第一部分

# 养猪生产

☞ 项目1　猪品种识别与选育技术

☞ 项目2　猪的繁殖技术

☞ 项目3　猪的饲养管理技术

☞ 项目4　猪场规划设计技术

☞ 项目5　猪场经营管理技术

# 项目1
# 猪品种识别与选育技术

**能力目标**

- 了解常见猪品种的种质特性，掌握常见猪品种的识别技术；
- 掌握猪繁殖、生长和胴体等重要性状的测定技术；
- 掌握种猪选留技术；
- 了解种猪繁育体系和常见的几种商品猪杂交生产模式。

**知识目标**

- 理解猪的经济类型和品种选择的基本知识；
- 掌握评定猪繁殖、生长和胴体性状等指标的测定方法；
- 掌握种猪不同阶段的选择原理及方法；
- 了解种猪繁育体系建立的方法和商品猪生产的杂交模式。

## 工作任务1-1　猪品种识别

【基础知识】

人类养猪历史悠久，在我国就有7 000年以上的历史。现代家猪是由几千年前的野猪驯化而来的。我国汉朝优良猪种的出现及稍后欧洲育成的古罗马猪对近代猪种的选育作用重大；18世纪英国巴克夏与约克夏等猪种的育成则标志着猪选育工作进入新时代。近半个世纪以来，根据不同需求，世界各地培育出了许多性能各不相同的猪种。

### 一、猪的经济类型

由于自然生态条件、社会经济条件和人们对肉食的要求不同，对猪的选育目标和培育方法也有所不同，从而形成了猪的多种经济类型，一般可分为瘦肉型、脂肪型和兼用型3种类型。

1.瘦肉型猪

外形特征表现为背稍呈弓形，背宽、腰窄而体长，体长大于胸围15～20 cm，四肢较高，腿臀丰满，肌肉发达。瘦肉型猪生长快，饲料报酬高；一般6月龄体重可达90～100 kg，料重比3.0∶1左右，胴体瘦肉率55%～65%或以上。国外引进的长白猪、大约克夏猪、杜洛克猪、汉普夏猪以及我国培育的三江白猪等都属于瘦肉型品种。

2.脂肪型猪

猪体脂肪含量较高，背膘厚为5～7 cm，外形特征表现为体躯深、宽，全身肥胖，细致疏松，四肢较短，头颈较粗重，体长与胸围大致相等或相差2～3 cm。脂肪型猪利用饲料转化成体脂肪的能力强，而转化为体蛋白质（瘦肉）的能力较差，胴体瘦肉率一般在45%以下。陆川猪、宁乡猪、内江猪等都属于脂肪型品种。

3.兼用型猪

其体型、外貌特点介于上述两者之间，瘦肉和脂肪的生产能力都较强。猪的体格较大，体躯长短适中，结构匀称，体质结实，体长比胸围大5 cm以上。我国大多数地方猪种都属于这一类型，苏联大白猪也属于这一类型。

## 二、我国猪的品种

### （一）共性的种质特性

1.适应性强

表现为耐寒暑、耐粗饲、耐饥饿，这是我国地方猪种在长期的自然选择和人工选择的品种演变过程中形成的对外界不良环境条件的良好适应能力。如民猪、二花脸猪、金华猪、内江猪、荣昌猪、藏猪等在极端不良气候环境和饲养条件下，均表现出较强的适应性，其中民猪冬季密生绒毛，抗寒能力极强；藏猪能适应高海拔生态环境条件。

2.繁殖力高

表现为性成熟早，发情征状明显，生殖器官疾病少，受胎率高，产仔数多，母性强。我国地方母猪初情期平均日龄94.46 d，初产母猪平均产仔10.38头，经产母猪14.24头，其中以太湖地区的二花脸猪的繁殖力最高，初产母猪平均产仔13.48头，经产母猪16.65头，最高产仔纪录42头。

3.肉品质优异

我国地方猪种肉色鲜红，没有PSE肉（白肌肉）和DFD肉（黑干肉），肌肉系水力良好，大理石纹分布均匀，肌纤维细，肌内脂肪多，肉质鲜美。据报道，莱芜猪的肌内脂肪含量可达10.14%，大理石纹明显，口感香嫩细润。

4.肥育性能差

我国地方猪种普遍存在生长速度慢，饲料利用率低，沉积脂肪能力强，皮厚、膘厚，眼肌面积和后腿比例小，胴体瘦肉率低等缺点。一般纯种地方品种育肥期日增重400～500 g，胴体瘦肉率43%～45%。

### (二)由北向南的特征、特性变化

(1)体格由大到小,脸上皱纹由纵纹向菱形纹、横纹变化。

(2)毛色由黑而花,鬃毛由密长、粗硬变为稀短、细软。

(3)背腰由平直渐向凹陷,腹大下垂。

(4)背膘逐渐增厚,趋向脂肪型。

(5)产仔数以太湖流域为中心,向北、向南、向西均有下降趋势。我国地方猪种的繁殖力以分布于太湖地区的二花脸猪最高,性成熟早,奶头数多,产仔多。

### (三)代表品种介绍

**二维码 1-1-1 地方品种猪(照片)**

1. 二花脸猪

二花脸猪(图 1-1-1)中心产区在江苏省无锡市、常州市和苏州市,主要分布于锡山、常熟、张家港、武进、宜兴等县(区)。

二花脸猪全身被毛为黑色,毛稍密而短,皮肤呈紫红色。体型中等,体质结实,结构匀称。头大额宽,头部面额皱纹清楚,分为“古寿字”形和“蝙蝠”形两类;鼻额间有一突起横肉;嘴筒稍长且微凹,上有 2～3 道横纹;耳大而软,垂过下颌。中躯稍长,背腰较软、微凹,腹大、下垂;母猪乳头 9～11 对,分“葫芦形”和“丁香形”两类。四肢稍高,后腿有褶皱,部分卧系;臀部宽而倾斜,肌肉欠丰满。繁殖性能:3～7 胎的平均窝产仔数达 15.9 头。肥育性能:180 日龄去势育肥猪育肥期中等营养水平下平均日增重 350 g 左右,料重比 4.2∶1。胴体品质:屠宰率 65.3%,背膘厚 3.67cm,瘦肉率 45%。

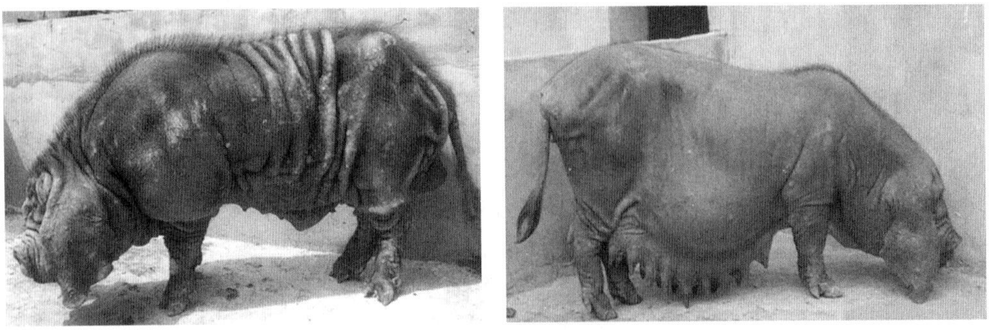

**图 1-1-1 二花脸猪**

(左公右母)

二花脸猪具有性成熟早、繁殖力高、肉质优异、性情温驯、耐粗饲、适应性和杂交配合力强等特点,尤其是高繁殖性能和优异的肉质特性引起中外畜牧界的高度关注。目前群体已经明显缩小,需要加强保护,防止资源丢失。

2. 梅山猪

梅山猪(图 1-1-2)原分为大型梅山猪、中型梅山猪和小型梅山猪,目前大型梅山猪已绝迹。小型梅山猪的中心产区在江苏太仓的浏河两岸;中型梅山猪的中心产区在江苏昆山和上海嘉定等地区。该猪早期分布不广泛,主要分布于江苏太仓市、昆山市和常熟市东部的部分乡镇。

20世纪80年代梅山猪在国际上产生较大反响以后，其分布遍布江苏全省及国内很多省(自治区、直辖市)，其中江苏省的南通、徐州、泰州、苏州、连云港分布较多。在国外，部分国家也有饲养。

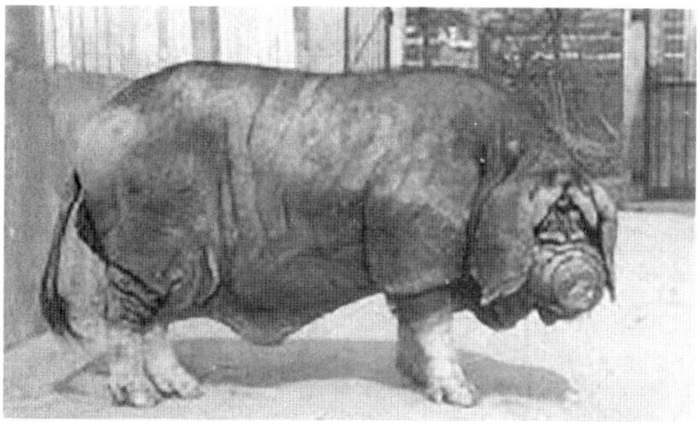

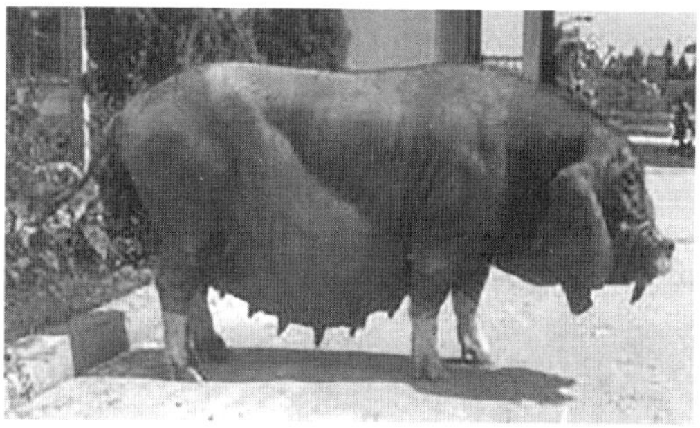

**图1-1-2 梅山猪**

(左公右母)

小型梅山猪以其体型略小、皮薄、早熟、繁殖力高、泌乳力强、使用年限长和肉质鲜美而闻名。其身体紧凑细致，被毛以黑毛为主，四肢及鼻吻为白色，俗称“四脚白”。乳头9对以上。中型梅山猪体型较大，毛呈浅黑色、较稀，皮肤微紫或浅黑，躯干和四肢的皮肤松弛，面部有深的皱纹，耳大下垂，胸深且窄，腹部下垂，腰线下凹，斜尻，大腿欠丰满。2～7胎的平均窝产仔数小型梅山猪达14.6头，中型梅山猪达16头。中等营养水平下小型梅山猪的日增重328 g，料重比3.68∶1。屠宰率66.86%，背膘厚3.1 cm，瘦肉率45.8%。

梅山猪以其优异的繁殖性能享誉全球，且其适应性强、耐粗饲、肉质鲜美、杂交优势明显。以梅山猪为母本的二元、三元商品猪其育肥性能优于太湖地区其他品种猪杂交后代。

3.民猪

民猪(图1-1-3)原产于东北和华北部分地区，广泛分布于辽宁、吉林和黑龙江等省。该猪种在20世纪30年代，存栏量曾达到850万头；此后的存栏量逐渐减少，1982年统计，繁殖母猪存栏量不足2万头，据2006—2007年调查，东北三省仅有民猪900余头。

**图1-1-3 民猪**

(左公右母)

民猪按体型可分大、中、小三个类型，分别称为大民猪、二民猪、荷包猪，目前多为中型。民猪头中等大小，面直长，耳大下垂，全身毛为黑色，冬季密生绒毛，具有较好的抗寒性能。乳头数7～8对；成年体重公猪195 kg左右，母猪150 kg左右；经产母猪平均窝产仔13～14头；在18～92 kg体重阶段日增重458 g；体重90 kg时胴体瘦肉率46.13%，肉质良好，肌内脂肪5.22%。

民猪是北方地区的优良猪种，利用民猪培育成的新品种有哈白猪、新金猪、三江白猪等。

4. 八眉猪

八眉猪的中心产区在陕西省泾河流域、甘肃省陇东地区和宁夏回族自治区的固原地区，主要分布于陕西、甘肃、宁夏、青海等省（自治区）。据 2005—2006 年统计，产区仅存栏 1 700 余头（公猪约 25 头）。

八眉猪（图 1-1-4）头较狭长，耳大下垂，额部纵行“八”字皱纹，故名八眉；被毛黑色。按照体型外貌和生产特点，可分大八眉、二八眉和小伙猪三个类型，现仅存二八眉一种类型。成年体重公猪 80～90 kg，母猪 60～70 kg；性早熟，小公猪 3 月龄可配种，母猪 4～5 月龄即可受孕，窝产仔初产 6～7 头，三胎以上可产仔 11～12 头。小伙猪在 10 月龄、体重 50～60 kg 即可屠宰；在良好的饲养管理条件下，日增重 458 g，瘦肉率 43.17%，背膘厚 3.55 cm。八眉猪不仅在温暖多雨的关中平原，而且在酷寒的青藏高原或干旱的黄土丘陵地区，都能很好地生长繁殖。

**图 1-1-4　八眉猪**

（左公右母）

5. 淮猪

淮猪是原产于淮河流域的一个地方猪种，属黄淮海黑猪类群。黄淮海黑猪包括淮北猪（江苏省赣榆、东海、淮安等地）、山猪（江苏省仪征、高邮、六合等地）、灶猪（江苏省东台、大丰等地）、定远猪（安徽省定远等地）、淮南猪（河南固始等地）等地方类群。据 2007 年统计，存栏淮猪母猪 17 000 余头。

淮猪（图 1-1-5）耳大下垂、超过鼻端，嘴筒长直，背腰平直狭长，臀部倾斜，四肢结实有力；皮、毛黑色，毛粗而密，冬季密生棕红色绒毛；善于行走，耐粗饲；成年体重公猪 140 kg 左右，母猪约 115 kg。三胎以上母猪窝产仔约 13 头。在较差的饲养环境条件下，日增重约 250 g；宰前体重

**图 1-1-5　淮猪**

（左公右母）

90 kg时，屠宰率约70%，板油比例9.48%，背膘厚2.76 cm，胴体瘦肉率44.66%，脂肪率32.59%。

6. 金华猪

金华猪原产于浙江省金华地区。主要分布于东阳、浦江、义乌、金华、永康等地区。据2007年调查统计，存栏母猪4 000多头。

金华猪(图1-1-6)体型中等，耳下垂、不过口角，背微凹，腹大、微下垂，四肢细短；毛色以中间白、两头乌为特征，故又称“两头乌”，但也有少数猪在背部有黑斑；乳头数7～8对；头型分为“寿字头”“老鼠头”；母猪窝产仔初产10～11头，三胎以上为13～14头；一般饲养10个月左右，肥育猪体重可达70～75 kg，通常于50～60 kg屠宰，胴体瘦肉率43.36%，腿臀比例30%～32%，肥瘦适中，适合腌制加工，是驰名中外的“金华火腿”原料。

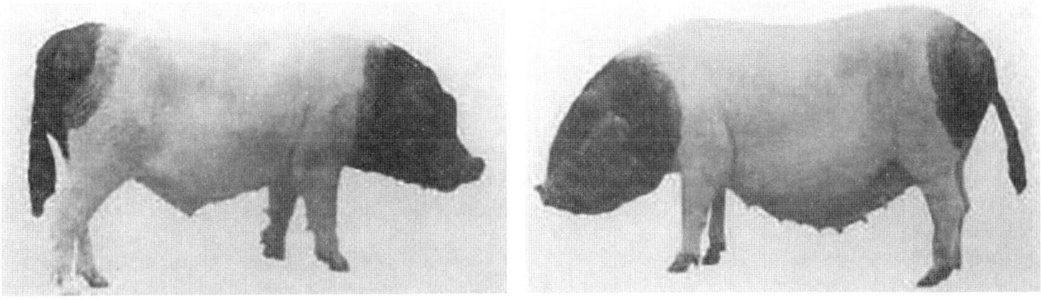

**图1-1-6　金华猪**
(左公右母)

7. 通城猪

通城猪原产于湖北省通城县，主要产区在湖北幕阜低山丘陵区，中心产区在通城县，分布于崇阳、通山、武昌、大冶等地区。

通城猪(图1-1-7)头短宽，额部有皱纹，背腰稍凹，腹大，后躯欠丰满；皮毛为“两头乌、中间白”。成年体重公猪约97 kg，母猪约95 kg。三胎及以上的产仔数在11～12头。肥育猪在中等营养水平下，体重13.4～80.1 kg阶段的日增重547 g。宰前体重74.29 kg的屠宰率为70.91%，板油比例8.17%，胴体瘦肉率44.03%，脂肪率34.43%。

**图1-1-7　通城猪**
(左公右母)

8. 大花白猪

大花白猪原产于广东省珠江三角洲一带，以佛山地区、广州市郊区和肇庆地区为中心产区，分布于广东省中部和北部 42 个县、市。大花白猪包括大花白、大花乌、金利猪、梅花猪、梁村猪、四保猪和泥陂猪等地方类群，1983 年起统称大花白猪。

大花白猪（图 1-1-8）体型较大，成年体重公猪 130～140 kg，母猪 110～120 kg；毛色为黑白花，头部和臀部有大块黑斑，腹部、四肢为白色，背腰部及体侧有大小不等的黑块。繁殖性能较好，母猪窝产仔初产 11～12 头，三胎以上 12～14 头；肥育猪在 20～90 kg 体重阶段的日增重 520 g 左右；育肥猪体重 67.5 kg 的屠宰率 70.7%，背膘厚 4.31 cm，板油比例 8.09%，胴体瘦肉率 43.15%，脂肪率 33.93%。

**图 1-1-8　大花白猪**

（左公右母）

9. 荣昌猪

荣昌猪原产于四川省荣昌和隆昌地区，主要分布于永川、泸县、泸州、合江等地区，2007 年统计，重庆市存栏能繁母猪 20.6 万头、公猪 220 头。

荣昌猪（图 1-1-9）被毛白色，鬃毛粗长；头部有小黑斑，但不超过耳部，可分为"金架眼""黑眼膛""黑头"等特征；乳头数 6～7 对；成年体重公猪 160 kg，母猪 145 kg 左右；母猪窝产仔初产 6～7 头，三胎以上 10～11 头；肥育猪在中等营养水平下，20.88～79.39 kg 体重阶段的日增重 488 g，屠宰率 69%左右，瘦肉率 42%～46%，第 6～7 肋间背膘厚 3.7cm，板油比例 9.95%。该猪的鬃毛一般长 11～15 cm，最长可达 20 cm，一头猪可产鬃 200～300 g，净毛率达 90%，其鬃毛以洁白光泽、刚韧质优而享誉国内外。

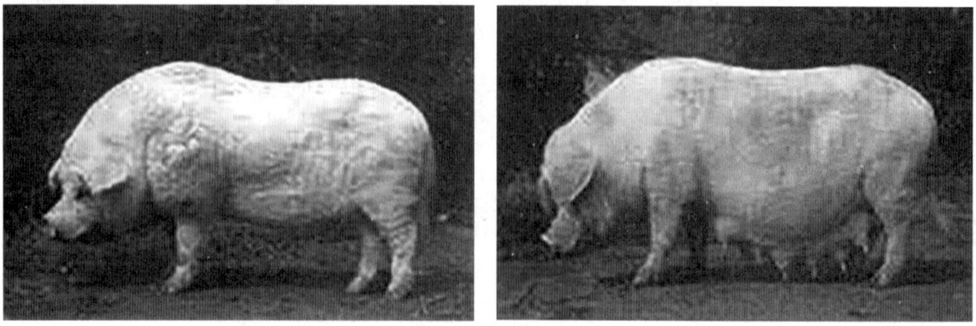

**图 1-1-9　荣昌猪**

（左公右母）

10.内江猪

内江猪原产于四川省内江市，历史上曾称“东乡猪”，分布于资中、简阳、资阳、安岳、隆昌等地区，主产区位于盛产水稻、玉米、甘薯等作物的四川盆地中部沱江流域。据对出土东汉时期陶猪的考证，距今1 800年前，产区已普遍养猪。产地人民在长期的养猪实践中积累了丰富的选种经验：要求毛色黑色，并有“就地留母，异地选公”的习惯。

内江猪（图1-1-10）体型大，体质疏松；头大，额部皮肤中部隆起成块，俗称“盖碗”；体侧和后腿皮肤有深皱褶，俗称“瓦沟”或“套裤”；头形分“狮子头”“二方头”“毫杆嘴”；母猪窝产仔初产9～10头，三胎以上10～11头；成年体重公猪约170 kg，母猪约155 kg；在中等营养水平条件下，体重12.77～91.86 kg阶段的育肥猪日增重410 g，屠宰率67.5%左右，第6～7肋间背膘厚4.09 cm，板油比例8.84%，胴体瘦肉率37.01%，脂肪率39.34%。

**图1-1-10　内江猪**

（左公右母）

11.藏猪

藏猪原产于青藏高原地区，主要分布于西藏的山南市、昌都市、拉萨市，四川省的阿坝、甘孜地区，云南省的迪庆和甘肃省的甘南藏族自治州等地；青藏高原海拔3 000 m以上的高山区、2 000～3 000 m的半山区和2 000 m以下的河谷区都有分布，但主要产区在河谷区。1978年统计，有繁殖母猪6万多头。

藏猪（图1-1-11）被毛黑色，乳头5对的居多；成年体重公猪约35 kg，母猪约40 kg；母猪窝产仔初产4～5头，三胎以上6～7头；肥育猪307日龄达53 kg，日增重173 g，屠宰率66.6%，板油比例8.3%，胴体瘦肉率52.5%，脂肪率28.4%。

**图1-1-11　藏猪**

（左公右母）

藏猪终年放牧，仅在严冬补饲少量精料；由于世代长期生存在酷寒的恶劣条件下，因而形成了一些独特的外形和生理特点：嘴筒长而尖，呈锥形，适于拱食；四肢结实，蹄质结实，善于奔跑；心脏发达，嗅觉灵敏，鬃毛发达，冬季密生绒毛，脂肪沉积能力强等。

## 三、国外猪的品种

### （一）共性的种质特性

1. 肥育性能

外国猪种的生长速度快，在标准饲养条件下，外国猪种在体重 20～90 kg 阶段的日增重 550～650 g，高的可达 800～900 g，饲料利用率高，料重比平均可达 2.5∶1。

2. 胴体品质

适宜屠宰体重大，可达 90～110 kg；体重 90 kg 左右，屠宰率可达 70%～72%；胴体瘦肉率高，一般在 55%～62%，高的可达 65%以上；但肉质欠佳，肌纤维较粗，肌内脂肪较少，出现 PSE 或 DFD 劣质肉的比例较高。

3. 繁殖性能

性成熟晚，发情不明显，配种较难，繁殖疾病多，产仔数少，母性欠佳。外国猪种母猪性成熟一般在 180 日龄以上，排卵数较少，初产的长白猪和大白猪平均产仔 9.25 头，经产 13.64 头。

### （二）代表品种介绍

1. 约克夏猪

原产于英国约克夏郡及其临近地区。该品种是以当地的猪种为母本，引入我国广东猪种和莱塞斯特猪杂交育成的，1852 年正式确定为新品种。约克夏猪分为大、中、小三型，目前在全世界分布最广的是大约克夏猪，又名大白猪。

二维码 1-1-2 引进品种猪（照片）

大约克夏猪最早于 1936 年由当时的中央大学引入我国，20 世纪 50 年代曾少量引入，1967 年以后，又分别从英国、澳大利亚、加拿大等国先后大量引进，该猪种在我国的适应性良好。由于大约克夏猪的适应性较强和繁殖性能较高，而且具有较好的生长肥育性能和胴体瘦肉率，故该猪种在世界各地分布很多，并在许多国家选育形成了不同的品系类型。我国近年引入的大约克夏猪有英系、美系、法系、德系、日系和加系等不同的品系。

大约克夏猪（图 1-1-12）的体型较大，皮毛色全白；头颈较长，颜面宽而呈中等凹陷，部分品系嘴筒稍向上翘；耳薄而大，直立；体躯较长，胸深广，肋开张；背腰平直稍呈弓形，腹线稍向下弯但不疏松下垂；后躯宽长，大腿丰满结实；生长发育迅速，6 月龄体重达 100 kg；成年体重公猪达 260 kg，母猪 200 kg 以上；胴体瘦肉率在 58%～62%；繁殖性能很强，经产母猪窝产仔数在 10～12 头，是商品猪杂交生产体系中常用的母本或第一父本品种。

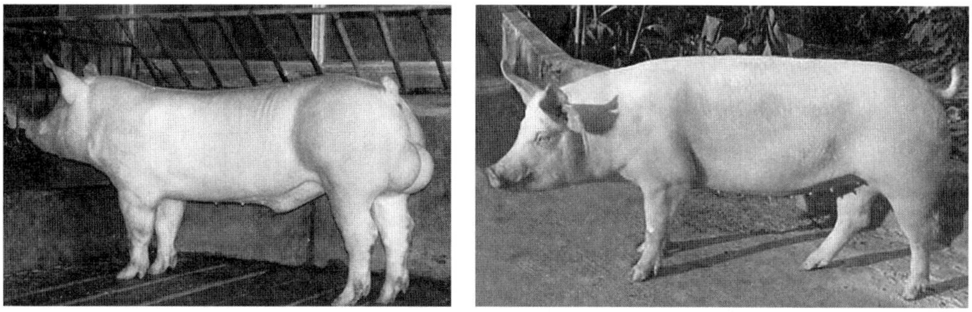

**图 1-1-12 大约克夏猪**

（左公右母）

2. 长白猪

长白猪又名兰德瑞斯猪，原产于丹麦。与大约克夏猪一样，在世界上的分布也很广，并在许多国家培育成为不同的品系类型，是目前世界上分布最广的瘦肉型品种。

我国于1964年开始从瑞典引入第一批长白猪，以后又分别从英国、法国、日本等地引入。经过长期的驯化，长白猪已基本适应我国的环境条件，在全国的分布较广。近年来我国又相继引入了丹系、荷系、美系、英系等品系的长白猪。

长白猪(图1-1-13)的体型大，皮毛色白，后躯偶有钱币大小的黑斑；头狭长，颜面直，耳大向前倾垂；头肩轻盈，体躯长，呈流线型，体躯丰满，后腿肌肉发达；背腰特长，背线直，腹线稍下弯但不疏松下垂；某些品系的骨骼过于细致而使四肢不够健壮；生长发育迅速，饲料利用率高，6月龄体重可达100 kg，胴体瘦肉率达60%～62%；母猪繁殖性能较好，经产母猪窝产仔数为11头左右，乳头数有7～8对。

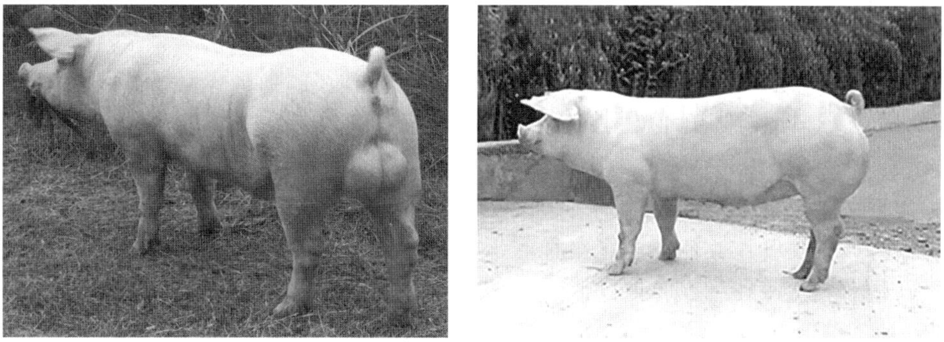

**图 1-1-13 长白猪**

（左公右母）

由于长白猪具有生长快，饲料利用率和瘦肉率高，母猪产仔多、泌乳性能好等优点，在商品猪杂交生产体系中常用作第一或终端父本品种。

3. 杜洛克猪

原产于美国东北部，其主要亲本是纽约州的杜洛克和新泽西州的泽西红，故原名为杜洛克泽西，是世界著名的瘦肉型品种，分布较广。

我国于1978年首次从英国引入杜洛克猪，以后陆续从美国、匈牙利、日本等地引入。杜洛克猪能较好地适应我国的环境条件。

杜洛克猪(图 1-1-14)的毛色为红色(从金黄色至褐红色),头较小而清秀,脸部微凹,耳中等大向前下垂,身腰较长,背部呈轻度弓形弯曲,腹线紧收,后腿丰满,体质结实,四肢粗壮;生长发育快,生长速度和饲料利用率优于其他引入品种,胴体瘦肉率 60%～64%,经产母猪窝产仔数为 9～10 头。

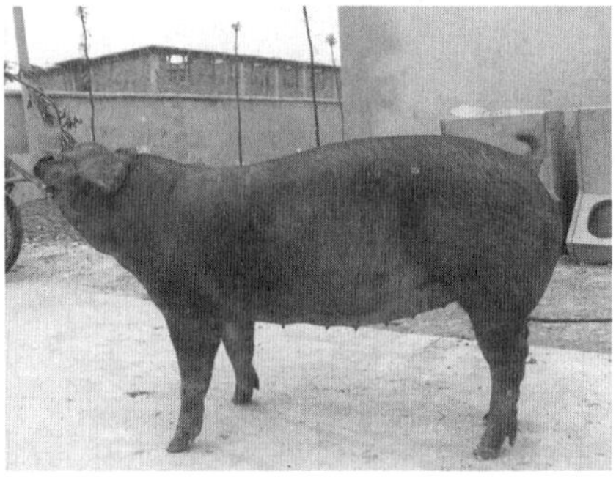

**图 1-1-14　杜洛克猪**

(左公右母)

由于杜洛克猪具有生长快、饲料利用率高、抗逆性强等优点,但它又具有产仔少、泌乳力稍差和肌肉口感差的缺点,所以,一般在二元杂交中作为父本,在三元杂交中作为终端父本品种。

4. 汉普夏猪

原产于美国肯塔基州的布奥尼地区,由薄皮猪和白肩猪杂交选育而成,是世界著名的瘦肉型品种(图 1-1-15)。

汉普夏猪的毛色特点是全身被毛黑色,有一条约 10 cm 宽的白带环绕前肩和两前肢,故又称“银带猪”。嘴较长而直,耳中等大小而直立;体躯较长,背微弓,腹线紧缩;体格健壮,肌肉发达,后腿丰满;胴体瘦肉率 62%左右,肉质细腻,但生长速度、饲料利用率和母猪繁殖性能比杜洛克猪差。

汉普夏猪虽然具有瘦肉率高、眼肌面积大、胴体品质好等优点,但由于比其他瘦肉型猪种的生长速度慢和饲料报酬稍差,故在我国的推广很少。

**图 1-1-15　汉普夏猪公猪**

5. 皮特兰猪

原产于比利时拉布特地区。上海市农业科学院畜牧兽医研究所在 20 世纪 80 年代首次从法国引进,以后其他省(自治区、直辖市)也多次引进。

皮特兰猪(图 1-1-16)耳中等大小,并向前倾;体躯呈长方形,四肢短,骨骼细,肌肉特别发达;被毛灰白,夹有黑斑;母猪窝产仔初产 9～10 头,经产 10～11 头。该猪的种质特点是背膘薄,后腿特发达,胴体瘦肉率可高达 66.9%,甚至更高,是目前世界上瘦肉率最高的品种。但该猪携带应激敏感基因(*RYR*1 基因,俗称氟烷基因),极易因应激而猝死,肉质较差,PSE 肉(肉质软、肉色淡和渗出液多)发生率几乎达 100%。目前,其控制臀部肌肉发育的基因已被引入一些其他猪种中。在肉猪配套系生产中作为终端父本品种,或与杜洛克猪杂交,用于杂交生产商品猪。

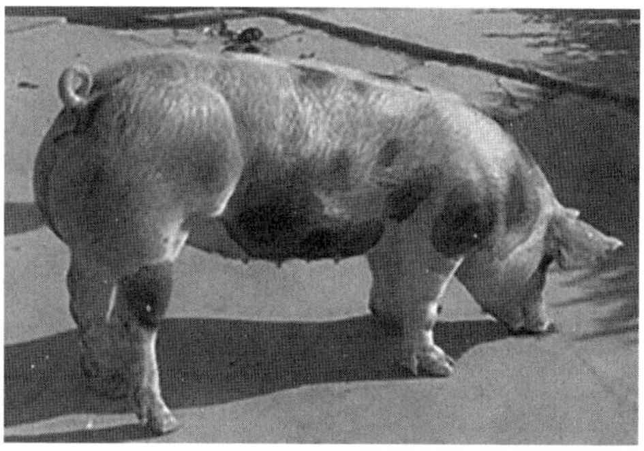

图 1-1-16　皮特兰猪
（左公右母）

## 四、培育品种

培育品种由于掺有国外引入品种的血统，既基本保持了本地品种猪母性强、发情明显、繁殖力高、肉质好、适应性强和能利用大量青贮饲料等优点，又使本地品种体型小、生长速度慢、饲料利用率差和胴体瘦肉率低的缺点得到很大的改善。

二维码 1-1-3　培育品种猪（照片）

1. 哈白猪

哈尔滨大白猪，简称哈白猪，它是由哈尔滨本地猪与约克夏猪、巴克夏猪和从苏联引入的杂种猪，经复杂杂交后选育而成的培育品种，1975 年经省级鉴定，公布为新品种。主要分布在黑龙江省松花江、绥化、牡丹江等地区。

哈白猪（图 1-1-17）体型较大，两耳直立，头面稍凹，背腰平直，腹稍大而不下垂，臀部丰满，四肢强健，全身被毛白色，乳头数 7 对左右；成年体重公猪约 222 kg，母猪约 176 kg；母猪窝产仔初产 9～10 头，三胎以上 11～12 头；14.95～120.6 kg 体重阶段的日增重 587 g；宰前体重 115.46 kg 时的屠宰率 74.75%，脂肪率 41.09%。

图 1-1-17　哈白猪母猪

2. 新淮猪

新淮猪是由大型约克夏和老淮猪正反杂交后自群繁殖选育而成的培育品种，1979 年 12 月通过国家验收并定名，主要分布在江苏省淮阴周边地区。

新淮猪（图 1-1-18）头稍长，嘴筒平直或稍凹，耳中等大，向前下方倾斜，被毛黑色，体壮，背腰平直，四肢强健有力，乳头数 7 对；成年体重公猪约 244 kg，母猪约 185 kg；母猪窝产仔初产 10～11 头，三胎以上 13～14 头；生长育肥猪 2～8 月龄的平均日增重 490 g，料重比 3.37∶1；体重 87.23 kg 时，屠宰率 71%，背膘厚 3.55 cm，板油重 4.96 kg，胴体瘦肉率 49.59%。该猪适应性良好，抗病力强，采食能力强，耐粗饲，繁殖力高，生长较快，但其经济早熟性尚不够理想。

**图 1-1-18　新淮猪**

（左公右母）

3. 三江白猪

三江白猪是由东北民猪与长白猪杂交选育而成的我国第一个瘦肉型品种，主要分布在黑龙江东部三江平原地区。

三江白猪(图 1-1-19)被毛全白，头轻嘴直，耳向前倾，背腰宽平，腿臀丰满，四肢粗壮，体质结实，毛丛稍密，乳头数 7 对，具有瘦肉型的体躯结构；8 月龄体重公猪达 111.5 kg，母猪达 107.5 kg；母猪窝产仔初产 10～11 头，经产 11～12 头；生长肥育猪 20～90 kg 体重阶段的日增重 600 g，90 kg 体重时的胴体瘦肉率 57.86％，背膘厚 3.44cm，脂肪率 26.8％，板油比例 3.99％。

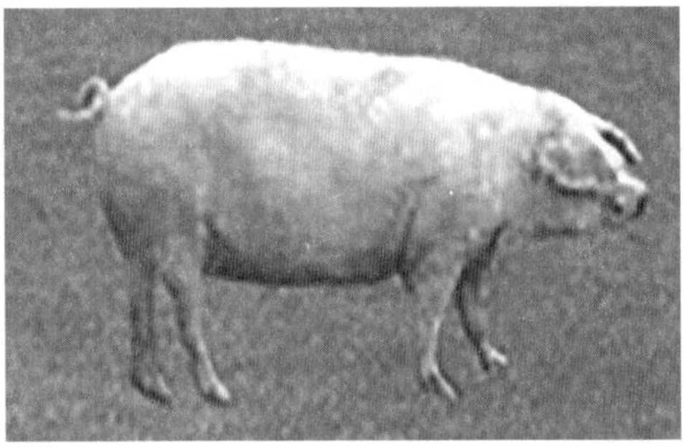

**图 1-1-19　三江白猪**

（左公右母）

4. 光明猪配套系

光明猪配套系(图 1-1-20)是由广东省光明华侨畜牧场用杜洛克公猪与斯格母猪杂交后，经过 5 个世代选育而成的，1998 年 7 月通过国家畜禽遗传资源委员会审定。

该配套系父系公猪达 90 kg 时的日龄、活体背膘厚、料重比分别为 160 d、1.54 cm 和 2.70∶1；母系母猪达 90 kg 时的日龄、活体背膘厚分别为 167 d 和 1.67 cm，平均窝产仔初产 10.22 头，经产 10.97 头；配套系商品猪日增重 880 g，活体背膘厚 1.67 cm，料重比 2.55∶1。

5. 苏太猪

苏太猪是由江苏省苏州市太湖猪育种中心，用太湖地区的几个猪种为母本(其中有小梅山猪、中梅山猪、二花脸猪、枫泾猪)与杜洛克猪为父本杂交后，采用群体继代选育法选育而成的，并于 1999 年 3 月通过国家畜禽遗传资源委员会审定。

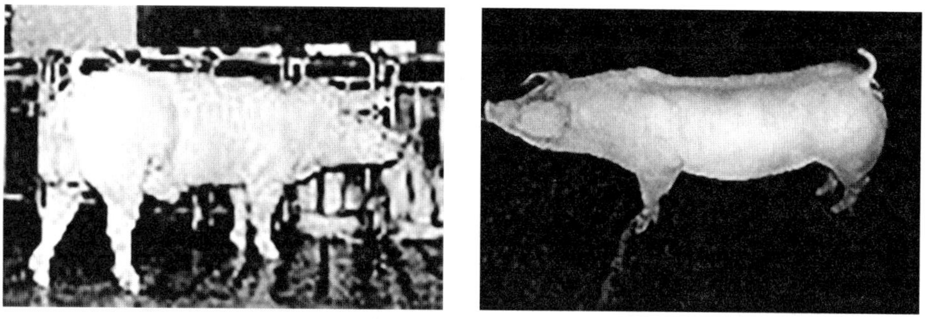

**图 1-1-20　光明猪配套系**

（左公右母）

苏太猪（图 1-1-21）耳大小中等而向前倾垂，头面有清晰皱纹，嘴长中等而直，部分猪有玉鼻，全身被毛黑色、偏淡；公猪 10 月龄体重约 126 kg，母猪 9 月龄体重约 116 kg；母猪窝产仔初产 11～12 头，经产 14～15 头；生长肥育猪达 90 kg 体重日龄为 178.9 d，屠宰率 72.85%，胴体瘦肉率 55.98%，活体背膘厚 1.96 cm。

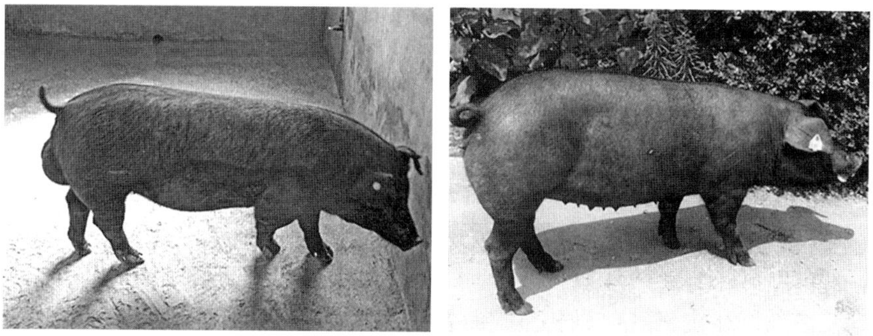

**图 1-1-21　苏太猪**

（左公右母）

【实验实训】

## 1-1　猪品种识别

### 一、实训目的

1. 了解常见猪品种的经济类型。
2. 熟悉常见猪品种的体型外貌特点。
3. 掌握常见猪品种的识别技术。

### 二、实训材料与用具

图片，视频，部分品种猪。

### 三、实训方法与步骤

1. 通过观看图片、视频等手段，结合学生课前、课后查阅的相关文献资料，识别品种。

2. 参观猪场认识品种；通过现场观察和调查，归纳总结常见品种猪的典型外貌特征、突出的生产性能以及生产利用情况。

**二维码 1-1-4　“猪品种识别”技能考核及特征记录（表格）**

**四、实训案例**

教师提供15～20张不同品种猪的图片，要求学生根据图片描述其体型外貌特征，判断其经济类型，并认识猪的品种，同时介绍其利用情况。

【自测训练】

**一、填空题**

1. 按照经济类型将猪分为________、________和________。

2. 我国引入的猪常见品种有________、________、________、________、________。

**二、问答题**

1. 简述我国地方猪种和外来引入猪种的特点。

2. 试述太湖猪的外貌特征、生产性能和生产利用情况。

# 工作任务1-2　猪繁殖性能测定

【基础知识】

繁殖性状是猪的一系列重要的技术经济性状，对于作为母本品种(品系)的猪种尤为重要。它包括：母猪窝产仔数、窝产活仔数、仔猪初生个体重、仔猪初生窝重、仔猪20日龄窝重(母猪泌乳力)、仔猪断奶个体重、仔猪断奶窝重、断奶仔猪头数、断奶仔猪育成率、情期受胎率等。总的来讲，繁殖性状的遗传力估计值是低的，选种时以家系选择为好。

## 一、基本概念

### (一)窝产仔数和窝产活仔数

窝产仔数是指出生时同窝仔猪的总数，包括死胎、木乃伊和畸形猪在内；窝产活仔数则专指出生时活的仔猪数。也可按初产和经产分类统计，一般认为3～7胎的生产水平相对一致。

窝产仔数的遗传力较低，在0.15左右，群体内个体间差异主要受环境的影响较大，与母猪年龄、营养、排卵数、卵子存活率、配种、公猪的精液等因素的关系均很密切。据报道，对窝产仔数性状的选择，通过纯种选育提高是比较困难的，表型选择基本没有遗传进展，一般应以家系选择为主。

提高窝产仔数，不能单纯只依赖排卵数性状的选择，而应采取综合措施，尤其是提高胚胎的成活率。受胎率的高低，受到精子和卵子的生活力、它们之间的配合力以及配种时间和方式等因素的影响。由于猪是异期排卵，所以受胎率一般较其他家畜高。胚胎存活率一般较低，这是导致实际繁殖力与潜在繁殖力之间有明显差距。

### (二)仔猪初生个体重和仔猪初生窝重

1.仔猪初生个体重

仔猪初生个体重是指出生时活仔猪的个体重量，最好在出生后(吃初乳前)立即称重，尽量不要超过12 h。仔猪初生个体重主要受母猪年龄、胎次、妊娠期的营养状况、同窝仔猪数等因素的影响，遗传力0.1～0.2。虽然仔猪初生个体重与断奶体重呈正相关，但在同一窝中，断奶体重与吃奶时的乳头位置关系很大。从遗传的角度考虑，以仔猪初生个体重作为选择性状，其价值是不大的。

2.仔猪初生窝重

仔猪初生窝重是指同窝活仔猪初生个体重的总和，不包括死胎在内。仔猪初生窝重的遗传力较高(0.44～0.73)，它与20日龄、45日龄、60日龄的窝重均呈强正相关。全窝重的称量比个体重的称量容易，因此，从选种意义及减少工作量考虑，称仔猪初生窝重的选种育种价值高且方便。提高仔猪初生窝重也可作为选育目标之一。

### (三)泌乳力

母猪泌乳力的高低直接影响哺乳仔猪的生长发育，属于重要的繁殖性状之一。母猪泌乳力一般用20日龄的仔猪窝重来表示，包括寄入仔猪在内，但不包括寄出的仔猪。必须扼要注明寄养仔猪的时间、来源、去向等。泌乳力的遗传力较低，为0.1左右。

### (四)仔猪断奶个体重和仔猪断奶窝重

1.仔猪断奶个体重

仔猪断奶个体重是指断奶时仔猪的个体重量。

2.仔猪断奶窝重

仔猪断奶窝重是指断奶时全窝仔猪的总重量，包括寄养仔猪在内。一般都在早晨空腹时称重。仔猪断奶窝重的遗传力较低，为0.17左右。仔猪断奶个体重的遗传力低于断奶窝重，在实践中一般把断奶窝重作为选择性状，它与窝产仔数、仔猪初生个体重、哺乳期育成率、哺乳期增重和断奶个体重等主要繁殖性状均呈正相关。

3.仔猪断奶日龄

商品生产时，断奶日龄可根据饲养管理水平灵活确定，一般为28日龄左右。育种场的断奶日龄应长期稳定。

### (五)断奶仔猪头数与断奶仔猪育成率

1.断奶仔猪头数

断奶仔猪头数是指仔猪断奶时成活的仔猪数。

2.断奶仔猪育成率

断奶仔猪育成率，简称哺育率，是指断奶时的仔猪数占哺乳初期仔猪数的百分比，计算公式为：断奶仔猪育成率＝断奶仔猪数÷(产活仔猪数－寄出仔猪数＋寄入仔猪数)×100%。

## 二、猪繁殖力现状

猪的繁殖力较牛和羊高，情期受胎率一般为75%～80%，总受胎率可达85%～90%，平均每窝产仔数8～14头，我国存栏能繁母猪平均年产仔猪约15头。猪的繁殖力受品种、胎次、年龄等因素影响很大，不同品种、相同品种不同家系之间的繁殖力也不同。我国饲养的猪种，地方品种有数十个，外来品种主要有长白、大约克夏、杜洛克和汉普夏等。地方猪种中，以二花脸猪、梅山猪等的窝产仔数最高。地方猪种与外来猪种杂交的 $F_1$ 母猪，就产仔数和哺育性能而言，以大约克夏公猪与二花脸母猪杂交的 $F_1$ 效果最好(表 1-2-1)。外来猪种在我国饲养繁衍的后代，产仔数有提高的趋势。

**表 1-2-1 各品种猪的平均窝产仔数**

| 项目 | 品种 | 初产母猪 | | 经产母猪 | |
|---|---|---|---|---|---|
| | | 窝数/窝 | 产仔数/头 | 窝数/窝 | 产仔数/头 |
| 地方品种纯繁 | 二花脸猪 | 31 | 13.0 | 499 | 15.9 |
| | 梅山猪 | 7 | 13.7 | 512 | 14.6 |
| | 玉山黑猪 | 70 | 12.1 | 70 | 12.1 |
| | 松辽黑猪 | 59 | 10.5 | 112 | 12.6 |
| 外来品种纯繁 | 长白猪 | 140 | 10.0 | 514 | 11.7 |
| | 长白猪 | 27 | 9.1 | 113 | 10.0 |
| | 大约克夏猪 | 7 | 9.6 | | |
| | 大约克夏猪 | 27 | 7.5 | 147 | 10.3 |
| | 大约克夏猪 | 97 | 10.3 | | |
| 外来品种杂交 | 长白×大约克夏 | 10 | 11.0 | | |
| | 大约克夏×长白 | 30 | 9.7 | 39 | 11.0 |
| | 杜洛克×长白 | 10 | 10.5 | | |
| | 杜洛克×长白·大约克夏 | 10 | 10.7 | | |
| 洋土二元杂交 | 长白×梅山 | 17 | 11.7 | 59 | 16.3 |
| | 汉普夏×梅山 | 16 | 12.0 | 61 | 15.2 |
| | 大约克夏×二花脸 | 19 | 13.2 | 347 | 15.4 |
| | 大约克夏×二花脸 | 7 | 13.7 | | |
| | 长白×二花脸 | 9 | 9.2 | | |
| | 杜洛克×二花脸 | 13 | 10.2 | 13 | 10.2 |
| | 汉普夏×二花脸 | 10 | 10.1 | | |
| 二洋一土 | 杜洛克×长白·二花脸 | | | 279 | 14.4 |
| | 大约克夏×长白·二花脸 | 7 | 13.5 | | |
| | 大约克夏×长白·二花脸 | | | 171 | 13.2 |
| | 湖北白猪 DIV 系 | 473 | 10.7 | | |

注："大约克夏×长白·二花脸"表示，以二花脸猪为第一母本，与长白公猪(第一父本)杂交的 $F_1$ 母猪，再与大约克夏公猪(终端父本)杂交的二洋一土三元杂交组合。

## 三、影响种猪繁殖性能的因素

### (一)配种控制对猪繁殖性能的影响

1. 初配年龄对猪繁殖性能的影响

后备母猪的初配年龄,应根据品种、饲养管理水平、生长发育状况和气候等而定。实践证明,国外引进品种及其二元杂交后备母猪,初配时间不应早于10月龄(适配体重在135 kg左右);国内培育品种及其杂种后备母猪,不应早于8月龄(适配体重95 kg以上);地方良种及其二元杂交后备母猪,不应早于6月龄(适配体重在65 kg左右)。若已达到配种年龄,但体重尚未达到要求时,则以体重为主,适配体重大概是成年体重的50%左右。生产中一般掌握在母猪第三次发情时配种,效果较好。

2. 适时配种对母猪繁殖性能的影响

待母猪发情征状明显,允许公猪爬跨或人工压背测试呆立不动时,是最佳配种时间,首次配后过8~12 h再复配1次,一般都会获得较好的受胎率和较高的产仔数。规模猪场对经产母猪在1个情期内配2次,如上午喂料前配种1次,下午再复配1次;如下午配种,则第2天早晨再复配1次。后备母猪发情持续期3~4 d,长的可达5 d,一般要求在1个情期内配种3次。适宜配种时间的掌握,需要实践摸索和细心观察。

3. 配种方法对猪繁殖性能的影响

常用的配种方法有本交和人工授精2种。现在规模猪场大多数都以人工授精取代了本交。但也有不少猪场采取混合配种方式,效果良好。其主要原因可能是,混合配种可通过公猪自然试情而掌握最佳配种时间,随后的人工授精可利用优良的公猪精液,以提高配种效果。

### (二)早期断奶对母猪繁殖性能的影响

制约母猪年生产力的因素很多,最重要的是每胎产仔数和年产胎数。母猪繁殖周期由妊娠期、哺乳期、待配期(断奶至配种)和失配情期组成。母猪繁殖周期越短,则年产胎数越多。妊娠期和待配期是基本恒定的组分;哺乳期和失配情期数是可变的组分,通过制度调整和加强饲养管理,可以改良。由此可见,仔猪哺乳期的长短直接影响母猪的年生产力,做好仔猪的早期断奶已成为提高母猪年生产力的关键技术措施。在相同的饲养管理水平下,如哺乳期45 d,一个繁殖周期为166 d,年产2.2窝;哺乳期35 d,一个繁殖周期为156 d,年产2.34窝;哺乳期28 d,一个繁殖周期为149 d,年产2.45窝。在国外已实现21日龄早期断奶和14日龄超早期断奶,母猪年产胎数分别提高到2.57窝和2.7窝。我国在目前生产条件下,采用28~35日龄早期断奶是比较可行的。

我国有的地方良种猪有泌乳期发情的特性,在良好的饲养管理条件下,采取泌乳期配种,可有效地缩短繁殖周期和提高母猪年生产力。

### (三)年龄和配种频率对猪繁殖性能的影响

1. 年龄对母猪繁殖性能的影响

母猪有一定的利用年限,繁殖性能一般3~7胎较稳定且最高,8胎开始逐渐下降。母猪的利用年限，一般国外品种比地方良种短，纯种比杂种短。规模猪场对生产母猪要保持合理的年龄(胎次)梯队结构：一般1～2胎母猪应占整个生产母猪群的25%，3～7胎母猪占不少于50%，8胎及以上占不大于25%。正常情况下的母猪年淘汰更新率应不低于20%，且应有计划、主动地均衡淘汰、更新。

2. 配种频率对公猪繁殖性能的影响

要特别注意公猪的使用频率。本交时，2岁以前的青年公猪，每2 d配种1次；2岁及以上的成年公猪，一般每天配种1次，繁忙时可每天配种2次，但2次的间隔时间必须控制在8 h以上，切不可将2次配种时间安排在一起；连续配种4～6 d后应休息1 d。人工授精时，2岁以前的青年公猪，每4 d采精1次；2岁及以上的成年公猪，一般每3 d采精1次，繁忙时可每2 d采精1次。

3. 管理对猪繁殖性能的影响

运动是增强公猪体质、提高配种能力、保证良好精液品质的有效措施。因此种公猪要经常适度运动。一般每天进行1～2次圈外驱赶运动或自由运动，每天约1 h；刮风、下雨、严寒、酷热天气可以不运动。另外，每天对种公猪体表刷拭1～2次，不但可以防止体外寄生虫病等皮肤病的发生，而且还可以促进皮肤血液循环。夏季每天应进行1～2次淋浴。需注意经常观测种公猪的体况(体重)，防止掉膘或过肥。在使用强度大时要适当减少运动量，在使用强度小时要加大运动量。

阳光、空气、运动不仅可促进母猪正常发情，而且可使母猪的繁殖潜能充分发挥。据倪勇强2000年8月试验报告：对同一胎留下来作种用的6头二元杂种母猪进行分组，其中3头母猪作对照，另3头母猪为试验组。试验组母猪让其在运动场自由活动并给予充足阳光，对照组则采取封闭式饲养。结果表明，试验组母猪比对照组母猪每胎多产仔1～2头。

【实验实训】

## 1-2 猪繁殖性能测定

### 一、实训目的

1. 了解猪繁殖性能测定的内容。
2. 掌握猪繁殖性能测定的方法。

### 二、实训材料与用具

1. 猪场历年生产记录资料。
2. 计算器或计算机。
3. 电子秤等。

二维码1-2-1 “猪繁殖性能测定”技能考核及记录(表格)

### 三、实训方法与步骤

#### (一)根据生产记录资料统计分析

1. 平均窝产仔数。
2. 平均窝产活仔数。
3. 平均仔猪初生个体重。
4. 平均仔猪初生窝重。

5. 泌乳力。

6. 断奶仔猪窝重。

7. 断奶仔猪育成率。

**(二)现场测定**

到猪场现场进行各项繁殖性状的测定。

**四、实训案例**

将学生4～5人分为一组,要求每组统计15～20头母猪产仔哺乳记录资料,并设计繁殖性能记录统计表。

【自测训练】

**一、名词解释**

产仔数、情期受胎率、泌乳力、断奶窝重。

**二、问答题**

如何提高母猪的繁殖性能?

# 工作任务1-3　猪体型外貌评定

【基础知识】

## 一、猪的体尺测量

猪的体尺测量是用测量工具对猪的各部位体尺进行测量。常用的测量工具有测杖、圆形测定器、卷尺。这些工具在使用前要仔细检查,并调整到正确的读数。测量时要使被测个体站在平坦的地方,肢势保持端正。人一般站在被测个体的左侧。测具应紧贴所测部位表面,防止悬空测量。体型外貌评定中要测量的体尺指标主要有:

体高(鬐甲高):鬐甲顶点至地面的垂直距离。

荐高:荐骨最高点至地面的垂直距离。

体长:从两耳根连线中点沿背线到尾根处距离。

胸深:由鬐甲至胸骨下缘的直线距离(沿肩胛后角量取)。

胸宽:肩胛后角左右两垂直切线间的最大距离。

胸围:沿肩胛后角量取的胸部周径。

头长:自两耳根连线中点至吻突上缘的直线距离。

管围:在左前肢管部上1/3最细处量取的水平周径。

**二维码1-3-1　种猪体型外貌鉴定(视频)**

## 二、猪的外貌评定

### (一)猪体各部位的特征

一般将猪划分为头颈部、前躯、中躯和后躯4个部分。猪的外形特征因品种、地区和生产性能而不同。总体上讲，要求种猪结构匀称，身体各部位间结合良好而自然，体质强健，性征表现明显，符合种用要求。

1. 头颈部

强调头颈结合以及与整个体躯的比例是否匀称。头是表现品种特征最明显的部位。我国地方猪种常以头型作为分类的一个重要标准。头的大小应与体躯相一致，头大身小表示幼年营养受阻，头过小表示体质细弱，头过大则屠宰率低，故头大小适中为宜。虽然颈部是肉质最差的部位之一，但因为颈部与背腰是同源部位，颈部宽时，个体的背腰也就宽。故一般选择颈部宽厚且较长的个体留作种用。颈与头及与躯干结合良好，看不出凹陷。公猪颈宜粗短，以示其雄性的特征，而母猪颈宜稍细长些，以示其母性的特征。除了以上对头部和颈部的总体要求外，还应该注重对鼻、嘴、眼、耳等细部特征的选择。

2. 前躯

注意颈肩和肩背结合情况，凹陷说明发育不良。要求肩部宽平、肩胛角度适中、丰满，与颈结合良好，平滑而不露痕迹。鬐甲要宽平，因为鬐甲与背腰为同源部位。胸部要宽、深和开阔。胸宽则胸部发达，内脏器官发育好，相关机能旺盛，食欲较强。四肢要正直，长短适中，左右距离大，无 X、O 形等不正常肢势，行走时前后两肢在一条直线上，不宜左右摆动。前臂以平滑椭圆形为好，且粗端向前；腕不能臃肿；系部短而坚强、粗壮，稍许倾斜，过分倾斜或太长、卧系都是缺点；蹄的大小适中、形状一致，蹄壁角质坚滑、无裂纹。

3. 中躯

中躯是产肉较多的部位，要注意各部位间的结合。背部是生产优质肉的地方，要宽、平、直且长。背部窄、弓起，以及凹背都不好。凹背是脊椎或体质软化的象征，表示邻近部位脊椎相连的韧带松弛，是一个重要的缺陷。但应注意，年龄较大的猪，特别是母猪，背部允许稍微凹陷。腰部宜宽、平、直且强壮，长度适中，肌肉充实。胸侧要宽平、强壮、长而深，外观平整、平滑。肋骨开张而圆拱，外形无皱纹。皱纹多，是体质软弱和肌肉发育不良的外在表现。腹部容积要大，不下垂不卷缩。母猪腹部大小适中、结实而有弹性。腹过大而下垂则表明个体体质软弱；公猪腹下线宜平直，不能有吊腹和卷腹。肷要平而充实，肷部凹陷，表明体质软弱。有效乳头数不少于 12 个，无假乳头、瞎乳头、副乳头或凹乳头。乳头分布均匀，前后间隔稍远，左右间隔要宽，最后一对乳头要分开，以免哺乳时过于拥挤。乳头总体对称排列或平行排列，个别呈“丁”字形排列。

4. 后躯

臀和大腿是最主要的产肉部位，总体要求宽广而丰满。臀部要宽、长而平，可稍微倾斜，肌肉丰满。臀部长表明大腿发育良好，臀部宽阔则后躯开阔。母猪臀部宽阔，表明骨盆发达，产仔较多，分娩容易。后腿是经济价值最高的部位之一，要求厚、宽、长、圆，肌肉丰满，到飞节上部没有凹陷，肌肉分布一直延续到飞节。大腿下部皮皱，表示体质软弱，早熟性差。后肢间要宽，腿要正直，飞节角度要小，不能出现曲飞节、软系、卧系或球突。尾根要粗，向下渐小，发育良好。如果整条尾部都粗，表示性情粗野。尾巴长短因品种不同而要求不同，一般不宜过飞节，超过飞节是晚熟的特征。

5. 外生殖器

外生殖器是种猪的主要性征，要求种猪外生殖器发育正常，性征表现良好。公猪睾丸要大小一致、外露、轮廓鲜明且对称。母猪阴户发育良好，外阴过小预示生殖器发育不好和内分泌功能不强，容易造成繁殖障碍。

### (二)猪外貌评定方法及注意事项

外貌评定是根据品种特征和育种要求，对后备个体各部位进行外观评定的过程。评定时，人与被评定个体间保持一定距离，一般以3倍于猪体长的距离为宜。从正面、侧面和后面，进行一系列的观测和评定，再根据观测所得到的总体印象进行综合分析并评定优劣。

评定时主要看个体体型是否与选育方向相符，体质是否结实，整体发育是否协调，品种特征是否典型，肢蹄是否健壮，有何重要失格以及一般精神表现。再令其走动，看其动作、步态以及有无跛行或其他遗传疾患。取得一个概括认识以后，再走近畜体，对各部位进行细致审查，分析优劣。为减少主观性，通常采用评分鉴定，即根据一系列评分表来评定优劣。

父系种猪：总体要求体型结构、肢蹄结构健全，骨骼发育好；个体及其亲属无遗传缺陷；外生殖器发育好。公猪乳头数12个以上，乳头间隔适中。四肢距离宽，行动自然，前肢及后肢弹性好，两蹄大小相等。

母系种猪：总体要求体格、外生殖器、乳腺健全。没有干扰正常繁殖功能的缺陷或缺点，尤其是乳腺和骨骼。外生殖器发育正常，至少有6对以上距离适当和功能健全的乳头。乳头凹陷或结疤的小母猪，不应留种。

外貌评定时除要考虑各部位外形特点外，还应考虑猪的总体外貌特征。重点考虑皮肤、鬃毛、毛色和毛形等的特征。皮肤要柔软、强韧、均匀光滑、富有弹性。皮肤松弛且皱褶，表示体质软弱。鬃毛光泽而厚密，表示身体健康。鬃毛过少，表示体质软弱，抗病力差，特别不适于放牧饲养的环境条件。但炎热环境下猪鬃毛较少，是对环境适应的结果。毛色既是品种特征之一，也是重要的个体特征，故在育种中备受关注。猪的毛色种类很多，通常可分为白、黑、褐、花斑四大类。毛色由被毛中黑色素的种类和分布情况所决定。研究表明，猪毛色遗传较复杂，主要由五个基因座位控制，每个座位上又存在数量不等且具有显性等级的等位基因，并且还有控制毛色分布程度和花斑的修饰基因。

【实验实训】

## 1-3　猪体型外貌评定

### 一、实训目的

1. 能够指出猪体表各部位的名称。
2. 掌握猪的体尺测量的方法。
3. 掌握猪外貌评定方法。

### 二、实训材料与用具

供测猪若干头，测杖(或活动标尺)，卷尺(长2 m)，磅秤，圆形测定器，猪品种外貌鉴定标准，猪外貌鉴定评分表。

### 三、实训方法与步骤

#### (一)猪的体尺测量

猪的体尺测量，在断奶、6月龄和36月龄(成年)三个时期进行。测定时，首先校正测量工具，熟悉测杖、圆形测定器的使用方法。然后选择平坦、干净的场地，适当保定待测猪。

体重：早饲前空腹称重，单位 kg。

体长：从两耳根连线中点沿背线至尾根的距离。单位 cm，用卷尺量取。

体高：从鬐甲最高点至地面的垂直距离。单位 cm，用测杖量取。

胸围：沿肩胛后角绕胸一周的长度。单位 cm，用卷尺量取。

腿臀围：从左侧膝关节前缘，经肛门绕至右侧膝关节前缘的距离。单位 cm，用皮尺量取。

**(二)猪的外貌评定**

1. 先看猪的整体。察看猪的整体时，需将猪赶在一个平坦、干净和光线良好的场地上，保持与被选猪一定距离，对猪的整体结构、健康状态、生殖器官、品种特征等进行肉眼鉴定。

(1)体质结实，结构匀称，各部结合良好。头部清秀，毛色、耳型符合品种要求，眼睛明亮有神，反应灵敏，具有本品种的典型特征。

(2)体躯长，背腰平直或呈弓形，肋骨开张良好，腹部容积大而充实，腹底平直，大腿丰满，臀部发育良好，尾根附着要高。

(3)四肢端正结实，步态稳健轻快。

(4)被毛短、稀而富有光泽，皮薄而富有弹性。睾丸和阴户发育良好，乳头在 6 对以上，无反转乳头、瞎乳头、凹乳头等。

2. 再看关键部位。

(1)头、颈。头中等大小，额部稍宽，嘴鼻长短适中，上下颌吻合良好，光滑整洁，口角较深，无肥腮；颈长中等，以细薄为好。公猪头颈粗壮短厚，雄性特征明显；母猪头形轻小，母性良好。

(2)前躯。肩胛平整，胸宽且深，前胸肌肉丰满，鬐甲平宽无凹陷。

(3)中躯。背腰平直宽广，不能有凹背或凸背。腹部大而不下垂，肷窝明显，腹线平直。公猪切忌草肚垂腹，母猪切忌背腰单薄和乳房拖地。

(4)后躯。臀部宽广，肌肉丰满，大腿丰厚，肌肉结实，载肉量多。

(5)四肢。高而端正，肢势正确，肢蹄结实，系部有力，无卧系。

(6)乳房、生殖器官。种公、母猪都应有 6 对以上、发育良好的乳头，粗细、长短适中，无瞎乳头。公猪睾丸发育良好，左右对称，包皮无积尿；母猪阴户充盈，发育良好。

3. 依据猪品种的外貌鉴定标准，对供测猪进行外貌评分鉴定。学生以 4～6 人为一组，在教师指导下，分别鉴定 2～4 头猪，并将鉴定结果填入鉴定评分表中。

二维码 1-3-2 “猪体型外貌评定”技能考核及等级表(表格)

**(三)定级**

根据鉴定结果，确定等级。

【自测训练】

**一、名词解释**

体尺、体长、胸围、管围。

**二、简答题**

简述猪外貌评定的方法和步骤。

# 工作任务 1-4　猪生产性能测定

【基础知识】

## 一、生产肥育性能的测定

### (一)达到目标体重日龄

达到目标体重日龄是衡量猪生长肥育性能较为准确的一项指标。我国农业部畜牧兽医总站于 2000 年颁布的《全国种猪遗传评估方案》建议国内品种的目标体重一般为 75～90 kg,国外品种为 100 kg;在育种工作中,目标体重因选育阶段和要求不同而异。

在实际应用时,由于对测定猪无法正好在 100 kg 时称重,所以可以在体重的一定范围内(75～115 kg)进行称量,然后利用实测重量、日龄及性别,校正到达 100 kg 的日龄。国外养猪业认为,为了保证猪肉品质,生长育肥猪达 100 kg 体重的生长期应不短于 154 d。因此,多用 154 日龄体重作为指标。

### (二)平均日增重

猪在测定期内的平均日增重,单位为 g,计算公式如下:

平均日增重=(末重－始重)÷测定天数

测定时的开始体重(始重)与结束体重(末重),应根据测定猪的品种、测定目的的不同而异:对国外猪种,通常从体重 30 kg 开始,至体重 100 kg 结束;对地方猪种,通常从体重 20 kg 开始,至体重 75 kg 或 90 kg 结束。在表明日增重时,需说明开始和结束体重,因为日增重在不同生长育肥阶段的差异很大:日增重在生长育肥前期较低,后期较高;而到一定体重后,又呈平衡增长;达到体成熟后则停止生长。生长曲线呈 S 形。

### (三)目标体重背膘厚

即测定猪达目标体重的背膘厚。同样由于不可能正好在被测猪达到目标体重时测背膘厚,也需要将实测体重的背膘厚校正到目标体重的背膘厚,以利比较选择。

如加拿大用以下的校正公式:

$$校正背膘厚=实际背膘厚\times A\div[A+B\times(实际体重-目标体重)]$$

其中参数 $A$ 和 $B$ 随品种和性别而异,见表 1-4-1。

对活体测膘通常用 A 型或 B 型超声波测定仪测定,测定部位各国也有不同的规定,如加拿大规定用 A 型超声波测定仪测定 4 个点:背中线两个部位,每个部位在左右两侧距背中线 5cm 处各取一点,第三个部位在最后肋骨处,第四个部位在髋骨前 3.8cm 处,第三、四部位分别代表了最厚和最薄的背膘,然后用这 4 点的平均值作为背膘厚的值。用 B 型超声波测定仪只需测一个点,通

二维码 1-4-1　B 型超声波测背膘厚(视频)

常在倒数第 3 至第 4 肋骨之间。

**表 1-4-1　计算校正背膘厚所需参数***

| 品种 | 公猪 | | 母猪 | |
|---|---|---|---|---|
| | *A* | *B* | *A* | *B* |
| 大约克夏猪 | 12.402 | 0.106 530 | 13.706 | 0.119 624 |
| 长白猪 | 12.826 | 0.114 370 | 13.983 | 0.126 014 |
| 汉普夏猪 | 13.113 | 0.117 620 | 14.288 | 0.124 425 |
| 杜洛克猪 | 13.468 | 0.111 528 | 15.654 | 0.156 646 |

* 指所有其他品种都用大约克夏猪的参数。

### (四)饲料利用率

饲料利用率又称“料比”或“料重比”，计算公式如下：

饲料利用率＝饲料总消耗量÷总增重

在标准化的性能测定站，通常每头猪单栏饲养，用个体饲料消耗来计算。目前，已有采用群饲的测定设备。在没有上述设备时，有的采用群饲(4～5 头猪一圈)，记录群体总耗料量与群体总增重，如在自由采食条件下，其数字尚有一定的代表性。

猪的日增重和饲料利用率之间呈正相关性，其相关系数为 0.7～0.85。也就是说，日增重快的猪，其饲料利用率也高。但饲料利用率与猪的品种类型，特别是猪胴体的物理组成(瘦肉与脂肪的比例)的关系更大。一般来说，瘦肉型猪的饲料利用率高，脂肪型猪的饲料利用率低。同一头猪在不同体重阶段的饲料利用率也有差异，生长前期高，生长后期低。

### (五)采食量

猪的采食量是度量食欲的性状。在敞饲条件下，猪的平均日采食饲料量称为采食饲料能力或随意采食量，这是近年来在育种方案中日益受到重视的性状，但这是个很难度量的性状。有文献介绍：采食量的遗传力估计值为 0.20～0.45，平均为 0.30。采食量与日增重呈强正相关性，与背膘厚呈中等正相关性，与胴体瘦肉率呈负相关性。

## 二、肥育试验方案的制定

### (一)试验条件与要求

1. 品种要求

性能测定品种为国家级、省级或其他重点种猪场饲养的引进品种、培育品种、地方品种，每个品种应有 5 个以上公猪血统和不少于 80 头以上的本品种基础母猪群。

2. 试验猪个体要求

测定个体应当满足下列要求：品种特征明显，血缘清楚，有个体识别标记和完整的档案记录，2 代以上系谱清晰可查。有出生日期、初生重、断奶日龄和断奶重等完整的数据。个体发育正常，8～9 周龄体重约 20 kg，同窝无遗传缺陷，肢蹄结实，每侧有效乳头不少于 6 个。来源于窝产仔数达到该品种标准规定合格以上。同一批试验猪出生日期应尽量接近，先后相差不超过 10 d。

3. 试验组与头数的要求

试验组与头数应符合下列要求：①采用公猪性能测定方案的，要求来源于 5 个以上公猪血统的后代，从每头公猪的与配母猪中随机抽取 3 窝，每窝选 1 头公猪，共 15 头；②采用公猪性能与同胞性能相结合测定方案的，则在以上基础上，每窝增选 1 头去势公猪和 1 头小母猪，即每个测定组 3 头，共 45 头。

4. 试验猪健康要求

试验猪健康状况应达到下列要求：猪场近 2 年之内没有发生重大传染病；试验之前必须进行免疫注射；试验猪入试前 1 周完成驱虫和公猪去势。

### (二)试验前的隔离观察与预饲

试验猪试验前应进行 2 周左右预试，在此期间，饲喂试验前期料，以适应试验的饲养管理与环境条件，同时观察猪群的健康状况，若有发病猪，原则上应淘汰。

### (三)试验方法

1. 试验始末要求

经隔离观察预试 2 周左右，体重达到 25～30 kg 开始正式试验，当体重达到 90～100 kg 时结束试验。初始体重和结束体重均应连续 2 d 早晨空腹称重，取其平均值。同胞测定猪结束肥育试验后，应继续饲喂 2～3 d，空腹 24 h 后进行屠宰测定。

2. 测定性状

(1)生长育肥性状　自 25～30 kg 到 90～100 kg 体重阶段的平均日增重；达 90～100 kg 体重的日龄。

(2)饲料利用率　自 25～30 kg 到 90～100 kg 体重阶段每千克增重消耗的饲料量。

(3)活体背膘厚　90～100 kg 体重活体倒数第 3 至第 4 肋骨之间离背中线 4～6 cm 处背膘厚，用超声波测定仪测定。

以上为采用公猪性能测定方案时应测定的性状。若采用公猪性能与同胞性能相结合的测定方案，则除测定以上性状外，须同时进行同胞屠宰测定，测定胴体性状和肉质性状。

### (四)试验猪的饲养管理

第一，试验猪栏舍等环境和饲养管理条件应尽量一致，尽可能在一栋猪舍内、由同一个饲养员完成试验的饲养管理。

第二，应根据不同品种、不同生长阶段的营养需要，确定相应的营养水平和饲料配方。

第三，试验猪自由采食、自由饮水，应保持环境安静。

第四，试验过程中须及时做好饲料消耗、健康、治疗和称重等记录，并做好试验日志。

此外，各试验批次间的外环境、饲养管理条件和日粮营养水平力求基本稳定。

【实验实训】

## 1-4 猪生长肥育试验

**一、实训目的**

1. 了解猪生长肥育试验的测定内容。
2. 掌握猪生长性能的测定方法。
3. 掌握猪生长肥育试验方案的制定技术。

**二、实训材料与用具**

1. 试验猪群。
2. 饲料。
3. 磅秤。
4. 电子秤等。

**三、实训方法与步骤**

1. 明确猪生长肥育试验的测定内容。
2. 熟悉猪生长性能的测定方法。
3. 制定猪生长肥育试验方案。

二维码 1-4-2 "猪生长肥育试验"技能考核及记录(表格)

【自测训练】

**一、名词解释**

饲料利用率、日增重、活体背膘厚。

**二、问答题**

一般在生长肥育正式试验前有一个预试阶段,试阐述原因。

# 工作任务 1-5 猪胴体性状测定

【基础知识】

猪胴体性状测定是指对屠宰后的胴体进行品质测定,包括胴体组成测定和肉质测定两个部分。测定方法为受测猪屠宰前停食给水 24 h,称宰前体重,屠宰后进行胴体性状测定和肉质分析等。

## 一、胴体组成测定

1. 宰前体重

经 24 h 的断食(自由饮水)休息,称得的空腹体重。

2. 空体重

宰前体重减去胃肠道和膀胱内容物的重量。

3. 胴体重

放血,脱毛,去除头(从耳根后缘及下颌第一条自然皱纹处,经寰枕关节切下去头),去蹄

(从腕掌关节处切下去前蹄,从跗关节处切下去后蹄),去尾(从尾根皱纹处切下去尾),去除内脏(保留板油和肾脏),沿背中线劈开两半称重,总重即为胴体重。

4. 屠宰率

屠宰率是指胴体重占宰前体重的百分比。空体重屠宰率是指胴体重占宰前体重减去胃肠和膀胱内容物重之差的百分比。

5. 膘厚

用游标卡尺在肩部皮下脂肪最厚处、胸腰椎结合处和腰荐结合处三个部位测定三点膘厚(不含皮厚),求平均值(平均膘厚),或只在6～7肋间测定膘厚(一点膘厚)。反映膘厚指标时应说明测定部位。

6. 皮厚

用游标卡尺在6～7肋间测定皮厚。

7. 胴体长

用皮尺,在胴体倒挂状态下,从耻骨联合前缘中点至第一肋骨与胸骨结合处中心点测量胴体斜长;从耻骨联合前缘中点至第一颈椎前缘中点测量胴体直长。

8. 眼肌面积

在胸腰椎结合处垂直切下,用硫酸纸描出眼肌断面轮廓,用求积仪、图像仪或坐标纸计算面积。如无上述仪器,可用游标卡尺量出眼肌的高度和宽度,然后按公式求出面积:

$$眼肌面积(cm^2)=眼肌高\times眼肌宽\times0.7$$

9. 胴体瘦肉率

沿背、腹中线,将胴体对称剖成左、右两片。将左侧胴体去板油和肾脏,分离成瘦肉(含肌肉和肌间脂肪)、脂肪(含皮脂)、皮和骨四类,瘦肉重占瘦肉、脂肪、皮和骨四部分总重的百分比为胴体瘦肉率。与之相对应的还有脂肪率、皮率和骨率。

由于完全分离瘦肉、脂肪、皮和骨的工作量很大,且屠宰测定后猪肉商品价值降低的经济损失较大,所以胴体瘦肉率测定只能在同胞测定或小型试验中进行。

10. 板油比例

板油的重量占胴体重的比例。

**二维码 1-5-1　猪胴体性状测定(视频)**

**二维码 1-5-2　瘦肉型猪胴体性状测定技术规范**

## 二、肉质测定

1. pH

用精确到0.01的pH测定仪,于宰后45 min的热胴体眼肌中段切口中插入pH测定仪电极,使电极深入眼肌1 cm以上,读取pH 45(pH1);于宰后24 h取出0～4 ℃的冷却眼肌中段切开,将pH测定仪电极插入切缝量取pH 24(pHu)。

2. 系水力

指肌肉受外力(加压、加热、冷冻等)作用时保持其原有水分的能力,也称持水性或保水力。测定方法主要有两种:一是在屠宰后 1 h 内,在 13～14 肋骨间取背最长肌的肉样,测定其在一定机械压力和一定时间中的重量损失率,即肌肉失水率;二是取同样的肉样,将其悬挂后测定其在自然重力作用下在一定时间内的失水率,即滴水损失率。

3. 熟肉率

取左侧胴体的股二头肌,称重,并标上标号牌。水开时记录时间,煮 45 min,捞出挂晾 30 min 后称熟肉重。熟肉重占样品肉重量的百分比即为熟肉率。

4. 肉色

屠宰后 2 h 内,以胸腰结合处新鲜背最长肌的横断面,对照标准肉色图版,目测肉色、评分:1 分,灰白色;2 分,微红色;3 分,正常鲜红色;4 分,微暗红色;5 分,暗红色。以 3 分最佳,2 分和 4 分仍为正常,1 分则趋于 PSE 肉(肉质软、肉色淡和渗出液多),5 分趋于 DFD 肉(肉质硬、肉色深和干燥)。除目测外,也可用仪器测量,如分光光度计、肉色测定仪等,可以更客观地度量肉色。

5. 大理石纹

肌肉大理石纹反映肌肉纤维之间脂肪的含量和分布,是影响肉味口感的主要因子之一。测定方法:把胸腰结合处背最长肌垂直切断,取有该横切面的背最长肌 10 cm 左右长一段,在 4 ℃下存放 24 h,然后将该横切面与肌肉大理石纹评分标准图版对比,用目测评分:1 分,脂肪痕迹;2 分,脂肪微量;3 分,脂肪少量;4 分,脂肪适量;5 分,脂肪过量。

此外,还有肌肉嫩度、适口性等指标,但这些指标都要通过人品尝才能评判,主观性太强,而且工作量很大,因而很少测定。

【实验实训】

## 1-5 猪的屠宰测定

### 一、实训目的

1. 了解屠宰猪的程序。
2. 熟悉猪屠宰测定的内容。
3. 掌握猪屠宰测定的方法。

### 二、实训材料与用具

1. 试验猪。
2. 屠宰工具。
3. 屠宰测定记录表。
4. 电子秤、皮尺、游标卡尺等测量用具、仪器。

### 三、实训方法与步骤

#### (一)屠宰

(1)称重:供测猪达规定体重后,早晨空腹称重,第二天早晨空腹称重后加喂一顿,然后停食,第三天早晨空腹称重后屠宰;以 3 d 空腹重平均值作为宰前体重。

(2)放血、烫毛和煺毛：放血进刀部位是在颈后第一肋骨水平线下方，稍偏向颈中线右侧；猪一般经电麻后仰卧，刀由上前方向后下方刺入，割断颈动脉放血；血放净后，将宰体在60～68 ℃的热水中烫3～8 min，然后煺毛(煺毛后不吹气)。

(3)开膛：用刀自肛门起沿腹中线至咽喉左右平分剖开体腔，除去全部内脏(保留肾脏和板油)。

(4)劈半：用刀沿脊柱(背中线)先划开背部皮肤和脂肪，然后沿脊椎骨(中线)砍成左右对称的两半，尽量保存左侧半片的完整性，以便进行胴体测定。

(5)切除头、尾、蹄：

去头：从耳根后缘及下颌上第一条自然横褶切开至喉部，切断喉与气管，将喉留于头部，然后切断寰枕关节，割下猪头。

去尾：紧贴肛门切断尾根，避免突出或凹进。

去蹄：前蹄在腕关节切开，切断腕掌关节；后蹄在跗关节内侧面切断第一跗间关节。

**(二)胴体测定**

(1)宰前体重：经24 h的断食(自由饮水)，称得体重即为宰前体重。

(2)胴体重：屠宰后去头、蹄、尾和内脏(保留肾脏和板油)，劈半，分别称量左、右半胴体，两侧胴体的总重量即为胴体重。

(3)空体重：宰前体重减去胃肠道和膀胱内容物重，即为空体重。

(4)屠宰率：

$$屠宰率=胴体重\div 宰前体重\times 100\%$$

$$空体重屠宰率=胴体重\div(宰前体重-胃肠道和膀胱内容物重)\times 100\%$$

(5)膘厚：用游标卡尺在肩部皮下脂肪最厚处、胸腰椎结合处和腰荐结合处三个部位测定三点膘厚，求平均值(平均膘厚)，或只在6～7肋间测定膘厚(一点膘厚)。

(6)皮厚：用游标卡尺在6～7肋间测定皮厚。

(7)眼肌面积：在胸腰椎结合处垂直切下，用硫酸纸描出眼肌(背最长肌)断面的轮廓，用求积仪、图像仪或坐标纸计算面积；如无上述仪器，可用游标卡尺量出眼肌的高度和宽度，然后按公式求出面积：

$$眼肌面积(cm^2)=眼肌高\times 眼肌宽\times 0.7$$

(8)胴体长：将左半片胴体倒挂，测量从耻骨联合前缘中点至第一颈椎前缘中点的长度，称为胴体直长；从耻骨联合前缘中点至第一肋骨与胸骨结合处中心点的长度，称为胴体斜长。

(9)胴体瘦肉率：取左半片胴体，先剥离板油和肾脏，再分离肉(肌肉)、骨、皮、脂；在分离时，肌肉和肌间脂肪不另剔出，须尽量减少作业损耗(控制在2%以下)；然后分别称肉、骨、皮、脂的重量，并计算各组织占胴体的百分比。其计算公式为：

$$胴体瘦肉率=肌肉总重\div(骨重+皮重+脂重+肉重)\times 100\%$$

骨、皮、脂比率的计算公式同上。

$$作业损耗=[左半片胴体重-(骨重+皮重+脂重+肉重)]\div 左半片胴体重\times 100\%$$

**(三)肉质测定**

(1)熟肉率。

(2)pH。
(3)系水力。
(4)肉色。
(5)大理石纹。

**四、实训案例**

将学生分为3～5人一组,每组1头试验猪,试验猪宰杀后,由学生现场进行屠宰测定,并填写屠宰测定记录表。

二维码 1-5-3 如何使用质构仪测试肉的系水力(视频)

二维码 1-5-4 “猪的屠宰测定”技能考核及记录(表格)

【自测训练】

**一、名词解释**

屠宰率、胴体瘦肉率、胴体斜长、大理石纹、系水力、DFD肉、PSE肉、胴体重。

**二、问答题**

1. 简述猪屠宰测定的程序。
2. 如何测定猪肉系水力?

二维码 1-5-5 全国种猪遗传评估方案

二维码 1-5-6 遗传评估性状测定规程

二维码 1-5-7 遗传评估数据记录系统标准

# 工作任务1-6 种猪的选留

【基础知识】

## 一、选种方法

猪的主要选种方法有个体选择、同胞选择、系谱选择、后裔测验和合并选择等。不管哪种方法所取得的遗传进展,都决定于选择差(选择强度)、性状的遗传力及世代间隔三个主要因素。

### (一)个体选择

根据种猪本身的一个或几个性状的表型值进行选择的方法叫作个体选择。个体选择是应用最早、最多的选择方法。对于胴体品质和生长速度等高、中等遗传力性状，采用个体表型选择是有效的。为了充分发挥个体选择的作用，要注意以下几点：

第一，采用个体选择，要通过缩短世代间隔来实现加速遗传改进。为此，育种场的青年母猪比例势必提高，成年母猪比例减少，这就造成育种场的经济负担重。

第二，如选择的主要性状为日增重和6月龄背膘厚，仔猪断奶时就不要大量淘汰，应多留后备幼猪参加发育测定。

第三，为了使个体选择能在稳定的环境条件下进行，有条件的地区可建立种猪测定站，这样所获取的结果更加可靠与准确。

### (二)同胞选择(同胞测验)

同胞选择就是根据全同胞或半同胞的候选性状平均表型值进行选择的选种方法。这种选种方法的特点，就是能够在被选个体留作种用之前，即可根据其同胞的肥育性能和胴体品质的测定材料做出判断，可缩短世代间隔；对于一些不能从公猪本身测得的性状，如产仔数、泌乳力等，可借助于全同胞或半同胞姐妹的成绩作为选种的依据。

同胞测验是用4头供测验全同胞的平均成绩作为同胞鉴定的依据。一般而言，2头半同胞的平均成绩可作为1头全同胞的鉴定依据。同胞选择在猪选种上的应用比系谱选择要广泛得多。同胞选择同时又是对几个亲本的后裔测验。

### (三)系谱选择

系谱选择是根据父母双亲及有亲缘关系的祖先的表型值进行选择的选种方法。因此，这种方法必须有系统、完整的育种档案资料。

系谱选择的准确度取决于以下几个因素：①被选个体与祖先的亲缘关系越远，祖先对被选个体的遗传影响就越小。②选择的准确度随选择性状遗传力的大小而异，遗传力越高，选择的准确度就越大。③在不同时间、不同环境条件下所得的祖先的性能记录，对判断被选个体的育种值作用不大。④在没有祖先系谱和生产性能详细记录，以及缺乏同期群体平均值的比较资料的情况下，系谱选择的作用很小。

### (四)后裔测验

在条件一致的环境下，按被测后裔的平均成绩来评价亲本的优劣，此法称为后裔测验。在评比公猪时，一般是以所配的20头母猪的40个后裔(每窝2头去势公猪)的平均日增重及胴体性状作为评定指标。被测验阉公仔猪在体重20 kg前送到测定站，测定20～90 kg阶段的日增重、饲料利用率以及90 kg屠宰时的胴体品质指标，作为选种鉴定的依据。

但近年来情况有所改变，主要是后裔测验改良速度较慢，一头公猪从参测到有后裔测定结果后才能大量使用，需要近一年的时间，延长了世代间隔，影响了选种效率。后裔测验仅在以下情况使用：①被选性状的遗传力低或是一些限性性状；②被测公猪所涉及的母猪数量很大，为采用人工授精的公猪。

### (五)合并选择

合并选择是根据个体本身的成绩并结合同胞测验的成绩进行选择，即对公猪进行个体测验的同时，对其他两头全同胞进行肥育测定。合并选择方法能有效地利用两种来源的信息，即来自个体表型值的信息与来自个体同胞的信息。应用这种方法，可以对公猪的种用价值尽早地做出评价，并可以达到与后裔测验相似的准确性。

## 二、后备猪的选留

### (一)断奶阶段

应根据父母和祖先的品质、同窝仔猪的整齐度以及本身的生长发育(断奶重)和体质外形进行鉴定。外貌要求符合本品种特征，无明显缺陷、失格和遗传疾病。失格主要指不符合育种要求的表现，如乳头数不够、排列不整齐，毛色和耳形不符合本品种要求等；有效乳头数一般要求：国外猪种不少于 6 对，地方猪种不少于 7 对。遗传疾病如疝气、乳头内翻、隐睾等。此期一般要求按小母猪 3～5 倍、小公猪 5～8 倍预选。

### (二)6 月龄阶段

通过审查本身的生长发育资料，并参照同胞测定资料，基本上可以反映其生长发育和育肥性能的好坏。这个阶段的选择强度最大，如日本实施系统选育时，这一阶段的淘汰率达 90%。6 月龄重点选择从断奶至 6 月龄阶段的体重或日增重、背膘厚和眼肌面积(活体测量)和体长，同时应结合体质外貌和性器官的发育情况，并参考同胞生长发育和胴体性状等资料进行选种。具体应注意以下几点：①体形结构匀称，身体各部位发育良好，体躯长，四肢强健，体质结实。背腰结合良好，腿臀丰满。②健康，无传染病(主要是慢性传染病，如气喘病)，有病的即予淘汰。③性征表现明显：公猪要求性欲旺盛，睾丸发育匀称；母猪要求阴户和乳头发育良好。④食欲好，采食速度快，食量大，更换饲料时适应较快。

## 三、鉴定种猪的选留

### (一)鉴定母猪的选留

此时母猪已有初产繁殖成绩，必须以本身的繁殖成绩为主要依据。尽管该母猪在断奶阶段选留时，已考虑过其亲代的繁殖成绩，但难以具体说明它本身繁殖力的高低。当母猪已生产第一窝仔猪并达到断奶时，首先淘汰生产的仔猪出现畸形、脐疝、隐睾和毛色、耳形等不符合育种要求的母猪和公猪，然后再按母猪繁殖成绩，将选择指数高的留作种用或转入育种核心群。日本母猪产后留种率为 40%，而我国种猪场此时的淘汰率一般很低。

### (二)鉴定公猪的选留

投产公猪的鉴定，一般仍以该公猪的生长速度为主、繁殖成绩为辅的原则，结合活体测定膘厚和眼肌面积结果，进行选留。种公猪的繁殖成绩可用它的全部同胞兄妹和这头公猪的全部女儿繁殖成绩的均值为代表。

一头后备种猪由小到大需经过三次选择：断奶阶段、6 月龄阶段和初产阶段。目前，我国种猪场的种猪选择强度不大：一般要求公猪(3～5)∶1，母猪(2～3)∶1。

【实验实训】

## 1-6 后备母猪的选留

### 一、实训目的

1. 理解后备母猪选留的原理。
2. 掌握后备母猪选留的方法。

### 二、实训材料与用具

1. 试验猪。
2. 本身的性能记录资料。
3. 系谱。
4. 亲本的性能记录资料。

二维码 1-6-1 种猪的选留(视频)

二维码 1-6-2 “后备母猪的选留”技能考核及种猪评定分级登记表(表格)

### 三、实训方法与步骤

1. 选留时间的确定。
2. 选留依据:包括亲本的要求和本身的要求。

### 四、实训案例

将学生 3～5 人分为一组,分组讨论后备母猪选留的时间和方法。

【自测训练】

### 一、名词解释

合并选择、同胞选择。

### 二、问答题

1. 简述后备母猪的选留方法。
2. 在进行个体选择时,应注意哪些问题?

# 工作任务 1-7 商品猪生产模式和种猪繁育体系

【基础知识】

## 一、商品猪杂交生产模式

杂交优势指两个或两个以上不同品种(品系)猪经过杂交,其后代的某些性状如生长速度、生活力、繁殖率、抗逆性等优于亲本的现象。猪的产仔数、泌乳力、生长速度、饲料利用率、瘦肉率等,是由对应的一对或多对不同的基因决定的,因此,各性状的杂交优势的表达程度各异。

遗传力低的性状容易获得杂交优势，如产仔数、初生个体重和断奶窝重等；相反，遗传力高的性状难以获得杂交优势，如背膘厚、眼肌面积等；亲本的遗传基础差异越大，杂交优势的表现就越明显，如瘦肉型猪×脂肪型猪、北方品种×南方品种等；当然，不同的杂交组合和杂交方法，会直接影响杂交效果。

## (一)杂交生产模式

### 1. 二元杂交

二元杂交(即简单杂交)是指以两个品种或品系的公母猪杂交，直接利用杂种一代的杂交优势(后代作商品猪)的杂交方式，如长白公猪与大约克夏母猪或大约克夏公猪与长白母猪杂交等。

优点：组织方式简单，后代可获得最大的杂交优势，并只需一次配合力测定就可筛选出最佳的杂交组合。

缺点：由于父本和母本都是纯种，因而其父本和母本本身无杂交优势，并且杂种的遗传基础不广泛，因而不能利用多个品种的基因加性互补效应。

本地品种和培育品种的繁殖性能、适应性比国外品种的好，国外品种的生长、胴体性能比本地品种和培育品种的好。在这种杂交模式中，洋土杂交时，父本应选用国外瘦肉型品种，母本用本地品种；二洋杂交时，父本应选用生长速度快、饲料报酬好、胴体瘦肉率高的杜洛克猪等品种，母本可选用繁殖性能好、适应性强的大约克夏猪、长白猪等品种。

### 2. 三元杂交

三元杂交是先用两个品种简单杂交，产生在繁殖性能方面具有显著杂交优势的母本，再用第三个品种作父本与其杂交，生产三元杂种商品育肥猪。A 品种的公猪与 B 品种的母猪杂交，在其后代中选择优良的 $F_1$ 杂种母猪(AB)再与 C 品种的公猪杂交，所产的后代作商品育肥猪。三元杂种的育肥效果一般比二元杂种的更好。

优点：不但终端产品(三元杂种)可获得最大的杂交优势，而且第二母本本身也有杂交优势，表现为三元杂种仔猪的初生窝重和断奶窝重较大。

缺点：①必须同时维持三个品种，才能完成整个杂交过程，制种较复杂，时间较长，一般需要 2 次配合力测定。②终端父本本身无杂交优势。

### 3. 四元杂交

四元杂交是先以四个品种或品系两两杂交，然后再在两类杂种间进行杂交，产生四元杂种商品猪。A 品种的公猪与 B 品种的母猪杂交，其后代公猪再跟 C 品种公猪与 D 品种母猪杂交所得后代的母猪杂交，获得的商品育肥猪具有 ABCD 四个品种的优势。

优点：①可充分利用父本、母本和后代的杂交优势，遗传资源优势更广泛，从而产生较大的杂交优势。②可以充分利用杂种公猪的杂交优势，表现为配种能力强。

缺点：要保持四个纯种，组织工作很复杂。

## (二)杂交亲本的选择

### 1. 母本品种的选择

在选择杂交用的母本品种时，应考虑以下两个方面。

(1)适应性　母本品种应对特定的气候和饲养管理条件有良好的适应性。

(2)繁殖性能　根据生产性能选用母本时,应把繁殖性能放在第一位。

实践证明,用本地母猪作母本,与瘦肉型公猪杂交时,尽管母本的繁殖性能好,但也把母本的生长速度慢、饲料利用率差、胴体瘦肉率低等特征传给了杂种后代。

2. 父本品种的选择

二元杂交所用的父本,应选用生长速度、饲料利用率和胴体瘦肉率高,外形结构良好的品种作父本。多元杂交时,终端父本的要求与上述相同,但第一父本的杂种后代,还要挑选 $F_1$ 母猪作第二次杂交的母本用,因此,选第一父本除了考虑具有良好的生长发育能力和瘦肉率外,还要考虑它对杂种后代繁殖性能的影响,兼顾对繁殖性能的选择。

### (三)杂交组合及其配合力

在杂交生产中,一般而言,杂交亲本间的遗传差异越大、观察性状的遗传力越低,则杂种子代的杂交优势就越大;繁殖性状的遗传力低,杂交优势强;生长性状的遗传力中等,有一定的杂交优势。在确定杂交生产模式后,需在杂交配合力试验的基础上,筛选出杂交优势最强的杂交组合。

## 二、繁育体系建设

完善的繁育体系包括育种场(群)、繁殖场(群)和商品场(群)。一般育种群规模较小,但要求高,需要繁育、推广优质父母本纯种,以满足繁殖场(群)的父母本种源。这样一种三层次的繁育体系就如同一个金字塔。

1. 育种场

育种场处于金字塔式繁育体系的最高层,主要进行纯种的选育提高和按照不断变化的市场需求培育新品种(系)。

2. 繁殖场

繁殖场处于金字塔式繁育体系的中间层,主要进行来自核心群种猪的扩繁,特别是纯种母猪的扩繁和杂种母猪的生产,为商品场提供纯种或杂种后备母猪,保证生产一定规模的商品育肥猪的需要。同时,繁殖场按特定繁育体系的要求,生产杂种公猪,为商品场提供杂交所需的杂种父本。

3. 商品场

商品场处于金字塔式繁育体系的最底层,构成繁育体系的基础。

育种核心群的选育成果,经过繁殖场到商品场才能表现出来,育种场的投入在商品场才有产出。因此,商品场获得的利润,应该拿出一部分再投入育种场,进一步选育提高核心群的质量,生产出更好的商品猪,使商品场最终获得更多的利润,从而形成一个良性循环的统一的繁育体系。

【实验实训】

## 1-7　三元杂交繁育体系的建立

### 一、实训目的

1. 了解猪繁育体系建立的方法和步骤。

2. 掌握特定杂交繁育体系的建立方法。

**二、实训材料与用具**

1. 实验报告纸。
2. 计算器。

二维码 1-7-1 “三元杂交繁育体系的建立”技能考核(表格)

**三、实训方法与步骤**

1. 三元杂交模式的建立。
2. 繁育体系的建立。
3. 分析繁育体系各层次的功能。

**四、实训案例**

根据繁育体系建立的原理和方法,评价猪场的繁育体系。

【自测训练】

**一、名词解释**

二元杂交、三元杂交、杂交优势。

**二、问答题**

试述三元杂交的优缺点。

# 项目2
# 猪的繁殖技术

**能力目标**

- 能够进行母猪发情鉴定；
- 学会猪人工授精技术；
- 掌握母猪妊娠诊断技术；
- 掌握分娩母猪接产技术。

**知识目标**

- 理解猪繁殖的基础理论知识；
- 掌握母猪发情鉴定、人工授精、妊娠诊断和分娩母猪接产的技术要点。

## 工作任务 2-1　母猪发情鉴定

【基础知识】

### 一、母猪发情的生殖生理

#### (一)初情期

母猪的初情期受品种、饲养管理条件、饲料营养和气候等方面的影响，不同品种的初情期差异较大。我国本地猪种多属于性成熟较早、体型偏小、对环境适应性较强的脂肪型和兼用型品种，一般在3月龄左右就表现出发情征状；而国外猪种多属于性成熟较晚、体型偏大、抗逆性较差、对饲料营养要求较高和生长速度较快的瘦肉型品种，一般在6～8月龄开始发情；培育品种介于地方猪种和国外猪种之间，其初情期一般在5～7月龄。

#### (二)性成熟

猪的性成熟主要表现为副性征发育达到完善的程度，性器官中开始形成成熟的生殖细胞——精子和卵子，产生性激素，出现各种性行为表象，公、母猪能够交配和受精，并可完成妊娠和胚胎发育过程。猪的性成熟期与品种、性别、气候、营养和管理等因素有密切关系。

根据我国猪种情况，大致可划分为早熟品种、中熟品种和晚熟品种三类：地方猪种一般多属早熟品种，性成熟时间一般为3～5月龄；培育品种的性成熟时间一般为5～7月龄；国外引入的瘦肉型猪品种和瘦肉型猪培育品种的性成熟时间一般为6～8月龄。

猪达到性成熟绝不等于已经可以进行配种和繁殖，因为猪的性成熟期和体成熟期的年龄是不一致的。当猪达到性成熟时，其身体的生长发育还在继续进行，一般要求在体成熟以后才能进行交配，以更好地发挥猪的生产性能和延长利用年限。

### （三）性周期及其影响因素

1. 性周期

在母猪性成熟以后，卵巢周期性地进行着卵泡成熟和排卵过程。而随着每次排卵，母猪的体态和行为，尤其是内外生殖器官都会发生一些生理和形态变化。这些变化随着排卵周期性地不断重复。因此，把母猪从上一次排卵到下一次排卵的这段时间内机体和生殖器官发生的周期性生理变化过程称为性周期。猪属于多周期发情动物，即在一年中如果没有配种并妊娠，母猪的性周期将重复发生。母猪的性周期也称发情周期。

2. 影响母猪性周期的因素

饲养管理及营养供应直接影响母猪的性周期。要使母猪保持正常的性周期，就需供给较多而全面的营养物质，要特别注意日粮中蛋白质的数量和品质，维生素A、维生素D、维生素E的含量，钙、磷和食盐等矿物质的供应。要保持母猪适宜的繁殖体况，不能过肥或过瘦；如果体况过肥或过瘦，都会影响性周期的正常进行。此外，温度、光照等外界环境条件对母猪的性周期也有一定影响。在封闭式猪舍中，要注意调节室内光照、空气和温湿度。

### （四）猪的发情

猪是多周期发情家畜，常年发情。经产母猪发情一般在断奶后5～10 d；有的母猪分娩后也会出现发情，一般在分娩后3～6 d内出现发情征状，但不排卵；有的母猪泌乳期内也会发情且排卵，交配后可正常怀孕，发情时间一般在泌乳1个月左右。有的母猪怀孕后仍有类似发情的表现，一般在怀孕后23～32 d和怀孕后75 d到产仔这两个时间段，易出现假发情。

1. 发情周期

发情周期是指前后两次发情的间隔时间。猪的发情周期一般为18～23 d，平均为21 d，地方品种为18～21 d，杂种为20～22 d，国外品种为20～23 d。猪的发情周期分为发情前期、发情期、发情后期和休情期四个阶段。

发情前期：是性周期开始阶段，此时母猪生殖器官发生很大的变化：输卵管内壁细胞生长，纤毛数量增加，子宫角的蠕动加强，子宫黏膜内的血管分布大量增加，阴道上皮组织也增生增厚；发情前期的时间为1～2 d。

发情期：是母猪性周期高潮时期，母猪表现出很强的性欲，发情征状更加明显，发情期1～2 d，此时的母猪接受公猪爬跨，是适宜配种的时期；如果排出的卵子未受精，就过渡到发情后期。

发情后期：此时母猪性欲减退，拒绝公猪爬跨；卵巢中形成黄体，并分泌孕酮，子宫黏膜增生和黏液分泌停止，体内各性器官的生理活动逐渐恢复到平常生理状态；这一阶段历时约2 d。

休情期：是各性器官生理活动相对静止期，性器官没有显著的性活动过程，卵巢中黄体逐渐萎缩消融，新的卵细胞开始发育，逐渐过渡到下一个发情周期。

2. 发情持续期

发情持续期是指一次发情所持续的时间。一般为2～5 d，平均2.5 d，但因季节、品种、年龄等不同而异：一般春季短，国外品种短（除长白猪外），老年母猪短。

3. 发情征状

母猪在发情期除内部生殖器官发生一系列变化外，其外部征状也很明显。发情母猪的外部特征主要表现在行为和阴户的变化：发情的母猪食欲减退，精神不安，爬跨其他猪；外阴部先红肿，后有黏液流出；后期静止不动、两耳直立、尾向上举，此时母猪排尿频频，喜欢接近公猪，等待交配。母猪外阴部肿胀时间最短4～5 d，最长可达10 d，平均7 d左右。

二维码 2-1-1　后备母猪发情鉴定（视频）

二维码 2-1-2　后备母猪催情（视频）

## 二、母猪不发情的原因和解决方法

造成母猪不发情的原因很多，但主要与猪的遗传缺陷、品种、饲养管理方式（饲养密度、光照）、营养状况和疾病等因素有关。

### （一）遗传原因

由于选种不严格，使一些遗传缺陷得以延续，造成母猪不发情和繁殖障碍。如母猪雌雄间体，即从表面看是母猪，肛门下面有阴蒂、阴门和阴唇，但腹腔内无卵巢却有睾丸。另外，生殖道有生理疾患，如阴道管道形成不完全、子宫发育不全等。在实际生产中，上述生殖器官缺陷较难发现，一旦发现长期不发情的后备母猪，必须淘汰。要避免遗传因素，就必须加强选种工作：一是严格查验要留母猪的祖先系谱，对上几代有遗传疾患的母猪不能留作种用；二是严格检查要留母猪的外生殖器官发育情况，对生殖器官存在缺陷的母猪不能留作种用。

### （二）品种原因

猪的品种对发情有重要的影响。我国地方猪种大多为早熟品种，只要日粮的营养水平不是过低，或母猪体况过瘦、过肥，不发情的比例很小；而国外引进的瘦肉型猪种，在饲喂正常情况下，晚发情和不发情的比例较高。对安静发情的母猪，除用公猪试情外，必要时可注射PMSG（孕马血清促性腺激素）400～1 000 IU，若3 d后仍未发情，则再注射400～1 000 IU，或加注HCG（人绒毛膜促性腺激素）200～500 IU，还不发情的母猪则应淘汰。

### （三）营养原因

营养不良是造成母猪不发情的主要原因之一，母猪体况过瘦或长期缺乏某些与繁殖有主要关系的营养因子，如能量、蛋白质、维生素和矿物质等，使某些内分泌腺的功能出现异常，导致母猪不发情。如果母猪的营养过剩，体形过度肥胖，造成卵巢脂肪化，也会影响发情。为防止母猪营养不良或营养过剩，应该合理饲养管理母猪，饲料的营养水平应严格按饲养标准，防止体形过瘦或过肥，但实践中更要注意看膘饲喂，以保持正常的繁殖体况。有条件的应饲喂些优质青绿饲料。

#### (四)环境因素

当夏季环境温度长期在 30 ℃以上时，母猪卵巢的性功能会受到抑制，此期母猪断奶后的不发情率比其他季节明显要高，初产的青年母猪受的影响更大。母猪长期饲养在黑暗或一直被阳光照射的环境中，对母猪的发情都会产生不利影响。试验证明，每日光照超过 12 h，可能会对母猪的发情活动产生抑制作用。为了防止温度和光照对母猪发情的不良影响，应为母猪提供适当的光照和环境温度条件。目前，较有效的防暑降温措施有下列几种：采用空调或湿帘负压通风设备降温，或用隔热保暖建筑材料建造猪舍，或淋浴降温、滴水降温、喷雾水降温和增加通风等。饲养密度过大过小都会使后备母猪初情期延迟，群养母猪的规模以每圈 6 头左右为宜，一般认为饲养密度以每头母猪占地面积 1.2～2.5 $m^2$ 为宜。

#### (五)疾病原因

生殖道炎症和其他疾病，如子宫炎、阴道炎、部分黄体化和非黄体化的卵泡囊肿等可造成母猪不发情或繁殖障碍。对上述疾病要对症下药，及时治疗，以促使母猪恢复正常发情。乙型脑炎、伪狂犬病、细小病毒病等疾病都会导致母猪不发情或延迟发情，甚至繁殖障碍，上述疾病必须以预防为主，按免疫程序用疫苗预防。

### 三、母猪假发情的原因

#### (一)真假发情的区别

假发情母猪发情征状不明显，发情持续时间也短，一般只有 1～2 d。

假发情母猪在行走时尾巴自然下垂或夹于两腿之间，而不是举尾摇摆。

假发情的母猪不允许公猪爬跨。

#### (二)假发情的原因

饲养管理水平低，母猪营养状况差。

气候多变，生殖道疾病造成内分泌紊乱。

### 四、促进母猪发情的措施

为使母猪达到多胎高产，促使不发情和屡配不孕的母猪正常发情排卵，在调整和加强饲养管理的基础上，可采取人工催情措施。

#### (一)异性诱导

将试情公猪赶至不发情母猪圈内 2～3 h，连续 2～3 d，促使母猪在异性刺激下达到正常发情。

### (二)科学饲喂、控制膘情

母猪膘情与发情的关系密切,只有供给营养平衡的日粮,合理饲喂,才能保持母猪良好的繁殖体况,保持和促进母猪正常发情。经常给母猪适量的青绿多汁饲料,能有效地促进母猪发情。

二维码 2-1-3　诱情公猪结扎(视频)

### (三)断奶群养

泌乳母猪断奶时,实行去母留仔,把母猪转入空怀待配舍或妊娠舍,小群圈养,能有效地促进母猪提早发情,缩短发情间隔期,增强发情征状。把返情母猪转出并圈小群圈养,有同样效果。

### (四)按摩乳房

实践证明,对不发情母猪,每天早晨按摩其乳房 10～30 min,连续 3～10 d,可刺激发情。

也可通过给母猪注射激素促使发情,但建议**慎用**。

【实验实训】

## 2-1　母猪发情鉴定

### 一、实训目的

1. 掌握母猪发情的鉴定方法。
2. 能找出发情母猪,并鉴定母猪的发情阶段。

### 二、实训材料与工具

1. 若干头发情母猪。
2. 试情公猪。

### 三、实训方法与步骤

1. 行为观察法。
2. 阴部观察法。
3. 试情法。

### 四、实训案例

结合本次任务所学内容,找出教学猪场发情母猪,并说明理由。

二维码 2-1-4　母猪发情鉴定(动画)

二维码 2-1-5　“母猪发情鉴定”技能考核(表格)

【自测训练】

### 一、名词解释

性成熟、发情周期、发情持续期、发情。

## 二、问答题

1. 母猪发情的征状有哪些？
2. 母猪发情鉴定的主要方法有哪些？

# 工作任务 2-2 猪的人工授精

【基础知识】

## 一、采精前的准备工作

1. 器材的清洗与消毒

采精用的所有器材，均应确保清洁无菌。器材用 2%～3%的碳酸氢钠或 1%～1.5%的碳酸钠溶液洗刷后，务必立即用清水冲洗干净，不留残迹，然后经过严格消毒方可使用。消毒方法因各种器材质地不同而异。

2. 采精杯的准备

将盛放精液用的食品保鲜袋或聚乙烯袋放进采精用的保温杯中，将袋口外翻罩住保温杯口，工作人员将消毒过的四层纱布盖在杯口上，用橡皮筋套住，连同盖子，放入 37 ℃的恒温箱中预热，冬季尤其应引起重视。采精时，拿出保温杯，盖上盖子，然后传递给采精员；当处理室距采精室较远时，应将保温杯放入保温箱内，然后送到采精室；这样做可以力求采集的精液与集精杯内温度接近，减少低温对精子的影响。

3. 检查精液品质器材的准备

先将显微镜调好焦距备用，把显微镜加热板放在显微镜载物台上，用标本夹固定好，打开电热板控制器电源开关，把设定温度调到 37 ℃后再调到测温状态，准备好两块洁净的载玻片和两块洁净的盖玻片放在加热板上预热。将电子秤、密度测定用品等准备好。

4. 公猪的准备

应经常保持公猪全身清洁，若包皮处阴毛太长，则要用剪刀剪短。采精之前，应将公猪尿囊(包皮)中的积尿挤净，并用毛巾擦干净包皮部，避免污染精液，减少有关疾病传播，以提高母猪的情期受胎率和产仔数。

5. 采精室的准备

采精前先将假母猪台周围清扫干净，特别是公猪精液中的胶体，一旦溅落地面，公猪踩踏到则很容易打滑，造成公猪扭伤而影响生产。安全区应避免放置物品，以利于采精人员因突发事情躲避到该区。采精室地面应避免积水、积尿，不能放置无关杂物，通风和采光良好，室内和周围环境应安静，以免影响公猪的射精。

6. 采精员的准备

采精员应穿工作服，将公猪赶入采精室，清洁猪体后，右手应戴上双层无毒的一次性手套，带上纸巾、采精杯等，准备采精。

## 二、采精方法

猪的采精方法主要有假阴道法和徒手法两种。

假阴道采精法：借助模仿母猪阴道功能的器具进行采精，这种方法需要特制的假阴道器具等，且清洗很费时，操作较烦琐，现在生产上已很少采用。

徒手采精法：这种方法所需设备如采精杯、手套、纱布等，简单易得，不需特制设备，操作简便，是目前被国内外养猪界广泛应用的方法。

二维码 2-2-1　公猪采精技术(动画)

## 三、精液品质检查

采精结束后，应立即进行精液品质的常规检查。检查的内容包括精液的体积(重量)、气味、色泽、活力、精子密度和精子畸形率。关于精子的形态检查，成年公猪一般每个月检测一次即可；但鉴定公猪最初几次产的精液，每次都须检查，如经检查几次结果都正常以后，也可每个月检测一次。

二维码 2-2-2　猪精液品质检查(视频)

1. 体积(重量)

成年公猪的一次采精量平均 250 mL，但范围可为 150～500 mL。建议用电子秤称量精液的重量，由于猪精液的比重接近 1(为 1.03)，所以，1 g 精液的体积约等于 1 mL。

2. 气味

正常的新鲜精液只有一点腥膻味。气味异常的精液包括：①精液臊味很大，可能是受包皮积液污染；②精液有臭味，则可能混有脓液。气味异常的精液必须废弃，且需查出原因，及时处理。

3. 色泽

正常的精液呈浅灰白色到浓乳白色，而公猪刚射出的浓份精液则呈奶油色(略偏黄)。异常精液有血精(呈红色)、脓精(呈绿色)，均应废弃。

4. 活力

活力是指精液中呈直线前进运动的精子数占总精子数的百分比。

精子活力受温度的影响很大，检查前应将放置显微镜等的保温箱预温至 35～38 ℃，检查在保温箱内进行。检查时在载玻片上滴一滴原精，盖上盖玻片，置于 200～400 倍显微镜下进行观察。目前，精子活力的评定多采用十级评分法：在一个视野中，若 100％的精子呈直线前进运动则评为 1.0 分，90％的评为 0.9 分，80％的评为 0.8 分，依此类推。新鲜精液的精子活力一般为 0.7～0.8，活力低于 0.7 的精液一般不能用。

5. 精子密度测定

精子密度是指单位体积精液所含的总精子数，是确定稀释倍数的重要依据。精子密度可用目测法估测或血细胞计数板法测定。

目测法是根据显微镜下视野中精子的稠密程度，粗略分为密、中、稀三个等级，在视野中：

精子间的空隙小于1个精子为密，这种精液每毫升含精子约3亿个；精子间的空隙能容纳1～2个精子为中，这种精液每毫升含精子约2亿个；精子间的空隙能容纳2个以上的精子为稀，这种精液每毫升含精子约1亿个。稀级精液也可用于输精，但不宜再稀释。若要准确计算出精子的密度，则应采用血细胞计数板法。

6. 畸形精子的检查

精子畸形率即畸形精子数占总精子数的百分比。青年公猪在使用前应进行精子畸形率测定，正常使用的成年公猪也应每月进行一次精子畸形率测定。精子可用伊红、龙胆紫或纯蓝墨水等染色剂染色，并在显微镜400倍下观察，畸形率不应高于20%。

二维码 2-2-3 精液稀释（视频）

## 四、精液的稀释与分装

采精后应立即进行精液品质检查和稀释，目的是增加精液容量和利于保存，提高优秀种公猪的利用率。

1. 稀释液的种类

猪精液稀释液的配方有很多种，如在常温下保存3～5 d的配方有BTS、Kiev、Modena等，保存5～7 d的长效保存稀释液有ZorPVA，也有冷冻精液稀释液，最常用的为BTS稀释液。我国目前商品猪生产上很少应用冷冻精液。

2. 精液稀释的倍数

精液适宜的稀释倍数应根据精子密度、活力、畸形率和稀释后保存时间来确定，国家试行标准规定每剂精液80 mL、有效精子数为30亿，如果稀释后需要保存的时间较长，还要适当降低稀释倍数。稀释液添加量的计算公式为：稀释液用量(mL)＝集精量×{[原精的密度×活力×(1－畸形率)]÷稀释后精子密度－1}，在生产中应根据每剂精液的体积和有效精子数确定稀释倍数。

3. 稀释过程

采集的精液要求在0.5 h内完成稀释，要求稀释液与精液的温度相差不超过±1 ℃。稀释时，将稀释液沿精液瓶壁缓慢加入，切不可将精液倒入稀释液内；稀释后将精液瓶轻轻转动，使二者混合均匀，切忌剧烈搅动；如作高倍稀释，应分次进行，先低倍后高倍，防止精子所处的环境突然改变过大，造成稀释打击。精液稀释后分装前和输精前均应进行显微镜检查。如果稀释后精子活力下降明显，说明稀释液有问题或操作不当；如果输精前发现精子活力低，则不可使用。

4. 精液的分装

精液的包装有瓶装和袋装两种，装精液用的瓶或袋应是对精子无毒害作用的塑料或玻璃制品。瓶(袋)的最大容量应略大于分装量，应尽量控制缩小瓶(袋)分装后的空间，以利保存。分装后的精液，要贴上标签；标签上写明公猪品种、耳号、采精时间等，以备查验。为了便于区分，一般一个品种使用一种颜色的标签。

## 五、精液的保存与运输

保存精液是为了延长精子的存活时间，便于长途运输，扩大精液的使用范围。现行的精液保存方法，可分为常温(15～25 ℃)保存、低温(0～5 ℃)保存和冷冻(－196～－79 ℃)保存3种。前两者以液态形式作短期保存，故称液态保存；后者以冻结形式作长期保存。猪精液主要采用常温保存。常温保存先放置在22～25 ℃的室温内逐步降温1 h，然后放在16～17 ℃的恒温箱中保存。精液贮藏2～3 d后，有效精子数将会减少，在使用前需要检查精子活力。精液存贮过程中每隔12 h要将精液混匀，注意操作力度要平缓。

为了扩大公猪精液的利用范围，解决母猪不便到人工授精站配种的问题，切断疾病接触传播途径，进行猪群血统更新等，精液运输就成为不可缺少的一个环节。液态精液运输时应注意下列事项：①按规定进行精液的稀释和保存；②包装应妥善严密，要有防潮、防震衬垫，包装工具可用精液保温箱、广口保温瓶等；③运输过程中，必须维持温度的相对稳定，切忌温度突然剧变；④尽量避免在运输过程中剧烈震动和碰撞。

## 六、输精

1. 输精前的准备

(1)检查精子活力，活力低于0.7级的精液不能使用。

(2)根据需要输精的母猪头数，准备好精液。总剂数应为需要输精母猪头数的2倍或略多，即至少为每头待配母猪准备一份复配用的精液。

(3)输精前，将精液瓶(袋)放入专用保温箱或疫苗箱中，冬季应避免精液在运送及输精时降温，可在保温箱内放一个热水袋，盖上几层毛巾(几分钟后手压在上面略感温暖即可)，再将精液瓶(袋)放入。冬季时将精液升温到20～25 ℃时输精为好(极端寒冷地区可升温到33 ℃)，夏季应防止精液温度受气温影响升温过高(33 ℃)。

(4)准备经清洁、消毒的干毛巾或四张纸巾、专用润滑剂。

(5)输精管应按需要量放入专用的临时存放盒(袋)中。使用时输精管的前2/3部分不要用手直接接触。

(6)输精前仍应对发情母猪的适配情况再次检查确认，清洁躯体和外阴部，如果母猪外阴过于肮脏，可先用湿毛巾拧干水分后擦拭，不要用清水去洗，尤其是输精前，以防止母猪将污水吸入子宫内，引起子宫炎；之后用手刺激母猪的敏感部位(重复拈搓外阴两侧，按压阴门)。

2. 输精过程

(1)清洁母猪外阴：用清洁干毛巾或纸巾将母猪的外阴(包括阴门裂内)擦干净。

(2)在输精管头上涂上润滑剂：小心拿住输精管后端，应避免接触输精管的前2/3部分；单个包装的输精管，应先将泡沫头一端的塑料膜撕开，露出泡沫头，然后将润滑剂涂在泡沫头的前端，应防止润滑剂将输精管头中央的小孔堵塞。

(3)精液容器与输精管连接：轻轻摇动精液瓶(袋)3～5次，使沉淀的精子与上清液混合，拿住瓶(袋)颈打开管口盖，将精液容器与输精管连接紧。

(4)将输精管泡沫头锁定在子宫颈管中：左手将阴户分开并向后下方拉，以使阴门呈开张状态，将输精导管的泡沫头以向上45°角从阴门插入阴道(不要向下或水平插，因为这样会损伤尿道口)，插入15 cm左右后，平缓水平重复抽送输精导管，直到输精管的前部到达子宫颈口(有阻力)，然后适度用力向左旋转并推入4～5 cm，使输精管的泡沫头卡入母猪子宫颈管内。子宫颈管受到刺激后会收缩，将输精管的泡沫头锁定。螺旋形的多次性输精管(梅罗丝输精管)在输精时，当输精管到达子宫颈口时，向左旋转，可将输精管前端的螺旋

**二维码2-2-4　人工输精技术(动画)**

部分旋入子宫颈的褶皱内，并被子宫颈锁定。

(5)确认输精管头锁定在子宫颈管中：以下两种方法可验证输精管泡沫头已经锁定在子宫颈管内：一种是向前推送输精管时，阴门被牵引向体腔内，轻拉输精管有一定阻力，当放松拉力时，输精管自动缩入；另一种是如果轻轻转动输精管管杆，当放松时，输精管会旋复原位。

(6)将精液输入母猪生殖道内：右手提起精液袋(瓶)，使其与输精管的连接处高于阴门，左手压住母猪的后背，或左臂跨过母猪后背部，使腋部压在母猪背上，并按摩母猪的右侧腹部及后部乳房，进一步刺激子宫收缩，使精液顺输精管进入子宫颈管内。

精液从精液袋(瓶)进入子宫颈管内，理论上靠的是母猪子宫颈管收缩形成的吸力和精液袋(瓶)与子宫颈管的气压差。

如果流动不畅，可轻轻挤压精液容器使精液充满输精管，然后尽量让精液自行流入，瓶装精液在精液流出部分后，可能由于瓶壁的张力，精液不能自行流出。可挤压精液瓶，也可在精液瓶瓶底扎一小孔，使空气进入，以使精液靠液体的重力流出，直到精液全部流出。完成输精一般应用 5～10 min，可通过调整精液袋(瓶)的高度来调节输精的速度。但不论什么情况下，输精时间都不应短于 5 min，如果超出 15 min，则说明输精过程存在问题，需要注意检查操作方法。

(7)抽出输精管：精液全部进入生殖道内后，可将输精管向后下方抽出，抽出的速度应略快而平稳，这样子宫颈会很快封闭，以防止精液倒流。

最好在精液输完后，将输精管折弯，或将瓶口或精液袋上的小孔套住，以防止精液倒流，并让输精管继续留在子宫颈内 5～10 min，以刺激子宫收缩，然后较快而平稳地向后下方抽出。这样做可能更有利于精液向子宫深部运行，对提高受胎率有利。

3. 输精时期及输精量

有研究认为，母猪的最宜输精时间是在出现发情后的 12～24 h，目前有效的办法仍是用压背法或公猪试情，如果每天只试情一次，应对所有发现的发情母猪试情；如果每天试情两次，应在出现发情后 12 h 和 24 h 各试情 1 次。

一次输精量一般为 20～100 mL，依母猪体型大小可酌情增减，但一次输入有效精子总数应不少于 20 亿个(有的省份规定不少于 8 亿个)。

**二维码 2-2-5　深部输精(视频)**

**二维码 2-2-6　配种 7 误区(视频)**

【实验实训】

## 2-2　猪的人工授精

### 一、实训目的

1. 熟悉采精及徒手采精方法。
2. 掌握精液品质检查的方法。
3. 能判断母猪的配种适期，掌握人工授精方法，能正确进行人工授精。

### 二、实训材料与工具

1. 种公猪，高锰酸钾，采精杯，采精架(假母猪台)，纱布等。

2. 原精液,显微镜,计数器,血细胞计数板等。
3. 发情母猪,输精管,精液,消毒剂,毛巾等。

## 三、实训方法与步骤

### (一)采精

1. 将采精所用的器械进行清洗与消毒处理,保证无菌。
2. 配制稀释液,并将稀释液放入 35 ℃水浴锅中升温。
3. 打开显微镜上的加热板控制开关,设定温度到 37 ℃。
4. 准备预热的采精杯及其他采精用品,放入水浴锅。
5. 将公猪赶入采精室,关上栅栏,清洁其体表。
6. 按摩、挤出公猪包皮腔积液,并用消毒纸巾擦干。
7. 戴上双层手套,诱导公猪爬跨假母猪。
8. 锁定并顺势拉出阴茎。
9. 待射出部分清亮液体后,开始收集精液。
10. 观察公猪行为,结束采精。
11. 将采精杯放入壁橱。
12. 将公猪赶回圈内(不可快速驱赶)。

### (二)精液品质检查

1. 感官观察。
2. 精子活力检查。
3. 精子密度检查(血细胞计数板测定法)。
4. 畸形精子的检查。

### (三)输精

1. 做好输精前的准备工作。
2. 清洁母猪外阴。
3. 在输精管头上涂上润滑剂。
4. 精液容器与输精管连接。
5. 将输精管泡沫头锁定在子宫颈管中。
6. 确认输精管头锁定在子宫颈管中。
7. 将精液输入母猪生殖道内。
8. 抽出输精管。

## 四、实训案例

按照采精流程,现场采精,对精液进行品质检查,根据母猪发情征状确定配种时间,正确输精,撰写实训报告。

二维码 2-2-7　公猪采精技术(视频)

二维码 2-2-8　人工授精(视频)

二维码 2-2-9　“猪的人工授精”技能考核(表格)

【自测训练】

**一、名词解释**

精子活力、精液稀释。

**二、问答题**

1. 采精前需要做好哪些准备？
2. 精液品质检查的项目有哪些？方法是什么？
3. 输精的操作流程如何？

二维码 2-2-10 猪人工授精技术规程

# 工作任务 2-3 母猪妊娠诊断

【基础知识】

## 一、观察法

观察性周期表现：母猪的发情周期一般为 21 d，若配种后经过一个发情周期没有发情的表现，就可初步认定已经妊娠。要注意的是，一些疾病因素会导致母猪虽未妊娠，但不返情。

观察阴户变化：健康的母猪配种后，正常情况下如出现阴户下联合处逐渐收缩紧闭，且明显地向上翘，说明已经妊娠。而发情母猪阴户会出现红肿等一系列特征性变化。

观察行为和体态变化：母猪配种后，如果表现疲倦、贪睡、食欲旺盛、食量逐渐增加，易上膘，性情温顺，行动稳重，就可初步认定已经妊娠；妊娠 50 d 后，侧面观察母猪，其腹部容积变大，突出明显。

## 二、直肠检查法

一般对体型较大的经产母猪，可用手通过直肠触摸子宫动脉，如果有明显波动则可认为妊娠，一般妊娠后 30 d 可以检出。该方法只适用于体型较大的母猪，且一般不用。

## 三、公猪试情法

配种后 18～22 d，用性欲旺盛的公猪试情，若母猪拒绝公猪接近，可初步确定为妊娠。

## 四、超声波诊断法

采用超声波妊娠诊断仪对母猪腹部进行扫描，观察胚胞液或心动的变化，这种方法在配种 20～29 d 时有较高的检出率，可直接观察到胎儿的心动。

## 五、注射激素法

母猪配种后 16～17 d，用人工合成的雌性发情激素，一般在母猪耳根下注射 3～5 mL。注射后出现发情征状的是空怀，注射后 5 d 不发情的为妊娠。

二维码 2-3-1 母猪妊娠 B 超诊断（视频）

## 六、尿检法

取母猪尿 10 mL 左右放入试管内，用比重计测定其比重（应在 1.0～1.025），如尿过浓需加水稀释，然后滴入碘酒在煤气灯或酒精灯上加热。尿液在将达到沸点时发生颜色变化：尿液由上到下出现红色，即表示受孕；出现淡黄色或褐绿色即表示未孕。

【实验实训】

### 2-3　母猪妊娠诊断

**一、实训目的**

1. 了解妊娠母猪的生理和行为特点。
2. 掌握母猪的妊娠诊断方法。

**二、实训工具与材料**

妊娠母猪若干头，B 型超声波诊断仪等。

**三、实训方法与步骤**

1. 观察法。
2. 尿检法。
3. B 超检查法。

**四、实训案例**

现有一群母猪，根据所学知识，对母猪进行妊娠诊断，并写出实训报告。

二维码 2-3-2　母猪妊娠诊断技术（动画）

二维码 2-3-3　“母猪妊娠诊断”技能考核（表格）

【自测训练】

母猪妊娠诊断的方法有哪些？如何操作？

# 工作任务 2-4　母猪的分娩和接产

【基础知识】

## 一、母猪分娩前的准备

1. 产房的准备

母猪分娩前 5～7 d 就应准备好产房。对产房要求如下：

一要控温：舍内温度最好控制在 22～23 ℃。寒冷季节舍内温度较低时，应有采暖设备，同时应配备仔猪保温箱，如用垫草，应提前将垫草放入舍内，使其温度与舍温相同。要求垫草干燥、柔软、清洁，长短适中(10～15 cm)。炎热季节应防暑降温和通风，若温度过高，通风不好，对母、仔猪均不利。

二要干燥：舍内相对湿度最好控制在65%～75%。注意通风，但在冬季应注意通风造成舍内温度的降低。

三要卫生：母猪进入分娩舍前，要进行彻底的清扫、冲洗、消毒工作，清除过道、猪栏、运动场等的粪便、污物，地面、圈栏、用具等用2%氢氧化钠溶液喷雾消毒，然后用清水冲洗、晾干，墙壁、天棚等用石灰乳粉刷消毒，对于发生过疾病的猪栏更应彻底消毒。

此外，要求产房安静舒适、阳光充足、空气新鲜，否则易使分娩推迟，分娩时间延长，仔猪死亡率增加。

2. 母猪的准备

为使母猪适应新的环境，应在临产前7 d左右将母猪转入产房，进产房过晚，母猪精神紧张，影响正常分娩。在进入产房前，要清除母猪体表尤其是腹部、乳房、阴户周围污物。转栏宜在早饲前空腹时进行，将母猪转入产房后立即饲喂，使其尽快适应新的环境。

3. 物品的准备

根据接产需要准备毛巾、抹布、盆、水桶、5%碘酊、25%葡萄糖液、催产药物、剪刀、缝合线和缝合针等；冬季分娩，还应准备红外灯、保暖垫等防寒保暖用品；种猪场还应准备好记录本、秤、耳号钳或耳标。

## 二、临产母猪的饲养管理

1. 合理饲养

一般来说，体况好的母猪，产前2～3 d始视情况适当减少饲料的喂给量。

对于体况较差的瘦弱母猪，乳房发育及膨胀程度差，在分娩前应增加优质饲料的饲喂量，特别是增加富含高质量蛋白质的饲料(如豆饼、鱼粉等)和富含维生素的饲料；对于特别瘦弱的母猪，产前产后均应饲喂优质饲料，保证母猪产仔后有足够的乳汁。

在饲料的配制上，应用些易消化的饲料。在配合日粮的基础上，可应用一些青绿多汁饲料，调制成稀干湿料饲喂。产前应饲喂些麸皮粥等轻泻性饲料，防止母猪产后便秘、乳房炎和乳汁过浓导致仔猪下痢。

2. 精心管理

产前一周开始应停止驱赶运动和大群放牧，以免由于母猪间互相挤撞造成死胎或流产。饲养员应有意多接触母猪，并按摩母猪乳房，以利于接产、护理新生仔猪和母猪产后泌乳。对有乳房炎、乳头炎或其他可能影响泌乳的疾病，应及时治疗；不能利用的乳头或伤乳头，应在产前封好或治愈，以防母猪产后疼痛而拒绝哺乳。产前一周左右，应随时观察母猪的产前征兆，尤其要加强夜间看护工作，以便及时做好接产准备。

## 三、母猪的分娩

1. 产前征兆

母猪临产前在生理和行为上都会发生一系列变化，掌握这些变化规律，既可防止流产，又可合理安排接产准备工作。因此，饲养员应注意掌握母猪的一些产前征兆：

一是看乳房：乳房膨胀有光泽，两侧乳头外张；从后面看，最后一对乳头呈八字形，用手挤压有乳汁排出。一般初乳在分娩前数小时或一昼夜就开始分泌，个别产后才分泌。营养较差的母猪，乳房的变化不十分明显，要依靠综合征兆做出判断。

二是看尾根：母猪阴户松弛红肿，尾根两侧开始凹陷，母猪表现出站卧不安，时起时卧，闹圈。一般出现这种现象后6～12 h产仔。

三是看排尿：母猪频频排尿，阴部流出稀薄黏液，母猪侧卧，四肢伸直，阵缩时间逐渐缩短，呼吸急促，表明即将分娩。

归纳起来为：起卧不定，食欲减退，衔草做窝，乳房膨胀或有乳漏（挤）出，频频排尿。出现这些征兆，一定要安排专人看护，做好接产准备工作。

2. 分娩过程

分娩是由子宫和腹肌的收缩，把胎儿及其附属膜排出产道的过程。分娩过程可分为开口期、胎儿产出期、胎衣排出期。

（1）开口期　子宫颈口开张，流出羊水，只有阵缩而不出现努责。由于子宫颈的扩张和子宫肌的收缩，迫使胎儿和胎膜推向已松弛的子宫颈，开始时每5 min左右收缩一次，持续20 s，随着时间的推进，收缩频率、强度和持续时间增加。

（2）胎儿产出期　努责是排出胎儿的主要力量，它比阵缩出现晚，停止早；阵缩和努责的共同作用完成胎儿的产出。猪属于弥散型胎盘，胎儿与母体的联系在开口期不久就被破坏，随之中断胎盘供氧；胎儿应尽快排出，以免窒息。

（3）胎衣排出期　母猪分娩取侧卧，胎膜不露在阴门之外，羊水也少，当猪努责1～4次，即可产出一仔，两个胎儿娩出间隔通常为5～20 min，产程一般2～6 h，正常情况下，一般产后10～60 min从两个子宫角排出两堆胎衣。

## 四、接产技术

接产是管理分娩母猪的重要环节，母猪分娩一般多在夜间，安静的环境对母猪顺利分娩很重要。因此，在整个接产过程中，要求安静，禁止喧哗和大声说笑，接产操作要迅速准确，以免刺激引起母猪不安，影响正常分娩。接产人员必须将指甲剪短、磨光，洗净双手。

二维码 2-4-1　接产技术（动画）

1. 接产操作

母猪正常分娩所需时间平均为4 h左右，产仔平均间隔为15 min左右；产仔数越少，则产仔间隔时间越长。一般母猪在流出胎水（羊水）后30 min即会产出第一头仔猪。当仔猪产出后，应立即用手指掏出其口腔内的黏液，然后用柔软的垫草或毛巾将口鼻和全身的黏液擦干净，以防窒息和影响仔猪呼吸及减少体表水分，避免仔猪感冒。个别仔猪在出生后胎衣仍未破裂，接产人员应马上用手撕破胎衣，以免仔猪窒息而死。当仔猪已产出而脐带尚留在产道内时，须用手固定住脐带基部，另一手捏住脐带慢慢从产道内拽出，切不可通过拽拉仔猪拖出脐带；然后，把脐带内血挤向脐带基部，在离脐带基部4～6 cm处用线结扎，用消毒的剪刀剪断或用手指掐断，脐带断面用5%的碘酊消毒后，速帮扶仔猪吃些初乳后将其移至护仔箱内。

2. 人工助产

若母猪反复起卧，强烈努责，频频举尾收腹，躺卧时两后肢不时前伸、弓腰，但不见胎儿产出，有的母猪产下一两头仔猪后努责轻微或不再努责，长时间静卧。出现这些情况，说明母猪可能难产，需要人工助产。

(1)母猪发生难产的原因　母猪发生难产的原因有很多。少数母猪由于产仔数少或仔猪个体发育过大形成难产；子宫颈口狭窄性难产多出现于第一胎母猪，由于母猪配种太早，其本身的生长发育还正在进行中，骨盆口太小，仔猪通不过子宫颈口而形成难产；由于胎儿在母猪子宫内已经死亡多日，全身发胀，形成死胎过大，从而导致死胎性难产；由于胎儿在产道中姿势不正常，堵塞产道，引起胎位不正性难产；由于母猪年老体弱、疾病等原因引起膀胱麻痹，膀胱积尿后挤压产道引起膀胱积尿性难产；由于母猪年老体弱、疾病，或胎儿太多、体弱疲劳等原因，造成子宫收缩无力，无法将胎儿产出。此外，两头仔猪同时挤入产道，或母猪产道发育不良、骨盆畸形、产道有肿瘤堵塞、多次助产使产道黏膜水肿，或胎儿畸形等，均可造成难产。

(2)人工助产的方法　首先按摩母猪乳房，然后由前向后(产道方向)用力平顺地按压腹部，配合母猪的阵缩和努责帮助仔猪产出；若反复进行 20～30 min 仍无效果，应采取其他方法，如根据胎儿及母体状况注射催产素等。对高龄体弱、分娩力不足的母猪，也可肌内注射催产素，促进子宫收缩，必要时可注射强心剂。如 30 min 左右胎儿仍未产出，则应进行人工助产。

人工助产的具体操作方法如下：

先将指甲剪短、磨光；手及手臂先用肥皂水洗净，然后用 2%来苏尔溶液(或 0.1%高锰酸钾溶液)消毒，再用 75%医用酒精消毒，戴上手套，最后在手及手臂上涂抹清洁的润滑剂；母猪外阴部用上述消毒液消毒；将手指尖合拢呈圆锥状，手心向上，在子宫收缩间歇时将手及手臂慢慢伸入产道，若胎位不正则先矫正，后握住胎儿的适当部位(眼窝、下颌、腿)，随着母猪子宫收缩的节律，缓慢地将胎儿拉出。

其次，对于母猪羊水排出过早、产道干燥、产道狭窄、胎儿过大等原因引起的难产，可先向母猪产道中灌注生理盐水或洁净的润滑剂，然后按上述方法将胎儿拉出。

最后，对胎位异常引起的难产，可将手伸入产道内矫正胎位，待胎位矫正后再将胎儿拉出。有的异位胎儿经矫正后即可自然产出。如果无法矫正胎位或因其他原因拉出有困难时，可将胎儿的某些部分截除，分别取出。

助产后应给母猪注射抗生素类药物，防止感染。

二维码 2-4-2　常规助产(视频)

二维码 2-4-3　紧急助产(视频)

二维码 2-4-4　接产掏猪小技巧(视频)

## 五、母猪产后初期的护理

1. 检查胎衣

母猪胎衣在最后一头仔猪产出后 10～60 min 即可排出，如果产后 2～3 h 仍未排出，或只排出一部分，称为胎衣不下，可通过检查胎衣数是否与产仔数一致，判断是否胎衣不下或胎衣是否排净。母猪胎衣不下时，表现不安，不断努责，食欲减退或废绝，但喜饮水，随后体温升高，从阴门流出红褐色有恶臭味的液体。胎衣不下可伴发化脓性子宫内膜炎及脓毒败血症，前者易致屡配不孕，后者常引起母猪死亡，因此要及时治疗。

母猪发生胎衣不下，可皮下注射垂体后叶素或催产素，每次注射10～50 IU，促使胎衣排出；也可静脉注射10%氯化钙20 mL，或10%葡萄糖酸钙液50～150 mL。如果上述方法仍不能见效，需剥离胎衣。剥离前先消毒母猪外阴，将经消毒并涂抹润滑油的手(有条件时应戴长臂乳胶或塑料手套)伸入子宫内，剥离并拉出胎衣，最后投入金霉素或土霉素胶囊2～4粒(每粒含量250 mg)，或者将金霉素或土霉素1 g用50 mL蒸馏水稀释后，注入子宫内，防止感染。

2. 产后消炎

对正常顺产的母猪，可按每千克体重青霉素2万IU肌内注射，每日2次，连用2 d，预防产道炎症。

初产母猪或胎儿过大或过多及难产的母猪，子宫易受损伤，消炎以7 d为一疗程，每次每千克体重肌内注射青霉素3万IU，每日2次；同时，可向产道深部灌注温热的0.1%的高锰酸钾溶液，直至恢复正常为止。对有患产道炎症史的经产母猪，产后也按上述方法用药预防。

二维码2-4-5 产后消炎(视频)

消炎后的母猪，如1周后产道仍有脓液排出，治疗时首先向子宫内灌注微温的0.1%高锰酸钾溶液200～300 mL冲洗，同时肌内注射己烯雌酚5 mg，使子宫颈扩张；30 min左右后，肌内注射催产素30 IU，再间隔30 min重复用1次；之后再肌内注射青、链霉素混合液，配合磷酸地塞米松注射液全身治疗。亦可向产道深部投放10%葡萄糖生理盐水+青霉素80万～160万IU混合液100 mL，每日1次，连投3 d。

对母猪产后消炎，也可采取中草药拌料喂服。取新鲜益母草0.25 kg加水1000 mL煮至300～400 mL，候温加入红糖0.2 kg，分早晚拌料喂服，连续喂3 d。

3. 产后饲养

由于母猪分娩时间较长，体能消耗较大，精神疲乏，胃肠功能下降。一般分娩当天不喂料，但需供给足量的饮水，适当加盐、多维等，冬季应喂温水，如喂给炒过的麸皮红糖水则更好。

母猪分娩后2～3 d内胃肠功能下降，这时饲喂不当，最易诱发母猪产后不食病的发生，前2～3 d要少喂勤添，喂流质饲料；之后逐渐增加饲料供给量，5～7 d达到正常饲喂量(敞饲)。

如果母猪乳少或没乳，必须马上查出原因并采取措施：如病理性的，需治病与催乳并举；生理性的，可先调制些催乳的小米粥，小鱼、小虾汤，豆浆，牛奶，胎衣汤等，每天喂饲3～5次，待泌乳量上升后再逐渐减少直至停喂；也可用药催乳。如仍无效，必须马上把仔猪寄出。

4. 产后管理

要保持产房温暖、干燥和卫生。产房小气候条件恶劣、产栏不卫生均可能造成母猪产后感染，表现恶露多、发烧、食欲降低、乳量下降或无乳，如不及时治疗，轻者导致仔猪发育缓慢，重者导致仔猪全部饿死。因此，要搞好产房卫生，经常更换垫草，注意舍内通风，保证舍内空气新鲜。产后母猪的外阴部要保持清洁，如尾根、外阴周围有恶露时，应及时洗净、消毒，夏季应防灭蚊蝇。

从产后第3天起，若天气晴好，可让母猪带仔猪或单独到户外自由活动，这对母猪恢复体力、促进消化和泌乳等均有好处，但要防止着凉和受惊，活动量不要过大。

【实验实训】

## 2-4 母猪的分娩与接产技术

**一、实训目的**

1. 熟悉母猪分娩过程。
2. 掌握分娩母猪接产技术。
3. 掌握初生仔猪的护理技术。

**二、实训用具与材料**

临产母猪，碘酒，水桶，毛巾，消毒剂，手术剪，耳号钳等。

**三、实训方法与步骤**

**(一)接产技术**

1. 接产准备。
2. 临产前征兆。
3. 接产操作。

二维码 2-4-6 分娩母猪接产(视频)

**(二)初生仔猪的护理**

1. 早吃初乳。
2. 称重。
3. 打耳号。
4. 剪乳牙。
5. 固定乳头。
6. 防寒保温。

**四、实训案例**

现有临产母猪数头，准备有关材料和工具进行接产，并写一份实训报告。

二维码 2-4-7 母猪奶水不足的治疗方案(视频)

二维码 2-4-8 “母猪的分娩与接产技术”技能考核(表格)

【自测训练】

1. 母猪分娩前的准备工作有哪些?
2. 如何判断母猪临产?
3. 母猪难产的原因有哪些?如何进行人工助产?
4. 初生仔猪的护理工作有哪些?

# 项目3

# 猪的饲养管理技术

**能力目标**

- 掌握种公猪的饲养管理技术，能养好种公猪；
- 掌握不同生理阶段种母猪的饲养管理技术，能养好种母猪；
- 掌握哺乳仔猪的饲养管理技术，能护理好哺乳仔猪；
- 掌握保育仔猪的饲养管理技术，能养好保育仔猪；
- 掌握生长肥育猪的饲养管理技术，能养好生长肥育猪。

**知识目标**

- 了解各类型猪群不同生理阶段的生理特点；
- 了解各类型猪群不同生理阶段的饲养管理要求；
- 掌握各类型猪群不同生理阶段的饲养管理技术。

## 工作任务 3-1　种公猪的饲养管理

【基础知识】

### 一、生殖生理特点

1. 射精量大

在正常饲养管理条件下，成年公猪一次射精量平均 250 mL(150～500 mL)，高的可达 900 mL，大大高于其他家畜。

2. 交配时间长

一般为 5～10 min，长的可达 20 min 及以上，比其他家畜长得多。因此，公猪在交配时消耗体力较大。

3. 精液中粗蛋白质的含量高

精液中水分占 97%，粗蛋白质占 1.2%～2%，脂肪占 0.2%，矿物质占 0.916%，其他占

1%,其中粗蛋白质占干物质的60%以上,特别须满足其对日粮蛋白质的量和质的需要。

## 二、正确饲养

1. 营养水平

中等体重种公猪的日粮中,消化能应控制在24.28~26.40 MJ/kg。饲养种公猪的日粮蛋白质水平应为14%~15%,不仅要注意蛋白质的数量,更要注意蛋白质的质量。如日粮中缺乏蛋白质,氨基酸不平衡,对精液品质有不良影响;如长期饲喂含蛋白质过多的日粮,同样会使精子活力降低、密度小、畸形精子多。一些油饼类蛋白质饲料应占日粮的20%~24%;有条件时,最好在日粮中用5%~8%的动物性饲料,如鱼粉等,或加喂适量的羊奶、鸡蛋、毛蛋、鲜肉、河虾等,顶替日粮中部分油饼类饲料。种公猪日粮中钙、磷不足或比例失调,会使精液品质显著降低,出现死精、发育不全或活力不强的精子。维生素A、维生素D、维生素E对精液品质也有很大影响,缺乏时,种公猪的性反射降低,精液品质下降。如长期严重缺乏,会使睾丸发生肿胀或干枯萎缩丧失繁殖能力。

2. 饲养方式

(1)"一贯加强"的饲养方式　在常年均衡产仔的猪场,种公猪长年担负配种任务。因此,全年都要均衡地保持种公猪配种所需的高营养水平。

(2)"季节加强"的饲养方式　实行季节性产仔的猪场,在配种季节开始前1个月,对种公猪逐渐增加营养,在配种季节保持较高的营养水平。配种季节过后,逐步降低营养水平,但需供给种公猪维持种用状况的营养需要。

3. 饲喂技术

种公猪日粮应以精料型为主,体积不宜过大,以免把种公猪喂成草腹影响配种,所以最好喂干粉料、颗粒料和干湿料。饲喂种公猪应定时定量,自由饮水,并根据品种、体重、配种(采精)次数增减料量。

## 三、科学管理

1. 单栏饲养

种公猪一般实行单栏饲养。单栏饲养安静,减少外界的干扰,种公猪食欲正常,杜绝爬跨其他公猪而养成自淫的恶习。

2. 运动

种公猪在非配种期、配种准备期和后备公猪在投产前,都要加强运动,一般上下午各运动1次,每次约1 h,2 km;种公猪在配种期间,也要根据配种任务的轻重,进行适度的运动。一般夏季高温时应在清晨和傍晚进行,冬春寒冷季节宜在有日照时进行,遇雨、雪等恶劣天气应停止运动。对偏肥的后备公猪应适当增加运动量。

**二维码 3-1-1　公猪饲养管理(视频)**

**二维码 3-1-2　公猪管理(视频)**

3. 夏季降温

高温天气对种公猪的配种能力和精液品质影响很大。因此，在高温季节，除了要经常对种公猪冲淋洗澡外，运动时间须避开毒日头，喂料时间要安排在清晨和傍晚气温相对较低时进行，同时需适当降低日粮的能量浓度，增喂青绿多汁饲料，尽量保持良好的食欲。

4. 刷拭和修蹄

经常用硬毛刷擦刷猪体，除了可防止皮肤病(体外寄生虫)外，更重要的是通过擦刷皮肤，可增强皮肤的血液循环，促进新陈代谢。对种公猪应每天用硬毛刷擦刷猪体1～2次；同时，还要经常注意种公猪的肢蹄健康情况，适时进行修蹄护理。

5. 定期称重

种公猪应定期称重，了解其体重变化，以便根据体重的变化及时调整日粮水平和饲喂量。成年公猪应维持体重相对稳定，幼龄公猪的体重应逐渐增加。在生产上，一般通过观察膘情目测体重变化。

6. 经常检查精液品质

种公猪无论是本交还是人工授精，都要定期检查精液品质，特别在配种准备期和配种期，最好每10 d检查一次。应根据精液品质的变化，及时调整营养、运动、利用三者之间的平衡。要特别注意高温季节精液品质的动态变化，适当增加检查次数，以及时调整饲养管理。

7. 建立科学的管理制度

对种公猪的饲养管理，最基本的是要做好吃、睡、便三定位工作；要从每天的饲喂次数、每次喂量、喂料时间和运动、保健、利用频率等着手，根据不同季节，制订科学的饲养管理操作规程，调教公猪养成良好习惯。

## 四、合理利用及淘汰

1. 初配年龄及体重

后备公猪过早、过晚开始配种或调教采精均有不利影响，一般在8～10月龄、体重达到100 kg左右开始配种为好。如小型地方早熟品种应在7～8月龄、体重达60～70 kg，大中型晚熟或培育品种应在10～12月龄、体重90～120 kg开始配种或调教采精，或开始配种或调教采精时的体重占成年体重的50%～60%较适宜。

2. 利用强度

2岁以上的成年公猪：本交时，可每天1次，必要时可1天2次，如每天配1次则应在早饲后1～2 h进行，如1天配2次则应在早、晚各1次，但每周应休息1天；人工授精时，则每3 d采精1次，必要时可每2 d采精1次。

青年公猪：本交时，可每2 d 1次，必要时可每天1次，但每周应休息1天；人工授精时，每4 d 1次，必要时可每3 d 1次。

3. 公猪淘汰原则

性欲表现差，经调教与营养补给，仍不能交配或爬跨动作差的。精液检查，连续四次品质差，精子活力低，密度差，且经加强营养与管理仍达不到要求的。生产的后代有分离表现体型不理想的。使用4年以上和患病医治无效的。

【自测训练】

**一、填空题**

小型地方早熟品种后备公猪在______月龄、体重______ kg 时开始配种或调教采精，晚熟的培育品种在______月龄、体重______ kg 时开始配种或调教采精。

**二、简答题**

1. 如何利用好种公猪？

2. 种公猪无性欲怎么办？

# 工作任务 3-2　种母猪的饲养管理

【基础知识】

## 一、后备母猪的饲养管理

### (一)后备母猪的生长发育规律

1. 体重的增长

猪体重的绝对值随年龄的增加而增大，其相对生长强度则随年龄的增长而降低，到成年时，稳定在一定的水平。幼猪自出生后就快速地生长，4 月龄以前相对生长强度最高，8 月龄以前体重增长速度最快。8 月龄虽然约占成年 36 月龄时间的 1/4，但体重却已达成年体重的 1/2。因此，后备母猪的生长好坏对成年母猪最终体重大小的影响很大。一般地说后备母猪生长快的繁殖成绩也好。作为种用的后备母猪，一定要有一个正常的生长发育曲线。

2. 猪体组织的生长

猪体内骨、肉、脂、皮的生长强度因月龄及品种类型而异。骨骼从出生到 4 月龄生长强度最大，其后稳定；皮从出生到 6 月龄生长快，6 月龄后稳定；肉在 4～7 月龄生长快；脂肪则始终在生长，6 月龄后更为强烈；消化器官自出生后快速生长，4 月龄后减慢。各组织器官和身体部位生长的先后顺序大体是：神经组织→骨→肌肉→脂肪。因此，民间有“小猪长骨，中猪长皮，大猪长肉，肥猪长油”的说法。

### (二)后备母猪的培育要求

配种时合理体重：125～135 kg(外种)。

配种时月龄：7～8 月龄，不超过 10 月龄(外种)。

配种时发情次数：2～3 次。

配种时背膘厚：15～18 mm。

### (三)后备母猪的营养需要

日粮中的营养水平和营养物质含量应根据后备母猪生长阶段不同而异。

后备母猪前期蛋白质和能量要求高，蛋白质 18%，能量 12.60 MJ/kg；后期要求低，蛋白质 16%～17%，能量 11.76～12.18 MJ/kg。特别要满足矿物质、维生素和必需氨基酸的供给，饲料中钙含量应为 0.95%，磷为 0.80%。切忌用大量的能量饲料喂饲，防止后备母猪过肥影响种用价值。

配种前 3 周开始，为了保证后备母猪性欲正常，促进排卵数增加，应适当增加饲料量至 3 kg 左右。还要适当饲喂青饲料，可提高后备母猪的消化能力，促进生理机能的正常发挥。

### （四）后备母猪的饲养管理要点

1. 合理分群

后备母猪育成阶段每栏可饲养 8～10 头，60 kg 以后每栏饲养 4～6 头。在限制饲养时要准备充足的饲槽，防止个别胆小后备母猪抢不上槽，影响生长，降低全部后备母猪的整齐度。每栏的饲养密度不要过大，防止出现咬尾、咬耳、咬架等现象。

2. 科学饲养

后备母猪宜采用“前高后低”的饲养方式。即后备母猪在培育前期（体重 60 kg 以前）采取高营养水平饲养；培育后期（体重 60 kg 以后）采取低营养水平饲养。配种前视情况采取短期优饲方法饲养。

（1）育成前期（30～60 kg）的饲养　采用生长育肥期饲料，自由采食。

（2）育成期（60～100 kg）的饲养　采用后备母猪专用饲料，自由采食，要求 145～150 日龄时，体重 95～100 kg，背膘厚 12～14 mm。

（3）100 kg 至配种前的饲养　饲喂后备母猪料，根据膘情适当限饲或增加饲喂量，短期优饲：配种前 10～14 d 到配种结束，适当提高后备母猪日粮能量水平和增加喂料量，日增供能量 25.1～29.3 MJ，以增加排卵数和提高情期受胎率。

3. 适量运动

为了增强后备母猪的体质，在培育过程中必须安排适量运动。有条件的猪场最好进行放牧运动，使后备母猪充分接触土壤，春、夏、秋三个季节放牧可采食一些青草野菜，补充体内营养。不能放牧的猪场可在场内建运动场，驱赶运动时要求公、母分开运动。

4. 定期称重

后备母猪应按月龄定期测量体尺、体重，通过体尺、体重变化，随时调整日粮的营养水平和饲料饲喂量。

5. 做好发情管理

（1）大群饲养有利于早期发情，最好不要单栏饲养。

（2）适当的运动有利于尽早发情。

（3）5.5～7 月龄时，每天用试情公猪查情 2 次。

（4）第 1 次发情就必须做好记载，便于确定是否配种。

（5）后备母猪最好配 3 次。

（6）配种时合理体重为 125～135 kg；配种时月龄为 7.5～8.5 月龄，不超过 9 月龄；配种时发情次数为 2～3 次；配种时背膘厚为 15～18 mm。

6.引进后备母猪的隔离与适应

(1)引进后0～2周,隔离、防应激及驱虫。后备母猪置于隔离区,即同猪场原有的猪群完全隔离。后备母猪需要时间安静下来和适应新的环境,同时恢复自身的免疫力。这两周内,按照规定饲喂驱虫药物。刚购回第一天饮水应少量多次,防止暴饮。饲料最好喂稀料,一周内控制饲喂量,逐渐加料。

(2)引进后3～4周,接触场内病原微生物。使后备母猪接触一定数量的老母猪(感染过疾病的)和断奶仔猪的粪便。后备母猪将因此建立对猪场特定微生物群的免疫功能;后备母猪所在的原来猪场的菌群和现在的不同。不要在饲料中添加抗生素。

(3)引进后5～6周,接种疫苗。应对种猪免疫情况有初步了解,结合本场实际情况确定应接种的疫苗。

二维码3-2-1 后备猪饲养管理(视频)

## 二、空怀母猪的饲养管理

### (一)空怀母猪的饲养目标

(1)限制好采食量,使母猪保持七八成膘的体况,发情正常。

(2)提高排卵数,确保妊娠成功。

### (二)空怀母猪的营养需要

蛋白质需要:一般日粮含蛋白质12%左右。

维生素需要:每千克日粮含维生素A 4 000 IU、维生素D 270 IU、维生素E 11 mg,水溶性维生素也需要补充,每天每头饲喂5～7 kg青饲料或2～4 kg多汁饲料。

矿物质需要:每天供应Ca 15 g、有效P 10 g、NaCl 15 g,微量元素按对应产品的说明添加。

### (三)空怀母猪的饲养管理要点

(1)供给营养水平较高的日粮,保持适度膘情 母猪太瘦或太肥会出现不发情、排卵少、卵子活力弱、受精能力低,并易造成母猪空怀。

(2)使用短期优饲技术,促进发情、排卵 在配种前10～14 d,后备母猪在原日喂料量基础上,增加料量0.5 kg左右,配种结束后停止加料;经产母猪在原日喂料量基础上增加料量0.4 kg,并视体况增减料量。

(3)分群饲养,适当运动,公猪诱情 一般每群4～5头,互相刺激,有利于尽早发情、配种。母猪可每天自由运动2～3 h。用试情公猪追逐不发情的母猪,或将公母猪同圈混养,可促进不发情母猪发情排卵。在条件许可时,空怀母猪以群养单饲为好,单饲可基本控制每头母猪的饲料采食量。在空怀待配舍内食槽上设置限位栏,能保证每头母猪吃食时都有一个食槽位置,避免强者多吃、弱者吃不到料。

二维码3-2-2 空怀母猪饲养管理(视频)

(4)做好空怀母猪的发情鉴定,以免漏情而造成失配 发情鉴定方法主要有依据发情征状鉴别和公猪试情法两种。一般母猪发情前期表现出爬跨其他母猪,外阴部膨大,阴道黏膜呈大红色,有黏液,但不接受公猪爬跨(持续 12～36 h)。发情中期,母猪压背时静立不动,耳竖立,外阴部肿大,阴道黏膜呈浅红色,黏液稀薄透明,嘴里没有任何声音(对人静立)。此时为输精的最佳时期。发情后期,母猪趋于稳定,外阴部开始收缩,阴道黏膜呈淡紫色,黏液浓稠,不愿接受公猪爬跨。

(5)适时配种　对于后备母猪,地方品种杂交母猪的初配年龄和体重一般是 7～7.5 月龄、体重 80～90 kg,引进品种适配年龄和体重一般在 8～10 月龄、体重 110～120 kg。发情母猪的最佳配种时间是发情中期。配种公猪精液经镜检,精子活力在 0.7 以上才能配种或进行人工授精。

**二维码 3-2-3　母猪配种(视频)**

(6)治疗生殖道疾病　母猪患有生殖道疾病时,尤其是高产母猪,应及时诊断治疗。正常生产状态下,有个别母猪长时间不发情或频繁返情,用药物催情和改善饲养管理无效或返情 3 次以上的母猪应及时淘汰。母猪一般 3～4 胎产仔数最高,到 6 胎降低,且产仔性能偏差,这种母猪应淘汰。

(7)适度淘汰　具下列情况之一即属淘汰母猪:从第二胎开始,连续 2 胎产仔 7 头以下,育成仔猪连续 2 胎 6 头以下,或哺乳性能差的母猪。连续三个情期配不上种,经催情后超过一个发情期仍未发情的母猪。连续流产 2 胎以上,患产科疾病或其他疾病,两个疗程以上仍未痊愈,影响带仔的母猪。

(8)防寒防暑　空怀母猪舍冬季要防寒保暖,可减少饲料消耗和疾病的发生;夏季要防暑降温,防止母猪出现乏情。

此外,要为空怀母猪创造干燥、清洁、温湿度适宜、空气新鲜等环境条件,这对促进母猪发情排卵、配种受胎有很大的作用。

## 三、妊娠母猪的饲养管理

### (一)妊娠母猪的变化

1. 代谢能力强

甲状腺、垂体分泌功能增强。妊娠后 3 个月较妊娠前代谢率提高 25%,妊娠前期由于怀孕而代谢率上升,处于"妊娠合成代谢"状态,表现在背膘加厚,而后期胎儿发育迅速,在第 4 个月可提高 30%以上,基于胎儿合成代谢的效率极低(仅为 7%～13%),而消耗能力极大,加之妊娠母猪腹腔容积变小,采食量降低,在此期间,食入的营养远小于消耗的营养,势必动用体内所贮存的脂肪。所以,后期应对其加强营养,调整其内分泌平衡。

2. 体重迅速增加

母猪在妊娠期间,由于胚胎、子宫与其他器官的发育,以及为产后泌乳进行必要的营养物质储备,体重增加很快。体重平均增加 40.5%,经产母猪妊娠期平均增重 40～50 kg,青年母猪妊娠期第 1 个月日增重 500 g,第 2 个月日增重 630 g,第 3 个月日增重 540 g,第 4 个月日增重 658 g,整个期间可增重达 50～60 kg,是配种前体重的 50%～60%。

在妊娠初期,胚胎重量很小,绝对增重不高,从 60 d 以后增重速度逐渐加快,从 90 d 以后胎儿增重十分迅速,绝对增重很大,胎儿体重的 60%左右是在这一时期增长的。胎儿 30 日龄为 2 g，约占初生重的 0.15%，60 日龄为 110 g，约占初生重的 8%，90 日龄为 550 g，约占初生重的 40%，胎儿初生重为 1.2～1.3 kg。

### （二）妊娠母猪的饲养目标及要求

1. 妊娠初期

妊娠初期母猪的饲养目标是减少胚胎的死亡。受精卵移动到子宫角需要 11～12 d，然后胚胎开始着床，大约在第 24 天结束。如不能着床，胚胎就会死亡，导致胚胎存活率降低，最终导致产仔数减少。妊娠初期是胚胎死亡的第 1 个高峰，其主要原因是母猪摄入的营养物质浓度过高，会减少孕酮的分泌。因此，妊娠初期应控制母猪的采食量，使其摄入的营养能够满足自身需要即可。所以母猪在配种以后，应立即改用妊娠母猪料，且控制日饲喂量为 1.6～2.0 kg。

2. 妊娠中期

妊娠中期母猪的饲养目标是保证胎儿发育的需要和母猪自身代谢的需要。正常情况下，此阶段日饲喂量应控制在 2.3～2.8 kg。对于偏瘦的母猪应在此基础上适当增加饲喂量，保证在此期间母猪的体况恢复至理想状态。

但对于体况极差的母猪不能过度饲喂，因为该阶段的过度饲喂会导致泌乳期自由采食量的降低。对于断乳后体况过差的母猪，建议断奶后提高饲喂量，甚至自由采食，并延后 1 个情期配种。初产的母猪在妊娠期间的增重要比经产母猪多 10%左右，所以在相同的体况条件下，初产母猪的饲喂量应比经产母猪增加 10%左右。

3. 妊娠后期

妊娠后期母猪的饲养目标是使母猪临产时保持八九成膘，中上等体况，使母猪顺利分娩，产后母猪能顺利泌乳。在此期间胎儿的生长发育极为迅速，仔猪初生重的 60%～70%来自这一时期，此阶段也是母猪乳腺充分发育的时期。为保证胎儿快速生长及母猪乳腺发育的需要，建议日饲喂量为 2.8～3.5 kg。产前 3 d 开始逐渐减料，每日减少 0.5～1.0 kg。一般情况下，分娩当天母猪不吃料，如母猪采食则应饲喂 1.5～2.0 kg 的饲料。

### （三）妊娠母猪的营养需要

1. 能量

妊娠期能量需要包括维持和增长两部分，增长又分母体增长和胚胎增长。根据不同体重，每日需要的消化能为：前期 12.1 MJ，中期 12.3 MJ，后期 12.7 MJ。

2. 蛋白质

母猪妊娠前期的营养水平不要过高，粗蛋白质前、中期为 13.5%～14.5%，后期为 15.5%～16.5%；赖氨酸前期不低于 0.5%，中期不低于 0.6%，后期不低于 0.7%；要注意日粮中必需氨基酸的含量和平衡。

3. 钙、磷和食盐

钙和磷对妊娠母猪非常重要，是保证胎儿骨骼生长和防止母猪产后瘫痪的重要元素。妊娠前期每天需摄食钙 10～12 g、磷 8～10 g，妊娠后期每天需摄食钙 13～15 g、磷 10～12 g。日粮中应添加 0.3%的食盐，补充钠和氯，以维持体液的平衡并提高适口性。其他微量元素的需要，可选用对应的预混料补充。

4. 维生素

维生素是保证母体健康和胎儿生长发育所必需的微量营养素，可选用对应的预混料补充。长年供应青绿饲料能满足水溶性维生素的需要。

## （四）妊娠母猪的饲养管理要点

1. 选择科学的饲养方式

（1）抓两头带中间方式　此方式适合配种时较瘦弱的经产母猪。妊娠前期（20～40 d），可适当增加含蛋白质较多的精饲料，使母猪尽快恢复体力与膘情；妊娠中期（40～80 d），营养水平适当降低，可适当增加一些品质好的青绿多汁饲料与粗饲料；妊娠后期（80 d 至分娩），应把精料量加到最大。

（2）前粗后精方式　此方式适合于配种前膘情较好的经产母猪。因为妊娠前期胚胎发育较慢，母猪膘情又好，就不需要另外增加营养，可按一般的营养水平来饲喂，青、粗饲料可适当多一些。妊娠后期，为了满足胎儿生长发育的需要，适当增加部分精料。

（3）步步登高方式　此方式适合初产母猪与繁殖力特别高的母猪。初产母猪不仅需要维持胚胎生长发育的营养，而且还需要供给本身生长发育的营养。另外，繁殖力特别高的母猪，不仅胚胎需要营养物质较多，而且还要为泌乳作必要的储备。为此，整个妊娠期内的营养水平，根据胚胎的增重与母猪体重的增长而逐渐提高，到妊娠后期增加到最高水平。

以上这三种饲养方式有一个共同的基本原则：饲养妊娠母猪要根据母猪膘情、生理特点及胚胎的生长发育区别对待，决不能按统一模式饲喂。

二维码 3-2-4　饲料筹划（视频）

2. 合理选择饲料

（1）母猪日粮必须具有一定的体积。早期应含有一定量的青、粗饲料，使母猪吃后有饱感，又不会压迫胎儿，更重要的是，青、粗饲料所提供的氨基酸、维生素与微量元素很丰富，有利于胚胎发育，同时还有利于提高母猪的繁殖力与泌乳力。

（2）适当增加轻泻性饲料可防止母猪便秘，避免母猪流产。

（3）日粮必须营养全面、多样化、适口性好，妊娠 3 个月后就应限制青、粗饲料的给量，防止压迫胎儿，造成流产。

（4）严禁喂发霉、腐败、变质、冰冻及有毒的饲料，防止发生死胎与流产。

（5）提倡喂稠料或干粉料，但必须供给充足的饮水。

3. 做好保胎工作

（1）胚胎死亡的原因：①配种时间不适当。精子或卵子较弱，虽然能受精但受精卵的生活力低，容易早期死亡被母体吸收形成化胎。②高度近亲繁殖使胚胎生活力降低，形成死胎或畸形。③母猪饲料营养不全，特别是缺乏蛋白质、维生素 A、维生素 D、维生素 E 及钙、磷等，容易引起死胎。④饲喂发霉变质、有毒有害、有刺激性的饲料，冬季喂冰冻饲料等，都容易引起流产。⑤母猪过肥容易形成死胎。⑥对母猪管理不当，如鞭打、急追猛赶，使母猪跨越壕沟或其他障碍，母猪相互咬架或进出窄小的猪圈门时互相拥挤等，都可能造成母猪流产。⑦某些疾病如乙型脑炎、细小病毒病、猪繁殖与呼吸障碍综合征和无名高热病等，都可引起死胎或流产。

(2)妊娠期保胎有两个关键时期:第一个是妊娠后的 20 d 左右,此时是受精卵的附植时期;第二个是在母猪妊娠后的 90 d 到产前的 3~5 d。

(3)防止胚胎死亡的措施:①妊娠母猪饲料的质量要好,营养要全价。尤其应注意蛋白质、维生素和矿物质的全价平衡,不要把母猪养得过肥或过瘦。②不要喂发霉变质、有毒有害、有刺激性和冰冻的饲料。③妊娠后期应适当增加饲喂次数,每次喂量不宜过多,避免胃肠内容物过多而压挤胎儿。产前几天应视母猪膘情适当减料。④防止妊娠母猪咬斗、跳栏和滑倒等,不能追赶或鞭打,要夏季防暑、冬季保暖防冻。妊娠阶段的中心任务是做好保胎工作,防止机械性流产,在后期尤为重要,在产前 3~5 d 对膘情好的要适当减料,严禁机械性刺激,做好保胎工作。要加强饲养人员的责任心,耐心细致照顾,切忌虐待母猪。⑤应有计划配种,防止近亲繁殖。要掌握好发情规律,做到适时配种。

4.适当运动

母猪妊娠的中后期,应使其适当运动,有利于增强母猪体质,且有利于胎儿正常生长发育。应注意的是,产前 1 周应停止运动,妊娠后的第 1 个月内为了保胎要少运动。

二维码 3-2-5 母猪转群赶猪(视频)

5.单圈饲养

尽可能地采用单圈饲养,尤其是产前 1 个月。猪圈要平坦、干燥、清洁,保持冬暖夏凉。

6.注意猪体卫生

保持猪体卫生,防止其因奇痒而经常用力蹭痒,从而导致流产。

## 四、哺乳期母猪的饲养管理

### (一)母猪的泌乳规律

1.乳腺结构

母猪的每个乳头有 2~3 个乳腺团,各乳头间相互独立;母猪的乳房没有乳池,不能随时排乳,故仔猪只能在母猪排乳时吃到乳,不可能在任何时候都能吃乳(分娩期间例外,故提倡边分娩边让仔猪吃初乳)。

2.泌乳量

母猪泌乳量的高低与仔猪的成活率和生长发育有着密切关系。实验证明,母猪产后 60 d 的泌乳总量约为 400 kg,平均日泌乳量为 6.5~7.11 kg。

母猪在整个泌乳期内的日泌乳量,从产后的 4~5 d 开始上升,到产后 20~30 d 达泌乳高峰,以后逐渐下降。不同品种间泌乳量的差异较大,泌乳量最高的品种是长白猪,其次是大约克夏猪。泌乳高峰期在产后 20~30 d,平均日泌乳量达 9.33~10.23 kg,而长白猪高达 13.33~14.55 kg。每窝哺育的仔猪数越多,则泌乳力越高。实验证明:每多哺育一头仔猪,母猪 60 d 的泌乳量可以相应增加 26.7 kg。饲养管理水平和环境条件对母猪泌乳量都有较大的影响。

3.乳的成分

猪乳可分为初乳和常乳。母猪分娩后前 3 d 内所分泌的乳称初乳,之后分泌的乳称为常乳。初乳和常乳的成分不同，同一头母猪所分泌的初乳和常乳成分相比：初乳中的干物质为常乳的1.5倍，蛋白质含量为常乳的3.7倍，而乳脂、乳糖、灰分含量却较常乳低，对仔猪有特殊意义的是初乳中富含免疫球蛋白，且其含量随着哺乳时间的推移而迅速下降。

4.不同位置乳头的泌乳量

同一头母猪不同位置乳头的泌乳量是不同的。一般是靠近前边胸部几对乳头的泌乳量较后边的高：前边3对乳头的泌乳量最多，约占总泌乳量的67%；而后边4对乳头的泌乳量较少，约占总泌乳量的33%。

5.泌乳次数与泌乳间隔时间

母猪每天的泌乳次数与品种、泌乳性能、泌乳期等因素有关。在同一品种中，泌乳次数越多，则泌乳量越高；泌乳次数随着泌乳日期的增加而减少，一般产后10～30 d泌乳次数最多。但不同品种之间比较，往往是泌乳量较低品种的泌乳次数却较多，但每次的泌乳量较少。据统计分析，我国地方品种猪哺乳期60 d，平均日泌乳次数25.4次，泌乳间隔时间为50～60 min，引入品种猪平均日泌乳次数20.5次，泌乳间隔时间为60～90 min；这为仔猪的人工哺育提供了重要依据。

### (二)哺乳母猪的体重变化规律

母猪哺乳期体重减轻属于正常现象。一般来说，哺乳期减重占产后体重的25%左右，哺乳期第一个月的减重约占整个时期总失重的60%～80%。为了维护哺乳母猪正常的身体条件，提高仔猪断奶体重，必须加强产后第一个月的饲养管理。断奶后母猪体重下降太大(超过30%)，发情繁殖不利于下一个周期。

母猪哺乳期失重的程度与母猪的泌乳量、饲料营养水平和采食量有关。泌乳母猪哺育仔猪，活动量增大，从而增加了母猪维持需要的营养；泌乳母猪常因采食量有限，不能满足其泌乳和维持需要，就动用甚至透支体内储备来补充，以保证泌乳需要。这些都将导致母猪泌乳期失重。

### (三)哺乳母猪的饲养目标

哺乳母猪的饲养目标是提高泌乳数量与质量，控制母猪泌乳期失重，以便在仔猪断奶后正常发情排卵，并延长利用年限。

### (四)哺乳母猪的营养需要

哺乳母猪的营养需要根据本身维持需要、带仔头数、猪乳的化学成分和泌乳量的多少进行考虑。对青年母猪还要考虑自身生长需要。

哺乳母猪对热量的需要，一般在空怀母猪基础上，按照仔猪头数来计算，每增加1头仔猪，对应5 230 kJ消化能。粗蛋白占15%，每千克日粮含蛋白质750 g，钙40 g，磷28 g，食盐29 g，维生素D 220 IU，维生素A 3 300 IU。

### (五)哺乳母猪的饲养管理要点

1.加强饲料管理

饲喂哺乳母猪所用饲料应严格按照饲喂标准进行配比，保证哺乳母猪足够的营养供给。

通常情况下，哺乳母猪在产后会因为体力消耗过大而出现疲惫感，消化机能也随之下降。在此期间，饲料应以稀料为主，饲喂 2～3 d 之后，可逐渐增加饲喂量。哺乳母猪要饲喂优质饲料，在配合日粮时原料要多样化，尽量选择营养丰富、保存良好、无毒的饲料。还要注意配合饲料的体积不能太大，适口性好。母猪投料量标准根据品种、体重、哺乳仔猪数等确定。

二维码 3-2-6　哺乳母猪饲养管理(视频)

二维码 3-2-7　提高母猪采食量(视频)

二维码 3-2-8　母猪产前减料(视频)

2. 创造良好的环境条件

要勤扫栏圈、勤清粪便，保持栏圈清洁、干燥和空气清新。如果栏圈肮脏潮湿，会引起仔猪患病，最常见的是黄、白痢，严重影响仔猪生长发育，甚至导致死亡。冬季应注意防寒保暖，母猪产房应有加温取暖设备，防止贼风侵袭；垫草要勤换，确保清洁、干燥。夏季要做好防暑降温工作，防止母猪中暑。

3. 补给充足的饮水

泌乳旺期母猪由于代谢和合成乳汁的需要，日饮水量达 20～30 L。所以必须保证母猪充足的饮水，否则影响采食量、泌乳量。最好在产房内设置自动饮水器和蓄水装置，保证母猪可随时饮水。

4. 保护母猪的乳房及乳头

母猪乳腺的发育与仔猪的吮吸有很大关系，特别是头胎母猪，一定要使所有乳头都能均匀利用，以免未被利用的乳头萎缩。在带仔数少于乳头数时，应训练仔猪吮吸几个乳头，特别是要训练仔猪吮吸母猪乳房后部的乳头。栏圈底应平坦不毛糙，特别是产床不能有尖锐物，以防止刮伤、刺伤乳房乳头。

5. 加强观察

饲养员要注意经常仔细观察母猪吃食、粪便、精神状态等的变化和仔猪的健康状况，以便判断母猪的健康状况。如有异常，及时查出原因、采取措施。

6. 合理运动

为使母猪尽早从分娩后恢复体况，除了加强营养外，还需适当运动，特别要在泌乳后期适当加强运动。在阳光较好、天气暖和的情况下，每天让母猪带仔猪到舍外活动 0.5～2 h。产床哺育母猪不进行此项管理。

7. 人工催乳

催乳的基本方法是全面分析、查找原因，在改进饲养管理的基础上，增喂含蛋白质丰富、具有催乳作用且易于消化的饲料，常用的有豆类、鱼粉(或小鱼小虾)、青绿饲料等。必要时加用催产素或血管升压素催乳，但其催乳作用是短暂的，在生产实践中不宜大量使用。有的喂给煮熟的胎衣或催乳中药等，也可取得良好效果。

【实验实训】

## 3-2　种母猪的饲养管理

### 一、实训目的

通过观看种猪饲养管理操作等生产环节的视频，学会操作要领。

### 二、实训工具与材料

教学视频、放映设备。

### 三、实训方法与步骤

1. 反复放映教学视频。
2. 教师指出关键操作动作。
3. 学生归纳出操作要领。

### 四、实训案例

组织学生到附近养猪场了解各生产阶段种母猪的生产工艺流程及操作方法，根据所学知识检查其科学性，并提出改进办法。

二维码 3-2-9　母猪饲料拌料（视频）

二维码 3-2-10　母猪饲养注意事项（视频）

二维码 3-2-11　“种母猪的饲养管理”技能考核（表格）

【自测训练】

1. 后备母猪的初配年龄和体重是多少？准备配种母猪的膘情以多少为宜？
2. 什么叫短期优饲、配种优饲？
3. 妊娠母猪有哪些饲养方式？
4. 影响母猪泌乳的因素有哪些？
5. 母猪泌乳有什么规律？

# 工作任务 3-3　哺乳仔猪的饲养管理

【基础知识】

## 一、哺乳仔猪的生理特点

### （一）调节体温机能不完善，体内能源贮备有限

初生仔猪的正常体温为 39.5 ℃，临界温度为 35 ℃，当环境温度低于此温度时，体温已不

能通过物理调节维持正常，就要靠化学调节提高体内物质代谢、增加产热量来维持正常；若化学调节也不能维持正常体温，才出现体温下降甚至冻僵；而对于初生仔猪而言，这种化学调节的能力是非常有限的。

据研究，初生仔猪如处于 13～24 ℃的环境中，体温在出生后第一小时可降低 1.7～7.2 ℃，尤其是在生后 20 min 内，由于羊水的蒸发使体温降低更快。体温下降的幅度与仔猪初生重大小和环境温度有关：吃上初乳的健壮仔猪，在 18～24 ℃环境中，约 2 d 后体温可恢复正常；在－4～2 ℃的环境条件下，经 10 d 尚难达到正常体温。刚出生的仔猪，如果裸露在 1 ℃ 环境中 2 h 可冻昏，甚至冻死。

### (二)消化器官不发达，消化机能不完善

1. 消化器官的重量和容积较小

仔猪出生时，消化器官虽然已经形成，但是其重量和容积都比较小。如胃的重量，仔猪出生时为 4～8 g，占体重的 0.44%，容积为 30～40 mL，以后随日龄的增长而迅速增长，到 20 日龄时，胃重增长到 35 g 左右，容积扩大了 3～4 倍。小肠在哺乳期内也强烈生长，长度约增加 5 倍，容积扩大 50～60 倍。消化器官的这种强烈生长可持续到 7～8 月龄，以后才开始降低，直到 13～15 月龄才接近成年猪的水平。

2. 食物通过消化道的速度较快

哺乳仔猪消化机能不完善的表现特征是食物通过消化道的速度较快和消化、吸收率低。食物进入胃内后排空的时间：15 日龄时约为 1.5 h，30 日龄为 3～5 h，60 日龄为 16～19 h。由于哺乳仔猪胃的容积较小，食物停留在十二指肠的时间也较短，所以应注意仔猪料的营养浓度和可消化性，适当增加饲喂次数，以保证仔猪获得足够的营养。

3. 消化酶系统发育较差

初生仔猪消化器官的发育尚未完成，导致消化酶系统发育较差，消化机制不完善。缺乏条件反射性的胃液分泌，只有食物进入胃内直接刺激胃壁后，才能分泌少量胃液。

初生仔猪胃液中仅有足够的凝乳酶，到 3 月龄时胃蛋白酶才增加到成年猪的水平。同时，初生仔猪的胃底腺不发达，不能分泌盐酸，胃蛋白酶原没有活性，不能消化蛋白质，特别是植物性蛋白质。14 日龄后，才能有限地消化非乳蛋白质；到 40 日龄时，胃蛋白酶才表现出对乳汁以外的多种饲料蛋白质的消化能力。这时肠腺和胰腺的发育已比较完全，胰蛋白酶、肠淀粉酶和乳糖酶活性较高。

初生仔猪的胰脂肪酶、胆汁分泌多，可充分利用母乳脂肪，但对长链脂肪酸(植物性)的消化能力较弱。对于其他脂肪，只要能够很好地乳化，消化、吸收几乎与成年猪相似，健康仔猪对脂肪的消化、吸收没有特殊的要求。

仔猪出生后，分泌乳糖酶的腺体即可大量分泌，且其活性很快就可达到最高峰；而分泌蔗糖酶和淀粉酶的腺体发育比较缓慢。因此，哺乳仔猪能较好地消化吸收乳糖、半乳糖、葡萄糖，但 1 周龄仔猪对玉米淀粉的消化率只有 25%，2～3 周龄后淀粉酶分泌才逐渐增多，但是 3 周龄也只能达到成年水平的 50%。

### (三)缺乏先天免疫力，抵抗疾病能力差

由于胚胎期间的母体血管与胎儿脐带血管之间被 6～7 层组织隔开，限制了母源抗体通过

血液向胎儿转移。因此，仔猪出生时没有先天免疫力，只有吃到初乳以后，才能从初乳中获得母源抗体。仔猪出生 10 d 以后才开始自身产生抗体，以后过渡到由自身产生抗体而获得免疫力，但到 30～35 日龄前自身产生的抗体水平还很低。仔猪 3～4 周龄时是免疫球蛋白青黄不接的阶段，而此时胃液内又缺乏游离盐酸，对随饲料、饮水等进入胃内的病原微生物，没有足够消灭或抑制的能力，抵抗疾病能力较差，造成仔猪容易患消化道疾病。

### （四）初乳富含免疫抗体，初生时吸收利用能力强

免疫抗体是一种大分子 γ 球蛋白，分为 IgG、IgA 和 IgM 三型，其分布、来源及作用各异：初乳中以 IgG 为主，约占 80%，IgA 约占 15%，IgM 约占 5%；常乳中 IgA 约占 60%，IgG 约占 30%；自体产的抗体以 IgM 为主，IgA 次之。IgG 主要在血清中起杀菌作用，IgA 抑制大肠杆菌活动。

1. 初乳中免疫抗体的变化

母猪分娩时初乳中免疫抗体含量最高，以后随时间的延长逐渐降低，分娩开始时每 100 mL 初乳中含有免疫球蛋白 20 g，分娩后 4 h 下降到 10 g，随后还逐渐减少。所以，分娩后立即使仔猪吃到初乳是提高成活率的关键。

2. 初乳中含有抗蛋白分解酶

初乳中的抗蛋白分解酶可以保护免疫球蛋白不被分解，但这种酶存在的时间比较短，如果没有这种酶的存在，初生仔猪就不能原样地吸收免疫抗体。

3. 初生仔猪小肠有吸收大分子蛋白质的能力

仔猪出生后 24～36 h 内，小肠有吸收大分子蛋白质的能力。不论是免疫球蛋白，还是细菌等大分子蛋白质，都能无保留地原样吸收。当小肠内通过一定的乳汁后，这种吸收能力就会减弱直至消失，母乳中的抗体就不会被原样吸收。

因此，尽早让初生仔猪吃到或吃足初乳，是提高初生仔猪抗病力和育成率的关键。

### （五）生长发育迅速，新陈代谢旺盛

仔猪的初生体重小，不到成年体重的 1%，但出生后生长发育迅速。一般初生体重为 0.7～1.4 kg，10 日龄时体重达初生重的 2 倍以上，30 日龄达 5～6 倍，60 日龄 10～13 倍。

仔猪出生后的强烈生长，是以旺盛的物质代谢为基础的。一般生后 20 d 的仔猪，每千克体重每天要沉积蛋白质 9～14 g，相当于成年猪的 30～35 倍；仔猪每千克体重所需代谢净能是成年母猪的 3 倍，矿物质代谢也高于成年猪，每千克增重中含钙 7～9 g、磷 4～5 g。它对营养物质的要求也非常高，对营养不全的反应也特别敏感。

## 二、哺乳仔猪的死亡原因分析

哺乳仔猪的死亡率一般在 5%～20%。死亡的原因主要为两类：一类是由于下痢、肺炎和贫血等疾病因素引起的；另一类是由于非疾病因素引起的，如压死、冻死等。两类死亡的数量，因生产条件和饲养管理水平不同而异。哺乳仔猪的死亡率与日龄、初生重有很强的相关性。下面根据某猪场哺乳仔猪死亡情况的统计，对死亡的原因做出分析。

### （一）疾病因素引起的死亡

该猪场本统计期内 60 日龄内哺乳仔猪因病死亡共 918 头（表 3-3-1），死亡原因和时间分

布如下：

表 3-3-1 某猪场哺乳仔猪因病死亡原因分析

| 死亡原因 | 出生至20日龄 | | 20～60日龄 | | 合计 | |
|---|---|---|---|---|---|---|
| | 死亡头数/头 | % | 死亡头数/头 | % | 死亡头数/头 | % |
| 白痢 | 315 | 95.5 | 15 | 4.5 | 330 | 35.9 |
| 肺炎 | 130 | 86.7 | 20 | 13.3 | 150 | 16.3 |
| 其他病 | 332 | 75.8 | 106 | 24.2 | 438 | 47.8 |
| 合计 | 777 | 84.6 | 141 | 15.4 | 918 | 100.0 |

因白痢死亡330头，占死亡总数的35.9%，单病种比例最大；其中，20日龄内死亡315头，占95.5%，20～60日龄内死亡15头，占4.5%。

因肺炎死亡150头，占死亡总数的16.3%，单病种比例位列第二；其中，20日龄内死亡130头，占86.7%，20～60日龄内死亡20头，占13.3%。

因白痢和肺炎共死亡仔猪480头，占死亡总数的52.2%；其中，20日龄内死亡445头，占92.7%，20～60日龄内死亡35头，占7.3%。

本统计期内有438头不明病因的死亡，占死亡总数的47.8%；其中，20日龄内死亡332头，占75.8%，20～60日龄内死亡106头，占24.2%；虽然不能更详细地反映致死病因，但反映出死亡主要发生在哺乳前期。

由于哺乳仔猪的消化机能不完善，且胃内没有足够的游离盐酸对随饲料和饮水进入消化道的病原微生物进行有效的抑制，加之免疫力比较弱，仔猪因下痢而死亡的比例最大；另外，哺乳仔猪的体温调节能力较差，怕冷，常因环境温度突变而患感冒，进而引发肺炎死亡。这些均与哺乳仔猪的生理特点相吻合。

所以，在哺乳仔猪的饲养管理过程中，调节好分娩哺育舍的温度，做好消毒卫生工作，使仔猪尽早吃到、吃足初乳等一系列饲养管理措施，对于控制哺乳期仔猪的因病死亡率和提高哺育期成活率，具有重要意义。

### (二)非疾病因素引起的死亡

通过对某一猪场非疾病因素引起仔猪死亡的数据统计(表3-3-2)，统计期内60日龄内哺乳仔猪非疾病死亡共2324头，死亡原因如下：①压死、踩死的仔猪死亡1 013头，占死亡总数的43.6%，居第一位。②先天发育不良的仔猪死亡529头，占死亡总数的22.8%，占第二位。

表 3-3-2 某猪场哺乳仔猪非疾病死亡原因分析

| 死亡原因 | 死亡头数/头 | 占死亡总数/% |
|---|---|---|
| 压死、踩死 | 1 013 | 43.6 |
| 先天发育不良 | 529 | 22.8 |
| 缺奶 | 175 | 7.5 |
| 淹死 | 84 | 3.6 |
| 冻死 | 87 | 3.7 |
| 咬死 | 161 | 6.9 |
| 其他 | 275 | 11.8 |
| 总计 | 2 324 | 100.0 |

究其原因，是由于猪的胚胎期相对较短，母猪妊娠期间饲养管理不当等，极易导致新生仔猪均匀度差，初生重小，体弱，生活力差，很容易被母猪踩死、压死。尤其是头胎母猪，由于缺少带仔哺育经验，母性较差，如果护理不当，更容易发生踩死、压死仔猪的情况。

鉴于这种情况，在实际生产中，要求对分娩舍中的新生仔猪 24 h 轮流值班；同时，分娩舍要保持安静，避免发出尖锐的声音；进入分娩舍时要轻、缓，让母猪觉察到后再缓慢地进入，避免突然闯入猪舍，引起母猪受惊，突然起身而踩死仔猪。如果听到仔猪尖叫，要尽快赶起母猪，救出仔猪。

### (三)死亡时间的分析

据统计，不同时间的仔猪死亡率如下：生后第一周最高，达 55.9％；第二周占 20.21％，第三周占 9.92％，第四、五周合计占 9.44％，第六、七、八周合计约占 3.02％。

生产实践中反映出的前高后低的仔猪死亡率曲线表现，特别是出生第一周的高死亡率，与母猪和仔猪的生理特点完全一致：由于猪的胚胎期较短，仔猪刚出生时身小体弱、调节体温的能力差、对疾病的抵抗能力差；且仔猪出生后，生存环境发生了巨大的变化，仅靠母乳抗体保护；因此，生后第一周，不论何因，都是死亡高发期。随着仔猪日龄的增长，其身体各组织器官的强烈生长和功能提高，自身抗体的产生，活动能力逐渐增强，对疾病的抵抗能力逐渐提高，所以死亡率逐渐下降。由此可知，抓好母猪妊娠、哺育期和仔猪早期的饲养管理，对于提高仔猪的成活率至关重要。

### (四)死亡体重的分析

仔猪初生重大小既影响成活率，也影响增重。据某猪场统计资料，不同初生重仔猪的哺乳期间死亡率为：0.5 kg 以下的高达 80％以上，0.6～1.0 kg 的达 13％，1.1 kg 以上的是 6％。又据美国艾奥瓦州 V. C. Spear 等对 17613 头仔猪的分析，不同初生重仔猪的哺乳期间死亡率为：0.9 kg 以下的为 58％，1.35 kg 以上的在 18％以下，仔猪的哺乳期死亡率随初生重的提高而下降，呈强相关，详见表 3-3-3。

**表 3-3-3　仔猪初生重与成活率的关系**

| 体重/kg | 统计头数/头 | 占总头数/％ | 死亡头数/头 | 死亡率/％ |
|---|---|---|---|---|
| 0.9 以下 | 1 035 | 6 | 600 | 58 |
| 0.9～1.08 | 2 367 | 13 | 757 | 32 |
| 1.13～1.31 | 4 197 | 24 | 1 049 | 25 |
| 1.35～1.53 | 5 012 | 28 | 902 | 18 |
| 1.58～2.76 | 3 268 | 19 | 458 | 14 |
| 1.80 以上 | 1 734 | 10 | 208 | 12 |
| 总计或平均 | 17 613 | 100 | 3 974 | 22.6 |

## 三、养好哺乳仔猪的三个关键性时期

### (一)初生

仔猪出生后生活环境发生了剧烈的变化，由原来在母体内部靠胎盘供应营养、排出废物和气体交换，转变为自行呼吸、采食和排泄；在母体子宫内环境条件优越且稳定，出生后直接接触的外界环境复杂多变，由于调节体温的机能不健全，对寒冷的适应能力差，机体内部能源储备有限（脂肪和血糖含量少），若不采取保温措施，常会被冻僵、冻死；仔猪出生前处于母体子宫内无菌环境中，且胎盘屏障致新生仔猪无母源抗体，但出生后处于有菌环境中，如不能从初乳中获得足够的抗体，因抗病力极弱而容易得病死亡。因此，7 日龄以内是养好仔猪的第一个关键性时期，俗称初生关，应加强护理。

二维码 3-3-1　采集初乳（视频）

### （二）补料

母猪的泌乳量一般在分娩后 21 d 达到高峰，之后逐渐下降。但仔猪的生长发育强度却随着日龄的增长而迅速上升，仔猪对营养物质的需求增加，如不及时给仔猪补料，容易造成仔猪因营养不足而增重缓慢、瘦弱，易患病甚至死亡。因此，一般 5～7 日龄即应开始训练仔猪开食，千方百计使仔猪在母猪泌乳高峰下降时旺食，这是养好仔猪的第二个关键时期，俗称补料关。

二维码 3-3-2　哺乳仔猪教槽（视频）

### （三）断奶

规模猪场的仔猪一般在 4 周龄左右断奶，仔猪从主要由母乳（部分从补料中）中获得营养和良好的哺育舍环境，转变为全部靠采食饲料、失去母猪呵护和转变到陌生环境中独立生活，这对仔猪是严峻的考验。此期常因饲养管理不到位而引起腹泻等疾病的发生，影响仔猪的生长发育，甚至造成死亡。因此，断奶是养好仔猪的第三个关键性时期，俗称断奶关。

## 四、哺乳仔猪的饲养管理要点

按出生到断奶的生产过程（流程），对仔猪哺乳期以“抓三食、过三关”为主要措施的饲养管理要点详细介绍如下。

### （一）抓乳食，过好初生关

1. 及时吃到初乳

尽可能使用有效的方法，让初生仔猪尽早吃上初乳，并加强产前母猪的饲养管理，设法提高初乳中抗体的含量。一般而言，经产母猪对本场的各种病原体都有较高的非特异性免疫力（被动免疫）；而外场引入的母猪，由于在本场饲养时间较短，则免疫力相对较低。能注意到这一点，对初生仔猪的培育是很有益处的。以下是确保新生仔猪获得初乳免疫保护的较有效的饲养管理方法：

（1）要确认每头初生仔猪是否都吃到了初乳，经几轮哺乳后，对还没有吃到初乳的仔猪，要人工辅助让其吃到初乳，并调驯其固定奶头。

（2）在分娩过程中，随产随哺，可以使每头仔猪一出生就吃到初乳，及时获得营养与免疫力，待分娩结束时，所有的仔猪都已经吃到足够的初乳。

（3）把已吃到初乳的仔猪放到有加热设备的育仔箱内进行隔离（时间不超过 30 min），让剩下的仔猪都吃到初乳，然后再让所有的仔猪共同吃乳。

(4)用分组哺乳的方法，把仔猪分成两组，交替轮换吃乳。轮换应持续几个小时，每一组仔猪至少要有4～5头，以保证所有仔猪吃上足够的初乳。

(5)对于挤不上乳头的弱小仔猪，要人工辅助把乳头放入仔猪口中让其吮吸初乳，或将乳汁挤入其口中，如果还不能奏效，可收集母猪初乳给仔猪滴服。

(6)窝产仔猪多需寄养时，要选分娩时间相近、母性好的母猪代育，但寄出仔猪都须吃到初乳。

(7)对于少乳或无乳母猪所产的仔猪，可以用上述方法寄出代育；或采集乳量较大的经产母猪的初乳，给这些仔猪口服或胃管饲喂后，用人工代乳料饲养；也可饲喂母牛的初乳后，用人工代乳料饲养。

(8)收集分娩过程中泌乳量较大的母猪初乳，冰箱保存备用。收集初乳时，要注意每个乳头不应超过5 mL，因为母猪还要哺育其自己的仔猪；初乳解冻时要用温水，高温会破坏免疫球蛋白。

2. 固定乳头

固定乳头就是利用人工辅助的方法训练仔猪固定吃奶的乳头，以使仔猪达到最佳的哺乳秩序，又称哺乳定位。仔猪本身也有固定乳头吮乳的习惯，开始几次吸吮一个乳头，认定后一般到断奶也不变。但仔猪自己建立的哺乳位序，对所有仔猪的生存、发育并不合理。人为帮助仔猪固定乳头，是保证仔猪均衡生长、母猪乳头充分利用，提高仔猪成活率的重要措施。

(1)乳头选择　母猪的乳房结构与其他家畜不同，各个乳头互不相通，自成一个功能单位，各乳头的泌乳量和乳的品质也不相同。通常靠近乳房前部的那些乳头泌乳量较大且乳汁质量好，而后部的那些乳头泌乳量相对较少且乳汁质量差。各对乳头的泌乳力对仔猪的增重和成活率有重要影响(表3-3-4)。

**表3-3-4　各对乳头的泌乳量与仔猪生长情况**

| 项目 | 乳头位序(从前向后) | | | | | | |
|---|---|---|---|---|---|---|---|
| | 1 | 2 | 3 | 4 | 5 | 6 | 7 |
| 泌乳量分布/% | 23 | 24 | 20 | 11 | 9 | 9 | 4 |
| 20日龄仔猪体重/kg | 5.8 | 5.9 | 5.1 | 5.1 | 5.1 | 4.0 | 3.2 |
| 20日龄体重增长倍数 | 4.1 | 4.0 | 3.4 | 3.4 | 3.4 | 3.1 | 2.5 |

资料来源：李炳坦等，养猪生产技术手册。

一般情况下，初生仔猪一开始往往会相互争夺乳头，体大健壮的仔猪因争斗能力强，往往抢占前面的乳头，较弱小的仔猪争斗力差或被驱赶，而只能退占后面的乳头；更严重的情况是当母猪侧卧，下侧乳头埋在腹下，或者分娩栏挡住上侧的乳头时，仔猪抢占乳头的竞争更激烈。弱小仔猪可能迟迟抢不到乳头而错过放乳时间，导致吃乳不足或根本吃不到乳。为了使同窝仔猪发育均匀、健壮，必须在仔猪出生后2～3 d内，在仔猪本身乳头位序未确立前，采用人工辅助方法，帮助仔猪建立合理的哺乳位序，使仔猪尽快固定人工分配的乳头。

(2)哺乳定位的原则　将弱小的仔猪固定在前面的几对乳头。这样就能利用母猪不同乳头的泌乳规律，使弱小仔猪获得较多量的乳汁，以弥补其先天发育不足。后面的几对乳头虽然乳量相对较少，但因健壮仔猪的拱乳和吮乳能力强，也可弥补乳头泌乳不足的缺点，从而达到窝内仔猪生长发育快且均匀的目的。同时，由于仔猪强有力的拱乳对乳房的按摩作用，对母猪后面乳房的发育和泌乳量的提高也有好处。若窝内仔猪差异不大，有效乳头足够，仔猪生后

2～3 d 内都能自行固定乳头，且位序表现比较合理，则无须人工辅助固定乳头。但如果个体间争斗激烈，则应人为加以管理。

(3)哺乳定位的方法　①产后及时定位。将所产仔猪处理后，根据仔猪体重和健壮状况，立即给仔猪进行定位，等所有仔猪产出后，定位工作已经初步完成，但须做好进一步的巩固工作。②以仔猪的个体号(耳号、耳标号)为标记，进行辅助定位。一般用不易褪色的染料或紫药水，在仔猪的背部标记，这样便于辅助仔猪定位。如仔猪经 5～10 次哺乳位置不变，则在生后第 1 天就完成了仔猪定位。③在训练定位时，要先固定下排乳头位置的仔猪，然后再固定上排乳头位置的仔猪。训练哺乳定位的基本原则是抓两头带中间：重点控制体重最大和最小的仔猪，让最小的仔猪在前面乳头吮乳，最大的仔猪强迫其在后面的乳头上，中等大小的可让其自由选择乳头，每次哺乳都辅助它们对号入座。④采用仔猪定乳隔板，放在母猪乳房前面，仔猪吃乳时相互隔开，减少仔猪抢乳和乱窜的机会，辅以人工调整仔猪位序，可以很快为仔猪固定乳头。哺乳定位成功的标志是，母猪哺乳时仔猪都能固定在自己的乳头位置上吸吮乳汁，无争夺乳头和四处游走的仔猪。哺乳定位是一件耐心细致的工作，乳头固定快慢是衡量一个饲养员责任心和操作水平的重要指标之一。

(4)哺乳定位失败的原因　实践证明，在连续发生下列情况时，可能导致哺乳定位失败。①辅助操作失误，仔猪多次吃错乳头。②定位初步成功，未加巩固，即放弃人为干预。③母猪躺卧时，乳头多次暴露不全，仔猪找不到自己的乳头。④母猪有效乳头不足或中途丧失泌乳功能，导致仔猪移换乳头。⑤母猪护仔性特强，不允许饲养员接近调教。⑥母猪乳量少，仔猪饥饿。⑦母猪产后疾病，拒绝哺乳。

3. 寄养与并窝

(1)寄养　是把仔猪从生母处转寄给其他母猪(养母)哺育的方法。根据寄养目的不同，又分为直接寄养、交叉寄养。

直接寄养就是将母猪分娩后患病或死亡造成的缺乳或无乳的仔猪，以及超过母猪正常哺育能力的多余仔猪，转给另外一头或几头母猪哺育。这种寄养方式有时也称为紧急或保护性寄养，是生产中最常使用的寄养方式。

交叉寄养是用于降低仔猪竞争乳头的管理方法。它是将一窝中的个别仔猪放到另一窝仔猪中，使每窝仔猪的数量、体型大小、强弱基本相同。同时分娩的两窝仔猪间的交叉寄养，是把所有弱小的仔猪由一头母猪哺育，而较大的仔猪由另一头母猪哺育。实验证实，这种方法对降低断奶前仔猪死亡率是有效的。

(2)并窝　是把产仔数较少的 2～3 窝仔猪合并起来，由一头泌乳性能好、母性强的母猪哺育，其余母猪提前断奶、发情配种的方法。并窝有两窝和多窝合并。两窝合并是把两窝数量较少的仔猪合并，给一头母猪哺育；多窝合并是把同期分娩母猪中产仔数较少的仔猪，根据大小，将全窝仔猪转由两头或两头以上的母猪哺育。

(3)寄养和并窝原则　对仔猪进行寄养与并窝要掌握以下原则。

①寄养或并窝仔猪的日龄要相近，最好不超过 3 d，日龄差别较大，可能会出现大欺小、强凌弱的现象，使体小的仔猪生长发育受到影响。

②寄养或并窝的仔猪，在寄出或合并前必须吃到足够的初乳，否则不易成活。生产上多将 3 日龄内的仔猪寄养给刚分娩的母猪。

③一般总是寄养最强的仔猪，除非养母产仔较少时，才将弱仔猪寄养过来。并窝也是把稍

大的仔猪合并入较小仔猪的窝中。

④养母要体质良好，母性好，泌乳量高，有空闲乳头。

⑤母猪主要通过嗅觉来辨认自己的仔猪，为避免母猪闻出仔猪气味不同而拒绝代哺或攻击寄入仔猪，应对母猪的嗅觉进行干扰，如在寄养仔猪的身上涂抹养母的尿液；或将寄入仔猪先与原窝仔猪关在护仔栏内一段时间，让它们串味后再放哺；或用有挥发气味的来苏尔、酒精同时喷洒在仔猪和母猪身上（尤其是鼻盘上），使母猪难以分辨出寄入仔猪。

⑥要细心观察寄养或并窝仔猪的情况，直到确认它们能够正常吃上养母乳为止。

⑦患病的仔猪不要寄养。

4. 仔猪保温

初生仔猪的体温调节能力差，怕冷，仔猪体内糖原和脂肪等能源储备有限，一般在出生后24 h之内就消耗殆尽，对低血糖极其敏感。仔猪的适宜温度因日龄长短而异，生后1～3日龄为30～32 ℃，4～7日龄为28～30 ℃，8～14日龄为25～28 ℃，15～30日龄为22～25 ℃，2～3月龄为22 ℃。同时，要求温度相对稳定，最忌忽高忽低和突然剧变。

（1）设保温设施　在母猪产栏一角设置仔猪保温箱。保温箱有木制、水泥制和玻璃钢制等多种，大小是：长100 cm、高60 cm、宽60 cm，箱的盖上设局部活动盖，饲养管理人员可随时观察仔猪。在保温箱临母猪卧位一侧自箱底始留一个高30 cm、宽20 cm的可控开关的小门，供仔猪出入。热源可采用红外线灯（150～250 W，离箱底40～50 cm）（表3-3-5）、白炽灯（60～100 W）或保温板（36～38 ℃），但保温效果以保温板为佳。

**表3-3-5　红外线灯(250 W)的温度**

| 灯高度/cm | 距灯垂线水平距离下的温度/℃ | | | | | |
|---|---|---|---|---|---|---|
| | 0 | 10 | 20 | 30 | 40 | 50 |
| 50 | 34 | 30 | 25 | 20 | 18 | 17 |
| 40 | 38 | 34 | 21 | 17 | 17 | 17 |

（2）产房大环境的防寒保温　保持产房清洁卫生、空气清新、干燥，但须防贼风，加铺干洁垫草，屋架下吊顶或吊塑料布等，最好使产房环境温度保持在22～23 ℃（哺乳母猪最适合的温度）。

北方寒冷地区和养猪水平低的猪场、农户，原来都采用3～5月份及9～10月份春、秋两个季节产仔制。规模化、工厂化养猪场要求全年有计划均衡生产，不能搞季节性生产，要从改善圈舍设施、设备方面着手解决冬季保温问题。

5. 人工哺乳

有些母猪产后乳量不足、无乳或死亡，在没有寄养条件的情况下，需要进行人工哺乳，以提高仔猪的育成率。这里重点介绍初生仔猪的人工哺乳技术。

（1）初生至10日龄仔猪人工乳的配制

人工乳的配方为：鲜牛奶或10％奶粉冲液1 000 mL，鲜鸡蛋1个，鱼肝油5～10 g，葡萄糖20 g，微量元素盐溶液5 mL，猪用复合维生素。其中微量元素盐溶液配方如下：硫酸亚铁($FeSO_4 \cdot 7H_2O$) 49.8 g，碘化钾0.26 g，硫酸铜($CuSO_4 \cdot 5H_2O$)3.9 g，氯化钴0.2 g，硫酸锌($ZnSO_4 \cdot 7H_2O$) 9.0 g，硫酸锰($MnSO_4 \cdot 4H_2O$)3.6 g，加水至1 000 mL配成。

配制方法：将鲜牛奶或10％奶粉冲液煮沸消毒，待温度降至40 ℃左右时，加入葡萄糖、鲜鸡蛋、鱼肝油、复合维生素和微量元素盐溶液，搅拌均匀后分装入消毒过的 500 mL 补液瓶内，置于 40～50 ℃的温水中备用。有条件时最好能在人工乳中加入 10%～20%的母猪血清，以增强仔猪的抗病力。

(2)人工乳的饲喂方法　人工乳可用婴儿奶瓶或胃管(从仔猪口中插入胃内的软管)喂饲仔猪。一般 1～3 日龄仔猪日喂 200 mL，白天 1～2 h 喂 1 次，夜间 2～3 h 喂 1 次；4～6 日龄仔猪日喂 300 mL，白天 2～3 h 喂 1 次，夜间 3～4 h 喂 1 次；7～10 日龄仔猪日喂 450 mL，白天 3 h 喂 1 次，夜间喂 2 次；每 2 次喂乳后，要喂给和 1 次人工乳等量的温开水。喂人工乳的全过程要注意清洁卫生，器具要刷洗消毒，以防残汁酸败或器具污染而使仔猪发生胃肠道疾病等。必要时可在人工乳中加入抗生素(如青霉素)和抗腹泻药物。

人工哺乳的仔猪，都须吃过初乳，无论是生母的还是其他母猪的初乳。对人工哺乳的仔猪，要尽早诱导仔猪采食代乳料，补料从 1 日龄就要开始。当仔猪开始采食代乳料后，要逐渐减少人工乳的给量和饲喂次数，到仔猪正常采食代乳料为止。

6. 假死仔猪的处理

新生仔猪假死是指当胎儿出生后，出现全身松软、呼吸停止，但心脏和脐带根部还在跳动的现象。造成仔猪假死的原因主要是胎儿在母体子宫中胎位不正，胎儿脐带受压或扭转，或者脐带在产道中过早拉断，在没有及时娩出的情况下，胎儿无法呼吸而窒息的结果。在生产中遇到假死的仔猪，可采用以下方法处理：发现假死仔猪时，迅速将其鼻端和口腔中的黏液擦干净，便于其呼吸顺畅。然后用力按摩仔猪两侧肋部。左手托住仔猪的颈部，右手托住仔猪的臀部，进行屈伸运动，反复进行多次。

经人工呼吸还不能使仔猪恢复正常呼吸时，可将仔猪放入 36～38 ℃的温水中浸泡，头部浮在水面上，同时做人工呼吸，直到仔猪恢复呼吸后擦干全身的水，放入保温箱或红外线灯下，等仔猪身体被毛全干后，再在人工辅助下让其吃初乳。

7. 断脐

操作要领可以概括为：一勒、二断、三消毒。掏擦净初生仔猪口鼻及全身的黏液后，要及时断脐，否则仔猪在挣扎站立的过程中可能会使脐带受到牵拉而诱发物理性脐疝。先用拇指和食指自离体端始将脐带内血液向仔猪腹部方向勒挤，在脐带距离腹部 4～6 cm 处，用浸泡碘酒的线结扎后，用消毒剪刀剪断，或用拇指和食指掐断，并用 5%碘酒涂抹断端消毒。此项工作在许多猪场常因嫌麻烦而直接扯断脐带，且不进行结扎和消毒，但不结扎的脐带断端会成为病菌入侵猪体的开放创口，易致仔猪关节炎和脓肿等病的发生。断脐动作要轻，避免脐带受到较大力度的牵拉而诱发外伤性脐疝。

8. 剪牙

**二维码 3-3-3　剪牙 断尾阉割(视频)**

仔猪出生时，上、下颌的左、右两侧都长有锋利的犬齿，容易咬伤母猪乳头和擦伤同胞脸颊，因此新生仔猪的犬齿要剪除。剪牙的操作很方便，有专用的剪牙钳，也可以用电工斜口钳，犬牙要剪平，不能剪得太短，以免损伤齿龈；剪牙工具在使用前要彻底消毒，使用时每剪一头都要消毒(用消毒液浸泡或酒精灯灼烧)，以免引起感染或交叉污染。对发育不好的弱小仔猪可不予剪牙。

9. 断尾

给仔猪断尾是常规工作。断尾主要是可以避免饲养密度高等异常情况下相互咬尾。但更多的猪场考虑仔猪的应激、福利和劳动强度，一般不进行断尾。断尾时应注意：仔猪生后即进行断尾，伤口较小，出血不多，易恢复。用单刃断尾器比用双刃剪刀断尾，仔猪出血更少。一般以阴门末端和公猪阴囊中部为断尾长短的标线，应避免断尾太短，否则创口会流血太多。断尾时，断尾器每断一头都要消毒一次。在断尾问题的研究中，有人认为断尾不必要，因为许多营养、管理、环境好的猪场，很少出现猪咬尾现象。

10. 打耳号

耳号（耳标）是猪个体的身份标志，便于记载猪个体的来源、生长发育和生产性能等情况，便于管理人员掌握和管理猪个体的档案资料。对于育种猪场，打耳号（耳标）具有重要意义，是必须要做的育种基础工作。

常用的耳号编制方法有剪耳法、墨刺法和耳标法。其中，剪耳法应用最普遍，也最经济实用；耳标法操作最简便，但易丢标，造成个体身份混淆。

剪耳法是利用耳号钳，在耳朵的不同部位打上缺口，每个缺口代表一定的数字，把所有的数字组合起来，就构成了猪的耳号。耳标法是把要记录的内容（个体号、窝号、出生日期等）用打号机或记号笔记在耳标牌上，然后用耳标钳把标牌钉在猪耳易观察的部位。

剪耳法的耳号编排方法目前并不统一，但较常使用的有大排列法和小排列法两种。现分别举例说明。

（1）大排列法　这种排列是左大右小，上一下三的编号法。左耳上缘每个缺代表 10，下缘每个缺代表 30，右耳上缘每个缺代表 1，下缘每个缺代表 3；左耳尖缺代表 200，右耳尖缺代表 100；左耳洞代表 800（或 2 000），右耳洞代表 400（或 1 000）（图 3-3-1A）。所有洞缺之和，即为猪的个体号。为了区分公母猪，通常公猪号打成奇数，母猪号打成偶数，窝与窝间不进行区分。如 184 号母猪的耳号见图 3-3-1B。

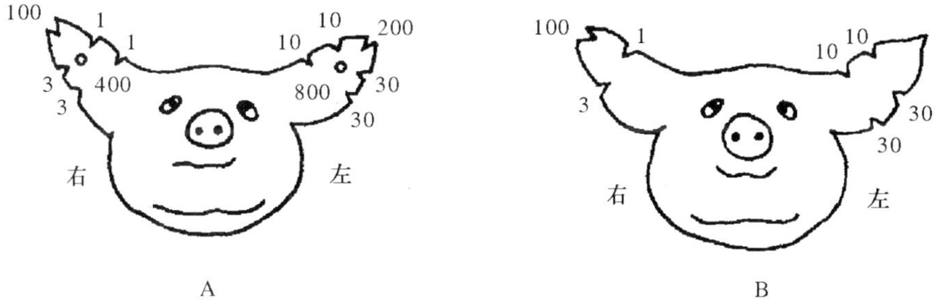


**图 3-3-1　大排列法**

（2）小排列法　又称窝号法，以左耳号数（包括右耳的耳尖、耳洞数）表示窝号，以右耳号数表示个体号。左右耳上缘打大号，由耳尖到耳根的 3 个缺分别代表 10、30、50，下缘分别代表 1、3、5；左耳尖缺代表窝号 200，右耳尖缺代表窝号 100；左耳洞代表窝号 800（或 2 000），右耳洞代表窝号 400（或 1 000）（图 3-3-2A）；公猪号用 1、3、5 等奇数表示；母猪号用 2、4、6 等偶数表示。如 299-14 母猪的耳号见图 3-3-2B。

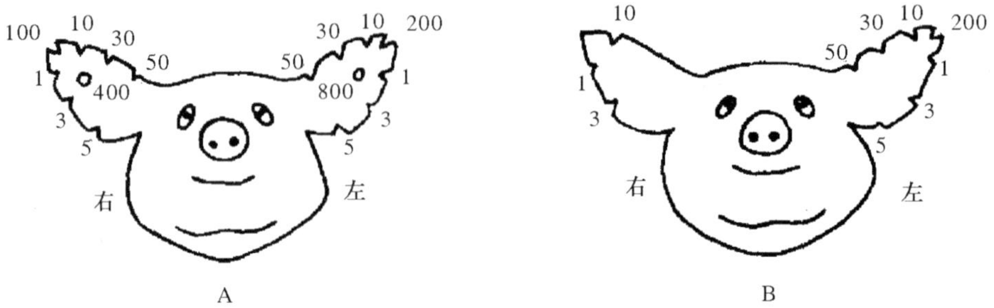


图 3-3-2　小排列法

通过剪耳法识别仔猪虽然很实用，但也存在一定问题。当耳号剪得不标准时，就难以辨认或认错，当猪因打架咬伤耳朵时很容易使耳号残缺不全，耳缺剪得过浅就容易愈合长满，这时就很难认出是否为耳缺；同时，对于同品种母猪群大的场，耳号很快会循环重复。鉴于上述原因，现在很多猪场正趋向使用耳标，条件好的猪场已经开始使用猪的电子识别系统。

## (二)抓开食，过好补料关

1. 补料

对哺乳仔猪早期补料，可以使仔猪的消化系统尽早适应固体饲料，对饲料中的抗原物质(主要是植物性蛋白质)建立"免疫耐受"，为后期安全断奶奠定基础，同时可以弥补母乳不足对仔猪生长发育的影响。

(1)补料时期

①调教期　从开始训练到仔猪认料，一般需要 1 周左右。早期补料一般从仔猪 7 日龄开始，这时仔猪开始出牙，牙床发痒，喜欢四处活动、啃咬异物，此时补料容易成功。但是，此时仔猪消化器官处于强烈生长发育阶段，容积较小，能够容纳食物的量较少，母乳基本上能够满足仔猪的营养需要。补料的目的在于训练仔猪认料，锻炼仔猪咀嚼和消化能力，避免仔猪啃食异物，防止下痢。训练采取强制的办法，每天数次将仔猪关进补料栏，限制吃乳，强制吃饲料，装设自动饮水器，自动饮用清洁水。

②适应期　仔猪从认料到能正式吃料的过程一般需要 10 d 左右，即仔猪出生后 15～30 d。这时仔猪对植物性饲料已有一定的消化能力，母乳不能满足仔猪的营养需要。补料的目的，一是提供仔猪部分营养物质，二是进一步促进消化器官适应植物性饲料。训练仍有一定的强迫性，即可短时间将仔猪赶入补料栏，限制仔猪的自由出入，让其采食饲料。平时仔猪可随意出入，日夜都能吃到饲料。

二维码 3-3-4　快乐记忆教槽法(视频)

二维码 3-3-5　仔猪诱食(视频)

(2)开食料的组成与品质　仔猪开食料的组成与品质，不仅与哺乳仔猪的旺食期和生长发育有关，而且还将影响仔猪断奶后的生长发育。仔猪开食料的配制与饲喂应考虑以下几方面的问题。

①选择优质饲料原料　仔猪开食料应是高营养水平的全价饲料，应尽量选择营养丰富、容易消化、适口性强的原料配制。原料组分选择既要与仔猪消化能力相适应，也要为断奶后的仔猪饲养做好准备。初期尽可能选用消化率高、品质好的动物性蛋白质饲料，如奶粉、乳清粉等，少用豆粕等植物蛋白质饲料；以后逐渐增加植物蛋白质饲料的比例，以利于断奶后的平稳过渡。

②饲料酸度适宜　饲料的酸碱度是选择饲料原料时需考虑的另一方面。根据初生仔猪胃酸分泌不足而消化需要酸性环境的特点，应尽量选用偏酸性或碱性低的饲料，因为胃蛋白酶在酸性环境下才能激活发挥作用。

③饲料料型适宜　颗粒饲料可改善饲料利用率，减少饲料的损耗。有试验表明，颗粒料比粉料对仔猪的饲料转化效率高10个百分点，增重高33.9%。颗粒料比粉料比重大、营养浓度高，而仔猪的胃肠容积小，采食量少，饲喂颗粒料具有更大意义。膨化加工有利于猪对饲料的消化吸收；同时，膨化能破坏饲料原料中蛋白质的过敏原性，有试验表明，经膨化处理的大豆浓缩蛋白、大豆分离蛋白，可显著减少仔猪的过敏反应，降低仔猪腹泻率。

2. 补铁

铁在初生仔猪体内的贮存量很少（40～50 mg），而每天生长需要约7 mg，但母乳中含铁量很少，仔猪每天从母乳中最多可获得1 mg铁。因此，仔猪体内贮存的铁很快会耗尽，如果得不到补充，一般于7日龄左右就会出现贫血症。患贫血症的仔猪，血红蛋白水平降低，可由正常时每100 mL血液中含10 g降至4 g，并伴有皮肤和黏膜苍白、被毛粗乱、食欲减退、轻度腹泻、精神萎靡、生长停滞等症，严重者死亡。为防止仔猪贫血给生产造成损失，仔猪生后3～4日龄时必须补铁。补铁方法有口服和肌内注射两种，后者操作简便、补铁剂量准确，在生产中更为常用。

目前市售的补铁针剂较多，如血多素、富血素、牲血素、右旋糖酐铁和右旋糖酐铁钴合剂等。用长1.5 cm左右的针头颈部肌内注射，给每头仔猪补铁200 mg。市售的补铁产品很多，要正确认识产品中铁的浓度和使用剂量，根据产品标签的浓度和建议量使用。

3. 补硒

仔猪对硒的日需要量，根据体重不同为0.03～0.23 mg。我国大部分地区饲料含硒量低于0.05 mg/kg，黑龙江、青海的全部地区以及新疆、四川、江苏、浙江的部分地区，饲料含硒量低于0.02 mg/kg，补硒显得更为重要。仔猪缺硒多发生于20日龄或断奶以后生长较快的个体中，主要表现为食欲减退、精神不振、后肢麻痹、营养不良（白肌病）、肝脏坏死（肝营养不良）、桑葚心和渗出性素质等。通常在仔猪生后2～3 d内和断奶前后，分两次各肌内注射0.1%亚硒酸钠维生素E合剂1 mL给予补硒。补硒可和补铁同时进行，以减少对仔猪的应激。硒是剧毒元素，过量易引起中毒，使用时要剂量准确、混合均匀。

4. 补水

在实际生产中由于水很容易获得，所以补水往往被忽视。特别是由于仔猪生长迅速，代谢旺盛，母乳较浓（含脂肪7%～11%），故需水量较多。如果不及时给仔猪补水，会因喝污水或尿液而引起下痢。目前一些工厂化猪场都在产床上安装了专门供仔猪饮水的自动饮水器，以供哺乳仔猪随时饮水。哺乳仔猪刚开始不会使用自动饮水器，可采取一些措施使自动饮水器慢慢滴水，引诱仔猪前来喝水，让其逐渐适应自动饮水器。如果没有自动饮水装置，一般生后3 d开始用水槽给仔猪提供清洁的饮水，水槽要经常清洗，水要勤更换，冬季应供给温热水。

## (三)抓旺食,过好断奶关

目前,生产上应用较多的仔猪早期断奶日龄在3～4周龄,早于2周龄的断奶称为超早期断奶。多数国家推广4～5周龄断奶。

### 1.断奶方法

(1)一次断奶法　当仔猪达到预定断奶日龄时,将母猪移出,仔猪留原圈饲养。此法易使母猪乳房胀痛,烦躁不安,或发生乳房炎,应注意对母猪在断奶前后2～3 d视膘情和泌乳情况适当减少精料和青料喂量,加强对断奶仔猪的护理。本法适宜工厂化养猪使用,仔猪断奶后留原圈在原环境下由原饲养员饲管,可避免环境和饲管突变而对仔猪造成更多的应激;同时,断奶的母猪转到新环境下群养,有利于恢复体质、发情和缩短空怀期。

(2)分批断奶法　具体做法是在母猪断奶前7 d先从窝中转走一部分个体大的仔猪断奶,剩下个体小的仔猪数日后再行断奶,以便留下的仔猪获得更多的母乳,增加断奶体重。本法的缺点是不利母猪断奶后发情,目前一般不用。

(3)逐渐断奶法　在断奶前4～6 d开始控制哺乳次数,第1天让仔猪哺乳4～5次,以后逐渐减少哺乳次数,使母猪和仔猪都有一个适应过程,最后到断奶日期再把母猪隔离出去。这种断奶方法较麻烦且费人力。

(4)超早期隔离断奶(segregated early weaning,SEW法)　美国养猪界在1993年开始试行的一种新的养猪方法。其实质内容是:母猪在分娩前按常规程序进行有关疾病的免疫注射,仔猪出生后保证吃到初乳,按常规免疫程序进行疫苗预防接种后,在10～21日龄断奶,然后把仔猪在隔离条件下保育饲养。保育仔猪舍要与母猪舍及生产猪舍分隔开,根据隔离条件不同,隔离距离为250 m到10 km。

### 2.仔猪断奶应激

应激主要来源于仔猪对逆境的反馈,母仔分离、饲料和生活环境的突变、仔猪断乳并窝后的争斗撕咬等因素,均可导致应激。断奶营养应激是主要的,表现为生长缓慢、采食量少、胃酸不足、动用肝糖原和体脂肪以维持生存等。由此可见,要克服断奶应激,首先要解决营养应激问题。

### 3.断奶仔猪腹泻的控制措施

断奶后仔猪腹泻率前7 d为0.6%,8～13 d为32%,14～17 d增加到41.4%,到22～28 d降为8.4%,病死率达20%～30%,病愈仔猪总增重约下降33%。控制仔猪腹泻的主要措施如下。

(1)选择优质原料作仔猪饲料　哺乳后期的仔猪料应逐渐增加豆粕等植物性蛋白质的比例,以利断奶后的平稳过渡。断奶后,日粮应含有乳产品和动物蛋白质,仔猪料酸结合力最好控制在30左右。

(2)充分补饲　断奶前仔猪采食饲粮的蛋白质水平,可影响仔猪断奶后对饲粮蛋白的反应。对于8周龄以后断奶的仔猪,补饲好坏影响不大。对于4～5周龄断奶的仔猪,只要进行高质量补饲,则对保证断奶后的健康和正常生长具有明显的效果。但对于3周龄或更早断奶的仔猪,因为采食量很少,对肠道易带来损伤反应,而不是免疫耐受反应。研究认为:3周龄或更早断奶的仔猪无须补饲,采取突然断奶并降低断奶后日粮蛋白水平。5周龄断奶仔猪则断奶前需补饲大量优质饲料(600 g以上),以建立起免疫耐受力。

(3)饲料酸化　断奶仔猪消化系统发育尚不完善,胃酸分泌不足,断奶后乳酸发酵产生的酸又减少了,故仔猪2月龄前胃内pH在3以上,而大猪为2。Giestinh等(1986)许多学者早就试验证明,在饮水或饲料中使用1%的乳酸,可改善断奶仔猪的生长速度和饲料利用率,降低十二指肠和空肠中大肠杆菌计数以及腹泻发生率。后来很多人研究了延胡索酸(富马酸)和柠檬酸的功效。对大量试验结果的统计表明,使用1.5%～2.0%的延胡索酸可提高仔猪日增重9%、采食量5.2%和饲料利用率4.4%,同时可提高氮平衡5%～7%和代谢能值1.5%～2.1%。使用1%～3%柠檬酸可改善仔猪增重和饲料利用率。酸化饲料对4～7周龄断奶的仔猪效果最明显,据报道,对7周龄以后的仔猪饲喂柠檬酸则无明显效果。

(4)降低开食料蛋白水平　蛋白质是日粮的主要抗原物质。降低蛋白质水平可减轻肠道免疫反应和断奶后的腹泻。以酪蛋白为蛋白来源的配合日粮试验证明,当酪蛋白不经处理处于活性形态时,仔猪发生腹泻,而当酪蛋白用酶法水解后,仔猪没有出现明显的腹泻现象。试验还表明,即使没有大肠杆菌繁殖,活性酪蛋白也会导致腹泻。这就证明了肠道损伤是免疫反应而不是微生物作用的结果。综合来看,5～10 kg仔猪和10～20 kg仔猪粗蛋白水平,分别以20%～21%和18%～19%较好。但必须注意几种必需氨基酸的供给和适宜比例。

【实验实训】

## 3-3　初生仔猪的护理

### 一、实训目的

了解初生仔猪护理的项目、操作要点以及该项工作对于提高初生仔猪成活率和生长速度的重要意义。

### 二、实训工具与材料

1. 刚分娩的母猪数头及其仔猪。

2. 仔猪保温箱、红外线灯、保温板或100 W白炽灯。

3. 断齿钳、耳号钳、手术刀、注射器、电子秤、温度计、干湿度计等。

4. 碘酊、常用抗生素、补铁补硒药品、电解多维、葡萄糖、疫苗(根据哺乳仔猪免疫程序选择备用)等。

### 三、实训方法与步骤

1. 能够判断仔猪假死并采取适当的措施进行救治。

2. 能够按照操作规程的要求完成断脐操作。

3. 能够保证每头初生仔猪尽可能早地吃到初乳。

4. 能够熟练、准确地剪去犬齿。

5. 能够选择合适的断尾长度,操作干净、利落,做好消毒,流血少,术后无感染。

6. 所打的耳缺位置准确,深度适宜,易于辨认,操作干净、利落,流血少,术后无感染。

7. 掌握正确的寄养和并窝时间;选择大小合适、吃足初乳、健康无病的仔猪;选择母性好、泌乳力强、带仔数少的母猪;寄养或并窝后一窝仔猪大小基本均匀,仔猪之间无咬架现象,母猪无咬仔猪现象。

8. 能够在正确的时间,以准确的剂量,在正确的部位将铁剂注射到仔猪的体内,药物无外流，注射部位无肿块。

9. 选择合理的补料时间；采取适宜的补料措施，改善补料效果，提高仔猪采食量；选择合适的乳猪料；做到少喂、勤添，保持料槽的干净，根据仔猪的采食情况逐渐增加饲喂量；尽早给仔猪提供充足、清洁的饮水。

10. 选择合适的断奶时间，实施断奶；选择合适的断奶方式，如一次断奶、分批断奶或者逐渐断奶等；断奶过程平稳开展，减少仔猪应激，做好断奶前后的母、仔猪饲养管理，减少仔猪腹泻，将断奶应激降到最低程度，减少母猪乳房炎。

**四、实训案例**

学生到附近猪场，按照以上相关内容的操作要点，对各个护理项目逐项反复进行练习，认真总结，最终达到熟练操作的程度。

二维码 3-3-6 补料（视频）

二维码 3-3-7 “初生仔猪的护理”技能考核（表格）

【自测训练】

1. 哺乳仔猪有哪些生理特点？
2. 哺乳仔猪死亡的原因主要有哪些？
3. 养好哺乳仔猪需要注意哪几个关键性时期？
4. 在生产中遇到假死的仔猪该如何处理？
5. 初生仔猪如何断脐？
6. 哺乳仔猪及时吃到初乳有何好处？
7. 哺乳仔猪固定乳头有何好处？如何操作？
8. 哺乳仔猪为什么要补铁、补硒？
9. 如何改善哺乳仔猪早期补料的效果？
10. 仔猪寄养与并窝过程中要遵守哪些原则？
11. 哺乳仔猪早期断奶有何优点？
12. 哺乳仔猪有哪几种断奶方法？
13. 哺乳仔猪断奶要面临哪些应激因素？

# 工作任务 3-4 保育仔猪的饲养管理

【基础知识】

在现代养猪生产中，通常把断奶至 70 日龄左右的仔猪称为保育仔猪。保育仔猪介于哺乳仔猪和育成猪的过渡阶段，是集约化养猪生产的重要组成部分，要求给予较细致的饲养管理。

## 一、保育仔猪的生长发育规律

### （一）保育仔猪的生长发育规律

养猪生产者都期望仔猪达到最佳生长速度，并促使瘦肉快速增长，脂肪沉积相对较少。瘦肉的快速生长取决于猪的遗传基础和营养供应，同时也与饲养方式和性别等有关。因为尽管选择了胴体瘦肉率高、生长快、遗传性能优良的猪种，但有可能因为营养和饲养方式的不当，而使其瘦肉生长潜力受到限制，充足的采食、平衡的营养和健康即意味着快速生长。健康的保育猪在营养合理的情况下，是相对生长强度最高的时期；据报道，5～10 kg 的保育猪每日可以在自身体重的基础上增重 7.5%。刚断奶的保育仔猪，应力求保持断奶前的相对生长速度，不应停止增重或失重，否则对后期的生长将产生不利影响。

### (二)影响保育仔猪生长速度的因素

保育仔猪在不同的饲养管理条件下获得的生长速度是不同的，因为保育仔猪在断奶条件下，不但要适应饲料和饲养管理的变化，还要适应保育环境和对付疾病。生产中使保育仔猪达到最佳生长速度的条件是：①断奶仔猪身体健康，食欲好；②保育期内全程提供高质量的平衡饲料；③将断奶应激降低到最低程度；④将环境应激降低到最低程度。

## 二、营养需求及饲料

### (一)营养的需求

营养的摄入量与日粮的营养浓度和每天的采食量有关。刚断奶仔猪每天摄入的饲料量较少，日粮的营养浓度相对要求较高。为满足营养需要，应设法提高采食量：采用“少量多餐”的饲喂方式，减少营养性腹泻；采用弹性饲喂法的策略，将日龄、断奶体重和断奶后的成绩全面考虑进去；采用颗粒饲料或干湿饲料；最初使用浓度较高的日粮，随着采食量的增加，逐步降低营养浓度。体重 10.0 kg 以内的仔猪没有能力通过调整采食量来获取足够的能量，最初日粮的能量浓度不能低于 14.57 MJ/kg。随着仔猪体重的增加，能量浓度可下调，但建议不要低于 13.61 MJ/kg。

### (二)日粮原料

为了达到早期断奶仔猪断奶后早旺食、不下痢和增重快、饲料报酬好的目的，选择消化性、适口性好的原料和调制全价平衡的早期断奶仔猪料是关键。

1. 能量饲料

主要包括油脂、糖和淀粉。在乳猪饲料中使用最多的是乳糖和葡萄糖。高水平的乳糖有利于刺激食欲和加快增重速度，但含高水平乳糖（或其他乳制品）的饲料制粒比较困难。在大多数猪饲料中，淀粉是主要的能量来源。但仔猪饲喂以淀粉为主要能量的日粮，其生长速度低于饲喂以乳糖、葡萄糖为主要能量的日粮，生长迟缓的原因是仔猪胰腺的淀粉酶和肠内的双糖酶不足。因此，在早期断奶仔猪料中，一般用得较多的是由乳糖、葡萄糖、植物油和脂肪来提供能量，同时对谷物进行热处理以裂解淀粉（主要有热制粒、膨化或增加酶的水解），以提高消化利用率。

2. 蛋白饲料

动物蛋白主要有鱼粉、奶制品、血浆蛋白、喷雾干燥血粉，植物蛋白主要有膨化大豆和豆粕等。奶制品和动物血浆在早期断奶仔猪日粮中应有较高的比例，以帮助仔猪从母乳顺利过渡到固体饲料；特别对断奶体重小于 5.5 kg 的仔猪，效果更加明显。添加血浆蛋白不但易旺食，采食量大，而且消化率很高，同时还能促进小肠绒毛的增殖生长，从而改善小肠的健康水平和吸收能力。喷雾干燥血粉虽然氨基酸含量丰富，但饲养效果不一，且制粒困难，所以不宜在早期断奶仔猪料中使用。鱼粉的应用比较普遍，但不同厂家间产品质量的差异较大，要选择质量好的。出于防疫安全的考虑，选用动物副产品蛋白原料前都需进行调查，确保无疫病污染方可使用。由于仔猪的消化和吸收能力较弱，早期断奶仔猪料中的豆粕用量不宜过多；仔猪如采食超过其消化能力的高豆粕水平的日粮，会出现大量腹泻和生长不良，造成这种情况的主要原因是豆粕中的胰蛋白酶抑制因子抑制了胰蛋白酶的活性。

3. 氨基酸

在保育猪日粮中添加氨基酸是相当经济有效的。赖氨酸、蛋氨酸、苏氨酸和色氨酸在保育猪日粮中都有不同程度的应用，用它们平衡日粮氨基酸，以降低植物蛋白用量和粗蛋白水平。因为蛋白水平较高且不平衡的日粮，不但会降低仔猪的采食量，而且影响消化吸收，也浪费饲料成本。

4. 非营养性添加剂

(1)调味剂　常见的有香味剂和甜味剂，如乳香素、糖精等，添加于饲料中用以改善饲料的气味和适口性。

(2)酸化剂　在哺乳期，乳酸菌产生的乳酸和胃壁分泌的盐酸使胃和小肠维持较低的pH，因而降低了有害细菌在胃肠中的增殖。当断奶时，乳酸菌数量大幅度下降，而胃壁的盐酸分泌量增加需要一定的时间，所以刚断奶仔猪在短期内很难维持胃肠道内较低的 pH。因此，在断奶后 7～14 d 内的日粮中添加有机酸特别有效。使用最广泛、效果最好的是柠檬酸、延胡索酸和复合酸制剂。

(3)酶制剂　常用的有植酸酶、淀粉酶、脂肪酶、纤维素酶和葡聚糖酶等，而商品酶制剂主要是复合酶，如溢多酶(主要由淀粉酶、蛋白酶、糖化酶、纤维素酶和葡聚糖酶组成)等。

(4)微生物制剂　种类有益生素、益生元(化学益生素)、合生元三大类，其中常用的是合生元，合生元是益生素和益生元的复合物，具有益生素和益生元两方面的功能。

### (三)饲料类型

日粮的形状会影响仔猪的采食量和生长。保育仔猪采食粒度、硬度适合的颗粒饲料或破碎颗粒料或膨化颗粒饲料，都能表现出较好的生长速度和饲料利用率。颗粒饲料的粒度对仔猪是至关重要的，保育仔猪使用直径 2.5 mm 和 3.0 mm 的颗粒料，可以获得最佳的生产性能。颗粒料能减少饲料的浪费，同时，因加工过程的加热、加压可提高消化率，还能降低营养的分离和粉尘营养的失散。早期仔猪不宜采食大颗粒饲料，断奶日龄越小，这点越重要，因此，幼猪可以使用破碎料；早期断奶仔猪料中高水平的乳制品会使粉料在料槽中流动困难，并增加浪费 10％～15％。

## 三、保育仔猪的饲养管理

1. 饲料过渡

仔猪断奶后，要保持原来的饲料 2 周内不变，并添加适当的抗生素、维生素和氨基酸，以减轻应激。2 周之后逐渐过渡到保育仔猪料。保育仔猪配合料要求含有优质蛋白、高能量和含有丰富的维生素、矿物质且易于消化。

2. 饲喂制度过渡

这包括饲料的种类和形态，采用顿饲时喂的次数、时间和给料量，饲养操作方法。仔猪断奶后2周内，饲喂次数不变(5～6次)，2周后逐渐减少饲喂次数(4～5次)。1周之内控制采食，每次饲喂量不宜过多，逐渐增加，以防止仔猪拉稀，1周以后自由采食。

3. 环境过渡

仔猪断奶的最初几天，常表现出精神不安、哼叫、寻找母猪。为了减轻仔猪的不安，最好采取赶母留仔的方法，将仔猪留在原圈内1周，1周后原窝转入保育舍。

4. 合理分群

当保育仔猪不能满足要求或考虑圈舍使用面积、个体强弱差异时，才有必要进行调群。对拟进行组合的猪群，要本着分少不分多、调强不调弱、弱弱相组、强强合并的原则。对新组合的猪群，在1周内要精心护理，直到建立正常的位序关系。

5. 细心调教

仔猪转入保育舍后，要及时进行调教，逐渐养成在固定位置排便、睡觉、进食和饮水的习惯。

6. 环境消毒

仔猪转入保育舍前应将圈舍彻底打扫干净，并用2%火碱等消毒液消毒。

7. 防寒防暑

冬季要防寒保温，保持猪舍干燥、温暖，防止仔猪感冒、拉稀。刚断奶的保育仔猪对温度变化非常敏感，相对于大猪而言，保育仔猪的皮下脂肪很少，且体表面积与体重之比较大，体内保温效果差、热量损失快；加上仔猪断奶时活动量大，摄入饲料少和营养转化率低，所以，必须为保育仔猪提供适宜的环境温度。仔猪越小，温度要求越高、越需稳定。有经验的饲养人员，很容易观察判断温度的适宜程度；因为在不同的温度环境下，仔猪的睡卧姿势、与地面(板)的接触面积、拥挤程度的表现不同。应该指出的是，在观测仔猪的环境温度时，要注意人眼水平位置的温度要比仔猪所处位置的温度高2～4 ℃。在给仔猪保温的同时，要注意温度变化的过渡，防止波动太大。从保育期开始，仔猪的环境温度应每周逐渐降低2 ℃，直到8～10周龄时降至20～22 ℃，温度骤然变化，对仔猪十分不利。夏季要防暑降温，可采取通风、洒水、遮阳等方法降低舍内温度。

**二维码 3-4-1　保育猪保温（视频）**

**二维码 3-4-2　保育猪管理（视频）**

【实验实训】

## 3-4　保育仔猪的饲养管理

### 一、实训目的

掌握操作要点，理解该项工作对于减少断奶应激、防止僵猪和促进仔猪正常生长发育的重要意义。

**二、实训工具与材料**

若干窝刚断奶仔猪及断奶仔猪料。

**三、实训方法与步骤**

1. 哺乳期饲料向保育仔猪料过渡的方法正确，饲喂方式与次数正确。

2. 组群原则正确，组群后群体位序良好。

**四、实训案例**

学生到附近猪场，按照以上相关内容的操作要点，对饲料过渡和调群方法反复进行练习，认真总结，最终达到熟练操作的程度，直到猪群建立正常位序关系。

二维码 3-4-3 仔猪的饲养管理(视频)

二维码 3-4-4 “保育仔猪的饲养管理”技能考核(表格)

【自测训练】

**一、填空题**

1. 保育仔猪采用______ 饲喂方式，减少营养性腹泻。

2. 从保育期开始，仔猪的环境温度要每周降低____ ℃，直到 8～10 周龄时降至____ ℃，温度骤然变化，对仔猪十分不利。

**二、简答题**

解释“三个维持，三个过渡”的内涵。

# 工作任务 3-5 生长育肥猪的饲养管理

【基础知识】

## 一、生长育肥猪的生长发育规律

### (一)体重的生长速度

生长育肥猪一般是指 70～180 日龄、25～100 kg 处于快速生长阶段的商品猪。根据经典的育种理论可知，猪的绝对生长速度在一定的日龄内随日龄的增长而增加，达到高峰后才开始下降，这一转折点在不同的猪品种中，表现得并不一致，在 150～180 日龄、体重在 90 kg 左右。通过累积生长曲线(图 3-5-1)可知，生长育肥猪的体重变化不是匀速的，在 70～90 日龄后，其上扬的角度增大，即生长速度提高。在一般工厂化猪场饲养条件下，几个引入品种和培育品种猪的平均日增重，25～60 kg 阶段在(630.9±50.5) g/d，61～100 kg 阶段在(895.4±85.1) g/d，而达到 100 kg 体重的日龄为 169.0～175.6 d。

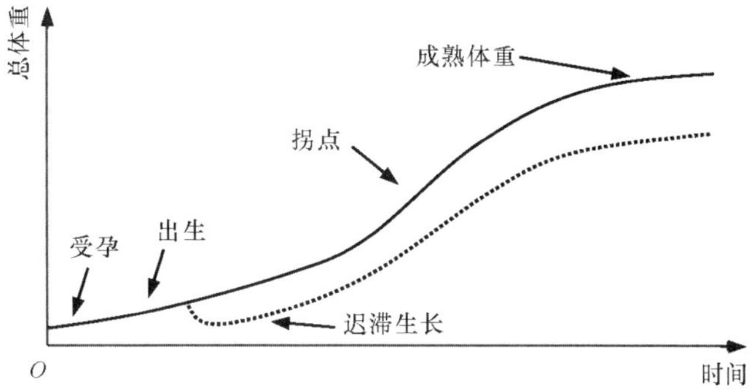


图 3-5-1 累积生长曲线

## (二)组织的生长速度

几个与生长发育密切相关的组织,如骨骼、肌肉、皮肤、脂肪等,在猪一生的各个生理阶段的生长强度和速度是不相同的,而且表现出一定的规律性,达到生长高峰的先后顺序依次为骨骼、肌肉、皮肤、脂肪。图 3-5-2 揭示了不同组织在不同月龄的相对增重(以某组织的增重除以体重)。

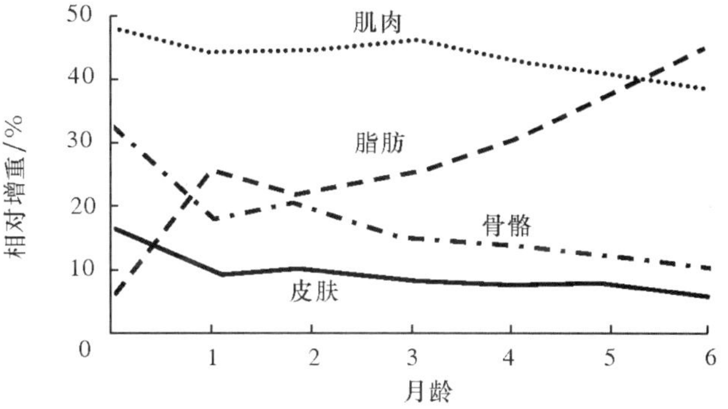


图 3-5-2 大白猪各月龄骨骼、肌肉、脂肪及皮肤的相对增重

从图 3-5-2 中可发现,各组织的相对增重,骨骼的下降幅度最大,肌肉下降的幅度较缓,只有脂肪,随着体重的增加,相对增重仍然在增加。大量的研究表明,骨骼的增长高峰是在出生后的 4 月龄,肌肉是在 4～6 月龄,此时的体重为 30～70 kg,脂肪的增长速度一直能保持到成年。

由于各种组织所含化学成分和生长速度等都不相同,例如,脂肪的生长速度在后期明显,肌肉在中期较为明显,骨骼在生长的早期发育迅速,导致在生长肥育过程中,猪体内蛋白质、脂肪、灰分的变化也呈一定的规律性,这为确定合适的屠宰体重提供了科学依据。

## (三)饲料报酬的变化

饲料报酬是指单位体重的增长所消耗的饲料量。生长肥育猪在不同生理阶段的饲料报酬是不相同的,一般的规律是在生长的前期,饲料报酬较高,为 0.16～2.5,而到生长肥育的后期,饲料报酬则显著降低,通常为 3.5～5.0。

## 二、生长育肥猪的饲养管理

### (一)肉猪生产的前期准备

1. 圈舍准备

在对圈舍、栏圈进行彻底清洁和必要的维修后，用3%烧碱水喷洒消毒，墙内外用20%石灰乳粉刷；有关用具等也应清洗消毒。

2. 苗猪准备

(1)自繁自育苗猪的准备

去势：在断奶一周前去势，应注意预防创口感染，去势体重过大或过小都不利。二洋一土三元杂种和洋种及土洋二元杂种母猪，不去势对生长、饲料报酬和肉品质量无不良影响，但瘦肉率略有提高，可以不去势。

免疫：按免疫程序，有计划地做好哺乳、保育期间的免疫工作。

驱虫：在保育后期做好内外寄生虫的驱虫工作。

(2)外购苗猪的准备

选用优良杂交组合的仔猪。一般可选用瘦肉型品种为父本的二元及三元杂交或固定轮回杂交的仔猪，用这种苗猪生产肉猪的生活力强、增重快、肥育期短、饲料成本低。

选用体大强壮的仔猪。体重大，活力强，肥育时增重快，省饲料，发病率和死亡率低。

选用健康的仔猪。应注意苗猪的健康状况，苗猪应来自非疫区。

### (二)肉猪生产的饲养管理

1. 自繁自育苗猪的饲养管理与过渡

尽管经过保育期的仔猪抗应激能力有所增强，但还须在用料品种、饲喂方式等方面做好过渡工作。

2. 外购苗猪的隔离饲养

作为规模商品猪场，苗猪最好自繁自育，如不具备条件需外购，则应划一幢相对独立的猪舍作为买入苗猪隔离舍，与其他肉猪舍相对隔开；对刚买入的苗猪进行2周左右的隔离饲养观察，以备暴发传染病时隔离处理。在隔离饲养观察期间，做好以下工作：

(1)观察　对刚买入的苗猪，头几天应适当限饲，对其活动情况进行隔离饲养观察，发现问题，须查找原因、及时处理。

(2)免疫　按当地疫情和有关要求，做好有关传染病的免疫工作。

(3)驱虫　做好内外寄生虫的驱虫工作：一般以蛔虫感染最为普遍，主要危害3～6月龄的育成猪，可用伊维菌素或敌百虫、驱蛔灵、左咪唑等药，按说明书驱虫。驱虫后应及时清除粪便并堆集腐熟，杀死虫卵。对最常见的猪疥癣病，可用2%敌百虫溶液对猪体及其接触的猪栏各处喷雾，垫草要重换，如1次不愈可隔周再喷1次。

3. 合理组群

按品种或杂交组合、体重大小、体质强弱等情况分群。根据圈栏结构和体重大小，一般

10～20 头一圈，饲养密度为 3～4 月龄 0.6 $m^2$/只，4～6 月龄 0.8 $m^2$/只，以后 1 $m^2$/只。

4. 三定位调教

苗猪刚入栏就要对其吃、睡、便进行三定位调教，防止咬耳咬尾。调教可以减小工人的劳动强度，也有利于猪的生长。

5. 分段敞饲

根据生长育肥猪的生长发育规律，日粮组成一般以 60 kg 体重为标准，分前后两个营养水平，按对应的饲养标准供应饲粮，一般全程可以干粉料或颗粒料不限量的敞饲；也可出栏前 2～3 周始适当限质或限量，限质是降低日粮营养浓度而不限量，限量是以敞饲量的 80%～90%为供粮标准，以提高胴体瘦肉率。

二维码 3-5-1 育肥猪饲养管理三点调教(视频)

6. 饮水

水是猪体的重要组成部分，是新陈代谢的载体，尤其是刚转入肥育舍的保育猪，如果缺水，常会引起仔猪的双眼深陷、精神沉郁、嗜睡等，严重者可能会因饮尿或脏水而引起腹泻等疾病。因此，必须保证清洁水的供应，水质应符合标准。

### (三)适宜上市体重

商品猪适宜的上市体重受诸多因素影响：生产者主要考虑的是日增重、料肉比、单位成本和上市猪价格，消费者主要考虑的是瘦肉率、肉品质量和价格，经营者主要考虑的是屠宰率、瘦肉率、买卖价格和销售率等因素。综合上述因素的商品猪上市体重，一般以地方猪 75 kg、洋土杂种 90 kg 和洋种及其杂种 100～110 kg 为宜。

【实验实训】

## 3-5 生长育肥猪的饲养管理

### 一、实训目的

掌握生长育肥猪饲养管理的操作要点。

### 二、实训工具与材料

1. 不同品种、杂交组合、体重的育肥猪若干头。
2. 育肥猪圈舍若干间。
3. 驱虫药等。
4. 台秤几个。

### 三、实训方法与步骤

1. 分群

按品种、杂交组合、体重近似，尽可能同窝同圈肥育，建立圈头记录卡。饲养密度适中，槽位充裕，饲喂方便，采用适合的保温、防暑措施。

2. 调教

做好吃、便、睡三定位调教，养成卫生习惯，防止强夺弱食。

3. 饲料与饲喂法

饲料配方与喂量符合标准，调制与喂法适当。

4. 饮水

供给充足，保持清洁。

5. 卫生、防疫和驱虫

坚持按时防疫、驱虫，经常保持圈舍清洁卫生，及时隔离病弱猪。

6. 增重检测

同批肉猪可抽取若干头固定，按时称重检查增重效果（一般采用目测法）。

二维码 3-5-2 育肥猪饲养管理（视频）

**四、实训案例**

学生到附近猪场，按照以上相关内容的操作要点，对操作步骤逐条反复进行练习，认真总结，最终达到熟练操作的程度。

【自测训练】

**一、填空题**

1. 单位体重增长所消耗的饲料量指的是________。

2. 洋土二元杂交商品肥育猪的合理上市体重为____ kg。

**二、简答题**

影响育肥猪生长性能的因素有哪些？

二维码 3-5-3 “生长育肥猪的饲养管理”技能考核（表格）

二维码 3-5-4 瘦肉型生长肥育猪配合饲料

二维码 3-5-5 无公害食品 生猪饲养管理准则

二维码 3-5-6 无公害食品 生猪饲养允许使用的药物及饲料添加剂

二维码 3-5-7 猪饲养标准

# 项目 4
# 猪场规划设计技术

**能力目标**

- 能进行猪场的选址与总体规划；
- 能进行猪场的平面布局设计；
- 理解各类猪舍建筑的功能和技术要求；
- 掌握猪场环境调控技术与技能。

**知识目标**

- 熟悉猪场建设规划要求及其原理；
- 掌握各类猪舍建筑的功能和技术要求。

## 工作任务 4-1 猪场总体规划与布局

【基础知识】

### 一、猪场选址

1. 地势地形

猪场要地势高燥、排水良好和避风向阳。在平原地区可以选择地势较高或稍向东南之处；山区建在上段南侧的暖坡，以达到排水快、场地干燥、阳光充足、避免冬季寒风的侵袭；低洼地区，雨水较大，湿度大，不予建场。地形要开阔整齐，有足够的面积；场地坡度以 1%～3% 为宜，最大不超过 25%。

2. 土质

猪场地基要求透气透水，未受病原微生物的污染，沙土渗水好，但地表温度变化较大，对猪健康不利，兼具沙土和黏土优点的是理想的建场土质。

二维码 4-1-1 猪场选址(视频)

3. 水源

要求场址周围有水源，水量充足，水质良好。各类猪的日需水量见表 4-1-1。

**表 4-1-1 各类猪的日需水量** L/头

| 猪别 | 饮用量 | 总需要量 |
|---|---|---|
| 种公猪 | 10 | 40 |
| 妊娠母猪 | 12 | 40 |
| 带仔母猪 | 20 | 75 |
| 断奶仔猪 | 2 | 5 |
| 生长猪 | 6 | 15 |
| 育肥猪 | 6 | 25 |

4. 供电和通信

选址时必须考虑具有可靠的电力供应，并要有备用电源；通信等基础设施条件良好。

5. 交通

猪场每天都要消耗大量的饲料、排出大量粪便，经常有成批猪只需要运出销售，交通对猪场十分重要，事关猪场正常运转和物流成本。所以，在猪场选址时，应选择交通便利的地方建场，但猪场应与交通干道、村庄、居民区、工业区保持一定距离。

6. 卫生防疫间隔

猪场应离交通主要干道 400 m 以上，距居民点、工厂 1 000 m 以上，距其他养殖场、屠宰场和兽医院 2 000 m 以上。禁止在旅游区及工业污染严重地区建场。

猪场最好远离城市，在农村或山区建场；另外，在建场时一定要将控制猪粪便污染作为首要问题予以考虑。

## 二、猪场总体规划

在完成猪场场址选择和确定建设目标、饲养品种、生产方式后，根据投资规模，选择适当的饲养方式、工艺流程和饲养设备，下一步工作就是猪场建设内容的总体规划。猪场总体规划（简称总规）是确定猪场建设的大政方针，主要内容有建筑总量、建筑单体和配套设施布局、建筑物容积率、建筑风格和建设计划进度等；猪场“总规”的核心内容主要由“三区”“两道”组成，另外配以相应的配套设施，具体的布局要求一般如下：

### （一）总体布局

1.“三区”

（1）生活管理区　生活管理区是猪场技术和经营管理的决策中心，员工办公和生活等活动所在地，应位于猪场主风向的最上风端，以免受到不良空气的污染。

（2）生产区　生产区是猪场的养猪生产场所。

现代规模化、工厂化养猪场的生产区主要由种公猪车间，空怀、妊娠母猪车间，分娩哺育母猪车间，保育车间，生长育肥猪车间等组成。

生产区位于生活管理区的下风，但生产区应在隔离及粪便处理区的上风向。各车间在生产区内的排列顺序一般视生产规模和生产方式等因素而定，如是实行工厂化养猪，则应根据工厂化养猪生产流水线而定，各生产车间的布局安排应综合考虑净、污道尽可能不交错和净、污物分流方便，一般将育肥舍安排在本区北端西侧为宜。

(3)隔离及粪便处理区　该区主要由病猪(或引进猪)隔离舍以及猪尸体剖检及病死猪火化炉(或其他处理)、猪粪便处理或沼气工程相关处所等组成；规模猪场的粪尿排泄量大(表4-1-2)，粪尿污染问题已成困扰畜禽养殖业发展的世界性难题，一定要从总规布局时给予考虑，妥善解决；从常年风向考虑，该区应设于三个区的最下风向；从地势考虑，该区是三个区中地势最低的区域。

**表4-1-2　各类猪粪尿排泄量**

| 猪别 | 饲养天数 | 每头日排泄量/kg | | | 每头年排泄量/t | | |
|---|---|---|---|---|---|---|---|
| | | 粪量 | 尿量 | 合计 | 粪量 | 尿量 | 合计 |
| 种公猪 | 365 | 2.0～3.0 | 4.0～7.0 | 6.0～10.0 | 0.9 | 2.0 | 2.9 |
| 种母猪 | 365 | 2.5～4.2 | 4.0～7.0 | 6.5～11.2 | 1.2 | 2.0 | 3.2 |
| 后备母猪 | 180 | 2.1～2.8 | 3.0～6.0 | 5.1～8.8 | 0.4 | 0.8 | 1.2 |
| 育肥大猪 | 180 | 2.17 | 3.5 | 5.67 | 0.4 | 0.6 | 1.0 |
| 育肥中猪 | 90 | 1.3 | 2.0 | 3.3 | 0.12 | 0.18 | 0.30 |

资料来源：王新谋等，家畜粪便学．上海：上海交通大学出版社，1997.

2.“两道”

料道又称为“净道”，粪道又称为“污道”。在猪场建筑单体总规布局时，必须注意净道与污道分开，避免交叉污染导致猪发病率和死亡率的提高。

(1)净道(料道)　双列式猪舍一般位于猪场生产区东西向的中部，多是将猪场中心大道兼作净道，饲养员用饲料车从饲料加工车间将饲料经净道(中心大道)运向两侧的猪舍。所以规划时多将净道与猪场中心大道合二为一，路两旁应便于植树和种花。单列式猪舍则一般在猪舍的东侧设净道。

(2)污道(粪道)　污道是饲养员将养猪车间粪便运向隔离及粪便处理区的专门小道，污道多设在中心大道两边猪舍的末端或单列式猪舍的西侧。

3.供排水和供电系统

在总规布局时，须对各功能区建筑单体同步安排供、排(雨、污)水和供电管线，在条件许可并必要时，可将饮用水(自来水)和冲洗水(地表水)分设两个供水系统，并合理选定自备水塔位置(设计时可将水源与猪场最高建筑物结合考虑)，既可确保饮水安全，又可节约用水成本。

4.防疫隔离和配套设施

在总规布局时，猪场生产区四周应设防疫隔离围墙，有条件时，最好利用围墙外侧地形挖掘防疫隔离河沟。入场处和场内各生产区之间，应设门卫和消毒池等。

### (二)猪舍朝向和间距

1.猪舍朝向

我国地处北半球，除南沙群岛外，主要处于北半球的北纬15°～55°，各地区应参考当地建筑的主流朝向而定。

(1)有窗猪舍　从自然光照和常年主导自然风向的采集两大要素考虑,猪舍方向应坐北朝南,以便最大限度地采集自然光和自然风。

(2)无窗密闭式猪舍　工厂化养猪因高度集约化,设计为无窗密闭式,光照和通风等采用人工控制,猪舍内环境不受外界自然气候的影响,所以猪舍的朝向无关紧要。

2. 猪舍间距

猪舍间距大小主要考虑的是采光、通风、防火、卫生防疫和生产区内生态环境等因素。自然风吹过某建筑物之后,一般需经过该建筑物高度的4～5倍距离后,方可恢复原有的风向和流速。因此,设计猪舍时,一般将这一距离作为建筑物之间的通风间距;这样的通风间距作为采光、防火间距等也基本可以了。

### (三)绿化、美化设施

现代工厂化养猪场在总规时十分重视绿化、美化设施的配置与布局,绿化面积一般应占全场总面积的30%左右,以利于最大限度地吸收猪场有害气体和净化空气,美化猪场环境及夏季防暑降温等。为了进一步美化猪场环境,很多猪场还在生活管理区设置假山、喷泉等美化设施。总之,绿化、美化设计要因地制宜,力求建筑物与绿化和地形地貌环境生态和谐,要求达到远看现代大中型养猪场的全貌隐现在绿树环抱之中,进入生活管理区如同身临怡情悦性的憩园。

### (四)占地面积

规模化、工厂化猪场基本的用地需要量,由饲养规模和喂料、饮水、清粪等饲养工艺及机械化、自动化程度的高低所决定。

自繁自育、流程式管理和自加工饲料猪场的占地和各类建筑物面积等参数详见表4-1-3。

**表4-1-3　不同生产规模猪场的占地和各类建筑物面积等参数**

| 项目 | 猪场生产规模/(头/年) | | |
|---|---|---|---|
| | 3 000 | 5 000 | 10 000 |
| 占地面积/万 $m^2$ | 1.5～1.8 | 2.3～2.7 | 4.1～4.8 |
| 生产建筑物/$m^2$ | 2 700～3 300 | 4 300～5 300 | 8 000～10 000 |
| 辅助生产建筑物/$m^2$ | 550～600 | 660～700 | 1 000～1 100 |
| 饲料加工厂占地/$m^2$ | 2 500～3 500 | 4 000～4 500 | 5 000～6 000 |
| 饲料加工厂年产量/t | 2 000 | 3 000 | 5 000 |
| 饲料加工设备产量/(t/h) | 1 | 1.5 | 2.5 |

资料来源:河南省畜禽改良站,工厂化养猪实用技术。

生产规模大于1万头的猪场,大于1万头部分的占地面积按每头4 $m^2$ 增加,生产建筑物面积按每头0.8～1 $m^2$ 增加,其他生产设施设备亦需酌情增加。

## 三、猪场平面布局

根据猪场选址条件和总体规划,决定各建筑单体与配套设施的具体布局:在场址规划红线内,进行三区、两道的具体布局。总体布局图的传统展示形式分为平面图、效果图及沙盘模型三种，而在猪场平面布局中，最常用的是平面图和效果图。

### (一)猪场平面图

根据猪场场址实际、饲养规模、三区两道及猪场布局有关参数，在绘图纸或电脑中绘出猪场平面布局图(图4-1-1)。

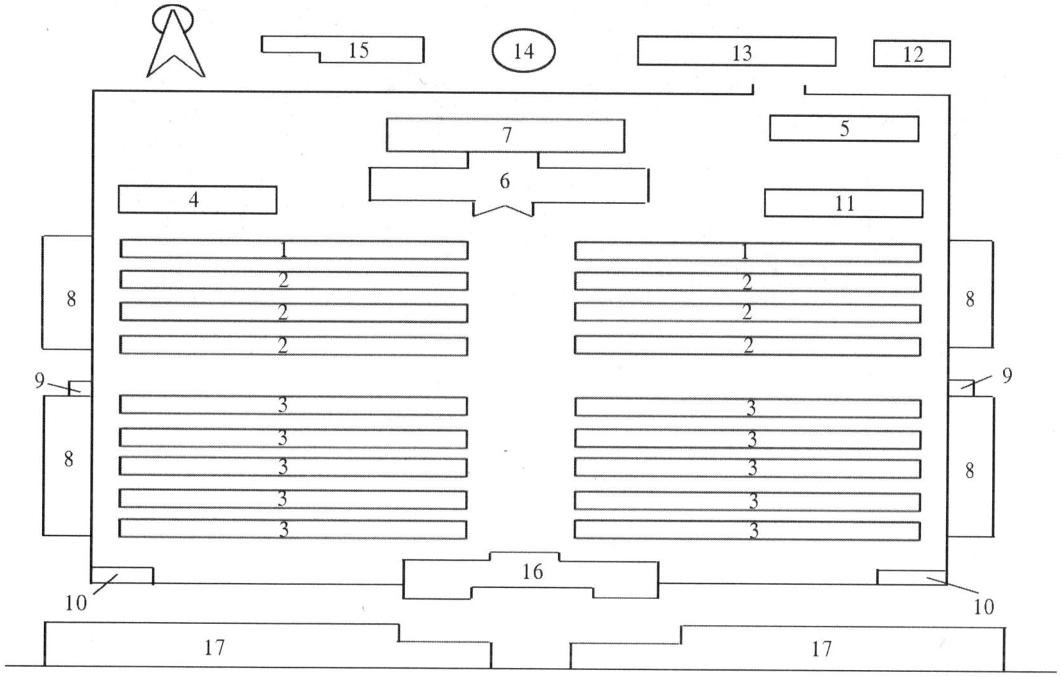


**图4-1-1 某猪场平面图**

1.妊娠舍 2.分娩舍 3.育肥舍 4.公猪舍 5.隔离舍 6.饲料加工厂 7.仓库 8.粪池 9.泵房 10.装猪台 11.研究室 12.木工间 13.车库 14.水塔 15.发电站 16.接待室 17.生活区

### (二)猪场效果图

随着规模化、工厂化养猪场建设要求的提高，传统在绘图纸上绘出的猪场平面布局图，已远远不能满足大中型规模化、工厂化猪场建筑设计的要求，因此，需根据绘图纸上绘出的猪场平面布局图，进一步绘制出猪场效果图(图4-1-2)。

### (三)沙盘

在中、小型猪场的规划布局和设计时，通常有上述两种图就可以了。但在大型猪场布局和设计时，由于投资规模大、猪场内部功能分区细和建设要求高，建筑设计人员没有畜牧兽医专业知识，而畜牧兽医人员也没有建筑专业知识，猪场设计的第一步，还需畜牧兽医人员根据生产工艺流程和管理需要，提出规划布局和设计要求，委托建筑设计部门制成总规沙盘，凭此实施单体建筑和配套设施的设计，以确保猪场布局的完整性、精确性、直观性，尤其可供非畜牧兽医专业的领导或业主在审查时能更直观、详尽、准确地了解。

图 4-1-2　某猪场效果图

【实验实训】

## 4-1　猪场平面布局图的绘制

### 一、实训目的

1. 了解猪场平面布局图的功能。
2. 掌握绘制平面布局图的方法。

### 二、实训工具与材料

1. 大盘尺(50 m 左右)数个，钢卷尺(2 m 或 3 m)数个。
2. 绘图纸、绘图笔、尺等绘图工具(有条件时，提倡在电脑上绘制猪场平面布局图)。
3. 某养猪场(公司)拟新建猪场的相关信息。

### 三、实训方法与步骤

1. 由老师结合该场址，进一步讲解猪场平面布局的要求。
2. 由老师结合该场址，提示性地讲解猪场平面布局的方法。
3. 由老师结合该场址，提示性地讲解猪场平面布局的注意事项。
4. 组织学生进行实地测量和点评。
5. 学生现场绘制“实训案例”平面布局图。

### 四、实训案例

实训已知条件及参数：某公司拟新建 200 头生产母猪自繁自育的商品猪场，该新场址面积约 2.2 $hm^2$(33 亩)；地势平坦；南北走向：南北长 210 m，东西宽 105 m，要求建成一个小型工厂化示范猪场。绘制出该场平面布局图(纸质稿)。

【自测训练】

## 一、填空题

1. 猪场选址时主要考虑：______、______、______、______、______、______等因素。

2. 猪场总体规划的重点是：______、______、______、______等。

## 二、问答题

1. 按规模化、工厂化养猪生产流程，写出各养猪车间的顺序及相互关系。

2. 试述制订猪场总体规划的依据。

3. 试述编制猪场平面布局图的依据与技巧。

二维码 4-1-2　"猪场平面布局图的绘制"技能考核（表格）

二维码 4-1-3　编制大中型猪场建设项目可行性研究报告的一般要求

# 工作任务 4-2　猪舍建筑设计

【基础知识】

## 一、猪舍的形式

按屋顶形式分：主要有钟楼式、单坡式、双坡式（图 4-2-1）等。

按墙的结构和有无窗户分：开放式、半开放式和封闭式。

按猪栏排列分：有单列式、双列式和多列式（图 4-2-2）。

图 4-2-1　双坡式有窗猪舍

图 4-2-2　多列式有窗猪舍

## 二、猪舍的基本结构

一个完整的猪舍，主要由墙壁、屋顶、圈栏底（面）、粪尿沟、门窗、隔栏和走道等构成。

### (一)墙壁

猪舍四周墙体以砖混结构、水泥抹面或勾缝较为理想:传统的小跨度猪舍可水泥勾缝,舍内墙体离地 0.8～1.2 m 部分水泥抹面;大跨度猪舍应酌情设 2～3 道钢筋砼圈梁;东、西山墙和南、北檐墙厚 24～28 cm,舍内猪栏隔墙厚 14～18 cm。在我国东南部气候温暖地区猪舍的南、北檐墙也可砌半墙(墙高 0.8～1.2 m)。为了提高猪舍利用率,近来在新场建设中,常采用钢管栅栏取代内圈隔墙。

### (二)屋顶

多数猪舍的屋顶是双坡人字形或拱顶形。采用角钢制或木制人字架、预制钢筋混凝土梁或木梁的屋架,木椽盖苇席或用木板、纤维板代椽(苇席),上覆一层油毡后盖瓦;平顶用钢筋混凝土浇筑;屋顶要求保暖、隔热、防漏。随着建材工业的发展,有的采用钢结构活动板房结构,彩钢隔热板屋顶,且建设工期短。

在我国东南部地区提倡双坡人字形屋顶,这样的猪舍空间大,夏季通风换气好,有助于防病、防暑,可明显提高猪的成活率和生长速度。

### (三)圈栏底(面)

进入 21 世纪,规模化养猪场的母猪产床和仔猪保育床等,多采用漏缝地板,粪尿直接漏下。漏缝地板的材质有水泥、塑料和金属等,既方便管理,又可明显提高猪的成活率和生长速度。其他猪舍的圈栏底一般在砼底板上覆一层水泥砂浆,设一定的坡度,需防滑但不毛糙。

### (四)粪尿沟

设计原则是雨水与粪尿污水分道排放,尽量减少污水量;要合理设置粪尿沟(管)窨井。

开放式猪舍的粪尿沟要求设在运动场南墙外侧,除设盖漏缝盖板的集粪尿处开放外,其余封闭;全封闭、半封闭猪舍的内粪尿沟须加漏缝盖板,外粪尿沟封闭。粪尿沟的宽度不小于 30 cm,坡度不小于 5%。

### (五)门窗

(1)开放式猪舍除南檐墙和北檐墙都应设窗外,南檐墙与运动场之间还应设高 1.0～1.2 m、宽 0.6 m 左右的墙门洞,以便饲养员操作。

(2)我国幅员辽阔、地理气候差异大,各地对半封闭式猪舍窗的设置及大小要求,尚无统一规定,应因地制宜,基本原则是:①南窗应相对较大,北窗相对较小;②北方地区猪舍的南檐墙多为立式窗,北檐墙多为横式窗;③南方地区猪舍的南北檐墙都可采用立式窗。

(3)全封闭猪舍仅在饲喂通道侧设门,门高 1.8～2.0 m、宽 1.2 m 左右。全封闭猪舍应是无窗猪舍,舍内小气候完全自动化控制。经广东等地实践证明,这类猪舍具有很多优点,但也有欠缺,主要是常年电费成本太高,且一旦停电后果严重。

### (六)隔栏

猪舍内均应设置隔栏,基本上是砖砌水泥抹面隔墙或钢栅栏两种。

(1)公猪栏与配种栏　可采用待配母猪栏与公猪栏以通道分隔为邻的布局配置,以促进待配母猪发情。

(2)空怀待配和妊娠母猪栏　生产中有2种形式:①群饲栏;②单体限位栏。

(3)产床(产仔栏)　采用高床母猪产仔哺育栏,这种栏设离地面高20 cm的漏缝地板,中部钢管限位栏、四周网栅,内设仔猪保育栏(箱)、母猪食槽、母仔饮水器和仔猪补料槽等;商品产床面积一般为170 cm×210 cm。

(4)保育栏　我国广泛采用高床网上保育栏,它能给小猪提供一个清洁、干燥、温暖、空气清新的生长环境。目前保育栏的栏底一般有水泥、塑料和金属等三种不同材质的漏缝地板,保育栏的面积大小以可供整窝断奶仔猪保育为度。

## (七)舍内走道

走道的设置以舍内猪栏列数而定,单列式为一条走道;双列式则需设三条走道,中间一条为宽1～1.2 m的净道,靠墙四周或三边为宽0.9 m的循环通道(污道)。

## (八)运动场

(1)传统养猪　一般都在南檐墙南侧设立舍外运动场。

(2)集约化、工厂化养猪　一般猪舍不设运动场,而对种公猪设专用运动跑道。

## (九)供水系统

应根据舍内栏圈布局,预定自动饮水器和水龙头位置,供水管道应预埋在对应部位的墙体或地下,每舍需设进水阀、水表和最低位排水龙头或放水阀(供冰冻季放空水管内的水)。在条件许可时,应设饮用水(自来水)和冲洗水(地表水)两个供水系统,既可确保饮水安全,又可节约用水成本。

## (十)供电系统

应根据舍内用电要求(照明或兼动力)预埋对应的电线,但每舍需设电表和漏电保护器。

## (十一)通风和照明系统

开放式或半开放式猪舍一般都采用门窗自然通风或在房顶设拔风通风换气窗(管),自然光照配人工控光照明。封闭式猪舍一般采用智能或人工机械通风换气和控光照明,其内环境要求的设计参数详见表4-2-1。

**表4-2-1　各类全封闭猪舍适宜的舍内环境主要因子参数**

| 猪舍类别 | 舍温/℃ | 相对湿度/% | 气流速度/(m/s) | | $CO_2$/% | $NH_3$/(mL/L) | 光照/lx | 噪声/dB |
|---|---|---|---|---|---|---|---|---|
| | | | 春、秋、冬 | 夏 | | | | |
| 公猪舍和空怀、妊娠母猪舍 | 14～16 | 75 | 0.3 | 1.0 | 0.2 | 0.02 | 110 | 50～70 |
| 母猪分娩舍 | 18～20 | 70 | 0.2 | 0.4 | 0.2 | 0.015 | 110 | 50～70 |
| 仔猪保育舍 | 16～18 | 70 | 0.2 | 0.6 | 0.2 | 0.015 | 80 | 50～70 |
| 生长育肥猪舍 | 14～16 | 75 | 0.2 | 1.0 | 0.2 | 0.02 | 20 | 50～70 |

资料来源:河南省畜禽改良站,工厂化养猪实用技术。

## 三、猪舍的类型

### (一)公猪舍(车间)

传统公猪舍：一般为单列半开放式，设内走廊和外运动场，一圈一头，以增加种公猪的运动量(图 4-2-3)。

工厂化公猪舍(车间)：围栏饲养，不设运动场；采用完全舍内封闭饲养，每天定时赶到专用公猪跑道内运动。

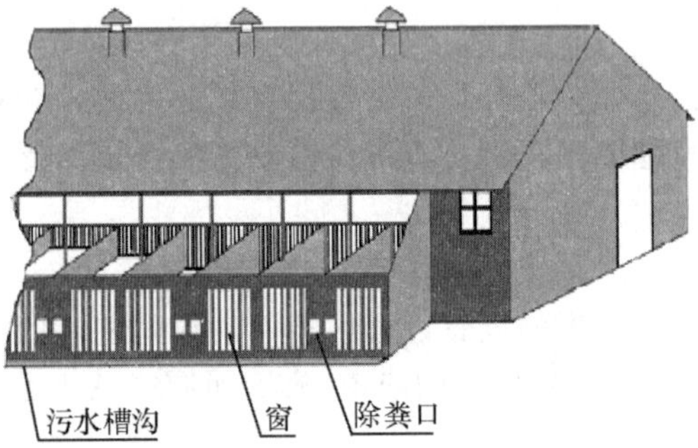


图 4-2-3 传统公猪舍

### (二)空怀、妊娠母猪舍(车间)

传统单栏或小群饲养：目前，空怀、妊娠母猪小群饲养是最常用的一种饲养方式，一般每栏饲养空怀母猪 4～5 头、妊娠母猪 3～4 头。隔栏的结构有砖体式、栅栏式、综合式 3 种。栏圈式样多为设内走道带外圈的单列式或不设外圈的单走道双列式，栏圈面积一般为 7～9 $m^2$，圈底坡度不大于 3%，且圈底面既不可太光滑、也不要毛糙，以防母猪蹄壳磨损、跌倒。也有单圈饲养，一圈(栏)一头。

集约化、工厂化空怀、妊娠母猪车间：空怀、妊娠母猪采用限位栏高密度饲养，限位栏宽一般为 60 cm(图 4-2-4)。

图 4-2-4 空怀、妊娠母猪舍

### (三)母猪分娩哺育车间(产房)

母猪分娩哺育车间(产房)内设有分娩栏(产床)，布置多为两列或三列式(图 4-2-5)。

母猪分娩栏(床)中间部分是母猪限位架，两侧是仔猪采食、饮水、取暖等活动的地方，其前端(母猪头位)一侧设仔猪保育栏(箱)。母猪限位架的前方是前门，前门上设有食槽和饮水器，供母猪采食、饮水，限位架后部有后门，供母猪进入及清粪操作；分娩栏(床)后部设漏缝地板，以及时漏掉栏内的粪便和污水。

图 4-2-5 分娩哺育母猪车间(产房)

### (四)仔猪保育车间

保育仔猪多采用离地保育栏饲养，通常每窝一栏(以免合群互相打斗引起应激)，每栏 4～5 $m^2$，设自动料槽和自动饮水器，敞饲，自由饮水。保育栏由各种材质的漏缝地板、钢管围栏、自动料槽、连接卡等组成。保育车间的保育栏布局一般为两列三走道，中间为宽 1～1.2 m 的净道，靠墙四周或三边为宽 0.9 m 左右的循环通道(污道)。

### (五)生长育肥猪车间

由保育舍转出的生长育肥猪均采用大栏地面群养方式，双面自动料槽、自由采食，自动饮水器供水。生长育肥猪车间的设计要求为：

(1)设计原则　造价低，操作方便；圈底不积水、不打滑，墙壁光滑、易于清洗消毒；屋顶有保温层。

(2)设计规模　一般一栋 10～15 间，一个饲养员的工作量，每批饲养育肥猪 350～450 头。

(3)饲养方式　每栏 10～25 头小群饲养；自动料槽，干粉料或颗粒料自由采食；自动饮水器供水；每批全进全出。

(4)粪尿处理　育成猪转入育肥舍后，要训练吃、睡、便三定位；每天定时将干粪清出后再酌情清扫或清洗圈栏，对粪尿的清理要干、湿分离：尿及洗圈污水由地漏或漏缝盖板漏入内粪尿沟归集流入封闭的污水沟，污水沟在每栋舍的一端设沉淀池，上清液流入猪场总排污管道汇至污水池(沼气工程配浆池)，经厌氧处理后喷灌利用，或再经好氧、沙滤或人工湿地处理后达标排放；干粪归集到处理区堆垛发酵后装袋外销，或直送沼气工程配浆池。

(5)猪舍和圈栏设计

传统饲养：主要有开放式设内走道单列带外圈型和半开放式设中走道双列不带外圈型两种，北方地区以后者为主；舍内纵、横向圈栏一般均为厚 14～18 cm 的砖砌水泥砂浆抹面墙；圈底为砼基础水泥砂浆抹面，以栏圈为单位圈底整体平整、坡度不大于 3%，且结实，既不滑又不粗糙；靠走道侧设食槽或栏圈中隔墙设双面自动料箱，顿饲或敞饲；设自动饮水器或以食槽兼作水槽；粪尿干、湿分类处理。

集约化、工厂化饲养：主要有半封闭式设中走道双列型和全封闭式设中走道双列或多列型两种；舍内纵、横向圈栏一般均为钢管栅栏；圈底分为砼基础水泥砂浆抹面或离地漏缝地板，砼圈底的要求与传统饲养圈一样；在中隔栏设双面自动料箱，敞饲；设自动饮水器自由饮水；粪尿前者可干、湿分类处理，后者为全部冲洗处理。育肥猪离地饲养生产性能高，但耗水量和污水量大。

(6)环境控制措施

传统饲养和养殖大户：开放式和半开放式猪舍的南、北檐墙都设窗或墙洞，开放部分(包括棱格花墙的洞)夏季用塑料网或遮阳网遮掩，既通风又可挡阳光照射；冬季关闭窗门或覆盖塑料薄膜保温。夏季利用房顶设拔风通气管通风换气，每栏设喷淋水龙头喷雾降温；冬季利用自身产热的温室效应，基本可满足育肥猪的环境温度要求。

工厂化猪场：多采用湿帘负压通风换气和降温或另加喷雾系统，进行舍内环境控制(图 4-2-6)。

**图 4-2-6　“湿帘+轴流风机”系统**

## 四、各类猪舍建筑单体的设计

### （一）各类猪舍建筑单体外包尺寸的确定

应根据猪场总规设计确定功能区建设范围内的土地条件，在充分考虑建筑单体之间的间距后合理确定。开放式猪舍一般的房舍跨度（南北向）900 cm 左右，长度（东西向）按自然间宽度而定（建筑单体的大小应符合建材规格和建筑模数，下同）；半封闭和全封闭猪舍的跨度与长度，应根据内设栏圈的长与宽度（含隔栏）、栏圈列数、内走道安排与宽度标准等综合确定，既要确保设计栏圈的安排，便于生产操作，又要杜绝浪费，提高圈舍利用率。

### （二）各类猪舍建筑面积的确定

应根据猪场总规设计确定的生产规模，在确定繁育方式、饲养工艺和生产流程的基础上，以目标生产水平为基准，测算常年平均存栏生产公、母猪的数量和年繁仔猪数等主要技术参数；在此基础上，根据饲养工艺、生产流程、生产性能和饲养密度，推算各类猪各生产、生长阶段的头数、年周转次数和栏圈需要量，再加上 5%～10%的安全系数确定各类猪的栏圈数和建筑面积。

【实验实训】

## 4-2　猪舍建筑设计剖析

### 一、实训目的

1. 了解各类猪舍的功能。
2. 知悉各类猪舍的建设要求。
3. 初步掌握各类猪舍建筑单体平面示意图的设计和绘制技能。

### 二、实训工具与材料

1. 大盘尺（50 m 左右）数个，钢卷尺（2 m 或 3 m）数个。
2. 绘图纸、绘图笔、尺等绘图工具（有条件时，提倡在电脑上绘制）。
3. 以某养猪公司的规模化、工厂化养猪场为实训材料。

### 三、实训方法与步骤

1. 由老师对该猪场各类猪舍（车间）的设计进行全面介绍。
2. 由老师对该猪场各类猪舍（车间）建筑设计进行引导性点评。
3. 组织学生分组到各养猪车间实地调查、测量。
4. 师生互动研讨该猪场建筑设计的成败得失。
5. 各组对所调查养猪车间的建筑设计进行总结（优点和存在问题及改进建议等）。

**二维码 4-2-1 “猪舍建筑设计剖析”技能考核（表格）**

### 四、实训案例

参观和剖析某养猪公司的规模化、工厂化养猪场，每个小组剖析一个养猪车间；各组对实际建筑设计进行点评总结（写出其优点和存在问题，并提出改进建议，绘制出改进图纸等），撰写“猪舍建筑设计剖析实训报告”（500 字左右）。

【自测训练】

**一、填空题**

现代工厂化养猪生产流程，通常将猪场分为：__________、__________、__________、__________、__________等饲养车间。

**二、问答题**

1. 试述猪舍的基本结构。
2. 简述产仔车间设计的关键技术要点。

# 工作任务 4-3　养猪设备与环境调控

【基础知识】

## 一、常见的主要养猪设备

### (一)配种车间的主要设备——单体栏

该养猪车间设有公猪栏及配种栏，将 3～4 头待配母猪养在同一个待配母猪栏圈的各单体栏中(图 4-3-1)；公猪养在相邻的栏圈内，公猪栏兼作配种栏(或另设配种栏)，可提高猪舍利用率、母猪情期受胎率及缩短乏情期。

### (二)空怀、妊娠母猪车间主要设备——单体栏

(1) 单体栏　单体栏由钢管焊接而成，一般栏长 2 m、栏宽 0.65 m、栏高 1 m，圈底有整体混凝土或后段局部漏缝地板两种形式，配铸铁食槽、自动饮水器(图 4-3-1)。

图 4-3-1　单体栏

(2) 小群饲养栏　小群饲养栏主要有砖砌水泥砂浆抹面隔栏、混凝土圈底和钢管隔栏、整体混凝土圈底或不同材质的局部漏缝地板三种形式，一般采用砖砌水泥抹面食槽配设钢管采食限位栅、自动饮水器。小群饲养栏面积一般为 7～9 $m^2$。

### (三)分娩哺育车间主要设备——分娩栏

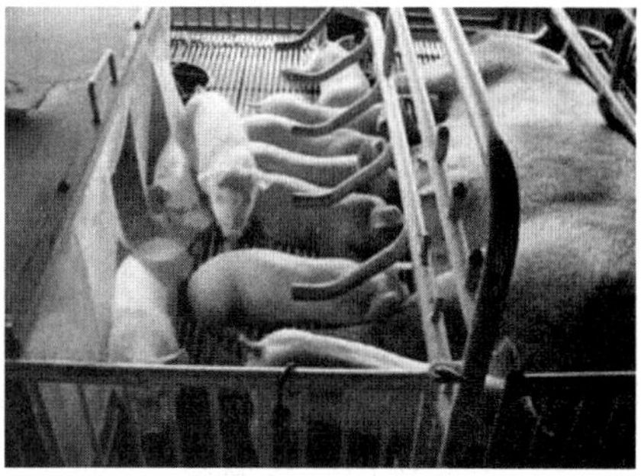

图 4-3-2　分娩栏

分娩栏(图 4-3-2)的尺寸选用与母猪品种有关，长度一般为 2～2.2 m，宽度为 1.7～2.0 m。母猪限位栏的宽度一般为 0.6～0.65 m，高 1.0 m。仔猪活动围栏每侧的宽度一般为 0.6～0.7 m，高 0.5 m 左右。分娩栏内设有仔猪保温箱，保温箱内配备加热保温设备。

### (四)仔猪保育车间主要设备——保育栏

(1)小型猪场 断奶仔猪多采用地面饲养的方式,但寒冷季节应在仔猪卧息处铺垫干净软草或设加温设备。

(2)大、中型猪场 多采用高床网上培育栏,网底一般采用塑料、金属或水泥等材质的漏缝地板。

仔猪保育栏(图 4-3-3)通常由围栏、自动食槽、自动饮水器和漏缝地板组成。相邻两栏共用一个双面自动食槽,每栏设自动饮水器。这种保育栏能保持床面干燥清洁,减少仔猪的发病率,是一种较理想的保育猪栏。一般保育栏高 0.6 m,栏圈面积因饲养头数不同而异。

### (五)育成、育肥猪车间主要设备——育成育肥猪栏

育成育肥栏有多种形式,栏圈结构主要有混凝土圈底、砖砌水泥砂浆抹面隔栏和混凝土圈底、钢管隔栏及不同材质的局部漏缝地板、钢管隔栏三种形式,混凝土圈底以栏圈为单位设不大于 3%的坡度,栏高 1～1.2 m;一般靠走道侧设食槽或栏圈中隔墙设双面自动料槽,顿饲或敞饲,顿供水或自动饮水器供水;栏圈面积根据每栏饲养头数而定,一般为 10～20 $m^2$(图 4-3-4)。

图 4-3-3 轻质保温水泥漏缝地板保育栏

图 4-3-4 育肥栏

### (六)饮水设备

猪用自动饮水器的种类很多,有鸭嘴式、杯式、乳头式等。由于乳头式和杯式自动饮水器的结构和性能不如鸭嘴式饮水器实用,目前普遍采用的是鸭嘴式自动饮水器(图 4-3-5)。

### (七)饲喂设备

(1)水泥固定食槽 传统的规模猪场和农户养猪,为了减少投资成本,多采用砖砌水泥砂浆抹面固定食槽或可活动的预制砼食槽。食槽多设在走道隔墙或隔栏侧的下面,一般为长方体形,食槽净宽 20～25 cm、净深 10～15 cm,槽底比圈底高 3～5 cm,四周的阴角用水泥砂浆抹成弧形,以防残留饲料。采食位槽沿内外角打圆,以免损伤下颌,每头猪所占采食槽位的长度应根据猪种类、年龄而定。

(2)长方体自动落料饲槽 多用于集约化、工厂化养猪场。长方体自动落料饲槽(图 4-3-6)有单开式和双开式两种。单开式一面固定在走道隔栏或隔墙上;双开式则安放在相邻两栏的隔栏或隔墙靠走道端。自动落料饲槽一般以角钢和钢筋为骨架、碳钢板或镀锌铁皮包封制成。

(3)圆形自动落料饲槽 圆形自动落料饲槽(图 4-3-7)用不锈钢制成,较为坚固耐用,底盘也可用铸铁或水泥预制件,适用于高密度、大群体生长育肥猪。

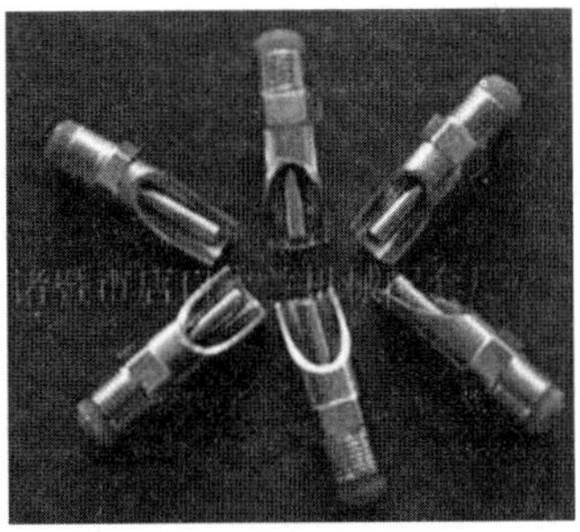

图 4-3-5　鸭嘴式饮水器

图 4-3-6　长方体自动落料饲槽

图 4-3-7　圆形自动落料饲槽

## 二、猪舍环境因子及调控

### (一)生态环境因子

1.温度

温度对猪的影响很大。猪从小到大,随着年龄的增长,对环境温度的要求由高到低,例如:初生仔猪及整个哺乳期,皮薄毛稀,体温调节机能又不太健全,很怕冷,因环境温度的控制不到位,生产中常发生初生仔猪冻死或冻病等情况。因此,一般的猪场都会采取措施对仔猪进行人工加温和保温,不同日龄仔猪的最佳温度要求为:初生至 7 日龄 30～32 ℃,8～14 日龄 27～29 ℃,15～21 日龄 24～26 ℃。又如:育肥后期的大猪皮下脂肪层较厚,汗腺又不发达,气温高时极易中暑甚至死亡,理想温度只需 15～16 ℃,所以夏天高温时节每天都需用自来水冲淋猪体降温 2～3 次,或安装喷淋设备喷淋降温,以防育肥猪中暑。

2.湿度

猪舍小气候的第二大生态环境因子是湿度,猪的最佳湿度在 60%～70%。猪不喜欢长期生活在潮湿条件下,否则会拉稀、感冒及发生其他疾病,在高温、高湿环境下,病菌会大量繁殖,特别容易引起猪群发病。在生产实践中,我国南方地区每年夏天梅雨季节,是一些管理不善的猪场的高发病季节。在国外及我国一些现代化的中、大型猪场,大多采用高床漏缝地面,通过智能或人工通风换气控温、控湿、控空气质量,猪舍卫生、小气候控制良好,所以猪场的生产水平和经济效益良好。

3.光照

猪舍采光的设计定位是:开放式和半封闭式猪舍自然采光,而封闭式猪舍采用智能或人工控光。100～150 lx 的光照可明显提高公猪精液品质。但在育肥猪生产中,为了减少非生产消耗,提高生长速度和饲料报酬,要控制光照强度和时间,以达到育肥猪吃过就睡、睡过就吃的目的,因此,育肥猪舍要用较暗的灯光,只要饲养员能看见喂料即可,且需缩短光照时间。

4.有害气体

猪舍气体有猪呼出的二氧化碳、水蒸气和猪排泄的粪尿屁及其分解产物氨气、硫化氢等有害气体,严重污染猪舍内空气,不但影响猪生产性能的发挥,而且容易引起猪发病。所以,在猪舍设计时,既要考虑猪舍保温,又要解决通风换气问题。

5.气流

在炎热天气,气流有助于猪舍换气和猪体散热,改善猪舍空气质量,降低猪舍室温,对猪群防暑、健康和正常生产、生长都有好处。在我国南方地区养猪生产中，夏季通风换气，对防止猪群中暑、死亡的意义更为突出。

在冬季低温条件下，猪舍内气流会将猪体热量带走，增加御寒能耗，并极易引起猪感冒、受凉拉稀、抵抗力下降，继发其他疾病。冬季猪舍最怕穿堂风。

6. 噪声

猪是胆小易惊的动物，对噪声敏感，例如：当猪群在休息时，突然的声响或大声喧哗都会引起惊群；母猪在持续的噪声下哺乳，泌乳量会大幅度下降；生长肥育猪在持续噪声环境下的增重速度和饲料报酬会明显下降；突然高分贝的噪声刺激甚至会引起母猪流产。

因此，在猪场选址和建筑设计时，要充分考虑避开噪声源和对噪声的控制。

7. 灰尘和微生物

猪舍中的灰尘颗粒和微生物，一部分由舍外空气吹入，但更主要的是猪在舍内活动、吃料、排泄及用粉料喂猪时产生的；特别是传统方法养猪，冬季气候干燥，用干脆稻草等垫圈，舍内扬尘和灰尘中携带的大量病菌，可引发猪只发病。因此，在猪场建筑设计时，要充分考虑通风换气和空气对流、过滤等的科学处理。

### （二）调控环境的主要设备

现代规模化猪场常见的环境调控主要设备有喷雾降温系统、"湿帘＋轴流风机"系统、控尘排风换气系统、冲洗消毒设备和加热保温设备等（图 4-3-8 和图 4-2-6）。

轴流风机

冲洗消毒车

不锈钢换气扇

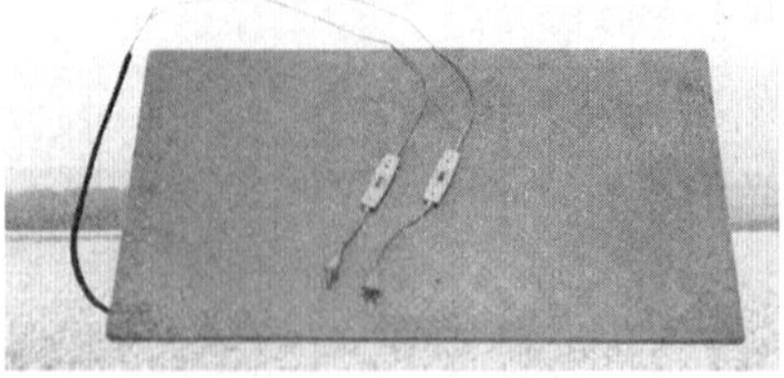

玻璃钢电加热器

图 4-3-8 通风、降温、增温、消毒等设备

## 三、粪污处理与开发利用

如何科学治理大型畜禽场的粪尿污染是当下的世界性难题。在畜牧和环保等科技工作者的长期研究下，探索出了一套切实可行的"畜-沼-种植"生态循环模式。在猪场选址和总规时，要环评先行；在平面布局和建筑设计时，沼气（或发酵床）环保工程要同步进行。

“畜-沼-种植”生态循环模式，是在实施沼气工程（图 4-3-9 和图 4-3-10）及配套管网建设的基础上，粪尿污物经厌氧发酵后，产生沼气、沼液和沼渣，不但可切实解决粪尿污染环境的难题，确保养猪业的可持续发展，而且还可实现粪尿污物的无害化处理和资源化利用，这对开发新能源与新饲源、改良土壤、提高无公害农产品的产量与质量，构建和谐生态，具有十分重要的意义。

图 4-3-9　储气柜（左）、沼液池（中）、厌氧塔（右）

图 4-3-10　沼气工程全景

### （一）沼气的利用

沼气为洁净能源，可用作生产和生活燃气、照明、发电等。

### （二）沼液的利用

沼液是优质液肥，经配套管网供附近农田稻麦、果蔬和花卉等喷灌利用，或直接用作畜禽和鱼的饲料。

（1）用作肥料　是稻麦、果树、蔬菜、花卉的优质基肥和叶肥，为生产生态有机果蔬等绿色农产品提供肥源保证。

（2）用作生态饵料　沼液是鱼类的优质生态饵料。

（3）用作猪饲料　沼液是猪的生态饲料，与玉米、米糠等搭配喂猪，可促进猪的生长，节省饲料成本。

（4）用作牛、鸡饲料　用新鲜沼液拌饲料湿喂，每天可提高奶牛产奶量 2 kg 以上，提高鸡产蛋量 10%左右，而且蛋型大、品质好。

沼液的富余部分，经好氧处理后可达标排放。

### （三）沼渣的利用

沼渣是优质基肥，可直接利用或调配制成复合有机肥。

【实验实训】

## 4-3　养猪设备的识别与操作

### 一、实训目的

1. 了解各种养猪设备的功能。
2. 能正确识别各种养猪设备。

3. 初步掌握主要养猪设备的操作、保养和维修技能。

**二、实训工具与材料**

具有主要养猪设备的规模化养猪场。

**三、实训方法与步骤**

1. 由老师对该猪场整体养猪设备的现状作简要介绍。
2. 由老师带领学生到各养猪车间，对养猪设备进行现场识别。
3. 要求学生对各养猪车间的设备进行现场操作。

**四、实训案例**

在某规模化养猪场实地进行常见养猪设备的识别与操作，分别写出该猪场各养猪车间拥有养猪设备的名称、规格等，并简述各设备在养猪生产中的功能、操作要点和保养要求（完成500字的实训报告）。

二维码 4-3-1 “养猪设备的识别与操作”技能考核（表格）

【自测训练】

**一、填空题**

现代规模化养猪场常见的养猪设备主要有__________、__________、__________、__________、__________、__________、__________等。

**二、问答题**

1. 试述工厂化养猪的优、缺点。
2. 试述建设沼气工程对发展养猪生产的意义。

二维码 4-3-2 养猪用地与耕地保护“四问”（课程思政案例）

二维码 4-3-3 绿色生态养殖 助力美丽乡村建设（课程思政案例）

二维码 4-3-4 从牧原经验谈智慧养猪（课程思政案例）

二维码 4-3-5 以毕生使命实现养猪“无人值守”（课程思政案例）

# 项目5
# 猪场经营管理技术

**能力目标**

- 掌握种猪更新和繁殖计划的编制方法；
- 掌握制订猪场岗位职责和岗位定编的方法；
- 掌握制订猪场目标管理方案的方法；
- 理解猪场财务报表的内涵；
- 初步掌握猪场数据的计算机管理技术。

**知识目标**

- 理解编制种猪繁殖计划的依据和意义；
- 理解猪场各管理岗位的职责；
- 理解猪场目标管理方案的意义；
- 了解猪场成本明细的种类；
- 认识猪场资料管理的重要性。

## 工作任务5-1　猪场生产计划的编制

【基础知识】

### 一、猪群类别的划分

猪群的类别划分以猪的年龄、性别、用途和生产、生长阶段等为依据，划分的标准和名称必须统一，以便统计。

(1)哺乳仔猪　哺乳仔猪指从初生到断奶前的仔猪。

(2)保育猪　保育猪指断奶到70日龄左右(6～9 kg到20～30 kg)的幼猪。

(3)生长肥育猪　生长肥育猪指70～180日龄的猪，一般指体重在25～100 kg阶段的猪。另外，以体重大小来区别，一般把60 kg以前的叫生长猪，60 kg以后的叫肥育猪。

(4)繁殖猪群　繁殖猪群包括后备公母猪、检定公母猪和成年公母猪。

后备猪：指从初选入围到配种以前暂时选留的公、母猪。

检定公猪：指自参加初次配种始，到其与配母猪的第一批子代的待测性状测定结束止，这个阶段的年轻公猪。

检定母猪：指自参加初次配种始，到其第一胎仔猪的待测性状测定结束止，这个阶段的年轻母猪。

成年公母猪：即基础公、母猪，是指经过检定合格的生产公、母猪。

(5)淘汰猪　淘汰猪是指失去种用或(利用)价值的后备、检定和成年公母猪，以及因病不愈或因伤致残的生长肥育猪。

## 二、猪群结构

猪群结构因猪场的生产方式不同而异，自繁自育种猪场由成年种猪、检定种猪、后备猪、生长肥育猪、保育猪和哺乳仔猪等组成，自繁自育商品猪场一般不设检定种猪这个结构。

公、母猪比例的确定，因生产目的和繁育方式的不同而异。承担保种或育种任务的种猪场，要满足配种任务，更需确保血统的安全传承，因而不能以公、母猪比例作衡量标准。商品猪场当基础母猪群体不大时，考虑公猪的阶段性使用频率，公、母猪比例，本交一般以1∶(20～30)为宜，人工授精一般以1∶(100～200)为宜。公猪的年龄结构，一般以1～2岁占30%、2～3岁占60%、3岁以上占10%左右为宜。

理论和实践证明，能繁母猪的生产性能一般3～6胎最佳，第7胎始渐趋下降，一般利用到第8胎后淘汰。鉴于此，母猪的胎次（年龄）结构一般以1胎约占20%、2胎约占10%、3～6胎约占50%、7胎及以上的约占20%为宜。

后备猪的选择强度根据生产目的不同而异。一般的选留比例以公猪1∶(5～6)、母猪 1∶3左右为宜。后备猪的选择强度越大，则选种的准确性越高，培育成本也越高。

## 三、母猪更新计划

现代化猪场的标志是生产计划化、饲养集约化、管理流程化和产品均衡上市。要实现上述目标，必须在确定猪场各项技术管理参数的基础上，从制订母猪更新计划切入。

(1)仔猪哺乳期　指仔猪从出生到断奶的天数。目前的仔猪哺乳期为28～60 d，规模猪场一般为28 d左右。

(2)母猪繁殖周期　指母猪从本次配种始，经妊娠、泌乳哺育和断奶后的繁殖间隔期，到下次配种止的天数。影响母猪繁殖周期的因素主要有母猪妊娠期、仔猪哺乳期、母猪繁殖间隔期和情期受胎率；仔猪哺乳期、情期受胎率是可变管理因子；母猪妊娠期、发情周期和繁殖间隔期都是相对稳定的，一般分别为114 d、21 d和5～7 d。假定仔猪哺乳期为35 d，情期受胎率90%，则母猪繁殖周期约为158 d(114＋35＋7＋21×10%)。

(3)母猪分娩指数　又称母猪年产胎数，本指数直接受母猪繁殖周期的影响，按上述约束条件的母猪分娩指数为2.31(365÷158)，当情期受胎率为70%时，则母猪繁殖周期为 160 d，分娩指数为2.28。

(4)母猪更新计划　是指在一定时间内投入配种后备母猪的具体数量和时间的安排计划。母猪年更新率是指在一年内投入配种后备母猪数占能繁母猪数的百分比。

后备母猪自投产初配始，正常情况下的淘汰原因是检定母猪不合格和生产母猪因病不愈或高龄繁殖力下降；因此，淘汰的绝大多数是初产和高龄母猪。鉴于此，在生产实践中，编制母猪更新、淘汰计划，一般都以全场母猪年更新率为基准，确定年度更新、淘汰总数，而没必要落实各年龄(胎次)的更新率。

以一个500头能繁母猪规模的猪场为例，假设年均分娩指数为2.2，母猪年淘汰率分别为60%、40%和30%，则各淘汰率水平每年分别需更新母猪300头、200头和150头，分解到各繁殖周期分别为136头、91头和68头；而年度内具体的更新母猪数量和时间的安排，本着更新、淘汰一对一的原则，应与生产计划无缝对接。

能繁母猪的淘汰率越高，母猪更新速度越快，则需投入的后备猪培育成本越大。我们认为能繁母猪的年更新率掌握在30%左右，利用不超过8个繁殖周期为宜。

## 四、猪场生产计划

传统养猪生产的母猪淘汰更新、配种产仔和生产是三个独立的计划，但按照自繁自育流程式管理要求，这三个计划环环嵌接，是一个联动的整体生产计划；伴随着母猪更新计划的确定，繁殖和生产计划也随之敲定；母猪配种产仔计划，既是年度繁殖计划，又是年度生产计划。因此，生产计划必须结合猪场实际，根据各类猪舍及其配套的生产设备、工具等生产条件，按确定的生产工艺流程，综合生产、技术和管理等要素制定。同时，需注意做好母猪配种产仔计划与种猪更新、淘汰计划的对接工作，以确保生产的顺利实施和全年生产任务的完成。下面按此理念分小型和大、中型两类猪场简介。

### (一)案例一：小型猪场配种产仔计划的编制

1. 编制配种产仔计划所需的材料和条件

(1)计划年初的猪群结构，例如已知有种公猪3头、基础母猪23头、检定母猪5头、后备母猪13头(其中6月龄3头，7月龄5头，8月龄5头)、育肥猪76头(其中4月龄25头，5月龄23头，6月龄28头)，总计120头。

(2)上年转入本年度生产的母猪配种头数和时间，详见表5-1-1。

**表5-1-1　上年转入母猪的配种头数和时间**

| 类别 | 配种月份 | | | | 合计 |
|---|---|---|---|---|---|
| | 9 | 10 | 11 | 12 | |
| 基础母猪头数 | 2 | 7 | 8 | 3 | 20 |
| 检定母猪头数 | | | 1 | 4 | 5 |

(3)假设基础母猪年分娩指数2，平均每胎10头，检定母猪年分娩指数2，平均每胎8头；假定母猪受胎率、产仔率、仔猪成活率均为100%，计划年内不更新公猪和选留后备母猪。

(4)计划年终猪群达到435头，其中包括基础母猪28头。

(5)上年度配种的母猪于本计划年度的产仔月份，详见表5-1-2。

**表5-1-2　上年配种的母猪在本计划年度的产仔月份**

| 类别 | 产仔月份 | | | | 合计 |
|---|---|---|---|---|---|
| | 1 | 2 | 3 | 4 | |
| 基础母猪头数 | 2 | 7 | 8 | 3 | 20 |
| 检定母猪头数 | | | 1 | 4 | 5 |

2. 编制配种产仔计划

根据上面的资料和假定条件，编制的猪场配种产仔计划见表 5-1-3。

**表 5-1-3　母猪配种产仔计划**

| 配种 | | | | | 产仔 | | | | | | |
|---|---|---|---|---|---|---|---|---|---|---|---|
| 年份 | 月份 | 配种母猪头数 | | | 计划年月份 | 出生胎数 | | | 出生仔猪数 | | |
| | | 基础母猪 | 检定母猪 | 合计 | | 基础母猪 | 检定母猪 | 合计 | 基础母猪 | 检定母猪 | 合计 |
| 上年 | 9 | 2 | | 2 | | | | | | | |
| | 10 | 7 | | 7 | | | | | | | |
| | 11 | 8 | 1 | 9 | | | | | | | |
| | 12 | 3 | 4 | 7 | | | | | | | |
| 计划年 | 1 | 3 | 5 | 8 | 1 | 2 | | 2 | 20 | | 20 |
| | 2 | | 5 | 5 | 2 | 7 | | 7 | 70 | | 70 |
| | 3 | 2 | 3 | 5 | 3 | 8 | 1 | 9 | 80 | 8 | 88 |
| | 4 | 7 | | 7 | 4 | 3 | 4 | 7 | 30 | 32 | 62 |
| | 5 | 9 | | 9 | 5 | 3 | 5 | 8 | 30 | 40 | 70 |
| | 6 | 7 | | 7 | 6 | | 5 | 5 | | 40 | 40 |
| | 7 | 8 | | 8 | 7 | 2 | 3 | 5 | 20 | 24 | 44 |
| | 8 | 5 | | 5 | 8 | 7 | | 7 | 70 | | 70 |
| | 9 | 2 | | 2 | 9 | 9 | | 9 | 90 | | 90 |
| | 10 | 4 | | 4 | 10 | 7 | | 7 | 70 | | 70 |
| | 11 | 5 | | 5 | 11 | 8 | | 8 | 80 | | 80 |
| | 12 | 4 | | 4 | 12 | 5 | | 5 | 50 | | 50 |
| | 全年 | 56 | 13 | 69 | 全年 | 61 | 18 | 79 | 610 | 144 | 754 |

根据该场年初猪群结构和设定条件，计划年度内检定母猪和基础母猪分别配种 13 和 56 头次、分娩 18 和 61 窝、产仔育成 144 和 610 头，合计配种 69 头次、分娩 79 窝、产仔育成 754 头。按产仔哺乳期 2 个月和育成猪满 6 个月出售估算，计划年度内出售育成猪 350 头、淘汰检定母猪和基础母猪计 13 头；年末存栏种公猪 3 头、基础母猪(8 月底以后配种的和 10 月底以后分娩的)28 头和各类育成猪(6 月底以后出生的) 404 头，总计 435 头。

## (二) 案例二:流程式管理猪场的生产计划

1. 已知条件

某猪场常年存栏能繁母猪 500 头，人工授精(公猪更新略)，自繁自育生产商品肉猪，生产母猪自我更新，商品活猪 90 kg 左右均衡上市，按流程式生产管理。

2. 约束条件(技术参数)

(1)后备母猪 8 月龄投产初配检定；

(2)能繁母猪年更新率 30%；

(3)母猪平均情期受胎率为 90%(检定母猪约 85%，经产母猪约 91%)，分娩指数 2.2；

(4)母猪平均窝产活仔数:初产(检定)10头,经产12头;

(5)仔猪育成出栏率95%;

(6)商品猪6月龄出栏体重90 kg左右。

3.编制该猪场某一年度生产计划

根据上述已知条件和约束条件,按流程式生产形式的大群分散、小群集中的管理要求,结合各类养猪车间和配套设施设备条件及生产流程各段设定的时间,自上胎断奶或后备母猪开始初配始,将母猪群分成若干组,每组母猪的头数与情期受胎率和分娩哺育车间或其中的一个单元相匹配,根据上述条件和原则制定生产计划,组织生产管理。

为阐述方便,设定将500头能繁母猪分5.5组,每组约92头;年更新母猪150头,每月12.5头;母猪年配种约1 222头次,每月约102头次;年分娩约1 100窝,每月约90窝。每月的母猪断奶头数、更新和淘汰头数以及配种、分娩和产品等计划安排详见表5-1-4。

**表5-1-4　某猪场某一年度生产计划表**

| 计划月份 | 断奶母猪/头数 | | 投入检定母猪 | 计划配种/头次 | | | 母猪分娩计划 | | | | | | 产品计划/头 | | |
|---|---|---|---|---|---|---|---|---|---|---|---|---|---|---|---|
| | | | | | | | 经产母猪 | | 检定母猪 | | 小计 | | | | |
| | 总数 | 留用 | | 经产母猪 | 检定母猪 | 小计 | 窝数 | 仔数 | 窝数 | 仔数 | 窝数 | 仔数 | 内转留种 | 出售肉猪 | 淘汰母猪 |
| 1 | 92 | 70 | 12 | 77 | 15 | 102 | 79 | 947 | 13 | 130 | 92 | 1 077 | 12 | 1 012 | 12 |
| 2 | 92 | 79 | 13 | 77 | 15 | 102 | 70 | 960 | 12 | 120 | 92 | 1 070 | 13 | 1 002 | 13 |
| 3 | 91 | 79 | 12 | 77 | 14 | 102 | 79 | 947 | 12 | 120 | 91 | 1 067 | 13 | 1 013 | 12 |
| 4 | 92 | 79 | 13 | 77 | 15 | 102 | 79 | 947 | 13 | 130 | 92 | 1 077 | 12 | 1 012 | 13 |
| 5 | 92 | 79 | 13 | 77 | 15 | 102 | 79 | 947 | 12 | 120 | 91 | 1 067 | 12 | 1 003 | 13 |
| 6 | 92 | 70 | 12 | 77 | 14 | 102 | 79 | 947 | 13 | 130 | 92 | 1 077 | 13 | 1 011 | 12 |
| 7 | 91 | 79 | 12 | 77 | 15 | 102 | 79 | 947 | 13 | 130 | 92 | 1 077 | 12 | 1 012 | 12 |
| 8 | 92 | 79 | 13 | 77 | 15 | 102 | 79 | 947 | 12 | 120 | 91 | 1 067 | 13 | 1 013 | 13 |
| 9 | 91 | 79 | 12 | 77 | 14 | 102 | 70 | 960 | 12 | 120 | 92 | 1 070 | 13 | 1 002 | 12 |
| 10 | 92 | 79 | 13 | 77 | 15 | 102 | 79 | 947 | 13 | 130 | 92 | 1 077 | 12 | 1 012 | 13 |
| 11 | 92 | 79 | 13 | 77 | 15 | 102 | 79 | 947 | 12 | 120 | 91 | 1 067 | 12 | 1 003 | 13 |
| 12 | 91 | 79 | 12 | 77 | 14 | 102 | 79 | 947 | 13 | 130 | 92 | 1 077 | 13 | 1 011 | 12 |
| 合计 | 1 100 | 950 | 150 | 1 047 | 176 | 1 224 | 950 | 11 400 | 150 | 1 500 | 1 100 | 12 900 | 150 | 12 105 | 150 |

表5-1-4所列各项数据,是在约定条件下按流程式生产管理模式推演所得。例如:2018年1月份投入配种检定的12头母猪是2017年5月份出生的,2018年5月份分娩的79头经产母猪和12头检定母猪是2018年1月份配种的,2018年12月份内转留种的13头后备母猪和出售的1 011头肉猪分别是2018年5月份和6—7月份出生的。在实际工作中,各项指标受诸多因素影响,不可能与理论推演完全吻合,但基本面是肯定的;因此,在实际工作中编制生产计划时,对各计划指标要酌情预设保险系数。

能繁母猪年均出栏(育成)商品猪头数是衡量猪场生产管理水平的一个重要的综合经济技术指标。由表5-1-4可知:该场在计划年度内,经产和检定母猪的情期受胎率分别为90.6%和75.2%,参配母猪情期受胎率平均为79.9%;能繁母猪年均育成出栏商品猪(含后备猪)达24.51头。

如果编制种猪场的生产计划,须根据育种需要和市场预估,确定种猪纯种繁殖的比例和纯繁时间的安排。

【实验实训】

## 5-1 配种产仔计划的制订

### 一、实训目的

1. 了解猪场的猪群结构。
2. 掌握猪场母猪更新计划的制订。
3. 掌握猪场年度配种产仔计划的制订。

### 二、实训材料与用具

1. 某猪场的猪群结构资料。
2. 某猪场现有配种记录。
3. 某猪场年度发展规划等。
4. 计算器或电脑等。

二维码 5-1-1 "配种产仔计划的制订"技能考核(表格)

### 三、实训方法与步骤

1. 查阅该猪场生产记录及猪场发展规划。
2. 统计该猪场基本母猪、检定母猪、后备母猪的头数。
3. 统计该猪场各类可用猪舍的情况。
4. 确定该猪场下年度的生产规模。
5. 编制该猪场下年度母猪更新计划。
6. 制订该猪场母猪配种产仔计划。

### 四、实训案例

编制猪群配种产仔计划。

1. 已有该猪场资料:①计划年初存栏基础母猪 50 头、检定母猪 12 头和 6、7 月龄的后备母猪各 3 头,其中上年度最后四个月的配种记录情况详见表 5-1-5;②基础和检定母猪的计划年淘汰更新率为 30%;③母猪受胎率为 95%,年分娩指数为 2,基础和检定母猪平均窝产活仔猪数分别为 12 头和 10 头;④后备母猪 7 月龄开始初配,商品猪 6 月龄、体重 90 kg 左右出售,新生仔猪育成、出栏率 95%;⑤上年转存的仔猪和育成猪不计,更新母猪自留。

2. 要求编制计划时反映计划年内:①各月的受胎数、繁殖窝数、产仔数、留种数、肉猪出栏头数;②各月的母猪更新淘汰头数(要求按最大产仔量安排);③计划年末各类猪的存栏数。

表 5-1-5 上年母猪配种头数和时间

| 类别 | 配种月份 | | | | 合计 |
|---|---|---|---|---|---|
| | 9 | 10 | 11 | 12 | |
| 基础母猪头数 | 6 | 7 | 7 | 10 | 30 |
| 检定母猪头数 | | | 5 | 7 | 12 |

【自测训练】

**一、填空题**

1. 繁殖猪群包括__________猪、__________猪和__________猪。

2. 为保证母猪群合适的年龄结构，母猪年淘汰率通常以______%为好。

3. 繁殖猪群中母猪的年龄结构，一般1胎的母猪应占______%左右，2胎的母猪应占____%左右，3～6胎母猪约占____%为宜，7胎以上生产性能好的母猪不应超过____%。

**二、问答题**

1. 制订年度配种产仔计划需要哪些资料？

2. 影响母猪生产力的因素有哪些？

# 工作任务5-2　猪场岗位设置及其职责制订

【基础知识】

## 一、猪场组织机构与岗位设置

组织机构是猪场生产和经营的决策与管理岗位结构，其设置因生产任务性质和生产规模大小而异，但生产（技术）主管和财务（后勤）主管是必设的核心管理岗位；生产岗位和工位的设置，因生产工艺流程和各岗位饲养量的不同而异。

### （一）组织机构

猪场行政实行场长负责制：副场长和生产（技术）、财务（后勤）主管协助场长负责分管工作，向场长负责；场长向上级主管部门或董事会负责。

猪场应根据饲养工艺流程，在生产（技术）主管架构下，分设若干个饲养车间，各饲养车间设兼职车间主任一名，明确职责，分车间管理，各司其职；要求各车间之间既有分工、又须合作，要求员工服从领导、令行禁止；各车间主任按岗位职责和工作制度要求，负责车间的生产组织和管理，并向生产（技术）主管负责；生产（技术）主管负责全场各车间的组织管理和协调，负责员工休假调配（下面设定的工位已含员工休息和节假日替班）。

猪场一般应成立由技术、生产、财务等管理骨干和一线员工代表组成的场务领导小组，较大规模的猪场还应成立工会，重大事项由场务领导小组集体研究决策，以提高管理水平和确保员工权益。

### （二）岗位设置及工位定编

生产第一线的岗位设置因猪场的生产目标、饲养管理方式不同而异，流程式管理猪场一般按管理流程设岗；各岗的工位设置主要由生产规模而定；自繁自育自加工饲料猪场不同生产规模的用工定员见表5-2-1。

表 5-2-1 不同生产规模自繁自育自加工饲料猪场用工定员参考指标

| 生产规模/(头/年) | 3 000 | 5 000 | 10 000 | 15 000 | 20 000 |
|---|---|---|---|---|---|
| 用工定员/人 | 12～15 | 20～22 | 34～40 | 50～60 | 57～70 |

用工员额与生产规模之间不是简单的线性关系，随着生产规模的扩大，单位生产量所需的用人数将下降。除了用工规模效应外，主因是管理等非生产人员所占的比例可明显减少。猪场的生产设备、物流条件和清粪方式等，对工位的员额配置有较大的影响。

以常年存栏能繁母猪 500 头，人工授精，自繁自育自加工饲料(一般哺乳和保育前期仔猪料外购)，按流程式管理生产商品肉猪的猪场为例，简介岗位设置及岗位职责。

1. 管理员工定编

场长 1 人，副场长 1 人，生产(技术) 和财务(后勤)主管各 1 人，畜牧、兽医和配种技术员 4 人，共 8 个管理工位。

2. 生产员工定编

公猪和空怀、妊娠母猪饲养车间 3 人，配种技术员兼车间主任；分娩、哺育母仔饲养车间 4 人，由技术员兼车间主任；仔猪保育车间 2 人，由技术员兼车间主任；育成、育肥车间 7 人，由技术员兼车间主任；饲料加工车间 3 人，由生产(技术)主管兼车间主任；共设 5 个车间 19 个工位。

3. 后勤员工定编

后勤管理组设消毒、公共环卫和粪场管理工位 1 人，出纳兼仓库保管工位 1 人，水、电和饲养设备等保养检修工位 1 人，门卫、勤杂工位 1 人，炊事员工位 1 人；后勤管理组共设 5 个工位，财务(后勤)主管兼组长。

## 二、岗位职责

根据流程式生产管理、全年均衡生产的要求，饲养管理按生产流程划分 4 段设 4 个饲养车间 16 个工位，实行较精细的分段专业管理，分工清晰、任务到人、责任到组；明确既有分工、又须合作，服从领导、令行禁止的岗位职责和工作要求。

### (一)场长职责

负责猪场全面工作，具体为：

(1)负责及时完善并组织实施各项管理制度和技术操作规程。

(2)负责调整完善工位设置、岗位职责和考核办法。

(3)负责人事、劳资和奖惩管理，包括员工调配、管理人员聘任和全员教育、业务培训和考核管理。

(4)负责财务管理、资金调配和上下内外关系协调。

(5)负责经营管理和完成工作目标，并及时落实和完成上级主管部门或董事会安排的其他工作。

### (二)副场长职责

协助场长做好分工和场长授权的工作，具体为：

（1）负责饲料、兽药和其他物资的采购工作。
（2）负责商品猪销售工作。
（3）及时完成场长安排的其他工作。

### （三）生产（技术）主管职责

（1）负责全场生产组织实施和猪群调度，负责机械设备、设施保养维修安排等日常管理工作，协助财务（后勤）主管做好盘存等工作。

（2）负责组织实施育种、免疫、兽医工作和各项管理制度，负责生产区内消毒、环卫和粪场等督查管理。

（3）负责对技术人员和各饲养车间主任及员工的日常管理，包括人员安排、员工休假替班调配安排和考核等工作。

（4）负责饲料加工车间日常管理、制定饲料配方及饲料使用管理；负责饲料、兽药等的质量管理。

（5）负责编制饲料原料、兽药和其他生产用品等的采购计划并报副场长。

（6）负责收集各类育种、防疫、兽医、卫生等技术、管理和考核资料，负责编制各类技术、管理统计报表，并及时报送有关领导、人员处理后归档。

（7）协助场长编制种猪更新、配种、产品计划和完善有关管理制度、技术规程及考核办法。

（8）及时完成领导安排的其他工作。

### （四）财务（后勤）主管职责

（1）承担主办会计工作，负责编制财务工作计划、报表和财务管理等。
（2）负责成本核算、财务审核和供、销财务监控。
（3）负责后勤、仓库管理和全场盘存及生产区外消毒、环卫等管理。
（4）协助场长加强资金管理和考核奖惩。
（5）负责收集供、销信息和档案管理工作。
（6）负责所辖员工的日常管理，包括人员安排、员工休假替班调配安排和考核等工作。
（7）及时完成领导安排的其他工作。

### （五）公猪和空怀、妊娠母猪车间主任职责

（1）承担配种和本车间各类种猪的技术业务工作。
（2）负责按有关技术、管理规程，组织实施本车间的生产和管理。
（3）协助生产（技术）主管与分娩哺育车间对接，负责实施猪群周转安排。

（4）负责本车间猪群的饲养管理，特别是公猪运动、保健和空怀母猪发情观察及妊娠鉴定与怀孕母猪保胎。

（5）负责本车间各项技术、管理资料的采集、统计、处理、整理和编制有关生产报表，并报送生产（技术）主管。

（6）负责本车间辖区圈舍内外的消毒和卫生管理。
（7）及时完成领导安排的其他工作。

### （六）分娩哺育母仔猪车间主任职责

（1）承担本车间猪的技术业务工作。

(2)负责按有关技术、管理规程,组织实施本车间的生产管理。

(3)协助生产(技术)主管与上、下生产线车间对接,负责实施猪群周转安排。

(4)负责本车间猪群的饲养管理,特别是母猪接产和新生仔护理保健等。

(5)负责本车间各项技术、管理资料的采集、统计、处理、整理和编制有关生产报表,并报送生产(技术)主管。

(6)负责本车间辖区圈舍内外的消毒和卫生管理。

(7)及时完成领导安排的其他工作。

### (七)仔猪保育车间主任职责

(1)承担本车间猪的技术业务工作。

(2)负责按保育猪技术、管理规程,组织实施本车间的生产管理。

(3)协助生产(技术)主管与上、下生产线车间对接,负责实施猪群周转安排。

(4)负责本车间猪群的饲养管理,特别是刚转入仔猪的保健和饲养管理过渡等。

(5)负责本车间各项技术、管理资料的采集、统计、处理、整理和编制有关生产报表,并报送生产(技术)主管。

(6)负责本车间辖区圈舍内外的消毒和卫生管理。

(7)及时完成领导安排的其他工作。

### (八)育成、育肥车间主任职责

(1)承担本车间猪的技术业务工作。

(2)负责按育成、育肥猪技术、管理规程,组织实施本车间的生产管理。

(3)协助生产(技术)主管与保育车间对接,负责实施猪群周转安排。

(4)负责本车间各项技术、管理资料的采集、统计、处理、整理和编制存栏猪动态等有关生产报表,并分别报送副场长和生产(技术)主管。

(5)负责本车间辖区圈舍内外的消毒和卫生管理。

(6)及时完成领导安排的其他工作。

### (九)生产员工岗位职责

1.岗位共同职责

(1)按对应的饲养管理技术操作规程,认真做好本岗位的饲养管理工作。

(2)服从领导安排,认真做好本岗位的猪只转栏、调整工作。

(3)严格按生产(技术)主管规定的用料要求,对号用料,杜绝饲料质量和数量的浪费。

(4)认真做好圈舍、用具等消毒和舍内及舍外责任区的环境卫生等工作;以场为家,管护好设备、用具,节约水电等。

(5)无条件配合技术人员做好育种、兽医工作。

(6)严格遵守防疫卫生规定:离场申报,入场消毒、更衣、换鞋,不串岗。

(7)严格遵守休假报批、交接离岗和顶岗替班规定,认真做好顶岗工位工作。

(8)及时完成领导安排的其他工作。

2.岗位个性职责

(1)公猪和空怀、妊娠母猪岗位,特别要加强公猪运动、保健和空怀母猪发情观察、初配母猪妊娠鉴定及妊娠母猪防控流产的饲养管理。

(2)分娩哺育岗位，特别要加强母猪接产和新生仔猪护理保健及断奶转栏前仔猪的饲养管理。

(3)仔猪保育岗位，特别要加强对刚转入仔猪的保健和饲养管理、用料过渡。

(4)育成、育肥岗位主要加强用料管理。

(5)饲料加工岗位，特别要加强对原料质检把关、库存保管和按配方准确配料、搅拌均匀、成品新鲜。

## 三、猪场岗位操作规程

### (一)饲料加工岗位操作规程

(1)把好原料进仓质量、数量验收关，不达标原料不准进仓；原料、成品应分类、分品种堆放，做好防潮、防霉、防鼠和防火工作；做好进、出仓记录和报表，严禁使用变质饲料。

(2)严格按配方配料，确保称量正确、粉碎粒度达标、混合均匀和定量装包，微量和液体成分须预扩散处理。

(3)定量加工，成品库存不得超过 3 d。

(4)做好机器、设备保养工作，每月保养机器设备和校检磅秤各一次。

(5)及时做好原料库存动态报告工作。

二维码 5-2-1　猪场岗位安全(视频)

### (二)公猪和空怀、妊娠母猪岗位操作规程

1. 种公猪的饲养管理

(1)确保日粮质量稳定，一般每日饲喂 3 kg 左右，但需根据体况和使用频率酌情增减，配种任务重时可每日加喂 1～2 枚鸡蛋，确保良好的种用体况。

(2)在条件许可时，每日喂青绿饲料 2～3 kg，特别是高温的夏季。

(3)确保清洁饮水的供应。

(4)每天清扫圈舍两次，擦刷猪体一次，保持圈舍和猪体的清洁卫生。

(5)每天运动不少于半小时，但不要驱赶等剧烈运动；运动时间的安排：高温季节在晨昏时，严寒季节在中午有日照时，雨雪等极端天气应暂停。

(6)做好夏季防暑降温工作，在没有降温设施时，应经常给予自来水喷淋。

2. 种公猪的使用管理

(1)将生产公猪分组排定采精计划，按计划采精，要求控制采精频率，一般成年和青年公猪分别隔 2 d 和 3 d 采一次。

(2)及时做好后备公猪的采精调教工作，一般要求 7～9 月龄调教成功。

(3)做好精液质量检查和稀释分装等工作，每次采的精液都要求质检。

(4)按规定杂交组合(育种场须按配种方案)进行人工授精，一般要求情期内复配一次。

(5)安排性欲强的公猪开展试情工作。

3. 空怀和妊娠母猪的饲养管理

(1)对刚转入的断奶母猪，要酌情适当控料限水，防止乳房炎的发生。

(2)加强饲养管理，对断奶体况差的母猪要抓好复膘工作，看膘定量喂料，确保良好的种用

体况。

(3)在条件许可时,每日喂青绿饲料 2～3 kg,高温的夏季,确保清洁饮水的供应。

(4)加强空怀母猪的发情观察和配种母猪的返情观察,配合配种员做好配种工作,以提高情期受胎率。

(5)根据配种记录,做好妊娠鉴定工作;根据母猪的受胎情况,及时做好分群和并群工作。

(6)加强妊娠母猪的保胎工作,母猪临产前一周转到产房。

### (三)分娩哺育岗位操作规程

(1)母猪临产前一周转入,哺乳 35 d 断奶转出;仔猪断奶 7 d 后转出;认真做好各类猪转栏交接工作。

(2)加强对临产母猪的观察,做好接产准备和接产工作。

(3)做好新生仔猪的接生、断脐、断尾、寄养等处理,帮扶仔猪尽早吃足初乳,调教固定奶头和定时放哺,做好防冻、防压等工作。

(4)做好仔猪补铁、补料和断奶工作,仔猪断奶后在原圈沿用原来的饲料饲养一周后转至保育舍。

(5)泌乳期母猪原则上以干湿料敞饲,保证清洁饮水的供应;但母猪产前、产后和断奶前各 2～3 d 应酌情适当限饲,以防新生仔猪奶泻和断奶母猪乳房炎;具体的母猪日粮喂量,应根据母猪泌乳和仔猪生长情况决定。

(6)按产房独立单元为单位全进全出,仔猪转出后须立即彻底清洗消毒,空置 2～3 d,并在空置期间做好设施、设备的维修工作。

### (四)仔猪保育岗位操作规程

(1)做好转入仔猪的分栏工作,原则上整窝一栏;如确需并栏,则按并强不并弱、强强合并或弱弱合并处理。

(2)加强初转入仔猪的饲养管理,做好用料和饲养管理的过渡工作,尽可能减小转栏应激。

(3)保育期仔猪除刚转入和将转出 1～2 d 酌情控料并在料中添加保健剂外,全期颗粒料或干粉料敞饲,保证清洁饮水的供应。

(4)按保育舍独立单元为单位全进全出,仔猪转出后立即彻底清洗消毒,空置 2～3 d,并在空置期间做好设施、设备的维修工作。

(5)认真做好仔猪转栏交接工作。

### (五)育成、肥育岗位操作规程

(1)加强初转入保育猪的饲养管理,做好饲料和饲养管理的过渡工作,尽可能减小转栏应激。

(2)除刚转入一周内顿饲或限饲外,原则上全期干粉料敞饲,但要避免饲料浪费;保证清洁饮水的供应。

(3)做好刚转入保育猪的三定位调教工作。

(4)每天扫圈清粪两次,保持舍内安静、卫生、圈底干燥和空气新鲜,应控制舍内日光。

(5)按育成、肥育舍独立单元为单位全进全出,育成猪转出后立即彻底清洗消毒,空置 1～2 d,并在空置期间做好圈栏设施的维修工作。

(6)认真做好猪只入栏交接和出栏工作。

【实验实训】

## 5-2　猪场岗位定编与工作职责的制订

**一、实训目的**

1. 了解猪场的岗位设置和人员配置。
2. 掌握猪场主要岗位工作职责的制订。

**二、实训材料与用具**

1. 某规模猪场的猪舍、猪群结构资料。
2. 该猪场现有人员及岗位配置资料。
3. 该猪场发展规划。
4. 该猪场现有操作规程。

**三、实训方法与步骤**

1. 查阅某猪场有关数据资料。
2. 了解该猪场原有岗位、工位配置。
3. 分析该猪场岗位和工位配置。
4. 制订该猪场岗位工作职责。

**四、实训案例**

某流程式管理猪场有种公猪 50 头，种母猪 500 头，后备母猪 100 头，仔猪 1 500 头，育肥猪 1 000 头，请进行岗位人员配置并制订岗位工作职责。

二维码 5-2-2　“猪场岗位定编与工作职责的制订”技能考核(表格)

【自测训练】

1. 猪场人员定编的主要依据是什么？
2. 大型猪场的饲养员主要有哪些岗位？
3. 猪场后勤人员主要有哪些？

# 工作任务 5-3　猪场目标管理方案的制订

【基础知识】

## 一、制订目标管理方案的思路

一般企业的工资核算都采用计件工资或岗位工资和计件工资相结合这两种方法。但养猪生产的特点是很难用简单的“计件”对员工的工作质量做出客观的评价，而以各岗位的主要经济技术指标作为考核依据，既可充分考量员工的工作质量，又与猪场经济效益密切挂钩。

根据养猪生产管理周期长和考核内容较复杂的特点，采用合同长效管理和平时制度考查约束相结合的管理思路，同时兼顾员工的当期消费开支，目标管理合同设计的报酬由基本报酬（基本工资和加班工资）、考查报酬和考核报酬三个部分组成：基本报酬每月直接发放，考查报酬每月按考查结果发放，考核报酬在年底考核后发放。

在制定猪场一线员工目标管理合同时，应根据生产流程不同岗位的技术含量、工作强度和经济重要性，充分体现以技术指标为主、兼顾工作强度的测算原则，把握员工在同等工作质量下不同岗位间报酬水平的基本平衡。

## 二、制订目标管理方案的依据

下面以具体实例说明。

### (一)生产规模和内容

某猪场常年存栏长·大 $F_1$ 二元杂种能繁母猪 500 头，用杜洛克公猪人工授精；后备公、母猪由定点场配送；除哺乳和保育仔猪料外购外，自加工饲料；自繁自育，全年均衡生产杜×长·大三元杂交商品肉猪。

### (二)生产方式和管理要求

配种和空怀与妊娠、分娩哺育、断奶仔猪保育和育成育肥猪工厂化四段流程式饲养，手工喂饲、清圈等管理；目标管理的主要经济技术指标：配种和空怀与妊娠段是种公猪的精液质量和情期受胎率，待配、妊娠母猪的情期受胎率、临产前膘情和产仔数；分娩哺育段是产仔数、20 日龄仔猪窝重和断奶仔猪个体重、育成率；断奶仔猪保育段是保育期日增重、饲料报酬和育成率；育成育肥段是育成育肥期日增重、饲料报酬、育成期成活率和出栏猪合格率。

### (三)岗位和工位设置

按饲养规模、生产条件和饲养工艺，猪场设场长、副场长和生产(技术)、财务(后勤)2 个主管及 4 个技术员计 8 个管理工位；设四个饲养车间 16 个工位和饲料加工车间 3 个工位，4 个饲养车间主任由技术员兼任，饲料加工车间主任由生产(技术)主管兼任；设消毒、公共环卫和粪场管理 1 人，出纳兼仓库保管 1 人，水、电和饲养设备等保养检修 1 人，门卫、勤杂 1 人，炊事员 1 人，计 5 个后勤工位。全场设 32 个工位。

空怀待配与妊娠母猪、分娩哺育母猪(含哺乳仔猪)、仔猪保育和育成育肥猪四个工段车间的饲养岗位，各工位的饲养定额，一般情况下分别在 120～140 头、35～45 头、500～600 头和 350～450 头。四个饲养车间岗位的工位设置和工作量情况详见表 5-3-1。

**表 5-3-1　某猪场饲养车间岗位的工位设置和工作量情况**

| 岗位 | 工位/人 | | 年工作量 | | | 批数 | 批量/头 | | 人均量/头 | |
|---|---|---|---|---|---|---|---|---|---|---|
| | 技干 | 饲工 | 公猪/头 | 母猪/(头/次) | 猪/头 | | 种猪 | 猪 | 种猪 | 猪 |
| 配种和空怀、妊娠 | 1 | 3 | 16 | 1 125 | | 3 | 391 | | 130 | |
| 分娩哺育 | 1 | 4 | | 1 100 | 10 760 | 7 | 157 | 1 537 | 39 | 374 |
| 仔猪保育(入栏数) | 1 | 2 | | | 10 114 | 9 | | 1 124 | | 562 |
| 育成育肥(入栏数) | 1 | 7 | | | 9 710 | 3.4 | | 2 756 | | 407 |
| 合计 | 4 | 16 | | | | | | | | |

### (四)技术、管理参数

根据上述生产条件和规模，设定该猪场的主要技术、管理参数，详见表 5-3-2。

(1)能繁母猪500头,其中:基础母猪400头,检定母猪100头。

(2)仔猪哺乳期35 d。母猪年分娩指数按2.2测算,年分娩1 100窝左右。

(3)基础和检定母猪平均窝产活仔猪分别为10头和7头左右。

(4)能繁母猪年更新率20%~25%,其中:分娩、哺育阶段主动淘汰率20%,空怀、配种和妊娠阶段被动淘汰率≤5%(其中:检定母猪20%、基础母猪70%)。空怀、配种和妊娠阶段饲养参配母猪1 125头次,其中:基础母猪1 000头次、检定母猪125头,饲养妊娠母猪1 100头次,妊娠母猪预产期前7 d转出,转出临产母猪1 100头次、淘汰母猪25头;分娩、哺育阶段转入临产母猪1 100头次,其中:基础母猪970头次,检定母猪120头。母猪分娩1 100窝,产活仔猪10 760头,转出育成仔猪10 114头和断奶母猪400头,计划淘汰母猪100头。

**表5-3-2　某猪场的主要技术、管理参数**

| 序号 | 项目 | 数量 | 序号 | 项目 | 数量 |
| --- | --- | --- | --- | --- | --- |
| 1 | 常年存栏生产公猪 | 7头 | 14 | 保育期 | 35 d |
| 2 | 年更新后备公猪 | 4头 | 15 | 保育期仔猪成活率 | 96% |
| 3 | 常年存栏能繁母猪 | 500头 | 16 | 商品猪3~6月龄死亡率 | 2% |
| 4 | 年更新母猪 | 125头 | 17 | 商品猪6月龄出栏合格率 | 92% |
| 5 | 仔猪哺乳期 | 35 d | 18 | 空怀待配和妊娠阶段生产周期 | 119 d |
| 6 | 检定母猪情期受胎率 | 80% | 19 | 分娩哺育阶段生产周期 | 52 d |
| 7 | 检定母猪繁殖周期 | 154 d | 20 | 仔猪保育阶段生产周期 | 38 d |
| 8 | 基础母猪情期受胎率 | 90% | 21 | 育成育肥阶段生产周期 | 106 d |
| 9 | 基础母猪繁殖周期 | 159 d | 22 | 空怀待配和妊娠舍年周转批次 | 3 |
| 10 | 母猪年分娩指数 | 2.2 | 23 | 分娩哺育舍年周转批次 | 7 |
| 11 | 检定母猪窝产活仔猪 | 7头 | 24 | 仔猪保育舍年周转批次 | 9 |
| 12 | 基础母猪窝产活仔猪 | 10头 | 25 | 育成育肥舍年周转批次 | 3.4 |
| 13 | 仔猪断奶后7 d前的育成率 | 94% | | | |

(5)仔猪出生到35日龄断奶后7 d的平均育成率94%;保育期35 d,保育猪育成率96%;3~6月龄(20~100 kg)阶段育成猪死亡率2%;商品猪6月龄出栏合格率(体重<75 kg为不合格)92%。

(6)平均情期受胎率检定母猪约80%、基础母猪约90%,以发情周期21 d、妊娠期114 d、哺乳期35 d、断奶到下次发情间隔7 d计算,检定母猪繁殖周期153.2(21×0.2+114+35=153.2) d,基础母猪繁殖周期158.1(自上次断奶始至本次断奶止,即7+21×0.1+114+35=158.1) d。

(7)空怀、配种和妊娠阶段生产周期,以发情周期21 d、妊娠期114 d、提前7 d进产房、断奶到下次发情间隔7 d、空圈3 d计算,即{[(21×0.2+114-7)×120+(7+21×0.1+114-7)×(1 100-120)]÷1 100+3}≈119(d),年生产约3批次。

(8)分娩、哺育阶段生产周期,以哺乳期35 d,提前7 d进产房,断奶后去母留仔7 d、空圈3 d计算,为35+7+7+3=52(d),年生产约7批次。

(9)仔猪保育阶段生产周期,以保育期35 d、空圈3 d计算,35+3=38(d),年生产约9批次。

(10)育成育肥阶段生产周期,以出栏日龄为 180 d、哺乳期 35 d、保育期 35 d、断奶后去母留仔在产房 7 d、空圈 3 d 计算,即 180－35－35－7＋3＝106(d),年生产约 3.4 批次。

## 三、承包方案

### (一)配种和空怀、妊娠车间承包方案

1. 工位定额

技术员兼配种 1 人、饲养员 3 人,共计 4 人。

2. 工作定额

(1)常年存栏生产公猪 7 头、后备公猪 4 头,投入初配检定母猪 125 头和转入断奶空怀待配母猪 1 000～1 025 头次,妊娠母猪 1 000～1 150 头次,负责上述猪只的饲养管理。

(2)负责全场 500 头能繁母猪的配种(人工授精)工作。

(3)负责本工段的技术管理工作。

3. 岗位职责

(1)后备公猪的调教采精。

(2)转入断奶、后备母猪的发情鉴定、试情和妊娠鉴定。

(3)饲养员休假车间内相互顶岗,技术员休假与分娩哺育车间主任相互替班。

(4)公猪全程和母猪配种、妊娠阶段(自断奶、后备转入到临产转出前)的畜牧兽医技术业务工作(育种场含育种业务)。

(5)配种、妊娠阶段母猪群调配和日常管理等。

(6)编报生产报表,公猪和母猪配种、妊娠阶段技术、管理资料的采集、处理和归档。

4. 承包指标

(1)淘汰率　入栏检定母猪 4%、基础母猪 2%,核定本阶段年淘汰检定母猪 5 头、基础母猪 20 头,计 25 头;后备和生产公猪约 40%,计 6 头。

(2)情期受胎率　检定和基础母猪的平均情期受胎率分别为 80%和 90%;年转出临产母猪 1 100 头。

(3)活仔数　检定、基础母猪的平均窝产活仔猪分别为 7 头和 10 头,共分娩 1 100 窝、产活仔猪 10 760 头。

5. 承包报酬

(1)基本报酬　基本工资和加班工资于次月上旬内发放。

①技术员和饲养员每月基本工资分别为 1 000 和 400 元(视情况定)。

②按国家规定享受双休日和节假日加班工资。

(2)考核报酬(全车间)

①淘汰率:达标得 2 000 元(视情况定),每多淘汰一头扣 500 元(扣满 2 000 元为止),少淘汰不加报酬;种猪淘汰由生产(技术)主管审定。

②情期受胎率:每转出一头临产母猪得 30 元;按情期受胎率标准,每增减一个情期加减 50 元(妊娠期流产等按饲养周期折算)。

③产活仔数:按对应标准的总产活仔数,每增减一头加减 1 元。

(3)考查报酬　根据考查得分量化分配,于次月上旬内和基本报酬同时发放。

## (二)分娩哺育车间承包方案

1. 工位定额

技术员 1 人、饲养员 4 人,计 5 人。

2. 工作定额

常年存栏临产母猪或哺乳母猪 160 头、哺乳或断奶 7 d 内仔猪 1 600 头左右,年饲养管理 1 100 头次左右的临产或哺乳母猪及仔猪。

3. 岗位职责

(1)按饲养管理规程要求,加强饲养管理。

(2)加强分娩母猪接产和新生仔猪护理工作。

(3)饲养员夜间轮换值班和休假车间内顶岗,技术员休假与配种、妊娠车间主任相互替班。

(4)本工段(母猪自临产转入到断奶转出前和仔猪断奶后 7 d 转出前)的畜牧兽医技术业务工作(育种场含育种业务)。

(5)猪群周转调配和日常管理等。

(6)编报生产报表,本工段技术、管理资料的采集、处理和归档。

4. 承包指标

(1)分娩窝数　检定、基础母猪的平均窝产活仔猪分别为 7 头和 10 头,共分娩 1 100 窝、产活仔猪 10 760 头。

(2)育成仔猪数　35 日龄断奶,断奶 7 d 后转出育成率 94%,转出活仔猪 10 114 头。

(3)育成仔猪个体重　转出仔猪平均个体重 7 kg。

5. 承包报酬

(1)基本报酬　基本工资和加班工资于次月上旬内发放。

①技术员和饲养员每月基本工资分别为 1 000 元和 400 元(视情况定)。

②按国家规定享受双休日和节假日加班工资。

(2)考核报酬(全车间)(视情况定)

①分娩窝数:每窝 12 元。

②产活仔猪数:按对应标准的总产活仔数为基准,基准内每头活仔猪 3 元,基准外每增加一头另加 1 元,不达基准不扣。

③转出仔猪数:以仔猪出生到断奶后 7 d 转出前的育成率 94%为标准,每增减一头加减 5 元。

④转出仔猪个体重:以转出仔猪个体重 7 kg 为标准,按个体重统计每增减 1 kg 分别加 1 元或减 0.5 元(不是平均个体重)。

(3)考查报酬　根据考查得分量化分配,于次月上旬内和基本报酬同时发放。

## (三)保育车间承包方案

1. 工位定额

技术员1人、饲养员2人,计3人。

2. 工作定额

常年存栏保育仔猪1 200头左右,年饲养保育仔猪10 000头左右。

3. 岗位职责

(1)按饲养管理规程要求,加强饲养管理。

(2)加强对刚转入仔猪的饲养管理过渡和保健工作。

(3)饲养员休假车间内顶岗,技术员休假与育成、育肥车间主任相互替班。

(4)本工段(自转入到转出)的畜牧兽医技术业务工作(育种场含育种业务)。

(5)猪群周转调配和日常管理等。

(6)编报生产报表,本工段技术、管理资料的采集、处理和归档。

4. 承包指标

(1)保育仔猪数　每年保育7批,每批1 200头左右,每年保育仔猪10 000头左右。

(2)育成率　保育期38 d左右,保育期育成率96%,转出育成仔猪9 700头左右。

(3)育成仔猪重　转出育成仔猪平均个体重20 kg。

5. 承包报酬

(1)基本报酬　基本工资和加班工资于次月上旬内发放。

①技术员和饲养员每月基本工资分别为1 000和400元(视情况定)。

②按国家规定享受双休日和节假日加班工资。

(2)考核报酬(全车间)

①转出仔猪数:每转出一头保育猪得2.5元。

②育成率:以保育期育成率96%为标准,转出仔猪每增减一头加减5元。

③转出仔猪重:以转出仔猪个体重20 kg为标准,按个体重统计每增减1 kg分别加0.3元或减0.7元(不是平均个体重)。

(3)考查报酬　根据考查得分量化分配,于次月上旬内和基本报酬同时发放。

## (四)育成育肥车间承包方案

1. 工位定额

技术员1人、饲养员7人,计8人。

2. 工作定额

常年存栏育成猪3 000头左右,年饲养出栏商品肉猪9 500头左右。

3. 岗位职责

(1)按饲养管理规程要求,加强饲养管理。

(2)加强对刚转入仔猪的饲养管理过渡工作。

(3)饲养员休假车间内顶岗,技术员休假与保育车间主任相互替班。

(4)本工段(自转入到转出)的畜牧兽医技术业务工作(育种场含育种业务)。

(5)猪群周转调配和日常管理等。

(6)编报生产报表,本工段技术、管理资料的采集、处理和归档。

4.承包指标

(1)饲养量　年饲养3.4批,每批3 000头左右,每年饲养出栏商品肉猪9 500头左右。

(2)出栏成活率　饲养全程出栏成活率97%。

(3)出栏合格率　批量全进全出合格率92%(保育猪平均20 kg转入,平均饲养106 d、100 kg左右出栏,批量全进全出,个体重小于75 kg为不合格猪)。

5.承包报酬

(1)基本报酬　基本工资和加班工资于次月上旬内发放。

①技术员和饲养员每月基本工资分别为1 000元和400元(视情况定)。

②按国家规定享受双休日和节假日加班工资。

(2)考核报酬(全车间)

①出栏量:每头6.5元。

②死亡率:以2%为标准,每增减一头加减100元。

③出栏合格率:以92%为标准,每增减一头合格猪分别加减20元。

(3)考查报酬　根据考查得分量化分配,于次月上旬内和基本报酬同时发放。

## 四、目标管理方案模拟实施结果预测

### (一)种猪生产和饲料、兽药成本预估

根据设定的生产条件和管理方式,按表5-3-2所列的主要技术、管理参数,可预估在正常情况下,常年存栏种猪和各生产生长阶段猪及其饲料、兽药消耗可能出现的变动范围,设定三个水平,模拟测算的具体情况分别详见表5-3-3至表5-3-5。

**表5-3-3　某猪场全年存栏种猪及各生产生长阶段猪的情况**

| 项目 | 标准 | 高水平 | 低水平 |
|---|---|---|---|
| 公猪/头 | 12 | 16 | 11 |
| 能繁母猪/头 | 500 | 525 | 450 |
| 分娩窝数/窝 | 1 100 | 1 150 | 1 000 |
| 产活仔数/头 | 10 760 | 11 724 | 9 272 |
| 断奶仔猪/头 | 10 114 | 11 233 | 7 539 |
| 断奶仔猪总重/kg | 70 912 | 94 357 | 64 796 |
| 断奶仔猪总增重/kg | 67 764 | 79 754 | 53 795 |
| 保育仔猪/头 | 9 710 | 11 007 | 8 027 |
| 保育仔猪总重/kg | 194 200 | 231 167 | 152 513 |
| 保育仔猪总增重/kg | 116 520 | 137 701 | 91 507 |
| 出栏育肥猪数/头 | 9 516 | 10 777 | 7 766 |
| 出栏育肥猪总重/kg | 932 567 | 1 062 617 | 766 935 |
| 出栏育肥猪总增重/kg | 742 247 | 836 070 | 617 471 |

表 5-3-4 某猪场全年各类猪的饲料消耗情况

| 项目 | 日粮标准* | 全年用饲料量/kg | | | 单价/(元/kg) | 全年饲料金额/元 | | |
|---|---|---|---|---|---|---|---|---|
| | | 标准 | 高水平 | 低水平 | | 标准 | 高水平 | 低水平 |
| 公猪 | 3.5 | 15 330 | 20 440 | 13 230 | 2.5 | 38 325 | 51 100 | 33 075 |
| 空怀、妊娠母猪 | 2.6 | 355 740 | 371 910 | 323 400 | 2.2 | 782 628 | 818 202 | 711 480 |
| 分娩哺育母猪 | 4.2 | 723 670 | 761 120 | 747 700 | 2.4 | 1 736 808 | 1 826 688 | 1 794 480 |
| 哺乳仔猪 | 0.7∶1 | 54 211 | 63 703 | 43 036 | 4.4 | 238 528 | 280 293 | 189 358 |
| 保育仔猪 | 1.7∶1 | 209 736 | 249 662 | 164 714 | 4 | 838 944 | 998 648 | 658 856 |
| 育成育肥猪 | 2.7∶1 | 2 004 070 | 2 257 379 | 1 667 199 | 2.4 | 4 809 768 | 5 417 710 | 4 001 278 |
| 合计 | | 3 536 991 | 3 907 931 | 3 024 227 | | 8 445 001 | 9 392 641 | 7 388 527 |

* 日粮标准列上三行为每天喂量估测标准(kg),下三行为预估料重比。

表 5-3-5 某猪场全年各类猪的存栏数及其兽药消耗情况

| 项目 | 全年存栏、生产 | | | 标准/(元/头) | 全年兽药金额/元 | | |
|---|---|---|---|---|---|---|---|
| | 标准 | 高水平 | 低水平 | | 标准 | 高水平 | 低水平 |
| 公猪/头 | 12 | 16 | 11 | 12 | 144 | 192 | 132 |
| 空怀、妊娠母猪/头次 | 1 100 | 1 150 | 1 000 | 6 | 6 600 | 6 900 | 6 000 |
| 分娩哺育母猪/头次 | 1 100 | 1 150 | 1 000 | 10 | 11 000 | 11 500 | 10 000 |
| 哺乳仔猪/头 | 10 760 | 11 724 | 9 272 | 4 | 43 040 | 46 896 | 37 088 |
| 保育仔猪/头 | 10 114 | 11 233 | 7 539 | 2 | 20 228 | 22 466 | 15 078 |
| 育成育肥猪/头 | 9 710 | 11 007 | 7 027 | 1.5 | 14 565 | 16 511 | 10 541 |
| 合计 | | | | | 95 577 | 104 465 | 78 339 |

表 5-3-4 所列各项依据:全年饲料使用量按本表设定日粮定额和料重比测算,母猪两个生产阶段存栏头次的时段按 77 d(35×2.2)和 288 d(365−77)划分;饲料价格除哺乳和保育仔猪阶段为外购商品料进货价外,其他都是以每千克玉米 2 元为基准测算的自配料原料成本价;表 5-3-5 所列各类猪的兽药消耗按存(入)栏头数在正常情况下的标准预估,已含消毒药费,但不包括政府强制免疫提供的疫苗费。

## (二)工资成本预估

员工的承包报酬即工资成本,按承包合同设计的三个部分:四个饲养车间的主任(技术员)和饲养员每月的基本工资标准分别为 1 000 元和 400 元(视情况定),每月的考查报酬标准为 100 元,基本工资、加班工资和考查报酬于次月上旬内发放;考核报酬在年底考核后发放;车间主任的基本考核报酬参加本车间分配。

饲料加工车间和后勤员工每月的基本工资和加班工资、考查报酬水平与发放管理与四个饲养车间员工的相同。场长、副场长和两位主管不列每月的考查,不得考查报酬;每月的基本报酬分别为 5 000 元、1 500 元和 1 500 元(视情况定)。

1. 承包考核报酬测算

四个饲养车间的承包报酬,按设定的生产条件和管理方式,根据在正常情况下可能出现的变动范围，用对应承包合同模拟的考核报酬详见表5-3-6。

**表5-3-6　某猪场承包年度各饲养车间承包考核报酬模拟测算情况**

| 车间 | 员工数/人 | 车间考核报酬/元 | | | 人均考核报酬/元 | | |
|---|---|---|---|---|---|---|---|
| | | 标准 | 最高 | 最低 | 标准 | 最高 | 最低 |
| 空怀待配和妊娠车间 | 4 | 35 000 | 40 314 | 17 272 | 8 750 | 10 079 | 4 318 |
| 分娩哺育车间 | 5 | 45 470 | 59 932 | 30 262 | 9 094 | 11 986 | 6 052 |
| 仔猪保育车间 | 3 | 24 275 | 31 375 | 14 021 | 8 092 | 10 458 | 4 674 |
| 育成育肥车间 | 8 | 61 752 | 71 917 | 41 107 | 7 719 | 8 990 | 5 138 |
| 合计 | 20 | 166 607 | 213 547 | 103 663 | | | |
| 平均 | | 7 330 | 10 677 | 5 173 | | | |

2. 全员目标管理报酬测算

以四个饲养车间考核报酬的总平均数为依据，其他人员的年度考核报酬测算方法是：饲料加工车间员工得总平均数，后勤员工得总平均数的70%；四个生产车间主任各另得总平均数作为岗位技术职务报酬；场长、副场长和两位主管的考核报酬分别以总平均数的7倍、5倍和5倍测算(有经济承包合同的按合同结算或由上级主管或董事会酌情决定)。

根据合同约定的基本工资、考查报酬和预测考核报酬三个部分组成的年度总报酬模拟测算情况详见表5-3-7。另外，员工享受按国家规定的双休日和节假日加班工资和当地政府规定标准的社保和高温费、防冻保暖费等劳保福利待遇；以及兽药费按表5-3-5规定的标准年度考核，节余奖50%，超额赔25%；上述收入(赔款)未列入年度总报酬。

**表5-3-7　某猪场年度全员总报酬测算情况**

| 工位 | 员工数/人 | 预期年酬/元 | 预期较高年酬/元 | 预期较低年酬/元 |
|---|---|---|---|---|
| 空怀待配、妊娠车间饲养员 | 3 | 14 750 | 16 079 | 10 567 |
| 分娩哺育车间饲养员 | 4 | 15 096 | 17 976 | 12 052 |
| 仔猪保育车间饲养员 | 2 | 14 092 | 16 462 | 10 674 |
| 育成育肥车间饲养员 | 7 | 13 732 | 16 240 | 11 139 |
| 饲养员总平均 | | 14 309 | 16 672 | 11 202 |
| 空怀待配、妊娠车间主任 | 1 | 30 270 | 33 946 | 22 951 |
| 分娩哺育车间主任 | 1 | 30 626 | 35 753 | 24 435 |
| 仔猪保育车间主任 | 1 | 29 622 | 34 329 | 23 057 |
| 育成育肥车间主任 | 1 | 29 262 | 34 107 | 23 522 |
| 饲料加工车间员工 | 3 | 14 330 | 16 677 | 11 173 |
| 后勤员工 | 5 | 12 664 | 14 542 | 10 146 |
| 副场长和主管 | 3 | 59 650 | 71 357 | 43 915 |
| 场长 | 1 | 126 640 | 145 416 | 101 464 |
| 总计 | 32 | 760 622 | 887 108 | 590 653 |

由表 5-3-7 可知：一线员工的平均年酬为 11 202～16 672 元，后勤员工的平均年酬为 10 146～14 542 元，管理人员的平均年酬为 39 053～887 108 元。

3. 全场工资成本

工资性成本是猪场除饲料成本外的第二大成本，由表 5-3-7 可知：全年工资性成本为 316 297～469 558 元。

### (三)经营业绩预估

商品肉猪销售价格以猪粮比价 6∶1即每千克 12 元，淘汰公、母猪每头分别以 700 元和 500 元，更新后备公、母猪按每头 3 000 元和 1 500 元，有关费用按同等规模猪场正常情况下的支出水平预估，根据设定条件和上述测算结果，在不考虑期初与期末存货价值变动的情况下，该猪场承包年度的收支损益情况预测结果详见表 5-3-8(视情况定)。

**表 5-3-8 某猪场年度收支损益情况测算** 元

| 科目 | 项目 | 标准 | 高水平 | 低水平 |
|---|---|---|---|---|
| **收入** | 商品肉猪 | 11 190 716 | 12 751 416 | 9 203 220 |
| | 淘汰母猪 | 50 000 | 62 500 | 50 000 |
| | 淘汰公猪 | 3 200 | 3 200 | 3 200 |
| | 猪粪 | 20 000 | 20 000 | 20 000 |
| | **收入合计** | **11 263 916** | **12 837 116** | **9 276 420** |
| **支出** | 饲料费 | 7 675 025 | 9 633 105 | 7 396 417 |
| | 兽药费 | 95 577 | 104 766 | 72 391 |
| | 种猪更新费 | 199 500 | 199 500 | 199 500 |
| | 水电费 | 100 000 | 100 000 | 100 000 |
| | 固定资产折旧费 | 250 000 | 250 000 | 250 000 |
| | 维修和低值易耗用品 | 100 000 | 100 000 | 100 000 |
| | 企业活动费 | 70 000 | 70 000 | 70 000 |
| | 员工报酬 | 760 632 | 777 251 | 590 676 |
| | 员工五项保险 | 267 700 | 267 700 | 267 700 |
| | 员工加班和劳动保护费 | 67 000 | 67 000 | 67 000 |
| | **支出合计** | **9 585 434** | **11 569 322** | **9 113 684** |
| **损益*** | | **1 678 482** | **1 267 794** | **162 736** |

*实际应核算期初与期末的资产变动。

## 五、方案的管理

猪场组建由场长、副场长、生产(技术)和财务(后勤)两位主管、四个饲养车间主任与生产一线员工代表组成的考核小组，由场长和两位主管任正、副组长，负责承包年度考核和每月的考查。

### (一)考查管理

四个饲养车间和饲料加工车间，由考核组生产(技术)副组长负责，于每月 5 日前，根据实际情况，对上月的出勤（含夜间值班和顶岗替班）、场规场纪等执行情况进行1～2次现场百分考查，月考查报酬标准100元（视情况定），根据考查综合得分量化分配，于次月上旬内发放；后勤员工组由考核组财务（后勤）副组长负责，考查管理与生产车间相同；考查内容和量化标准见表5-3-9。表5-3-4所列各阶段猪的饲料用量标准，为每月考查饲养车间的重要内容，但不作为考查内容，主要供督查对号用料，避免饲料质量和数量的浪费。

## （二）考核管理

（1）四个饲养车间的考核报酬　由场长负责于每年1月底前，对每个饲养车间上个承包年度的生产业绩按承包合同进行考核，核算确定每个员工的考核报酬，如不能核算到人，则核算确定车间的考核报酬总额；再以生产实绩和全年考查综合得分为依据，由考核组分别会同该饲养车间主任负责将车间的考核报酬总额量化分配到人；根据技术业务水平和工作表现，各饲养车间主任在得本车间考核报酬平均数的同时，以四个饲养车间考核报酬总平均数为标准，另加1倍左右的岗位技术职务补贴；考核报酬于次年2月或农历年底前发放。

**表5-3-9　××××年××月某猪场考查评分标准**

| 考查项目 | 待配妊娠车间 | 分娩哺育车间 | 保育车间 | 育成育肥车间 | 饲料加工车间 | 后勤组 |
|---|---|---|---|---|---|---|
| 请假销假（含不休假离场） | 5 | 5 | 5 | 5 | 5 | 10 |
| 替班（含夜间值班） | 10 | 10 | 10 | 10 | 10 | 10 |
| 防疫消毒 | 15 | 15 | 15 | 15 | 15 | 10 |
| 门卫制度 | 5 | 5 | 5 | 5 | 5 | 5 |
| 用料情况 | 10 | — | 5 | 15 | — | — |
| 猪膘情 | 25 | — | 15 | 15 | — | — |
| 母猪乳房炎 | — | 5 | — | — | — | — |
| 接产情况 | — | 15 | — | — | — | — |
| 新生仔猪管理 | — | 20 | — | — | — | — |
| 圈舍（室）卫生 | 10 | 10 | 20 | 10 | 10 | 10 |
| 包干区卫生 | 5 | 5 | 5 | 5 | 5 | 10 |
| 公务劳动 | 5 | 5 | 5 | 5 | 5 | 10 |
| 团结合作 | 5 | 5 | 5 | 5 | 5 | 5 |
| 饲养管理 | 5 | — | 10 | 10 | — | — |
| 饲料调配、仓库管理 | — | — | — | — | 40 | — |
| 本职工作 | — | — | — | — | — | 30 |
| 得分合计 | 100 | 100 | 100 | 100 | 100 | 100 |

考查说明：

1. 对照岗位职责和操作规程考查。
2. 根据对应岗位的重要性，单项考查项目可扣至负分。
3. 考查出现负分时，取消本月考查报酬，并由主管进行告诫谈话。
4. 以车间为单位，以考查总得分除以考查标准总金额量化分配到人。
5. 考查结果和分配情况，根据情况须及时在车间内或全场公示通报。

(2)饲料加工车间的考核报酬　以四个饲养车间考核报酬总平均数为标准,核算确定车间的考核报酬总额,由考核组生产(技术)副组长负责,根据平时工作表现和全年考查综合得分量化分配。

(3)后勤员工的考核报酬　以四个饲养车间考核报酬总平均数的70%～90%为标准,核算确定后勤员工的考核报酬总额,由考核组财务(后勤)副组长负责,根据平时工作表现和全年考查综合得分量化分配。

(4)副场长和两位主管的考核报酬　以四个饲养车间考核报酬总平均数的5倍为标准,由场长根据分管工作业绩和全年工作表现酌情决定。

(5)场长的考核报酬　有经济承包合同的按合同结算;或以四个饲养车间考核报酬总平均数的7倍为标准,由场务领导小组会议商定;或由上级主管(或董事会)酌情决定。

因发生不可防控的烈性传染病等特殊情况而未完成指标的另行酌情处理。

## 六、关于猪场经营管理的思考

### (一)关于猪场效益、猪粮比价与员工报酬的问题

猪粮比价是衡量养猪效益的公认指标,在相同猪粮比价的宏观市场营销环境下,饲养和经营管理水平决定猪场效益高低。理论上考量生产员工报酬的目标指标应是完成工作的质量和场规场纪的执行情况,但实际上员工报酬与猪场效益休戚相关。鉴于此,为了体现和保护员工与场休戚相关的主人翁意识与劳动权益,我们建议把猪粮比价指标引进员工承包报酬考核中,科学设定合理的猪粮比价,作为测算制定承包合同的依据,将考核报酬金额与当年度玉米均价挂钩,以此确保承包合同的兑现,并兼顾猪场效益与员工利益的平衡。

### (二)关于猪场规模与效益问题

从以上模拟测算结果可知:猪场在一定的生产规模内,管理人员的报酬费用及固定资产折旧、企业活动费等固定成本是刚性支出,是基本稳定的;在适度生产规模范围内,通过最大限度地提高员工的劳动效率和圈舍、设备、设施的利用率,可显著降低固定成本和人工费成本的比率。因此,适度生产规模和管理水平,是影响猪场效益的关键;考虑到疫病风险和管理要素的最佳配置,商品猪场的饲养规模一般以年出栏0.5万～2万头为宜。

【实验实训】

## 5-3　猪场目标管理方案的制订

### 一、实训目的

1. 了解猪场目标管理的要点。
2. 掌握猪场目标管理方案的制订。

### 二、实训材料与用具

1. 某猪场有关生产、管理资料。
2. 该猪场现有管理方案资料。

3. 该猪场发展规划。

**三、实训方法步骤**

1. 查阅该猪场有关数据资料。
2. 计算该猪场各项生产指标。
3. 设置目标生产指标。
4. 制订目标管理方案。

**二维码5-3-1　“猪场目标管理方案的制订”技能考核(表格)**

**四、实训案例**

某猪场有种公猪10头，基础母猪500头，后备母猪100头，仔猪2 700头，育肥猪2 600头，自繁自育自加工饲料，流程式生产管理，全年均衡生产商品猪上市。请制订该猪场目标管理方案。

【自测训练】

**一、填空题**

1. 种公猪饲养管理考核的主要生产性能指标是__________和__________。种母猪饲养管理考核的主要生产性能指标是__________、__________和__________。

2. 空怀、妊娠母猪饲养员的定额一般是______头，育肥猪饲养员的定额一般是____头。

3. 为提高一线员工的工作积极性和责任感，猪场员工的工资(报酬)核算一般可以分为__________工资、__________工资和__________工资。

**二、问答题**

1. 在目标管理方案中，制订生产性能指标的依据是什么？
2. 在制订目标管理方案时，哪些措施可提高饲养员的工作积极性？

# 工作任务5-4　猪场财务管理

【基础知识】

鉴于养猪行业及其产品的特殊性，国家在财税等方面有政策扶持，因此，猪场财务工作的重点是成本核算和资金调配控制。猪场财务工作有别于其他行业的难点是种猪资产的折旧和各类存栏猪产品的盘存估价的既简约又合理的实务处理办法。

## 一、财务术语

**固定资产**：是指使用期限超过1年的房屋、建筑物、机器设备、运输工具以及其他与生产、经营有关的仪器、器具、工具等资产；或虽不属于生产经营主要设备的物品，但单位价值在2 000元以上，并且使用年限超过2年的资产。固定资产是企业赖以生产经营的主要资产。

**流动资产**：是指在生产经营等活动中，从货币形态开始，依次改变其形态，最后又回到货币形态(货币资金→储备资金、固定资金→生产资金→成品资金→货币资金)的资产。流动资产的形态包括货币资金、短期投资、应收票据、应收账款和存货等。

**折旧**:是指固定资产在使用过程中因损耗而转移到产品中去的那部分价值。折旧的计算方法主要有平均年限法、工作量法、年限总和法等。

**生产成本**:是生产单位为生产产品或提供劳务而发生的各项生产费用,包括各项直接支出和制造费用。直接支出包括直接材料(如原材料、辅助材料、备品备件、燃料及动力等)、直接工资(如生产人员的工资、补贴等)、其他直接支出(如福利费等);制造费用是指企业内为组织和管理生产所发生的各项费用,包括分厂、车间管理人员工资、折旧费、维修费、修理费及其他制造费用(如办公费、差旅费、劳保费等)。

**固定成本**:又称固定费用,相对于变动成本,是指成本总额在一定时期和一定业务量范围内,不受业务量增减变动影响而能保持不变的成本。如厂房和机器设备的折旧、财产税、房屋租金、管理人员的工资及福利等。

**变动成本**:是指在相关范围内随着业务量的变动而呈线性变动的成本。如直接工资、直接材料等都是典型的变动成本,在一定期间内它们的发生总额随着业务量的增减而成正比例变动,但单位产品的耗费则保持不变。

**损益**:亦称财务成果,是指企业的利润或亏损。

**所有者权益**:是指资产扣除负债后由所有者应享的剩余利益。即一个会计主体在一定时期所拥有或可控制的具有未来经济利益资源的净额(净资产,即:所有者权益=资产-负债)。

与国际接轨的现代企业财务报表主要有资产负债表、损益表和现金流量表。

## 二、财务核算

### (一)种猪资产属性

种猪是养猪生产的核心“设备”,因此,在猪场财务核算体系中,种猪的核算是核心环节。种猪的单位价值较高,使用期限平均达 3 年左右,具有固定资产的性质,按会计制度规定应作为固定资产管理;但种猪是活体,各种主、客观因素都可能导致其病死或失去种用价值被迫淘汰,流动性较强且无规律性,这又具有流动资产的性质。如把种猪作为一般的固定资产核算,因其数量多、变动大,财务核算复杂且工作量极大。

鉴于种猪兼具固定资产和流动资产双重性质的特点,为了既恪守财务制度,确保资产安全和均衡分摊种猪折旧成本,客观反映当期经营成果,又便于财务核算,可把它作为单项固定资产统一管理:实行按当期预估种猪市场价(原值)为基准,年初界定的月折旧费标准,逐月预提、年底调节、一次结算的办法。

### (二)种猪资产核算

种猪资产的核算采用建立头数、总金额账,种猪按利用 3 年、分 36 个月折旧,每月预提,年终核算的管理办法。

(1)月折旧费预提标准:年初时,以当期预估同类后备种猪购入价和本年度计划饲养数为基准,确定本年度月折旧费预提标准:

月折旧费预提标准=(预估后备公猪购入价×计划饲养公猪数+预估后备母猪购入价×计划饲养母猪数)÷36

(2)种公猪和泌乳母猪饲养管理的各项成本由哺乳仔猪价值反映，妊娠母猪饲养管理的各项成本由饲养增值反映，空怀母猪和淘汰种猪饲养管理的各项成本列制造费用处理，淘汰种猪列淘汰种猪收入。

(3)种猪固定资产年终核算办法：

期末金额＝期初金额＋期中增加金额－预提折旧费总金额

期末头数(分公、母)＝期初头数＋期中增加头数－期中淘汰头数

(4)年末存栏种猪固定资产的价值评估：

期末存栏种猪(分公、母)单价＝期末金额÷期末头数

根据期末存栏种猪(分公、母)的年龄结构和同期同类种猪市场价与期末核算种猪单价相比，评估存栏种猪资产价值的损益和折旧标准的高低，以资评估种猪折旧办法及其标准。

(5)年末种猪固定资产的调节办法：当出现本年度种猪更新少、后备种猪预估购入价高时，将出现种猪折旧费大和当期损益减少的情况；如当期利润高时，可作为来年以丰补歉的储备；如当期利润差时，可根据期末存栏种猪的年龄结构和同类后备种猪预估购入价，本着种猪利用3年的原则，可酌情核减预提折旧费总金额。

按本办法管理种猪资产，一般呈加速折旧的趋势，期末存栏种猪的残值将有较大的溢值。

## (三)生产成本核算

### 1.成本核算的定义及目的

猪的产品成本，是指饲养该产品所发生的一切直接和间接费用之和；除以该产品单位量，所得之商即为该单位产品成本。核算产品单位成本的目的，一是可分析各项费用的组成比例，找出降低成本的途径；二是为制订承包方案、产品定价提供依据和预估经营效益。

### 2.猪产品成本种类

(1)后备种猪购买成本或培育成本和使用种猪的饲养管理成本。

(2)仔猪培育成本包括仔猪培育的直接成本和仔猪父本、母本的饲养成本。

(3)断奶仔猪保育到20 kg体重的保育成本。

(4)育成育肥猪饲养到出栏的饲养管理成本。

### 3.成本测算方法

养猪产品的成本核算十分烦琐。这里按实际成本法原则，简单介绍直接成本(主要是饲料成本)核算方法，以供参考。

种猪成本：年耗饲料费用为种猪成本。

新生仔猪成本：由母猪妊娠成本加公猪分摊成本(1/20～1/30)组成一窝新生仔猪的直接成本；1头公猪本交可承担20～30头母猪的配种任务，人工授精则更多；一窝的成本被窝产活仔猪头数分摊，即是每头新生仔猪的直接成本。

断奶仔猪成本：新生仔猪成本×1.06(分摊哺乳期死亡新生仔猪6%的成本)＋泌乳母猪饲料分摊成本＋哺乳仔猪补料成本，即为每头断奶仔猪成本。

保育猪成本：断奶仔猪成本×1.04(分摊保育期死亡断奶仔猪4%的成本)＋保育期耗料

成本，即为保育猪成本。

育成育肥猪到100 kg体重出栏的饲料成本：测算法同保育猪。

饲料成本一般占猪场总成本的70%～80%。上述五项测算的均是直接饲料成本，产品成本都需加上饲料成本的20%～30%的其他费用(含直接工资等和制造费用)。

4.成本核算实务

现代规模猪场(或种猪场)尽管一般都按工厂化生产方式实行分段流程管理，财务核算理论上可以分段进行；但无论分几段生产管理，其终端产品绝大部分都是在末端段外销的，各生产段间的中间产品是内部流转，如要分段核算，还需对中间产品按市场价定价，分段核算实务十分烦琐。

鉴于此，本着加强成本核算、提高投入产出比的原则，根据各生产阶段的生产特点和技术要求，重点抓住与产量、成本密切相关的主要技术经济指标，实施各有重点的目标责任管理或承包考核，财务核算实务按一般企业要求全场全程统一按实际成本法进行。

## (四)存货资产核算

猪场存货主要有各类圈存猪和为饲养管理而备存的各种资产。除各类圈存猪外的存货资产，主要有饲料、兽药、饲养设备易损配件、饲养工具和劳保用品等，其财务核算均按实际成本法计价处理，这里不再介绍。

各类圈存猪存货，传统的农林财会制度设“幼畜及育肥畜”科目，下分设有“种猪”“仔猪”“幼猪”“肥猪”等二级科目。我们可以按直接饲料成本测算，根据玉米价格与存栏猪关系，建立玉米指数，核算各类存栏猪时以玉米指数为基准，存栏猪价值随玉米市场价浮动。同时，根据各猪场的管理特点，调整二级科目设置，以工作任务5-3制订承包方案的某猪场为例，将二级科目调整为：“种猪净值”“种猪增值”“哺乳仔猪”“保育仔猪”“育成育肥猪”等；根据表5-3-3和表5-3-4所列参数，以每千克玉米2元(测算期市场价)为1个玉米指数，以此期平均用料费为直接饲料成本，以直接饲料费的30%为其他生产、管理成本，将按表5-3-3和表5-3-4测算的各类存栏猪价值转为玉米指数；各类种猪本身的价值按上面介绍列固定资产处理，盘存时按头计数、不作计价处理；种猪饲养增值按生产阶段分类，各类按设定的平均饲养天数和日粮标准等估算；生产公猪、空怀母猪和后备公母猪不计饲养增值。以后对各类存栏猪存货价值的结算，就只需盘点分类头数(哺乳仔猪可按窝计)，再乘以对应的玉米指数即可(存栏猪价值的变动由玉米指数的市值调节)。

1.种猪饲养增值的核算

以各阶段平均饲养期、日粮标准、饲料价格与综合成本为测算依据。

空怀母猪：指断奶后或后备母猪开始配种后至确认妊娠前的存栏母猪(本概念仅作核算称谓)。此期饲养的母猪没有增值。

轻胎母猪：指配种21 d后至妊娠40 d前的存栏母猪。每头饲养增值的玉米指数为137.57[(7+30)×2.6×2.2×1.3÷2]。

中胎母猪：指妊娠40～70 d的存栏母猪。每头饲养增值的玉米指数为249.11[(7+60)×2.6×2.2×1.3÷2]。

临产母猪：指妊娠70 d至分娩前的存栏母猪。每头饲养增值的玉米指数为349.49[(7+

70＋17)×2.6×2.2×1.3÷2]。

哺乳母猪和种公猪：饲养增值由哺乳仔猪反映。

2.哺乳仔猪存货核算

母猪泌乳35 d断奶转出、仔猪断奶7 d后转出，以平均窝转出活仔猪9.77头、17日龄哺乳仔猪平均存栏9.2头，其间17日龄仔猪平均体重5 kg(增重4 kg)为测算基准，每头哺乳仔猪的玉米指数为74.91{[37 325÷1 100＋(7＋114)×2.6×2.2＋17×4.2×2.4＋9.77×4×0.7×4.4]×1.3÷2÷9.2}，每窝哺乳仔猪的综合玉米指数为670(以哺乳仔猪平均17日龄测算，其中：公猪为全年繁殖窝数分摊，母猪自上胎断奶始至哺乳17 d止，预估哺乳仔猪断奶7 d后平均转栏重7 kg)。

3.保育仔猪存货核算

仔猪保育期38 d，预估保育猪平均转栏重20 kg。以期间存栏保育猪平均体重12 kg为测算基准，保育猪的平均玉米指数预估为100.1{74＋[(7－5)×0.7×4.4＋(12－7)×1.7×4]×1.3÷2}，由此则每千克存栏保育猪的平均玉米指数预估为8.3 (100.1÷12)。

4.育成育肥猪存货核算

预估商品猪平均出栏日龄和平均体重分别为170日龄和100 kg，育成育肥期106 d。以期间存栏猪平均体重60 kg为测算基准，平均玉米指数预估为303.84{100＋[(20－12)×1.7×4＋(60－20)×2.7×2.4]×1.3÷2}，由此则每千克存栏猪的平均玉米指数预估为5.1(303.84÷60)。

猪场各类猪存货的核算需以完整的生产记录为基础，为了真实反映生产实况，必须做好会计核算期的盘点工作。在实际工作中，利用以上测算结果，除妊娠母猪需按发情和配种记录分三类统计外，其他只需盘点头数，操作简单易行。根据以上测算的各类存栏猪资产，基本可以真实反映年度的生产实绩，详见表5-4-1。

**表5-4-1 ××××年××月某猪场存栏猪流动资产盘存表**

| 类别 | 头数 | 玉米指数 | 单价A/元 | 单价B/元 | 金额/元 |
|---|---|---|---|---|---|
| 后备公猪 | | — | — | — | |
| 生产公猪 | | — | — | — | |
| 后备母猪 | | — | — | — | |
| 空怀母猪 | | — | — | — | |
| 轻胎母猪饲养增值 | | 137.57 | 275.14 | 302.65 | |
| 中胎母猪饲养增值 | | 249.11 | 498.22 | 548.04 | |
| 临产母猪饲养增值 | | 349.49 | 698.98 | 768.88 | |
| 哺乳母猪 | | — | — | — | |
| 哺乳仔猪头均(含父母饲养费) | | 71.91 | 143.82 | 158.20 | |
| 或：哺乳仔猪窝总(含父母饲养费) | | 670 | 1 340 | 1 474 | |
| 保育仔猪 | | 100.1 | 200.2 | 220.22 | |
| 育成育肥猪 | | 303.84 | 607.68 | 668.45 | |

表5-4-1适用于自繁自育、常年均衡生产的规模猪场，表内玉米指数的玉米市场价为每千克2元，单价A为每千克玉米市场价2元的每头(窝)猪价值，单价B为每千克玉米市场价2.2元的每头(窝)猪价值。

### (五)利润核算

按现代企业财务管理制度要求，猪场财务核算实务须编制资产负债表和损益表。

1.试算毛利润

毛利润＝总收入＋期末存货－总支出－期初存货

2.核算净利润

净利润＝毛利润－应付员工剩余报酬(考核报酬等)－所得税

根据试算毛利润结果，如当期效益较好，根据行业特点，为了猪场发展和下年度生产经营以丰补歉打好基础，可以通过调减期末存货或调增种猪折旧，对年度经营业绩作适当调整。

## 三、财务预算

制订财务预算的依据，是猪场年度生产计划和产品市场预测。根据生产计划和产品的市场预测，预测猪场计划年度内生产周转的资金流量和维持生产正常周转的资金需求，为企业正常运转预做融资计划；对猪场的生产计划做出财务评估，为领导决策和成本控制提供财务依据。财务预算应充分预估计划期内可能出现的影响生产经营的各种环境变化因素。

财务预算的主要内容如下：

### (一)固定费用

固定费用又称固定成本，是猪场正常运行每年必须的费用支出(详见151-152页)。

### (二)变动费用

变动费用又称变动成本，是猪场运行过程中为生产而投入的各项直接费用(详见152页)。

### (三)销售预测

根据市场供需动态，预测年度生产计划产品的销售价格。

### (四)盈亏临界点分析

盈亏临界点，是指企业收入和成本相等时的特殊经营状态，即边际贡献(销售收入总额减去变动成本总额)等于固定成本时，企业处于既不盈利也不亏损的状态。盈亏临界点分析也称保本点分析：首先，它可以为企业经营决策提供在何种业务量时企业将盈利，或在何种业务量时企业会出现亏损等总体性的信息；也可以提供在业务量基本确定的情况下，企业降低多少成本，或增加多少收入才不至于亏损的特定经济信息。盈亏临界点也可以为企业内部制定经济责任目标提供依据。

盈亏临界点销售量＝固定成本÷(单价－单位变动成本)

盈亏临界点销售额＝单价×盈亏临界点销售量

例如，某商品猪场每月固定成本70 000元，预测期内每生产一头商品肉猪的变动成本为700元，预估出栏每头商品肉猪的平均销售收入为1 000元，则：

$$月保本销售量=70\ 000\div(1\ 000-700)=233(头)$$

$$月保本销售额=1\ 000\times 233=233\ 000(元)$$

在上述条件下，该猪场的盈亏临界点是月销售商品肉猪 233 头或月销售收入 23.3 万元，提高效益的途径是降低变动成本和增加商品肉猪出栏量(当然也可压缩非生产人员等以减少固定成本)。

### (五)影响利润的因素

影响猪场利润的因素有产品销售量、产品销售价格、变动成本、固定成本等四个方面，各因素的变化都会引起利润的变化，但其影响的方向和程度各不相同：一般情况下，利润与前两个因素呈正相关，与后两个因素呈负相关，也就是管理学上常提的“增产节约、增收节支”。在适度生产规模下，通过提高劳动效率和设备利用率，可以扩大产量、降低单位产品直接工资支出和折旧等制造费用支出；压缩非生产人员，可以降低固定成本；产品销售价和原料采购价受环境影响较大，但通过加强市场信息管理，可以采购到相对质优价廉的饲料原料和选择适当的渠道，争取到商品猪最好的销售价和出栏时段；通过精细化管理，提高猪产量和饲料利用率，这对降低变动成本和提高利润的影响最大。

## 四、财务分析

现代规模化猪场的财务分析，是指以财务报表和生产管理资料等为依据，采用专业的方法，系统分析和综合评估猪场过去和现在的经营结果、财务状况及其动态，目的是分析存在的问题、提出完善的对策、避免决策失误和提高经济效益。财务分析的方法有比较分析法和因素分析法两种。

### (一)比较分析法

比较分析法是选取两个或两个以上的有关可比数据进行对比的方法。可采用与本企业历史水平对比、与本企业计划对比、与同类企业水平对比等。财务比率的比较是最重要的比较分析方法，它们是相对数，排除了规模影响，使不同比较对象之间具有可比性。企业经营管理常用的财务比率主要有变现能力比率、资产管理比率、负债比率和盈利能力比率等四项。

1. 变现能力比率

变现能力比率用来衡量企业产生现金的能力，即短期偿债能力，主要有流动比率和速动比率。

$$流动比率=流动资产\div 流动负债$$

$$速动比率=(流动资产-存货)\div 流动负债$$

一般认为，生产企业合理的最低流动比率为 2，正常的速动比率为 1。

2. 资产管理比率

资产管理比率是用来衡量企业资产管理效率的财务比率，主要有存货周转率和应收账款周转率。

$$存货周转率=销售成本\div 平均存货$$

$$应收账款周转率=销售收入\div 平均应收账款$$

通常认为，存货周转率和应收账款周转率越高，说明流动资产的利用率越高，则可减少流动资产占用量，节省财务费用，增强企业盈利能力。

3. 负债比率

负债比率是指债务和资产、净资产的关系，反映企业偿付到期长期债务的能力，主要有资产负债率、产权比率。

资产负债率＝负债总额÷资产总额×100％

产权比率＝负债总额÷所有者权益总额×100％

从财务管理角度看，借款时应充分估计预期利润的偿债风险，当利润所得高于同期负债利息时，负债应是在可控的安全范围，但必须考虑盈利的持续能力与偿债期限。

4. 盈利能力比率

盈利能力比率用来衡量企业赚取利润的能力，主要有销售净利润率和净资产收益率。

销售净利润率＝净利润÷销售收入×100％

净资产收益率＝净利润÷平均净资产×100％

以上两个指标分别反映的是每一元销售收入和每一元平均净资产所创造的净利润。净利润的多少与企业资产规模、产品及其结构、经营管理水平等有着密切关系，根据以上指标可评价企业经济效益的高低及提高利润水平的潜力。

### （二）因素分析法

因素分析法是根据分析指标和影响因素的关系，从数量上确定各因素对指标的影响程度的方法。通常在比较分析的基础上，发现有重大异常变动时，则采用因素分析法。

利用以上财务分析方法，能够比较真实、客观地反映出猪场的财务运行状况及存在的问题，帮助管理者做出正确决策，提高猪场的经营管理水平。

## 五、猪场财务核算应建的会计账目

财务核算，是现代规模猪场和养猪户的一种经常性持续性财务管理活动，对提高经营管理水平、正确执行国家有关财税政策和纪律、获取盈利、维持或扩大再生产，是必不可少的重要管理环节，我们应充分认识做好这项工作的重要性和必要性。

目前，一般规模较大的猪场虽然都设有会计岗位和专职会计人员，从事会计业务，但开展专业财务核算和财务分析的较少；而面广量大的小规模猪场和养猪户，一般无专职会计人员，大多数以记流水账代替专业财会工作，经营管理者普遍存在着重生产、轻管理（财务核算）的现象；这都不利于养猪生产的发展和效益的提高。现就小规模猪场和养猪户开展财务核算，必须建立的账目及其会计实务，择要简述如下。

### （一）设账的主要科目

（1）设账目的　全面、正确、及时地掌握养猪生产经营的收支和损益情况，加强经营管理。

（2）设账要求　会计科目设置简约、必需和实用；分类记账，便于分类汇总、分析，以充分发挥财务对生产经营的服务指导和监督功能。

本着上述宗旨，会计科目大体可分为收入、支出和结存三类，一般可设表 5-4-2 所示主要科目。

表 5-4-2　账户科目表

| 收入类 | 支出类 | 结存类 |
|---|---|---|
| 仔猪收入 | 饲料支出 | 现金 |
| 肉猪收入 | 买猪支出 | 存款 |
| 种猪收入 | 医疗费支出 | 固定资产 |
| 粪肥收入 | 配种支出 | 累计折旧 |
| 其他收入 | 人工及社保、福利支出 | 存货 |
| 借贷款 | 折旧支出 | 其他物资 |
| 预收款 | 运费支出 | 借贷款余额 |
|  | 用具支出 |  |
|  | 税和利息支出 |  |
|  | 预付款 |  |
|  | 其他支出 |  |

## (二)账户的主要分类

账户是会计日常核算的工具,它是反映生产经营活动中资金运用、物资消耗、财产变动等情况的分类的连续记录。按用途一般可分为总账户(总账)和明细账户(明细账)两类。

总账(表 5-4-3)是反映全部养猪生产经营活动,以货币为计量单位,总括归类登记的账簿。它定期按记账凭证进行登记汇总,供核算本月或本生产期的发生额合计和余额,是明细账的汇总并受其制约,余额用于试算平衡。它顺时登记,方法简便,账簿简化。

表 5-4-3　总账　　　年　月　第　页

| 科　目 | 摘　要 | 月初余额 | 凭证号码 | 收入 | 支出 | 月末余额 |
|---|---|---|---|---|---|---|
| … |  |  |  |  |  |  |
| 仔猪收入 |  |  |  | √ |  |  |
| … |  |  |  |  |  |  |
| … |  |  |  |  |  |  |
| 饲料支出 |  |  |  |  | √ |  |
| … |  |  |  |  |  |  |

明细账是会计科目的分类账户,为总账提供详细、具体的资料,采取货币和实物计量法。每次既登记数量(种猪需记明品种、性别、头数和重量)、又登记金额,可同时用来进行实物、价值形式的核算,简明扼要(表 5-4-4、表 5-4-5)。

## (三)常用的记账方法

在确定会计科目和建账之后,就按收入类、支出类、结存类中的各科目,分别编入账簿。记账的方法有多种,适宜小规模猪场和养猪户的记账方法是复式记账法的收付记账法。其特点是:

(1)以现金、实物的收、支作为核算对象。如猪产品销售收入、借入资金、购买饲料、用具等,均可以钱、物的收、支形式反映在收付账户上。记账时,用"收""付"二字作为记账符号。

(2)以存货变现的收、支核算。存货变现以同收、同付或有收有付的形式作为记账规则。

如出售肉猪的收入，须在收入类和结存类科目中同时记收入栏（出售肉猪款）和支出栏（减少肉猪库存）；生产费用的支出，则须同时在支出类和结存类账户中对应记入。

（3）用收入（余额）－支出（余额）＝结存（余额），作为平账结算的公式。这种记账方法与实际经济活动中的"收""支""存"的概念相符，道理简明，方法简单。

**表 5-4-4 明细账(1)**

凭证编号： 编号 1 名称：饲料 第 页 年 月 日

| 摘 要 | 收入 | | | | 支出 | | | | 结余 | | | |
|---|---|---|---|---|---|---|---|---|---|---|---|---|
| | 头数 | 重量 | 单价 | 金额 | 头数 | 重量 | 单价 | 金额 | 头数 | 重量 | 单价 | 金额 |
| 购入玉米 | | | | | | √ | √ | √ | | | | |
| 购入大麦 | | | | | | √ | √ | √ | | | | |
| 出售豆饼 | | √ | √ | √ | | | | | | | | |
| 购入米糠 | | | | | | √ | √ | √ | | | | |

表 5-4-4 是以饲料大类为单位的明细账，在饲料仓库账中，应另建以单项原料为单位的入库和出库数量明细账，以便及时反映各类饲料原料的存货动态。

**表 5-4-5 明细账(2)**

凭证编号： 编号 2 名称：猪 第 页 年 月 日

| 摘 要 | 收入 | | | | 支出 | | | | 结余 | | | |
|---|---|---|---|---|---|---|---|---|---|---|---|---|
| | 头数 | 重量 | 单价 | 金额 | 头数 | 重量 | 单价 | 金额 | 头数 | 重量 | 单价 | 金额 |
| 购入仔猪 | | | | | √ | √ | √ | √ | | | | |
| 出售肉猪 | √ | √ | √ | √ | | | | | | | | |

### (四)记账的基本原则和要求

会计记账是把发生的一切经济活动情况（收、支、贷、存等）按时间顺序，分类归口分别在账簿上进行登记，它必须遵循一定的原则和要求，才能做到准确、及时、完整、可靠。其原则和要求是：记账和凭证要真实无误；记账的凭证日期、数量、金额等必须与原始凭证完全相符；总账与明细账的记载必须相符；做到逐笔登记，切忌遗漏，字迹清楚，数字不跨位空格，前后页要连续登记；发现错处，用红笔杠横，以示注销更正。无收支凭证时，可自制凭证。先记明细账，后记总账；收入在收入栏和结存栏内同时记"收"，支出在支出栏和结存栏同时记"付"；必须定期将明细账余额与总账余额进行核对。

## 六、猪场的主要财务报表

规模化猪场的主要财务报表有流动资产盘存表（表 5-4-1）、主营业务收入表（表 5-4-6）、主营业务成本表（表 5-4-7）、资产负债表（表 5-4-8）和损益表（表 5-4-9）。会计人员必须及时、准确地做好实务工作，及时编制财务报表。一般情况下，须每月将"资产负债表"和"损益表"报送当地财税部门和猪场场长（业主）；大型猪场还需编制"现金流量表"。以下择要摘录常用科目的"资产负债表"和"损益表"。

表 5-4-6 主营业务收入表

| 日期 | 编号 | 摘要 | 头数 | 重量 | 单价 | 金额 | 备注 |
| --- | --- | --- | --- | --- | --- | --- | --- |
| | | | | | | | |
| | | | | | | | |
| | | | | | | | |
| | | | | | | | |
| | | | | | | | |
| | | | | | | | |
| | | | | | | | |

表 5-4-7 主营业务成本表

| 日期 | 编号 | 摘要 | 头数 | 重量 | 单价 | 金额 | 备注 |
| --- | --- | --- | --- | --- | --- | --- | --- |
| | | | | | | | |
| | | | | | | | |
| | | | | | | | |
| | | | | | | | |
| | | | | | | | |
| | | | | | | | |
| | | | | | | | |

表 5-4-8 资产负债表

编制单位： 编制日期： 单位：元

| 资产 | 行次 | 年初数 | 年末数 | 负债及所有者权益 | 行次 | 年初数 | 年末数 |
| --- | --- | --- | --- | --- | --- | --- | --- |
| **一、流动资产：** | | | | **五、流动负债：** | | | |
| 现金 | 1 | | | 短期借贷款 | 19 | | |
| 银行存款 | 2 | | | 应付账款 | 20 | | |
| 应收账款 | 3 | | | 预收账款 | 21 | | |
| 预付账款 | 4 | | | 其他应付款 | 22 | | |
| 存货 | 5 | | | 应付工资 | 23 | | |
| 其他流动资产 | 6 | | | 应付福利费 | 24 | | |
| 流动资产合计 | 7 | | | 其他未交(付)款 | 25 | | |
| **二、固定资产：** | | | | 预提费用 | 26 | | |
| 固定资产原值 | 8 | | | 其他流动负债 | 27 | | |
| 减：累计折旧 | 9 | | | 流动负债合计 | 28 | | |
| 固定资产净值 | 10 | | | **六、长期负债：** | | | |
| | 11 | | | | 29 | | |
| | 12 | | | **负债总计** | 30 | | |

续表 5-4-8

| 资产 | 行次 | 年初数 | 年末数 | 负债及所有者权益 | 行次 | 年初数 | 年末数 |
|---|---|---|---|---|---|---|---|
| **三、无形及递延资产：** | | | | **七、所有者权益：** | | | |
| | 13 | | | 实收资本 | 31 | | |
| | 14 | | | 资本公积 | 32 | | |
| | 15 | | | 盈余公积 | 33 | | |
| **四、其他资产：** | | | | 本年利润 | 34 | | |
| | 16 | | | 未分配利润 | 35 | | |
| | 17 | | | 所有者权益合计 | 36 | | |
| **资产总计** | 18 | | | **负债及所有者权益总计** | 37 | | |

**表 5-4-9 损益表**

编制单位： 编制日期： 单位：元

| 项目 | 行次 | 本月数 | 本年度 | 合计 |
|---|---|---|---|---|
| **一、主营业务收入** | 1 | | | |
| 减：营业成本 | 2 | | | |
| 营业费用 | 3 | | | |
| 营业税及附加 | 4 | | | |
| **二、主营业务利润** | 5 | | | |
| 加：其他业务利润 | 6 | | | |
| 减：管理费用 | 7 | | | |
| 财务费用 | 8 | | | |
| | 9 | | | |
| | 10 | | | |
| **三、营业利润** | 11 | | | |
| 加：投资收益 | 12 | | | |
| 营业外收入 | 13 | | | |
| 减：营业外支出 | 14 | | | |
| | 15 | | | |
| **四、利润总额** | 16 | | | |
| 减：所得税 | 17 | | | |
| **五、净利润** | 18 | | | |

【实验实训】

## 5-4 猪场财务报表的编制

### 一、实训目的

1. 了解猪场收入与成本的主要科目。

2. 掌握猪场主营业务收入表与主营业务成本表的编制方法。

**二、实训材料与用具**

1. 某猪场的主要财务报表。
2. 该猪场现有的会计材料。
3. 该猪场发展规划。

二维码 5-4-1 “猪场财务报表的编制”技能考核(表格)

**三、实训方法与步骤**

1. 查阅该猪场有关数据资料。
2. 了解该猪场会计资料及效益状况。
3. 计算分析该猪场的收入与成本。
4. 编制该猪场主营业务收入表与主营业务成本表。

**四、实训案例**

某猪场有种公猪10头,种母猪500头,后备母猪50头,仔猪1 200头,育肥猪600头,请编制该猪场的主营业务收入表和主营业务成本表。

【自测训练】

**一、填空题**

1. 影响猪场利润的主要因素有________、________、________和________。
2. 猪场收入类账目有________、________、________、________和________等,支出类账目有________、________、________、________和________等。

**二、问答题**

1. 猪场常见的财务报表有哪些?
2. 编制财务报表应注意哪些事项?

# 工作任务5-5　猪场数据计算机管理

【基础知识】

## 一、猪场数据管理的意义

养猪生产的技术和管理数据对猪场管理非常重要,通过对这些数据的分析处理和开发利用,可以发现生产、管理中存在的问题,查找造成问题的原因并及时采取措施,最大限度地提高猪场的生产、管理水平和经济效益。

猪的主要技术性状多属重要的经济指标,称为经济技术性状。猪场的数据可分为生产(育种)、兽医和管理三大类,根据猪场承担任务不同,数据采集的内容和要求也不同,但无论是技术数据,还是管理数据,都与猪场经济效益密切相关,是重要的经济技术数据。

## 二、猪场数据管理的现状

### (一)大型规模养猪场(母猪存栏 5 000 头以上)

针对大型、集团化的猪场,已经有完善的猪场数据管理软件,包括国内的、国外的都有,应用上也比较普遍,主要用在猪场的生产管理、育种分析等各个方面。目前,很多超大规模的养猪场如温氏等,都有自己开发的综合软件,实现了“生产数据+销售数据+财务数据+人员管理”等多方面综合功能。这一类软件,由于是某集团大规模猪场独立开发的,所以往往只适合于该场使用。但是更多的同等规模的猪场,现在还处于一个版块一个软件的时期,并没有实现所有版块数据的系统化整合。

### (二)中型养猪场(母猪存栏 1 000～5 000 头)

中型养殖场在生产数据管理上,会使用市场上合适的软件进行数据管理与分析,以此辅助生产,并已经慢慢流程化、制度化。这一类的猪场,目前很少自己研发一款最适合自己的软件,因此,只能从市场上现有的软件里不断地进行试用和选择,在这一过程中,难免会带来数据不准确的后遗症,当然,如果一款软件的售后服务周到,也能避免更换软件过程中的数据混乱问题。这一类规模的养猪场,在对生产数据的管理上,已经积累了很多成熟的经验,对于猪场整体养殖水平的提高起到了关键指导作用。由于目前市场上的养猪生产管理软件都是只针对生产部分,很少涉及销售与财务甚至是员工绩效管理,因此,这一规模的猪场想要实现全方位数据管理还有很长的一段路要走。

### (三)小型养猪场(母猪存栏 100～1 000 头)

这个规模的猪场适合目前市场上大部分的软件或某软件的部分功能,但也是目前数据管理存在问题比较多的群体。这一规模的养猪群体在数据管理软件使用上,更加注重于生产管理软件,很少涉及员工管理、财务管理等其他版块。尽管只注重生产数据管理,还是存在着一些亟待解决的问题。

(1)经常更换数据统计人员或没有合适的人才做这件事,导致数据无法持续记录。

(2)数据混乱甚至是没有数据的情况占比 40%以上。很多猪场负责人自身不清楚到底有多少头母猪,更无法获取准确的“母猪的非生产天数”数据,提高养殖水平就无从谈起。

(3)猪场老板对于数据管理不重视。在关于软件使用的咨询里,很多规模在两三百头的猪场,往往只是问问而已。一是因为,部分猪场被以前的养猪软件打击了信心,在没有彻底了解一款新的数据管理工具之前,彻底否定了数据管理工作的重要性。二是因为,很多猪场负责人只是希望能够有一款完全不需要人工的软件来帮他养猪。实际上,这是不可能的。数据对于我们的最大意义,在于指导生产,而不是代替人工生产。

(4)这一规模的养猪场,经常被饲料企业或兽药企业绑架使用某款生产软件,与企业的合作结束后,软件没有后续的技术指导与服务,导致数据记录停滞。

### (四)散户(母猪存栏低于100头)

这一规模的猪场,也有很多希望能够使用生产类数据管理软件的。但是实际上,这个规模的猪场,并不需要一个软件来进行数据管理,只要有一套适合自己生产情况的Excel表格,就完全可以实现这个阶段的数据管理。很多人因为对于使用Excel表格工具不熟练,希望能够有一款软件可以避免一些表格公式类的操作,同时避免因表格公式等操作错误产生的数据不准确,甚至是数据莫名其妙地丢失。

## 三、数据内容和管理要求

### (一)主要生产(育种)经济技术数据

(1)后备猪生长发育性状　主要有4月龄体重和6月龄体重、体长、体高、胸围、腿臀围和管围,现代育种尚有6月龄活体背膘厚和眼肌面积。育种场须根据育种方案规定测定,商品猪场不作要求。

(2)种公猪繁殖性状　主要有与配母猪情期受胎率和产仔数,人工授精的还有采精和精液质量检查记录。

(3)种母猪繁殖性状　主要有情期受胎率和胎次、总产仔数、产活仔数、20日龄窝重、断奶仔猪数、断奶窝重、育成率和繁殖周期等。要求猪场内的断奶日龄尽量一致,育种场须根据育种方案规定要求测定。

(4)保育和育成育肥猪生产性状　主要有各阶段日增重、饲料报酬和成活率等。

(5)猪胴体性状　主要有空体重屠宰率、体直长、背膘厚、眼肌面积、腿臀围和瘦肉率等。育种场同胞和后裔胴体性状须根据育种方案规定要求测定,商品猪场不作要求。

### (二)主要兽医工作数据

猪场应根据当地兽医行政主管部门要求和当地疫情流行情况,结合本场生产管理特点和需要,制定并及时完善免疫、保健程序和防疫卫生制度及兽医工作操作规程,并将实施上述工作的内容和结果数据,严格按要求及时、规范地采集、记录。

### (三)主要管理数据

管理是企业永恒的主题。生产现场、物料采购、产品销售和人员管理等,是猪场管理工作的重点,由此形成的资料数据,日常工作中,须按要求及时、规范地采集、记录。

### (四)数据管理要求

(1)数据采集要求　总的要求是必需、及时、准确、完整。猪场应根据各自的生产经营特点和管理需要,制定各类数据具体的采集内容、标准和管理要求。育种数据必须按各自的育种方案规定的测定内容和要求,规范测定和记录;生产场应根据各自的生产管理操作规程和考核管理规定的内容和要求,采集、记录必需的经济技术数据;采集的数据一定要实用,切忌盲目采集;同时,技术数据的采集要纳入生产管理操作规程中进行,尽量避免影响正常生产。

(2)数据处理要求　对日常工作中产生和采集的各类数据,总的要求是及时归档(录入计算机)、正确统计、科学分析。通过对数据的分析处理,及时发现存在的问题,查找原因,提出完善管理或解决问题的对策。每月应形成书面的数据分析处理报告；对比较重要的情况，应及时形成书面专题报告。

(3)数据利用要求　对每月形成的数据分析处理报告和专题报告，应及时反馈给有关人员和向领导汇报，以指导育种、科研、生产，堵塞管理漏洞，完善技术和经营管理工作。

### (五)主要数据记录表(卡)

(1)种猪系谱　记载其本身遗传信息和生长发育、繁育实绩的卡表，种公、母猪可通用；但记载公猪的繁育实绩时，左四列应改为与配母猪实绩的统计时段和繁殖方式及统计样本数等，详见表 5-5-1(详见二维码 5-5-1，下同)。

(2)后备猪生长发育测定记录表　详见表 5-5-2。

(3)母猪配种记录表　记载母猪在一个情期内各次配种的时间和与配公猪品种、耳号，本表是妊娠鉴定的依据；配种一个情期后不返情的，根据最后一次复配的时间，填写预产期，转妊娠母猪管理，详见二维码 1-2-1 中的表 1-2-1。

(4)母猪产仔哺乳记录表　记载母猪本胎次和仔猪的详细信息，详见二维码 1-2-1 中的表 1-2-2。

(5)种公猪采精与检验记录表　详见表 5-5-3。

(6)种猪饲料消耗月报表，育种种猪用　详见表 5-5-4。

(7)保育和生长育肥猪生产记录表　详见表 5-5-5。

(8)免疫记录表　详见表 5-5-6。

(9)驱虫记录表　详见表 5-5-7。

(10)免疫监测记录表　详见表 5-5-8。

(11)种猪病历(治疗记录表)　详见表 5-5-9。

(12)消毒记录表　详见表 5-5-10。

(13)病猪死亡解剖记录表　详见表 5-5-11。

(14)饲料采购和库存动态表　详见表 5-5-12。

(15)饲料消耗月报表　详见表 5-5-13。

(16)兽药、疫苗采购和库存动态表　详见表 5-5-14。

(17)兽药、疫苗消耗月报表　详见表 5-5-15。

(18)存栏猪流动资产盘存表　反映统计期内的存栏和生产等情况，详见表 5-4-1。

(19)主营业务收入表　反映统计期内各类产品的销售单价、金额等情况，详见表 5-4-6。

(20)种母猪选配和留种计划表　详见表 5-5-16。

(21)母猪繁殖性能季度统计表　详见表 5-5-17。

(22)各类猪存栏和生产动态表　详见表 5-5-18。

(23)种猪淘汰记录表　详见表 5-5-19。

(24)各圈舍水、电耗用记录表　详见表 5-5-20。

(25)综合考查评分记录表　详见表 5-3-9。

(26)猪场日志　扼要记录每天发生的重要事情，反映天气情况，详见表 5-5-21。

**二维码 5-5-1　猪场管理主要数据记录表(卡)(表 5-5-1 至表 5-5-21)**

## 四、猪场管理软件的应用

### (一)猪场生产管理基本软件的内容

不同规模的养猪场，需要的生产管理软件是不同的。大型养猪场需要的是整体系统管理，已经与现代企业化管理非常接近，只有生产数据管理这一环节与其他行业有所不同，而中小型的养猪场，从根本上来说，应该先把生产数据管理做好，也是猪场跨进企业化管理的必经之路。因此，这里重点看一下，单单针对生产环节来说，一个合格的生产管理软件，必须要包括哪些模块，哪些功能。

(1)包含主要的繁殖生产事件　主要的生产事件包括种猪登记、公猪采精、母猪配种、妊检(含流产)、分娩、断奶(含母猪断奶)、种猪死亡、种猪淘汰、种猪转舍、种猪饲喂。

(2)包含主要的肉猪生产事件　主要的生产事件包括肉猪转舍、肉猪死亡、肉猪购买、肉猪销售、肉猪饲喂、肉猪数量盘点等。

(3)包含主要的兽医治疗事件　主要的治疗事件包括种猪免疫、种猪治疗、肉猪免疫、肉猪治疗等。

(4)生产物料的管理　包括出入库登记和盘点。

(5)完善的报告系统

①猪场存栏报告：提供一个供猪场人员查看的猪场种猪列表，包括种公猪、种母猪，以及肉猪存栏数据；猪号可以按照状态列出(按状态天数排序)，也可以按生产成绩排序(最好的在最前面，或者最差的在最前边，以便于做淘汰)，也可以只提供一个各个类型种猪存栏的数量。

②生产预警：超期未配种、超期未分娩、超期未断奶的母猪的提示。这个报告功能可以结合到手机信息提示，或者一进入App就进行的弹窗提示等。

③生产计划：待配母猪、待分娩母猪、待断奶母猪列表，即日常工作的提示。

④配种分析(预估分娩率梯度报告)：从配种向后分析，预见到期的分娩头数、妊娠期的损失数量及原因等。

⑤失配原因分析。

⑥种猪死淘原因分析。

⑦肉猪死淘原因分析。

⑧母猪胎龄结构分析：和商品猪场理想胎龄结构的对比。

⑨母猪群繁殖汇总报告：按时间序列分析猪场在同期的配种、分娩、断奶、存栏等方面的汇总数据，供做进一步的分析。

⑩物料使用报告：结合出入库和盘点，以及兽医事件、饲喂事件等，提供阶段性的物料使用情况、当前的物料剩余情况等。

(6)灵活的操作方式　软件最好有手机App、PC的WEB界面(免安装，降低对系统的依赖)，以随时随地查询猪只信息。

基于互联网技术，软件数据存储在网络服务器上，而不是猪场本地。

(7)权限及安全性　猪场内部不同岗位人员账号的权限不同，可以看到的和操作的功能点不一样；人员离职后账号停用；猪场以外的人员未经许可，不可查看数据，包括软件的开发方和拥有方；由于是饲料、动保企业开发软件并将软件免费给客户使用，因此客户的数据将不受客户的控制，因此饲料和动保企业需要为客户的数据背书。

### （二）目前的猪场管理软件简介

1. PigCHN

该软件是在吸收国际流行软件 PigWIN、PigCHAMP 的先进设计思路，紧密结合国内猪场实际情况的基础上研发的。软件主要功能有种猪档案管理、商品猪群管理、生产性能分析与成本核算、问题诊断与工作安排、配种计划、生产预算和强大的统计报表功能。该软件具有思路清晰、功能强大、操作简便等特点。

2. PigMAP

PigMAP 猪场管理软件适用于规模化、集约化的种猪场或商品猪场。该软件提供了丰富的猪场常用工具软件，包括生产管理系统、育种管理系统、财务管理系统、仓库管理系统、疾病诊断辅助系统和饲料配方系统等 6 个子系统。各个子系统风格简洁易用，功能丰富，并且可通过互联网为用户方便、快捷地提供维护和升级服务。

3. 猪场超级管家

该软件基于规模化、规范化的现代化养殖模式，通过详细的种猪档案、生产记录、发病记录、免疫记录等信息的录入，可有效管理种猪档案，自动生成生产提示、生产分析、销售分析、疾病分析等分析报告，还可自动生成各类生产、销售、分析报表，并具有兽医管理、总经理（场长）查询、仓库管理等功能。软件的普及版适用于存栏母猪 300 头以下且管理要求不太高的猪场，标准版适用于存栏母猪 500 头左右且管理要求比较规范的猪场，豪华版适用于有多个养猪分场或多条生产线、需要联网工作的大型养猪企业。

4. 农博士猪场管理系统

该软件采用先进的编程技术，系统贴近养猪生产实际，人性化设计，运行稳定、功能强大，提供灵活的打印输出等功能（系统内挂接 Excel 表格）。该系统的主要模块有生产管理、销售管理、种猪管理、饲料管理、药品管理、系统管理、基础数据、期初数据等，能同时满足猪场“全进全出”管理模式与粗放饲养的业务需要。系统实行猪群饲料、兽药、存栏、调动、变动、分群一体化统一管理，利于猪场更好地控制库存、降低成本。该软件还有功能强大的种猪管理模块，可对种猪实行全程跟踪，如发育、配种、繁殖记录等，系统根据种猪配种情况自动生成种猪系谱。另外，系统还可以自动生成各种报表。

5. GBS 猪场生产管理信息系统

该系统通过采集生产过程中发生的种猪配种、配种受胎情况检查、种猪分娩、断奶数据，生长猪转群、销售、购买、死淘和饲料使用数据，种猪、肉猪的免疫情况，种猪育种测定数据等信息，进行各种分析。如生产统计分析：根据生产数据统计分析猪场生产情况，并提供任意时间段统计分析和生产指导信息；生产成本分析：按实际生产的消耗、销售、存栏、产出情况，系统提供猪只分群核算的基本成本分析数据，可帮助用户降低成本、获得最大效益；育种数据分析：根据实际育种测定数据和生产数据，可系统提供方差组分剖分（计算测定性状的遗传力、重复力、遗传相关等）、多性状 BLUP（最佳线性无偏估计）育种值和复合育种值（选择指数）的计算等经典和现代的育种数据分析。系统提供了 30 余种统计分析模型和从种猪性能排队到选留种猪近交情况分析等多达24种育种数据分析表。此外，系统还提供了数据与Excel和HTML文件格式的接口功能，方便用户公布自己的数据。

6. PigWIN(c)

PigWIN(c)是面向养猪生产者、兽医、猪群健康和管理专家顾问的一个新颖的、用户界面友好和功能强大的管理工具。它主要有以下特点：

(1)模块化设计，允许用户根据自己的需要把各模块组成一个体系，操作简单。整个程序具有数据输入、报表等操作的综合菜单系统。它的报表菜单有诊断手段的功能。

(2)数据输入更加简单化，并且能够自动把数据转化为图表形式表示，此功能使数据的转化非常容易，同时也有助于更快地发现问题。

(3)可以进行问题诊断，并提供参考建议，如怎样提高养猪生产效率和养猪生产水平，从而提高经济效益。

PigWIN(c)中文版的主要功能有：种猪管理（包括生产性能分析、母猪淘汰管理、猪群评价、掌上助理等）、生长猪管理（包括生产管理、生产性能分析、猪群评价、掌上助理等）、猪群报告（包括全群性能评价模块，母猪淘汰管理、母猪淘汰策略模块等）、遗传分析（基因评估模块等）、猪群比较、质量控制、呼吸道疾病监控和屠宰监测。

7. PigCHAMP

该软件是北美著名的猪场管理软件。PigCHAMP最初于20世纪70年代早期，由明尼苏达州立大学兽医学院开发。20世纪90年代中期，浙江金华种猪场、河北玉田种猪场和四川内江种猪场等“中加合作项目”猪场曾使用过该软件。

8. Herdsman

该软件是一种用于猪场数据收集、报表制作及数据管理的软件。它的主要功能有：报表、工作列表及图表制作，导入PigCHAMP™及PigWIN™数据，BLUP场内育种值计算，场间生产数据对比（数据不共享），猪只所处位置查询，动物系谱管理，多代内的血统及近交系数计算，4个繁殖性状（产活仔数、初生窝重、21日龄窝重和断奶活仔数）及4个生长性状（达到105 kg的日龄、日增重、背膘厚、眼肌面积）的EBV（育种值指数）计算及分析，并将EBV整合成4个指数（母猪繁殖指数、母系指数、轮回指数、终端指数）等。

【实验实训】

## 5-5　猪场管理软件的使用

### 一、实训目的

1. 了解猪场管理软件的特点。
2. 掌握某种猪场管理软件数据录入的方法。
3. 掌握某种猪场管理软件的使用。

### 二、实训材料与用具

1. 猪场各种生产记录资料。
2. 某种猪场管理软件及电脑。

## 三、实训方法与步骤

1. 猪场管理软件的安装。
2. 熟悉该管理软件的特点。
3. 进行各种基本数据的录入。
4. 进行数据的处理及分析。

## 四、实训案例

猪场超级管家 V5.2 或其他猪场管理软件的使用。

二维码 5-5-2 “猪场管理软件的使用”技能考核(表格)

【自测训练】

1. 种猪系谱卡主要反映哪些情况?
2. 如何填写猪场的日志?

二维码 5-5-3 科学养殖 使命在肩(课程思政案例)

The second part

The second part

# 第二部分

# 猪群健康管理

The second part

The second part

# 项目6
# 猪群健康管理基础

**能力目标**

- 了解猪群健康管理的基础技术；
- 学会猪场兽医安全体系构建；
- 掌握猪常见病的防治技术。

**知识目标**

- 理解猪病防治的基础理论知识；
- 掌握猪常见病的防治知识。

## 工作任务6-1　猪病的类型

【基础知识】

从学科角度，猪病可分为内科病、外科病、传染性疾病、寄生虫性疾病、营养性疾病等，但养猪生产属于规模化群养，故可造成群体性发病且经济损失重大的传染性疾病、寄生虫性疾病、营养性疾病等成为猪群健康管理的重点，传染性疾病对猪群的危害尤为突出。

### 一、传染性疾病

#### (一)传染病的特点

传染病是指由病原微生物感染所引起的，具有一定的潜伏期与临床表现，且具有传染性的疾病。有如下特点：

由病原微生物与机体相互作用引起，如伪狂犬野毒突破机体的免疫保护屏障，导致野毒亚临床感染或暴发。

具有传染性与流行性，会导致一定范围内许多易感动物发病。

被感染动物会产生特异性反应，如产生特异性抗体等。

耐过的动物会产生特异性免疫，保护猪群在一段时间内不再暴发该病。

大多数传染病具有特征性的发病表现，包括特征性的临床症状、病理变化及流行病学特点。

### （二）传染病的类型

临床上的传染病表现错综复杂，从不同的角度可以有不同的分类方法。下面介绍几种主要的临床分类方法。

1. 最急性、急性、亚急性和慢性

这是按病程长短划分的。病程短，常不超过一天，病状和病变不明显而突然死亡的称为最急性传染病。病程较短，自几天到两三周不等，并伴有明显病状的称为急性传染病。病状不如急性传染病明显、比较缓和的称为亚急性传染病。病程发展慢，常在1个月以上，症状不明显的或不表现的称为慢性传染病。

2. 单纯性、混合性、原发性和继发性

这是按病原体种类划分的。由一种病原微生物引起的疫病称单纯性传染病，由两种以上病原体引起的称混合性传染病。猪感染了一种病原微生物后，又有另一种病原微生物传染了该猪，则前者称原发性传染病，后者称继发性传染病。

3. 显性传染病和隐性传染病

这是按是否表现症状来划分的。感染了某病原微生物后表现出症状的称显性传染病；不表现症状，只能通过微生物检查和血清学检查发现的称隐性传染病。相应的，根据表现症状典型与否又可分为典型性传染病和非典型性传染病。

4. 良性传染病和恶性传染病

这是按传染病的严重程度划分的。良性传染病的致死率低，致死率高的称为恶性传染病。

5. 局部性传染病和全身性传染病

这是按是否表现全身症状划分的。病原微生物只局限于一定部位生长，主要引起局部病理反应，不表现全身症状的称局部性传染病，如放线菌病；如引起全身感染，表现全身症状，则是全身性传染病，多数传染病都属此类。

### （三）传染病的发展阶段

传染病的病程发展在大多数情况下具有规律性，大致可以分为潜伏期、前驱期、明显期（发病期）和转归期（恢复期）4个阶段。

1. 潜伏期

由病原体侵入机体并进行繁殖时起，直到疾病的临床症状开始出现为止，这段时间称为潜伏期。一般来说，急性传染病的潜伏期差异范围较小，慢性传染病以及症状不很显著的传染病其潜伏期差异较大，常不规则。同一种传染病潜伏期短促时，疾病经过常较严重，反之，潜伏期延长时，病程亦常较轻缓。从流行病学的观点来看，处于潜伏期中的猪之所以值得注意，主要是因为它们可能是传染的来源。一般来说，了解一种传染病的最长潜伏期是非常重要的，因为其与传染源的隔离或疫区的封锁有重要关系。

2. 前驱期

前驱期是疾病的征兆阶段，其特点是临床症状开始表现出来，但该病的特征性症状仍不明显。对多数传染病来说，这个时期仅可察觉出一般的症状，如体温升高、食欲减退、精神异常等。各种传染病和各个病例的前驱期长短不一，通常只有数小时至一两天。

3. 明显期（发病期）

前驱期之后疾病的特征性症状逐步明显地表现出来，是疾病发展到高峰的阶段。这个阶段因为很多有代表性的特征性症状相继出现，在诊断上比较容易识别。

4. 转归期（恢复期）

疾病进一步发展为转归期。如果病原体的致病性能增强，或机体的抵抗力减退，则传染过程以机体死亡为转归。如果机体的抵抗力得到改进和增强，机体便会逐步恢复健康，表现为临床症状逐渐消退，体内的病理变化逐渐减弱，正常的生理机能逐步恢复。机体在一定时期保留免疫学特性。在病后一定时间内还有带菌（毒）排菌（毒）现象存在，但最后病原体可被消灭清除。

### （四）传染病流行的基本环节

猪传染病的流行过程，就是从猪个体感染发病发展到猪群体发病的过程。传染病在动物群体中蔓延流行，必须具备3个相互连接的条件，即传染源、传播途径及易感动物。

1. 传染源

传染源（亦称传染来源）是指有某种传染病的病原体在其中寄居、生长、繁殖，并能排出体外的机体。具体说传染源就是受感染的猪，包括传染病患病猪和带菌（毒）猪。

2. 传播途径

病原体由传染源排出后，经一定的方式再侵入其他动物体内所经的途径称为传播途径。传播途径可分两大类：一是水平传播，即传染病在群体之间或个体之间以水平形式横向平行传播；二是垂直传播，即从母体到其后代两代之间的传播。水平传播在传播方式上可分为直接接触传播和间接接触传播两种。

病原体通过被感染的动物（传染源）与其他动物直接接触、交配、舐咬等而引起传染病传播的方式，称为直接接触传播。直接接触而传播的传染病，其流行特点是一个接一个地发生，形成明显的链锁状。这种方式使疾病的传播受到限制，一般不易造成广泛的流行。

病原体通过传播媒介使动物发生传染病的方式，称为间接接触传播。从传染源将病原体传播给易感动物的各种外界环境因素称为传播媒介。传播媒介可能是生物，也可能是无生命的物体。大多数传染病如口蹄疫、猪瘟等以间接接触为主要传播方式，同时也可以通过直接接触传播。两种方式都能传播的传染病也可称为接触性传染病。接触性传染病的传播媒介可以是空气（飞沫、飞沫核、尘埃），经污染的饲料和水，活的生物媒介，兽医使用的体温计、注射针头以及其他器械，猪的胎盘等。

掌握病原体的传播方式及各个传播途径所表现出来的流行特征，将有助于对现实的传播途径进行分析和判断。

3. 易感动物

易感性是抵抗力的反面，指机体对于某种传染病病原体感受性的大小。群体中易感个体所占的百分率，直接影响传染病是否能造成流行以及疫病的严重程度。机体易感性的高低虽与病原体的种类和毒力强弱有关，但主要还是由机体的遗传特征等内在因素及特异免疫状态决定的。外界环境条件如气候、饲料、饲养管理、卫生条件等因素都可能直接影响群体的易感性和病原体的传播。

疾病的流行与否，流行强度和维持时间，取决于该疫病的潜伏期，致病因子的传染性，以及群体中易感性较强的个体所占的比例和群体的密度。

### (五)传染病流行的过程

1.流行过程的表现形式

在传染病的流行过程中，根据一定时间内发病动物数量多少和传染范围大小(即流行强度)，可将传染病流行过程分为4种表现形式：散发、地方流行性、流行和大流行。

“散发”是指疫病发生无规律性，随机发生，局部地区病例零星地散在发生，各病例在发病时间与发病地点上没有明显的关系。出现这种散发的主要原因之一可能是动物群体对某病的免疫水平较高，如猪瘟本是一种流行性很强的传染病，但在每年进行全面防疫注射后，易感动物的环节基本上得到控制，如平时预防工作不够细致，防疫密度不够高时，也有可能出现散发病例。原因之二是某病的隐性感染比例较大，仅有一部分动物偶尔表现症状。原因之三是某病的传播需要的条件比较高，如破伤风、放线菌病等。破伤风的发病需要有破伤风梭菌和厌氧、深创两个条件同时存在，因此在一般情况下常只会零星散发。

“地方流行性”是指在一定的地区和动物群体中，带有局限性传播特征的，并且是比较小规模流行的传染病，也可认为病的发生有一定的地区性。

“流行”是指在一定时间内一定动物群体出现比寻常更多的病例，它没有一个发病比例的绝对数界限，仅仅是指疫病发生频率较高的一个相对名词。因此，任何一种病当其称为流行时，各地动物群体所见的病例数是不一致的。流行性疫病的传播范围广、发病率高，如不加以防制常可传播到几个乡、县甚至省。这些疫病往往病原的毒力较强，能以多种方式传播，动物群体的易感性较高，如口蹄疫、猪瘟等重要疫病可能表现为流行性。“暴发”是一个不太确切的名词，大致可作为流行性的同义词。一般认为，某种传染病在一个动物群体单位或一定地区范围内，在短期间、该病的最长潜伏期内突然出现很多病例时，可称为暴发。

“大流行”是一种规模非常大的流行，流行范围可扩大至全国，甚至可涉及几个国家或全球。在历史上如口蹄疫和流感等都曾出现过大流行。

上述几种流行形式之间的界限是相对的，并且不是固定不变的。

2.流行过程的季节性和周期性

某些传染病经常发生于一定的季节，或在一定的季节出现发病率显著上升的现象，称为流行过程的季节性，出现季节性的原因，主要有下述几个方面：

(1)季节对病原体在外界环境中存在和散播的影响　夏季气温高，日照时间长，这对那些抵抗力较弱的病原体在外界环境中的存活是不利的。例如，炎热和强烈的日光暴晒，可使散播在外界环境中的口蹄疫病毒很快失去活力，因此，口蹄疫的流行一般在夏季减缓或平息。又如在多雨和洪水泛滥季节，如土壤中含有炭疽杆菌芽孢或气肿疽梭菌芽孢，则可随洪水散播，因而在此期间炭疽或气肿疽的发生可能增多。

(2)季节对活的传播媒介(如节肢动物)的影响　夏、秋炎热季节,蝇、蚊、虻类等吸血昆虫大量滋生、活动频繁,凡是能由它们传播的传染病,都较易发生,如猪丹毒、炭疽等。

(3)季节对动物活动和抵抗力的影响　冬季,动物聚集拥挤,接触机会增多,如圈内温度降低,湿度增高,通风不良,常易促使经由空气传播的呼吸道传染病暴发流行。季节变化,主要是气温和饲料的变化,对动物抵抗力有一定影响,这种影响对于由条件性病原微生物引起的传染病尤其明显。如在寒冬或初春,容易发生某些呼吸道传染病。

除季节性以外,某些传染病如口蹄疫,经过一定的间隔时期(常以数年计)还可能表现再度流行,这种现象称为传染病的周期性。

3.影响流行过程的因素

构成传染病的流行过程,必须具备传染源、传播途径及易感动物 3 个基本环节。只有当这些基本环节相互联结、协同作用时,动物传染病才有可能发生和流行。导致这 3 个基本环节相互联结、协同作用的因素是动物活动所在的环境和条件,即各种自然因素和社会因素。它们对流行过程的影响是通过对传染源、传播途径和易感动物的作用而发生的。

(1)自然因素

作用于传染源:例如,一定的地理条件(如海、河、高山等)对传染源的转移产生一定的限制,成为天然的隔离条件。季节变换,气候变化引起机体抵抗力的变动,如气喘病的隐性病猪,在寒冷潮湿的季节里病情恶化,咳嗽频繁,排出病原体增多,散播传染的机会增加。反之,在干燥、温暖的季节里,加上饲养情况较好,病情容易好转,咳嗽减少,散播传染的机会也小。

作用于传播媒介:自然因素对传播媒介的影响非常明显。例如,夏季气温上升,在吸血昆虫滋生的地区,作为传播流行性乙型脑炎等病的媒介昆虫——蚊类的活动增强,因而乙型脑炎病例增多。日光和干燥对多数病原体具有致死作用,反之,适宜的温度和湿度则有利于病原体在外界环境中较长期的生存。当温度降低湿度增大时,有利于气源性感染,因此呼吸道传染病在冬、春季发病率常有增高的现象。洪水泛滥季节,地面粪尿等被冲刷至河塘,造成水源污染,易引起钩端螺旋体病和炭疽等疫病的流行。

作用于易感动物:自然因素对易感动物这一环节的影响首先是增强或减弱机体的抵抗力。例如,低温高湿的条件下,不但可以使飞沫传播媒介的作用时间延长,同时也可使易感动物易于受凉、降低呼吸道黏膜的屏障作用,有利于呼吸道传染病的流行。在高气温的影响下,肠道的杀菌作用降低,使肠道传染病增加。应激反应是动物机体对扰乱机体内环境稳定的任何不良刺激的生物学反应的总和,可导致病理性损害。例如,长途运输、过度拥挤等,都易使机体抵抗力降低或增加接触病原的机会而使某些传染病如口蹄疫、猪瘟等易暴发流行。猪舍的建筑结构、通风设施、垫料种类等都是影响疾病发生的因素。小气候又称为微气候,是指在确定小空间中的气候。小气候对传染病的发生有很大影响。例如,猪圈密度大或通风换气不足,常引起慢性呼吸道疾病。饲养管理制度对传染病的发生有很大影响。例如严格的消毒措施,可使传染病的发病率显著下降。

(2)社会因素　影响传染病流行过程的社会因素主要包括社会制度、生产力和经济、文化、科学技术水平以及贯彻执行法规的情况等。它们既可能是促进猪病广泛流行的原因,也可以是有效消灭和控制疫病流行的关键因素。因为猪和它所处的环境,除受自然因素影响外,在很大程度上是受人类社会生产活动影响的,而后者又取决于社会制度等因素。

## (六)传染病发生流行的新特征

1. 新病明显增多且危害严重

20 世纪 90 年代以来家畜传染病增加了 30 多种，其中猪病 8 种，如猪繁殖与呼吸障碍综合征、非洲猪瘟等，也相继在我国发现。由于饲养模式、环境条件不良和管理技术落后等因素，也增加了许多新病，如异癖症、应激综合征、呼吸道综合征等。到目前为止，我国不少的养殖场(户)，死淘率为养猪业发达国家的 1～3 倍，甚至更多，有不少猪场的死淘率在 15%以上。

2. 多病原混合感染显著增加

当前的许多猪病是由多种致病因子的共同作用造成的，它们导致的复合性疾病危害极为严重且难以控制，其中病原体感染的，有多种细菌相加，或多种病毒相加，或多种细菌和多种病毒相加，往往是几种不同病原体，有的为原发，有的为继发或并发，而一些免疫抑制性疾病的存在，更使病情加重。如猪瘟和猪繁殖与呼吸障碍综合征，圆环病毒病和猪瘟、猪繁殖与呼吸障碍综合征、细小病毒病、猪喘气病和巴氏杆菌、猪传染性胸膜肺炎混合感染、病毒及细菌混合感染等。

3. 非典型性疾病增多

这里说的增多包含两层意思：一是非典型性疾病的种类增多；另一是非典型性疫病的病例数量增多。如猪瘟、大肠杆菌病等都出现了非典型病例，而且流行非常广泛，发病率也很高，这往往给诊断与防治工作带来很大的难度。一方面，由于疫病在流行过程中，病原的毒力常发生变异，有些病原毒力出现减弱，加上免疫水平不高或不一致，导致某些疫病在流行、症状和病理等方面出现非典型变化，发生非典型感染和发病，使某些原有的旧病以新的面貌出现，如目前发生的温和型猪瘟即是一个明显的例证。另一方面，有些病原的毒力出现增强，虽然经过免疫接种，仍常出现免疫失败，如猪瘟存在变异毒株的报道。对于控制超强毒株感染，除提高改进疫苗免疫质量外，应着重考虑减少病毒造成的环境污染，加强卫生消毒措施，在生产管理上采用全进全出等措施。

4. 呼吸道综合征的问题日益突出

猪的呼吸道综合征普遍存在，已构成对猪生产的严重威胁，对此应有足够的认识和防范。

5. 影响繁殖的综合征普遍存在

猪的繁殖障碍综合征在国内存在极为普遍，目前已证实与此综合征有关的病原体有 30 多种，而且还在不断增加。目前在我国造成此综合征的原因以猪繁殖与呼吸障碍综合征、细小病毒感染、伪狂犬病、乙型脑炎、衣原体感染和繁殖障碍性猪瘟等所占比例较高。

6. 猪病毒病成为传染性疾病的主体

目前对病毒性疾病的治疗仍缺乏确切有效的药物，而且大多数还未研制出相应可靠的疫苗用于免疫，所以对病毒病的防治手段显得无力，而近一二十年新增加的传染病又大多是病毒性疾病，这就使病毒病的危害更为突出。如近几年发生的由圆环病毒Ⅱ型引起的断奶仔猪多系统衰竭综合征(PMWS)及一些相关病，在世界范围内迅速传播，危害巨大。

7. 免疫抑制性疾病危害深重

免疫抑制性疾病除了本身的直接危害外，更为重要的是造成免疫抑制，可使低致病性的病原体引起多种疾病综合征发生，甚至达到难以控制的程度，还造成对疫苗接种反应增强、副作用加大，或使免疫失败和对治疗无应答。免疫抑制性疾病的危害对畜禽健康的威胁日益增加。当前最常发生并危害严重的猪免疫抑制性疾病是猪繁殖与呼吸障碍综合征、伪狂犬病、猪流感和圆环病毒Ⅱ型感染等。

### (七)传染病防治的基本措施

进行传染病防治的基本原则是：采取综合性防治措施，消除或消灭传染源，切断传播途径，保护易感动物。传染病防治的基本措施如下：

1. 建立健全防疫制度

搞好环境卫生与猪舍、运动场、饲料、饮水以及饲养管理用具的卫生管理。做好消毒、灭虫、灭鼠、粪污无害化处理等工作。对病死猪尸体按规范进行严格的无害化处理。禁止猪群与外人或外单位的猪接触；猪场内禁止饲养猫、狗、家禽等其他动物。

2. 加强猪群管理

猪场应遵循“自繁自养、全进全出”的科学养殖方式，防止病原传入，防止将前一批猪可能携带的病原体传播给新进的猪群。引进种猪时应严格遵守种猪跨省调运检疫审批管理制度，同时拟引进猪的饲养地应为非疫区，并经产地检疫合格；新购入的猪应按规定进行隔离观察和检疫，确认健康后方可混群饲养；出售猪时，应严格遵守检疫申报制度，经检疫合格后方可出售。

3. 加强免疫预防

根据本地区常发传染病的种类、疫病流行状况和本场防疫制度的建立与执行情况，制定切实可行的猪群免疫程序，并严格按免疫程序进行计划免疫，使猪群中从新生到出栏屠宰、出售或淘汰的猪都可获得特异性免疫保护抵抗力，降低猪群对传染病的易感性。同时，免疫预防还应特别注意疫苗的科学选择和疫苗的科学保存、运送和使用。

4. 做好药物预防工作

对目前尚无疫苗的疫病特别是猪的细菌性传染病，可使用抗菌药物或微生态制剂，对猪群进行群体用药预防，防止疫病发生流行。使用药物预防，应特别注意停药期，防止造成药物残留，形成公共卫生安全隐患。

5. 定期开展疫病监测

开展监测工作，及时了解猪群疫病动态，及时发现、处理患病猪，消灭传染源。同时，应认真开展流行病学调查，根据调查结果，分析发病原因，提出相应的防治措施。

## 二、寄生虫性疾病

### (一)寄生虫分类

寄生虫是指暂时性或永久地在宿主体表或体内生存，并从宿主身上取得它们所需要的营养物质的动物。

从寄生部位划分可分为内寄生虫与外寄生虫。临床上对猪群危害较大的寄生虫包括：疥螨、蚊蝇、球虫、鞭虫、蛔虫。

### (二)寄生虫对宿主的危害

(1)掠夺宿主的营养　寄生虫在宿主体内繁殖、生长、发育所需要的营养物质绝大部分来自宿主。消化道寄生虫(如蛔虫)多以宿主体内的消化或半消化的食物为营养来源,导致猪生长速度缓慢、料肉比增高,经济效益变差。

(2)机械性损伤　疥螨在真皮内移行及蛔虫幼虫在肝脏内移行会分别造成皮肤与肝脏的机械性损伤。

(3)继发感染　某些寄生虫入侵时,会将其他一些病原体一同携带进入体内。如某些蚊虫会导致日本乙型脑炎在猪群内传播。

### (三)寄生虫病的常规性控制措施

目前尚没有成熟的猪用寄生虫疫苗在临床广泛应用,寄生虫病的常规性控制措施如下:控制与消灭感染源,如疥螨净化在很多国家或大规模猪场取得了成功;切断传播途径;加强日常饲养管理,增加群体的非特异性免疫力。

## 三、非传染性的群发性疾病

主要包括:创伤、营养不良、中毒、应激等。

### (一)创伤

创伤在猪场内普遍发生,不具有传染性,一般不会群发。通过良好的饲养管理可以有效地避免创伤的发生。常见创伤仔猪有:面部/腹侧咬伤、压伤、乳头坏死等;保育猪和育肥猪有:咬尾、打斗等;种猪群有:蹄部外伤导致的跛行、骨折、肩部溃疡、皮肤脓肿等。

### (二)营养不良

营养不良包括营养缺乏与营养过剩两个方面。猪日粮中的必需营养素含量合适并达到平衡时,猪的生产性能才能最佳,经济效益最好。

一种或多种营养素缺乏或过量时,均会对生长产生不同程度的影响。轻者表现为生长缓慢,饲料转化率变差,重者会出现明显的临床或亚临床症状。维生素与矿物质的缺乏症、过剩症在临床上较为常见。例如:铁缺乏会导致缺铁性贫血,而铁过剩会导致仔猪维生素 E 缺乏;钙缺乏会导致骨软症、哺乳母猪泌乳障碍等,但钙过多也会影响骨骼正常发育。

### (三)中毒

猪场内常见中毒包括:药物(如恩诺沙星、磺胺类药物等)中毒、霉菌毒素中毒、有毒气体(如氨气、二氧化硫等)中毒、灭鼠药物中毒等。

霉菌毒素是谷物或饲料中霉菌生长所产生的次级代谢物。霉菌毒素可影响繁殖、呼吸、免疫等多个系统,导致多种不同的临床表现,繁殖能力变差,呼吸道易感,其他细菌性继发感染频发。

### (四)应激

应激是指动物在应对任何不利的刺激(不良的生产管理或环境性因素等)时机体所发生的所有生物学反应的总称,会影响动物的健康水平与生产表现。

猪场常见的应激性因素包括:饲料或水的供应不足或不及时;饲养密度过大;猪舍温度过低或过高,温差过大(如昼夜温差超过 5 ℃);贼风、风速过大;转群或运输;混群;环境过于单调;断奶应激;分娩应激;对猪群殴打或粗鲁虐待等。

# 工作任务 6-2　猪场兽医生物安全体系构建

【基础知识】

## 一、兽医生物安全体系的概念

兽医生物安全体系是为阻断致病病原(病毒、细菌、真菌、寄生虫)侵入动物群体、为保证动物健康安全而采取的一系列疫病综合防范措施。也就是通过各种手段以排除疫病威胁,保护动物群体健康,保证养殖场正常生产发展,发挥最大生产优势的方法集合体系的总称。

## 二、构建兽医生物安全体系的意义

规模化集约化饲养,养殖密度加大,养殖环境趋敏感,动物抗病能力下降,流行病控制难度加大;国际间品种交流频繁,新老疫病频发,交叉感染增加,疫情更加复杂。猪场内生物安全体系就是为阻断致病病原侵入养殖场中的人员、猪只等群体,确保健康安全而采取的一系列疫病综合防范措施,是针对现代化饲养管理体系下,减少疫病的发生较经济、有效的控制手段。

## 三、兽医生物安全体系的内容

猪场兽医生物安全体系应视作一个系统工程,其广义内容,是政府层面的相应作为,如相关法律法规的制定,相应机构的设置和完善等。狭义而言,每个养猪企业要建立完善的规章制度和实施方案。养猪生产中的生物安全体系包括诸多方面,涉及“种、料、圈、防、管”五大要素,包括养殖场的设计与控制、环境的隔离、生产制度的确立、人员和物品流动的控制、无规定动物疫病区的建立和疫病控制、猪群的健康管理、药物保健、消毒、免疫、主要传染病的监测及废弃物的处理等。

## 四、兽医生物安全体系构建的措施

### (一)猪场外周生物安全体系的构建

猪场周边的生物,特别是猪和牛、羊等牲畜是很多病原的携带者和传播者,是农村中小规模猪场传染病的主要来源。如何控制猪场周边的大生物环境,尽量减少对猪场的疾病感染压力,是猪场生物安全体系构建的第一道防线。

(1)新建猪场远离居民区和主干道　新建猪场在选择场址的时候,在满足水、电、交通等基本条件下，应尽量与居民区和主要公路相距500 m以上，从而为猪场创造相对安全的生物环境。

(2)老猪场根据情况设立生物安全隔离设施　对于部分老猪场，因为历史原因常常建在村子里或人员密集区，应根据实际情况在猪场周边建高围墙，将猪场与外界隔离开来，形成相对独立的生物环境。猪场周边应种植速生树木，对猪场的生物环境进行改善。

### (二)猪场内生活区生物安全体系的构建

猪场围墙以内和猪舍以外的生活区，是猪场生物安全体系构建的第二道防线。猪场生活区相对于猪场外部复杂的生物环境，是一个相对安全和病原菌净化的区域。

(1)生活区内禁止饲养家禽、家畜等　猪场内饲养的家禽、猫、犬等也是某些传染病和寄生虫的携带者，通过污染生活区的环境或直接接触、污染饲料造成传染病和寄生虫病的发生，所以猪场内应绝对禁止饲养家禽、猫、犬等。

(2)定期灭鼠　老鼠可以传播伪狂犬病、沙门氏菌病等多种传染病。猪场内有充足的饲料，自然也成为老鼠聚集繁殖的地方。为防止老鼠偷吃、污染饲料，饲料应放于高处，每次投料后将剩料打扫干净。根据老鼠活动情况，定期投药进行灭鼠。所投药物应远离猪舍，避免猪只误食；投药后对死鼠应及时进行清理和掩埋。

(3)防蚊蝇　蚊子和苍蝇也是猪场疾病重要的传播者。对于猪场的粪尿有条件应清运到场外远离猪场的地方发酵处理。如条件不允许，也应集中发酵，并在粪便中添加药物，尽量减少蚊蝇的滋生。夏季应在猪舍的窗、门上安装纱窗，减少蚊蝇进入猪舍。

(4)猪场门口设消毒池　猪场大门口是猪场与外界直接联系的门户，也是病原菌进入猪场的主要通道。猪场的门口应建水泥消毒池，消毒池的长度应能使常用机动车的轮子都浸到药液。消毒池内的药液应每隔2～3 d定期更换。外来车辆和人员必须从消毒池通过，避免将病原带进猪场。

(5)生活区禁食不明来源猪肉　生活区所食用的各种肉类，特别是猪肉，通过清洗的污水及饲养人员的直接接触对猪场内的生物环境进行污染，一旦病死猪肉进入猪场，有可能会人为造成疾病的感染、发生。所以，禁止将不明来源的猪肉带入场内食用；在疫病高发期或有疫情的情况下各种动物生肉均不可进场。

### (三)人、物流动安全体系的构建

猪场从业者、进入猪舍的用品、饲料等都会与猪只有密切接触甚至直接食用，所以也是疾病主要的传播途径。对人和物品流动的管理是猪场生物安全体系构建的第三道防线。

(1)禁止无关人员进入猪舍　除猪场养殖人员外，禁止其他人员进入或参观猪舍，特别是猪贩子和兽医，由于常常与猪只甚至病猪密切接触，是疾病重要的传播者。

(2)养殖者出入猪场、猪舍更衣换鞋　养殖者是与猪只接触最紧密的人，也是猪场最危险的疾病传播者。所以，养殖者外出和进入猪舍均应换外衣和鞋，即：场外、场内、猪舍内均有专用衣服和鞋子，不可混用。有条件的应在猪舍入口处设淋浴间，经淋浴、更衣后进入猪舍；如无条件也要在猪舍门口设消毒池，经消毒池进入猪舍。

(3)养殖者减少在猪舍内的流动　猪只大小不同，其健康状况和抵抗力也不一样。相对来讲，仔猪(分娩舍和保育舍)的疾病较少；大猪(育成舍)疾病较多。养殖者在猪舍内流动的过程也是疾病传播的过程。所以,养殖者在猪舍内打扫卫生、喂料等的次序应为先仔猪(分娩舍和保育舍)后大猪(育成舍)。

(4)进入猪舍物品的净化、消毒　进入猪舍的饲料、药品、用具等也有可能携带病原,造成疾病的传播。所以,进入猪舍的物品应提前1～2周进行计划并采购,并在场内进行净化。净化后的用具应经甲醛熏蒸后进入猪舍,药品和饲料净化后可直接进入猪舍。

(5)物品在猪舍内的流动　猪舍内的清扫工具要每舍一套,不混用。进入猪舍的其他用具和送饲料的过程也应遵循先仔猪(分娩舍和保育舍)后大猪(育成舍)的顺序,减少疾病传播的可能性。

(6)一猪一换针头　猪只在进行疫苗注射和疾病治疗时,针头直接与血液接触,如不及时更换针头就可能造成疾病的快速传播。所以,在注射的时候一定要做到一猪一换针头。用过的针头和注射器清洗后经沸水煮10～15 min才可重复使用。

### (四)猪群生物安全体系的构建

猪群是猪场生产的主体,其健康状况和对疾病的抵抗力直接决定生物安全体系构建的成功与否。所以,如何做好猪群饲养和疫苗的注射,是猪群生物安全体系构建的第四道防线。

(1)按需供给　根据猪只的月龄、体重和用途,供给优质、营养充足的新鲜饲料,满足猪只生长和繁育需要,使猪只保持最佳的健康状况,增强机体抵抗力。饲料应新鲜,特别是夏季应防止饲料发霉和饲喂发霉的玉米。

(2)猪舍环境　猪舍应清洁、干燥,空气新鲜。冬季要做好保温、防寒工作,夏季应做好降温、防暑工作。分娩舍应在25～30 ℃,保育舍应在20～23 ℃,减少疾病的发生。

(3)疫苗免疫　猪只只有自身对疾病具有特异性免疫力,才能更好地预防和抵抗疾病。根据猪场实际情况和周边疫情,制定母猪、公猪、仔猪、育肥猪详细的免疫计划,并严格执行。为保证免疫效果,疫苗应从正规部门购买,并进行正确的保存。每种疫苗免疫间隔7 d以上,活菌疫苗注射前后7 d不能投喂抗生素。如有条件疫苗免疫后应进行抗体检测,免疫效果不理想应及时进行补注疫苗。

(4)消毒　制定消毒计划,每2～3 d进行一次消毒并严格执行。场内应购买2～3种消毒药,交替使用。为保证消毒效果,消毒前对猪舍卫生进行清理。消毒时对猪舍内壁、猪栏、地面、猪体、空气等均进行彻底消毒。

### (五)猪只流动安全体系的构建

猪只从出生到成年,最后到离场,完成一个饲养周期。猪只在21 d前在母源抗体的保护下很少感染疾病,随着日龄的增长,感染疾病的可能性越来越大。所以,近年来工厂化养猪业者提出采用全进全出、两点式饲养(配种舍、妊娠舍、分娩舍和保育舍在一个饲养场,育成舍在另一饲养场)或三点饲养(配种舍、妊娠舍、分娩舍在一个饲养场,保育舍在一个饲养场,育成舍在另一饲养场)的方式控制猪场内部疾病的传播,对部分疾病进行净化。对于中小规模猪场很难做到全进全出和多点式饲养管理,但可以根据猪场的实际情况进行每栋猪舍的全进全出和多舍式饲养管理(即配种舍、妊娠舍、分娩舍、保育舍、育成舍分栋饲养),也可以起

**二维码 6-2-1　猪场环境微生物检测(视频)**

到一定的生物保护作用。

(1)全进全出　养殖从业者应根据饲养规模和猪舍情况，计算各阶段的饲养周期，进行人为控制配种，使每阶段猪舍内猪只相差1～2周，全部清空后进行彻底消毒，并空舍1～2周后进下一批猪。采用整栋猪舍的全进全出，不仅可以有效地控制疾病，也利于猪只的销售和生产。

(2)多点式饲养猪只的流动　无论是两点式饲养管理还是三点式饲养管理，其猪只的流动顺序都应是配种舍—妊娠舍—分娩舍—保育舍—育成舍，禁止猪只逆向流动。通过全进全出和多点式饲养可以尽量避免猪场内疾病的逆向传播。

(3)猪只流动的清洗、消毒　母猪在进入分娩舍前应对猪体进行清洗，特别是腹部和乳部应进行彻底清洗。在从分娩舍转入保育舍、从保育舍转入育成舍应对猪只进行消毒，避免疾病的相互传播，同时减少并栏后打斗现象的发生。

(4)外引猪只的隔离、消毒　防止因为外引种猪带入传染病，对于外引的种猪需在主场内隔离饲养观察40 d，在此期间应根据猪场免疫计划进行接种。待隔离期结束，观察无异样，才可并入猪群。

#### (六)特殊情况的生物安全预案

以上的生物安全措施为中小规模猪场生猪健康养殖构建了一个相对完善的体系，为中小规模猪场的健康养殖提供了一定的保障。但养殖业的高风险性和中小规模猪场本身的缺陷，使得发生传染病的可能性依然存在。为完善生物安全体系，对特殊情况提出如下预案。

(1)病猪的处置预案　对于发病猪只，应及时进行隔离，如初步诊断为常规疾病或场内已有的疾病，可以进行治疗；如诊断为外传的传染病，应紧急进行处死，并加强场内消毒。

(2)病死猪的处理预案　对于因病死亡的猪只，其剖检应在远离猪场500 m以外的地方进行，剖检后进行无害化处理或深埋。剖检者应更衣、换鞋、淋浴后才能进入猪舍。

(3)猪场发生疫情的预案　如场内发生疫情，及时进行诊断，根据诊断情况进行治疗或进行紧急疫苗接种。发生疫情的猪只应派专人饲养，禁止人员流动，并做好更衣、换鞋，加强消毒工作。

二维码6-2-2　猪场水质微生物检测(视频)

## 工作任务6-3　猪病的诊断技术

【基础知识】

### 一、流行病学调查

流行病学调查是通过询问调查、查阅有关病史资料和现场查看，取得第一手资料，归纳整理和分析判断，以查明传染源、易感动物、传播途径、流行特点、发病率和死亡率等。包括以下内容：

#### (一)流行情况

发病的时间、地点，发病季节，传播速度及传播情况，疫区疫情的分布，发病猪的数量、年龄、性别，猪群各年龄段的感染率、发病率、致死率和死亡率，疾病在猪群的流行过程等。

### (二)病史调查

猪场或该地区的疫病史,有无类似疫病的发生,发病经过,病猪的治疗情况,防治效果。猪群是否自繁自养,最近是否从外地引进过猪,是否经过隔离、检疫等。

### (三)免疫接种情况

了解发病猪场或地区进行了何种疫苗的免疫接种,接种的时间、方法、密度、剂量及疫苗的来源、运送、保存方法等。

### (四)饲养管理情况

饲料的组成、质量、贮藏、调制方法、饲喂制度及有无有毒有害物质污染等,不仅可影响猪的发育,也是某些代谢病、消化系统疾病、中毒病发生的直接原因。如青饲料、矿物质及微量元素缺乏或不足,常引起仔猪白肌病、佝偻病、维生素缺乏症等疾病;饲料的调制方法不当,或在加工、贮藏过程中形成或混入有毒物质,常是饲料中毒的致病条件。

猪舍及运动场的卫生、饮水卫生、粪便的清除及处理等情况,对疫病的发生也很重要。如猪舍泥泞、饲槽不洁、环境卫生差,母猪乳头不清洁,常是仔猪副伤寒的发病条件。

### (五)其他情况

猪舍的位置、地形、建筑结构、光照、通风条件等与某些疾病的发生有一定关系。如猪舍寒冷、潮湿常为呼吸系统疾病的致病条件。

## 二、临床诊断

临床诊断是诊断猪病最常见、最基本的方法,是利用人的感觉器官或借助一些简单器械如体温计、听诊器等直接对病猪进行检查。常用的临床诊断方法有问诊、视诊、触诊、听诊、叩诊和嗅诊等。

### (一)问诊

问诊是向畜主或饲养员了解病猪的生活史和患病史,与流行病学调查内容基本相同。通过问诊可把握临床检查的方向和重点,为疾病的诊断提供重要依据。问诊内容一般包括:发病时间和地点,发病头数,疾病的表现,发病前后的异常变化,以往病史、治疗情况、免疫接种情况,饲养管理情况以及猪的年龄、性别等。对问诊材料的估计,应有客观的态度,同时应注意和临床检查结果相联系。

### (二)视诊

视诊是用肉眼或借助器械直接观察病猪的表现或某些部位的异常。许多猪病都有其特征性的临床表现,通过视诊,可获得做出临床正确诊断的第一手资料。

### (三)触诊

触诊是利用手的感觉进行检查的一种方法,通过触诊可以了解被检组织或器官的温度、硬度、敏感性及内容物的性质等。

### (四)听诊

常用听诊器听诊。听诊是利用听觉来判断病猪发出的和体内器官活动时产生的各种音响,根据音响的性质判断发病器官的病理变化。此外,在猪群发生明显的呼吸系统疾病时,可以直接听到猪群咳嗽、气喘、打喷嚏等临床表现。

### (五)叩诊

叩诊是对猪体表的某一部位进行叩击,借以引起其振动并发生音响,根据音响的特性判断被检查器官、组织的物理状态的一种方法。

### (六)嗅诊

嗅诊就是嗅闻猪分泌物、排泄物、呼出气体及口腔气味有无异常。

### (七)群体检查

"眼看、耳听、手摸、检温",是群体检查的主要方法。运动、休息和摄食饮水是群体检查的三大环节。运动时的检查,是在猪群自然运动和人为驱赶时的检查,从不正常的姿态中检出病猪。休息时的检查,是在猪群安静的情况下,进行听和看,以检出声音和姿态有异常变化的猪。摄食饮水的检查,是猪在自然摄食饮水时进行检查,检出摄食饮水有异常的猪。然后利用上述基本检查方法进行个体检查,收集症状表现及异常变化,从而做出迅速、准确的诊断结论。

## 三、病理学检查

病理学检查是对病死猪或濒死期猪进行剖检,通过肉眼和显微镜检查各器官及组织细胞的病理变化,以达到诊断目的的检查方法。每种疫病都有自身特征性的病理变化,所以对病死猪进行病理学检查是重要的疾病诊断方法。

### (一)剖检场地的选择

为防止病原扩散和便于消毒,最好选择室内剖检。但因受条件限制需在室外时,应选在远离猪舍、道路和水源地处剖检。剖检前先挖 2 m 左右的深坑,坑内撒石灰粉,坑旁铺垫草或塑料布。剖检结束后,把尸体及其污染物一同埋在坑内,并彻底消毒。

二维码 6-3-1 病猪剖检(视频)

### (二)剖检器材及药品的准备

剖检常用的器材及药品有解剖刀、外科剪、骨锯、镊子、搪瓷盘、玻片、广口瓶、橡胶(塑料)手套、注射器、酒精灯、酒精棉球、消毒药品(如来苏尔、新洁尔灭、百毒杀、84 消毒液、含氯消毒剂等)、固定液(如 10%福尔马林、95%酒精或饱和食盐水等)。

### (三)外观检查

在尸体剖检前,先对死猪的品种、毛色、营养状况、天然孔、皮肤、蹄及体表淋巴结进行全面的检查。若怀疑炭疽,先进行猪体末梢部位无菌采血涂片染色镜检,一旦确诊炭疽尸体严禁剖检。

### （四）尸体剖检

置死猪呈背卧位，切断四肢内侧的肌肉，使四肢摊开，然后沿腹壁中线进刀，向前切至下颌骨，向后到肛门，掀开皮肤，沿肋骨处切开至脊椎使整个腹腔暴露出来。切开隔膜，切断肋骨和胸骨的连接，使胸腔敞开，进行胸腔脏器检查。检查胸腔液、胸膜是否异常，再取出心、肺进行检查。对腹腔及骨盆腔脏器按肝、脾、肾、胃、肠、卵巢、子宫、膀胱的顺序进行检查。头部检查时，先切开皮肤，并剥离掉皮下脂肪和肌肉等组织，然后用骨锯锯开头骨进行检查，或锯开鼻腔进行检查。

### （五）病理检验

尸体剖检和病理检验一般同步进行，边剖检边检验，以便观察到新鲜病变。对实质器官（如心、肝、脾、肺、肾、淋巴结等）检验，应先观察其大小、光滑度、硬度，有无肿胀、结节、变性、坏死、出血、充血等，然后观察其切面的病变，必要时可做病理组织学切片，借助显微镜进行观察。而对管腔脏器（如胃、肠、气管、胆囊、膀胱等）检验，首先看浆膜的变化，再剪开观察黏膜及内容物的变化。对头部进行检验主要观察有无颅腔积液，脑外膜及脑组织变化情况，鼻腔的变化情况等。

## 四、实验室检查

二维码 6-3-2 母猪保定（视频）

二维码 6-3-3 猪前腔静脉采血技术（视频）

在猪病诊断工作中，一些病例依据流行特点、临床症状、剖检病理变化便可做出诊断，但许多病，因缺乏特征性临床症状和病理变化，很难做出准确诊断，要确诊必须采集病料，进行实验室检查。实验室检查主要包括：

### （一）常规实验室检验

主要包括检验病猪的血液、尿液、粪便、胃液及胃内容物、脑脊液、渗出液及漏出液等，在实验室的特定设备、条件与方法下，测定其物理性状，分析其化学成分，或借助显微镜观察其有形成分等，为疾病的诊断、鉴别、治疗以及预后判断提供参考。

### （二）病理组织学检查

病理组织学检查是将送检的病理组织学检查病料，通过修整、石蜡包埋、切片、固定、染色、封片等病理切片方法，制作成病理组织学切片，通过显微镜进行病理组织学变化检查的过程，其结果可作为疾病诊断、鉴别等的依据。

### （三）病原体检查

病原体检查主要包括普通显微镜或电子显微镜检查、病原体的分离培养鉴定、实验动物或鸡胚接种实验等。

### （四）血清学检查

血清学检查是猪病诊断及疫病监测工作中最常用的实验室检查方法之一，主要是测定血清中的特异性抗体或送检病料中的抗原，包括沉淀试验（如琼脂扩散试验）、凝集试验（如直接、间接血凝试验）、补体结合试验、中和试验、免疫荧光试验、放射免疫试验、酶联免疫吸附试验，以及核酸探针、聚合酶链式反应、核酸分析等现代化检测技术。

## 五、病料的采集、保存和送检方法

### （一）病料采集原则

合理适时取材是实验室检查能否成功的重要条件之一。因此，采集病料应遵循以下原则：

（1）怀疑某种传染病时，则选择濒临死亡或刚刚死亡（夏季不超过 4～8 h，冬季不超过 12～24 h）的动物，采集该病含病原最多的部位。

（2）无临床怀疑疫病时，则全面系统采集各脏器组织。

（3）败血症传染病，如猪瘟、猪丹毒等，应采集心、肝、脾、肺、肾、淋巴结和胃肠等器官、组织，胃肠的断端应做结扎处理。

（4）专嗜性传染病或以侵害某种器官为主的传染病，采集该病侵害的主要器官组织，如口蹄疫则采集口、蹄部的水疱皮和水疱液等；猪气喘病采取肺的病变部位。

（5）检查血清抗体时，采集血液，待血凝固血清析出后，分离血清送检。

（6）采集皮肤性病变的病料时，应选择病健结合处。

（7）怀疑为中毒性疾病时，应采集喂食的饲料、饮水等，以及胃内容物。

（8）进行常规检查，需检什么项目，则采集什么样本，采样量为检测量的 4 倍左右。如要进行尿液化验分析，就采集尿液。

（9）疫病检验，病料必须无菌采集。

### （二）病料的保存

在病料采取适当的基础上，还需使病料保持新鲜或接近新鲜状态，这样才能使实验室检查获得正确结果，为疾病确诊提供有价值的证据，因此要求所采取的病料必须立即进行检验。然而由于条件限制，不能立即检验者，或须送外地检验时，病料中需加适量保存剂。

1. 细菌检验病料

无菌采取的脏器病料，可放在无菌容器中低温保存。有污染可能时，应将病料放在灭菌的饱和氯化钠溶液或 30％甘油缓冲液或液体石蜡中，容器加塞封固。

2. 病毒检验材料

病毒材料应尽快置于低温条件下保存，如无冷冻条件，可将病料保存于灭菌的 50％甘油生理盐水中，容器加塞封固。

3. 血清学检验材料

血清可低温保存，但切忌反复冻融，可在每毫升血清中加入 3％～5％石炭酸溶液 1～2 滴防腐。

### (三)病料的送检

1. 病料包装

将盛有病料的容器加塞加盖并贴上胶布，用防水笔注明内容物、代号及采取时间等。将其装入塑料袋中，再置于加有冰块的广口保温瓶中，瓶内下层放冰块，上层放病料。

2. 病料运送

要求安全、迅速地送到检验单位。一般病料可通过航空寄送或邮寄，但最好派专人运送。在送检中严防容器破损，避免病料接触高温及日光，防止腐败和病原微生物的死亡。

3. 送检记录

送检病料要附有记录，以供检验单位参考。送检记录应包括下述内容：

(1)送检病料的畜种、年龄、性别、发病日期、死亡时间及采样时间。

(2)送检材料的种类，是否加入何种保护剂。

(3)送检病猪是否进行过预防接种，是否采取了治疗，疗效如何。

(4)送检病猪的主要临床症状和剖检病变及初步诊断。

(5)送检地区有何种类似疫病的流行，流行特点、发病动物种类、发病数及死亡数等。

(6)说明送检目的和要求。

### (四)注意事项

(1)采集病料要及时，应在死后立即进行，否则，最好不超过 6 h，以防组织变性和腐败。

(2)采集病料应选择症状和病变典型的病例，最好同时分别选择几种不同病程的病料。

(3)剖检取材之前，应先对病情、病史加以了解和记录，并对剖检前后的病理变化进行详细的记录。

(4)为减少污染机会，一般先采集微生物检验材料，然后再结合病理剖检，采集病理检验材料等。

# 工作任务 6-4　猪群的免疫接种与监测技术

【基础知识】

## 一、免疫接种

免疫预防是采用人工的方式给动物接种疫苗或免疫血清，激发动物机体产生针对某一病原的特异性抵抗力，使易感动物转化为非易感动物，是预防和控制动物疫病发生最经济、最方便、最有效的一种手段。

### (一)免疫接种前的准备

1. 准备疫苗、器械、药品等

(1)疫苗和稀释液　按照免疫接种计划或免疫程序规定，准备所需要的疫苗和稀释液。

(2)器械　包括根据不同方法，准备所需要的接种器械，如注射器、针头，滴鼻滴管，玻璃棒、量筒、容量瓶，喷雾器等；消毒器械，如剪毛剪、镊子、煮沸消毒器等；保定动物器械；其他，如带盖搪瓷盘、疫苗冷藏箱、冰壶、体温计、听诊器等。

(3)防护用品　毛巾、防护服、工作帽、护目镜、口罩、胶靴等。

(4)消毒及急救药品　包括注射部位消毒用75%酒精、2%碘酊、脱脂棉等；人员消毒用75%酒精、2%碘酊、来苏尔或新洁尔灭、肥皂等；动物接种过敏反应急救药品，如0.1%盐酸肾上腺素、地塞米松磷酸钠、盐酸异丙嗪、5%葡萄糖注射液等。

二维码 6-4-1　疫苗的使用(视频)

(5)其他物品　包括免疫接种登记表、牲畜二维码耳标等。

2. 人员消毒和防护

免疫接种人员应清洁双手，剪短指甲，用肥皂、消毒液(来苏尔或新洁尔灭溶液等)洗手，再用75%酒精消毒手指。免疫接种人员应穿工作服、胶靴，戴橡胶手套、口罩、帽等。

3. 器械消毒

(1)冲洗及准备　将注射器、针头、滴鼻滴管、镊子、剪子等接种用具先用清水冲洗干净。对玻璃注射器应将注射器针管、针芯分开，检查气密性完好后配套放置，用纱布包好；金属注射器应拧松活塞调节螺丝，放松活塞，用纱布包好；针头成排插在多层纱布的夹层中；镊子、剪子用纱布包好。

(2)灭菌　将洗净的器械进行高压蒸汽灭菌或煮沸消毒。消毒的器械当日使用，超过保存期或打开后，需重新消毒后方能使用。

(3)注意事项

①器械清洗一定要保证清洗干净无残留。

②高压蒸汽灭菌后未拆封的器械1周内不用，下次使用前应重新消毒灭菌。

二维码 6-4-2　注射器的使用(视频)

③禁止使用化学药品进行消毒。

④使用一次性无菌塑料注射器时，要检查包装是否完好及是否在有效期内。

4. 检查待接种猪群健康状况

为了保证免疫接种猪群安全及接种效果，接种前应了解待接种猪群的健康状况。

(1)检查是否存在幼小的、年老的、怀孕后期的猪，这些猪应不予接种或暂缓接种。

(2)检查猪群的精神、食欲、体温，不正常的不接种或暂缓接种。

(3)检查猪是否发病、是否瘦弱，发病、瘦弱和刚去势的猪不接种或暂缓接种。

(4)对上述猪进行登记，以便以后补种。

5. 检查疫苗外观质量

凡发现疫苗瓶破损、瓶盖或瓶塞密封不严或松动、无标签或标签不完整(包括疫苗名称、批准文号、生产批号、出厂日期、有效期、生产厂家等)、超过有效期，弱毒苗失真空(稀释疫苗时不自动吸水)，灭活苗冻结过出现分层、色泽改变、发生沉淀，油乳剂苗破乳或超过规定量的分层、有异物、有霉变、有摇不散凝块等，一律不得使用并按有关规定妥善销毁。

6.阅读使用说明书

认真阅读并遵守疫苗使用说明书。明确疫苗特点、用途、装量、稀释液、稀释液的使用量、每头剂量、接种方法及注意事项等。

7.预温疫苗

使用油乳剂或水剂疫苗前，从贮藏容器中取出疫苗，置于室温（15～25 ℃），平衡 30 min。

8.稀释疫苗

冻干疫苗，要现用现稀释。按疫苗使用说明书注明的头份，用规定的稀释液，按规定的稀释倍数和稀释方法稀释疫苗。无特殊规定可用注射用水或生理盐水，有特殊规定的应用规定的专用稀释液稀释疫苗。具体方法是：先除去稀释液和疫苗瓶封口的火漆或石蜡，并用酒精棉球消毒瓶塞；再用注射器抽取稀释液，注入疫苗瓶中，振荡，使其完全溶解；最后补充稀释液至规定量，如原疫苗瓶装不下，可另换一个已消毒的大瓶。

稀释疫苗时应注意：活疫苗在稀释时不能过度振荡，防止产生气泡和降低效价，可用手拿着疫苗瓶轻轻作划圈动作，使其溶解。稀释后的疫苗要放在疫苗冷藏箱（包）内，并放入一定的冰块，限在 3 h 内用完。

9.吸取疫苗

吸取疫苗时，轻轻振摇疫苗瓶，使疫苗充分溶解，或混合均匀，并用 75%酒精棉球消毒疫苗瓶的瓶塞；在排净注射器、针头内水分后，将注射器针头刺入疫苗瓶液面下，吸取疫苗。

10.消毒注射部位

先用 2%碘酊棉对注射部位（必要时剪毛）进行消毒（以注射点为中心向外螺旋式消毒），待碘酊干后，再用 75%酒精棉同法擦拭以脱碘。需要注意的是接种活疫苗时，不能用碘酊棉消毒接种部位，只能用 75%酒精棉消毒，待干燥后再行接种。

### （二）免疫接种方法

1.皮下注射

在猪的耳根后或股内侧进行。保定猪并对其注射部位消毒后，用左手拇指和食指捏取注射部位的皮肤，使其产生褶皱，右手持注射器针管在褶皱底部倾斜、快速刺入，缓慢推药，注射完毕，拔出针头，立即用药棉揉擦，使药液散开。皮下注射时，要防止因刺穿皮肤使药液注射到皮外的情况。

2.肌内注射

肌内注射应选择肌肉丰满、血管少、远离神经干的部位，猪宜在耳后颈部或臀部进行。保定猪并对注射部位消毒后，左手轻压注射局部，右手持注射器使针头与皮肤垂直，迅速刺入肌肉。一般刺入 2～3 cm。用左手夹住注射器和针头尾部，右手回抽一下针芯，如无回血，即可慢慢注入药液。如有回血，将针头拔出少许后再试抽，直至无回血后方可注入药液。注射完毕，拔出针头，消毒注射部位。

**二维码 6-4-3 防疫注射技术（动画）**

肌内注射时需要注意：①根据猪的大小和肥瘦程度不同，掌握刺入不同深度，以免刺入太深而刺伤骨膜、血管、神经，或因刺入太浅（常见于大猪）将疫苗注入脂肪而不能吸收。②要根据注射剂量，选择大小适宜的注射器。注射器过大，注射剂量不易准确；注射器过小，操作麻烦。③应严格按照规定的剂量注入，禁止打"飞针"，造成注射剂量不足和注射部位不准。

3. 皮内注射

选择皮肤致密、被毛少的部位，猪宜在耳根后。保定猪并对注射部位消毒后，用左手将皮肤夹起一皱褶或以左手绷紧固定皮肤，右手持注射器，将针头在皱褶上或皮肤上斜着使针头几乎与皮面平行地轻轻刺入皮内约 0.5 cm，放松左手；左手在针头和针筒交接处固定针头，右手持注射器，徐徐注入药液。如针头确在皮内，则注射时感觉有较大的阻力，同时注射处形成一个圆丘，突起于皮肤表面。注射完毕，拔出针头，用药棉轻压针孔，以避免药液外溢。

4. 后海穴注射

后海穴位于肛门和尾根之间的凹陷处。保定猪并将尾巴向上提起，局部消毒后，手持注射器于后海穴向前上方进针，刺入 0.5～4 cm（依猪只大小、肥瘦掌握进针深度），注入疫苗，拔出针头。

### （三）免疫接种前后注意事项

1. 先小范围试用疫苗

首次使用某种疫苗时，应选择一定数量的猪进行小范围试用，观察 3～5 d，确认无严重不良反应后，方可扩大接种面。

二维码 6-4-4　猪滴鼻免疫（视频）

2. 注意做好妊娠母猪接种

给妊娠母猪接种时动作要轻柔，以避免引起机械性流产。一般配种后 20 d 和临产前 15 d 以内不要注射疫苗，以防流产。猪细小病毒苗和猪布鲁氏杆菌活疫苗对怀孕母猪不宜使用。

3. 防止散毒

活疫苗在操作时应注意防止病毒和活菌的散布，用过的器具、针头要及时消毒，用过的疫苗瓶和没用完的疫苗要深埋。

4. 避免应激

接种疫苗前后数日，应尽可能避免造成剧烈刺激的操作，如采血、去势等。断奶、转群前后数日等易造成应激的阶段也不要注苗。这些应激因素都会降低机体的免疫机能，虽然注射了疫苗，但产生的抗体较少，会影响免疫效果。应避免注射活疫苗与消毒同日进行。

5. 禁用抗菌和抗病毒药物

注射活菌苗前后 7 d 不应饲喂含有抗菌、抑菌药物（如各种抗生素、磺胺类、氟喹诺酮类等）的饲料和添加剂，或混饮、注射任何抗菌药物。注射病毒弱毒苗后 1 周内，不得使用病毒唑、吗啉胍、金刚烷胺、猪白细胞干扰素、聚肌胞等抗病毒药，更不能使用抗血清。

6. 注意观察接种疫苗后反应

一般在接种疫苗后必须观察 15 min。个别猪在接种疫苗后可能发生急性过敏反应，表现为不安、发抖、发绀、口吐泡沫、呕吐、呼吸困难、卧地不起等，应立即用肾上腺素、地塞米松等抗过敏药物紧急抢救。

7. 避免使用免疫抑制剂

免疫前后 5～7 d 均要避免使用影响疫苗免疫应答的药物和免疫抑制剂，如氟苯尼考、喹乙醇、磺胺类药、氨基糖苷类（如庆大霉素、卡那霉素）、四环素类及地塞米松等糖皮质激素，这些药物对抗体的合成有一定抑制作用，或对 T 淋巴细胞、B 淋巴细胞的转化有明显的抑制作用，从而影响免疫效果。

8. 避免同时使用多种疫苗

两种或两种以上疫苗同时注射时，会互相干扰，影响抗体产生。如猪瘟活疫苗、猪繁殖与呼吸障碍综合征弱毒苗、伪狂犬病弱毒苗等病毒活疫苗之间，必须间隔 7 d 以上使用。猪口蹄疫 O 型灭活苗更不能与猪瘟活疫苗混合注射，要先免疫好猪瘟，后接种口蹄疫疫苗。

9. 免疫后要加强饲养管理

要保证提供营养全面的饲料，减少各种应激，不喂被霉菌毒素污染的饲料，以利产生抗体。

10. 建立免疫记录

对猪免疫后，应加施猪二维码耳标，建立免疫档案。耳标首次加施在左耳。从外调入的猪，需再次实施强制免疫的，耳标加施在右耳，并重新建立免疫档案。免疫档案的内容包括：免疫地点、畜主姓名、猪品种、日龄、性别、耳标号码、免疫时间、免疫用苗情况（生产厂家、批准文号、生产批号、注射用量）、应免数、实免数、补免数、补免时间等。免疫档案要记录清晰，填写规范。散养猪免疫档案由乡级动物防疫组织保管，猪场的免疫档案由猪场保管，并按规定时限保存。

### （四）主要传染病参考免疫程序

各地养猪场应根据当地传染病发生病种及规律选用适宜的免疫程序，以下免疫种类及程序仅供参考。

1. 猪瘟

母猪在每次配种前 7 d 左右猪瘟单苗 4～5 头份免疫一次，避免在妊娠期免疫，以防胚胎感染。种公猪每年春、秋各免疫一次。仔猪 20 日龄猪瘟单苗 3～4 头份免疫一次，60 日龄猪瘟-猪丹毒-猪肺疫三联苗 3 头份免疫一次。对采取以上程序仍不能有效控制的猪场，可采用超前免疫，出生后立即免疫猪瘟单苗 1～2 头份，1.5 h 后才能吃初乳。60 日龄再用猪瘟-猪丹毒-猪肺疫三联苗 3 头份免疫一次。有条件的可将猪瘟与猪丹毒、猪肺疫分开免疫。

2. 猪丹毒、猪肺疫

（1）种猪　半年用猪丹毒和猪肺疫苗免疫接种一次。

（2）仔猪　70 日龄用猪丹毒和猪肺疫二联苗免疫接种一次，或 60 日龄用猪瘟-猪丹毒-猪肺疫三联苗免疫一次。

3. 仔猪副伤寒

仔猪断奶后在合群时（33～35 日龄）口服或注射 1 头份仔猪副伤寒菌苗。

4.仔猪大肠杆菌病(黄痢)

妊娠母猪于产前40 d和15 d分别用大肠杆菌腹泻三价灭活菌苗(K88、K99、987P)免疫接种一次。

5.仔猪红痢

妊娠母猪于产前30 d和产前15 d,分别用红痢灭活菌苗免疫接种一次。

6.链球菌病

仔猪30～35日龄免疫一次;母猪产前1个月免疫一次。

7.传染性胃肠炎、流行性腹泻

母猪于产前30 d,仔猪于30日龄用传染性胃肠炎-流行性腹泻二联苗各免疫一次。主要适用于寒冷季节。

8.猪气喘病

(1)成年猪　每年春、秋各接种一次。

(2)仔猪　7日龄和21日龄各免疫一次。

(3)后备公母猪　配种前免疫接种一次。

灭活苗采用肌内注射,弱毒苗需采用胸腔注射。

9.猪传染性萎缩性鼻炎

(1)妊娠母猪　在产仔前1个月免疫一次。

(2)仔猪　28～30日龄注射一次。

10.猪细小病毒病

(1)种公猪　每年用猪细小病毒疫苗免疫接种一次。

(2)后备公猪、母猪　配种前40 d和20 d各免疫接种一次,第二胎配种前再免疫一次。

11.猪乙型脑炎

种猪、后备母猪在蚊蝇季节到来前(4～5月份),用乙型脑炎弱毒疫苗免疫接种一次。

12.猪伪狂犬病

(1)母猪　配种前1个月和产前1个月各免疫一次。

(2)仔猪　可于40～50日龄免疫一次。

13.猪繁殖与呼吸障碍综合征

后备种公母猪于配种前免疫两次,间隔两周。母猪于配种后60～70 d免疫一次,种公猪每年春、秋各免疫一次。仔猪可于30日龄免疫一次。对阴性猪场建议使用灭活苗,阳性猪场使用弱毒苗。

14.口蹄疫

一般可在寒冷季节来临之前普防一次,2～3个月后再免一次。作为规模猪场应坚持一年四季免疫。母猪于空怀期免疫一次。育肥猪可于40日龄和100日龄各免疫一次。

## 二、免疫监测

免疫监测是利用血清学原理,应用具体的检测方法检测机体免疫情况及抗体水平,从而有效地制定免疫接种计划，防止疾病的发生。下面简要地介绍口蹄疫和猪瘟两种传染病的监测方法。

### (一)猪口蹄疫的免疫监测技术

1. 试剂选择

口蹄疫病毒 O 型抗体液相阻断 ELISA 检测试剂盒，中国农业科学院兰州兽医研究所。

2. 仪器设备

酶标仪，TECAN Infinite200，澳大利亚公司；

微量移液器，Eppendorf (50 μL，100 μL)，德国；

一次性移液器吸头，稀释样品的 U 形 96 孔稀释板，均购置国产。

3. 方法

(1)检测规程　本规程引用兰州兽医研究所试剂说明，适用于检测口蹄疫病毒抗体。

(2)试剂准备

①包被缓冲液(pH 9.6)：将本试剂盒配备的碳酸盐缓冲液胶囊 1 粒小心打开，将胶囊内粉末倒入 100 mL 超纯水中即可。4 ℃存放，1 个月内有效。

②洗涤液(PBST)：将本试剂盒配备的 25 倍浓缩 PBST 液(可能有结晶形成，用时微热溶化)用无离子水或蒸馏水做 1∶25 稀释。(如果 pH 降低，则务必用 NaOH 调至 7.4)

③底物溶液：取 1 片柠檬酸-磷酸盐片剂(本试剂盒配备)溶于 100 mL 无离子水中，溶化后，取 50 mL 溶液，再加 1 片邻苯二胺(OPD)片剂，充分溶解，分装(5 mL/瓶或 10 mL/瓶)，避光－20 ℃保存。用前避光融化，临用时每 10 mL 上述溶液加 100 μL 本试剂盒配备的 3%的双氧水($H_2O_2$)。

(3)操作步骤

①包被：用碳酸盐缓冲液稀释口蹄疫病毒兔抗血清至工作浓度(1∶800)，在 ELISA 板上每孔加 50 μL，振荡，封板或置湿盒内，室温过夜。

②抗原抗体反应：首先，用 PBST 工作液将被检血清 1∶64 稀释，取 50 μL 稀释好的血清加入抗原抗体反应板，每份样品重复两孔，同时以 50 μL/孔的量稀释阴阳性对照加入血清，然后每孔加入 50 μL 用 PBST 工作液稀释到使用浓度的病毒抗原(1∶4，即 1 份病毒抗原加 3 份 PBST)，病毒抗原对照孔加 100 μL，振荡混匀，封板，4 ℃过夜，加入病毒抗原后血清的稀释度变为 1∶128。

将 ELISA 板洗涤 5 次，甩干，再将抗原抗体混合物从抗原抗体反应板上按次序转移至 ELISA 板上的相对应孔，每孔 50 μL，封板，37 ℃温育 1 h。注：抗原抗体反应板可重复使用，在使用后，一定要冲洗干净，而后无离子水沸水浴 30 s，晾干，待用。

用 PBST 洗 ELISA 板 5 次，在吸水纸上甩干。豚鼠抗血清稀释液稀释 O 型口蹄疫病毒豚鼠抗血清至工作浓度(1∶1 500)，每孔加 50 μL，封板，37 ℃温育 1 h。

同上洗板 5 次，甩干。PBST 稀释兔抗豚鼠酶结合物至工作浓度(1∶800)，每孔加 50 μL，封板，37 ℃温育 1 h。

洗板后，每孔加 50 μL 底物溶液(务必加双氧水)，37 ℃温育 15 min。每孔再加 50 μL 1.25 mol/L $H_2SO_4$ 终止反应，立即在 492 nm 波长下读取光吸收值(OD 值)。

(4)结果判定

①试验认可标准：每次试验，每块板必须设病毒抗原对照和阴阳性血清对照。病毒抗原对照至少两个孔的 OD 值为 1.0 以上，最好在 1.0～1.6 范围内；阳性对照抗体滴度应为 1∶(1 024±1)；阴性对照抗体滴度应小于 1∶4。

②病毒抗原对照平均 OD 值 50%(临界值)计算：抗原对照是 4 孔，弃去最高和最低 OD 值，计算剩余 2 孔的平均 OD 值，再除以 2，即 50%对照值。该值即为临界值，表示阻断 50%反应的对照 OD 值。

③最终结果判定：以病毒抗原对照平均 OD 值的 50%为临界值，被检血清稀释孔 OD 值大于临界值的孔为阴性孔，小于或等于临界值的孔为阳性孔，阳性孔的 OD 值等于临界值时所对应的稀释度为该份血清的抗体滴度。例如病毒抗原对照平均 OD 值为 1.2，则其 50%为 0.6。若某一待检血清在 1∶128 时 OD 值为 0.6，则该份待检血清的抗体滴度为 1∶128。

若临界值处于两个滴度之间，如处于 1∶(64～128)，则抗体滴度取中间值为 1∶90。

定性检测中，两个重复孔只要有一孔为阳性孔，则抗体滴度判定为 1∶128，两孔均为阳性孔，则判定为抗体滴度＞1∶128。血清抗体滴度≥1∶128 时，判定口蹄疫抗体阳性。

### (二)猪瘟抗体监测技术

1.试剂选择

猪瘟抗体 ELISA 检测试剂盒，美国爱德士(IDEXX)。

2.仪器设备

酶标仪，TECAN Infinite200，澳大利亚公司；

微量移液器，Eppendorf(50 μL，100 μL)，德国；

一次性移液器吸头，稀释样品的 U 形 96 孔稀释板，均购置国产。

3.方法

本方法是用于检测猪血清或血浆中猪瘟病毒抗体的一种阻断 ELISA 方法，通过待测抗体和单克隆抗体与猪瘟病毒(CSFV)抗原的竞争结合，采用辣根过氧化物酶与底物的显色程度进行判定。

(1)操作步骤

在使用时，所有的试剂盒组分都必须恢复到室温 18～25 ℃。使用前应将各组分放置于室温至少 1 h。

①分别将 50 μL 样品稀释液加入每个检测孔和对照孔中。

②分别将 50 μL 的阳性对照和阴性对照加入相应的对照孔中，注意不同对照的吸头要更换，以防污染。

③分别将 50 μL 的被检样品加入剩下的检测孔中，注意不同检样的吸头要分开，以防污染。

④轻弹微量反应板或用振荡器振荡，使反应板中的溶液混匀。

⑤将微量反应板用封条封闭置于温箱中(18～25 ℃)孵育 2 h，也可以将微量反应板用封条封闭置于温箱中孵育过夜。吸出反应孔中的液体，并用稀释好的洗涤液洗涤 3 次，注意每次洗涤时都要将洗涤液加满反应孔。

⑥分别将 100 μL 的抗 CSFV 的酶标二抗(即取即用)加入反应孔中,用封条封闭反应板并于室温下或温箱中孵育 30 min。

⑦洗板后,分别将 100 μL 的底物溶液加入反应孔中,于避光、室温条件下放置 10 min。加完第一孔后即可计时。

⑧在每个反应孔中加入 100 μL 终止液终止反应。注意要按加酶标二抗的顺序加终止液。

⑨在 450 nm 处测定样本以及对照的吸光度值,也可用双波长(450 nm 和 620 nm)测定样本以及对照的吸光度值,空气调零。

⑩计算样本和对照的平均吸光度值。根据被检样本的平均值 $OD_{450}$(ODTEST)、阳性对照的平均值(ODPOS)、阴性对照的平均值(ODNEG),用以下公式计算被检样本和阳性对照的阻断率:

$$阻断率=\frac{ODNEG-ODTEST}{ODNEG}\times 100\%$$

(2)试验有效性　阴性对照的平均 $OD_{450}$ 应大于 0.50。阳性对照的阻断率应大于 50%。

(3)结果判定　如果被检样本的阻断率大于或等于 40%,判定该样本为阳性(有 CSFV 抗体存在)。如果被检样本的阻断率小于或等于 30%,判定该样本为阴性(无 CSFV 抗体存在)。如果被检样本阻断率为 30%～40%,应在数日后再对该动物进行重测。

# 工作任务 6-5　猪场消毒技术

【基础知识】

## 一、常用消毒方法

消毒是指用物理的、化学的、生物的方法清除或杀灭动物体表及其生存环境和相关物品中的病原微生物的过程。

### 1. 物理消毒

物理消毒有机械性清除(如清扫、洗刷、通风等)、煮沸消毒、高压蒸汽消毒、焚烧消毒、火焰消毒、紫外线消毒。

### 2. 化学消毒

化学消毒是指应用各种化学药物抑制或杀灭病原体的方法。常用化学消毒方法有洗刷、浸泡、喷洒、熏蒸、拌和、撒布、擦拭消毒等。

### 3. 生物热消毒

生物热消毒是将被污染的粪便或患病动物尸体埋在一定深度的发酵坑或堆积一定的高度,通过粪便生物热和尸体的腐败,杀灭各种病毒、细菌(芽孢除外)、寄生虫虫卵等病原体。常用的有发酵池法、堆粪法等。

针对不同的消毒对象可选择多种消毒方法合并使用,提高消毒效果。

## 二、器具消毒

### (一) 饲养用具的消毒

饲养用具包括食槽、饮水器、料车、添料锨等，所用饲养用具应定期进行消毒。

1. 操作步骤

(1)根据消毒对象不同，配制消毒药。

(2)清扫(清洗)饲养用具，如饲槽应及时清理剩料，然后用清水进行清洗。

(3)根据饲养用具的不同，可分别采用浸泡、喷洒、熏蒸等方法进行消毒。

2. 注意事项

(1)注意选择消毒方法和消毒药　饲养器具用途不同，应选择不同的消毒药，如笼舍消毒可选用福尔马林进行熏蒸，而食槽或饮水器一般选用过氧乙酸、高锰酸钾等进行消毒；金属器具也可选用火焰消毒。

(2)保证消毒时间　由于消毒药的性质不同，因此在消毒时，应注意不同消毒药的有效消毒时间，以保证消毒效果。

### (二)运载工具的消毒

运载工具主要是车辆，一般根据用途不同，将车辆分为运料车、清污车、运送动物的车辆等。车辆的消毒主要应用喷洒消毒法。

1. 操作步骤

(1)准备消毒药品　根据消毒对象和消毒目的不同，选择消毒药物，仔细称量后装入容器内进行配制。

(2)清扫(清洗)运输工具　应用物理消毒法对运输工具进行清扫和清洗，去除污染物，如粪便、尿液、撒落的饲料等。

(3)消毒　运输工具清洗后，根据运输工具的材质和消毒目的，选择适宜的消毒方法进行消毒，如喷雾消毒或火焰消毒。

2. 注意事项

(1)注意消毒对象，选择适宜的消毒方法。

(2)消毒前一定要清扫(清洗)运输工具，保证运输工具表面黏附的有机污染物的清除，这样才能保证消毒效果。

(3)进出疫区的运输工具要按照动物防疫法律法规要求进行消毒处理。

### (三)医疗器具的清洗消毒

1. 注射器械消毒

将注射器用清水冲洗干净，用纱布包好。针头用清水冲洗干净，成排插在多层纱布的夹层中，镊子、剪刀洗净，用纱布包好。将清洗干净包装好的器械放入煮沸消毒器内灭菌。煮沸消毒时，水沸后保持15～30 min。灭菌后，放入无菌带盖搪瓷盘内备用。煮沸消毒的器械当日使用，超过保存期，需重新消毒后，方能使用。

2.饮水器消毒

用清洁卫生水刷洗干净，用消毒液浸泡消毒，然后用清洁卫生的流水认真冲洗干净，不能有任何消毒剂、洗涤剂、抗菌药物、污物等残留。

3.滴鼻滴管的消毒

用清水洗净，高压或煮沸消毒。

4.喷雾器的清洗

喷雾免疫前，应先用清洁卫生的水将喷雾器内桶、喷头和输液管清洗干净，不能有任何消毒剂、洗涤剂、铁锈和其他污物等残留。

## 三、猪舍空气及排泄物消毒

### (一)空气消毒

空气消毒方法有物理消毒法和化学消毒法。物理消毒法常用的有通风和紫外线照射两种方法。通风可减少室内空气中微生物的数量，但不能杀死微生物；紫外线照射可杀灭空气中的病原微生物。化学消毒法有喷雾和熏蒸两种方法。用于空气化学消毒的化学药品需具有迅速杀灭病原微生物、易溶于水、蒸气压低等特点，如常用的甲醛、过氧乙酸等，当进行加热时，便迅速挥发为气体，其气体具有杀菌作用，可杀灭空气中的病原微生物。

1.紫外线照射消毒

紫外灯能辐射出波长主要为 255 nm 的紫外线，杀菌能力强而且较稳定。紫外线对不同的微生物灭活所需的照射量不同。革兰氏阴性无芽孢杆菌最易被紫外线杀死，而杀死葡萄球菌和链球菌等革兰氏阳性菌照射量则需加大 5～10 倍。病毒对紫外线的抵抗力更大一些。需氧芽孢杆菌的芽孢对紫外线的抵抗力比其繁殖体要高许多倍。

(1)操作步骤　紫外线灯一般每 6～13 $m^3$ 安装一只，灯管距地面 2.0～2.5 m 为宜，紫外线灯于室内温度 10～15 ℃，相对湿度 40%～60%的环境中使用杀菌效果最佳。

①将电源线正确接入电源，合上开关。

②照射的时间应不少于 30 min，否则杀菌效果不佳或无效，达不到消毒的目的。

③操作人员进入洁净区时应提前 10 min 关掉紫外灯。

(2)注意事项

①紫外线对不同的微生物有不同的致死剂量，消毒时应根据微生物的种类选择适宜的照射时间。

②在固定光源情况下，被照物体越远，效果越差，因此应根据被照面积、距离等因素安装紫外线灯(一般距离被消毒物 2 m 左右)。

③紫外线对眼黏膜及视神经有损伤作用，对皮肤有刺激作用，所以人员应避免在紫外灯下工作，必要时需穿防护工作衣帽，并戴有色眼镜进行消毒。

④房间内存放着药物或原辅包装材料，而紫外灯开启后对其有影响，以及房间内有操作人员进行操作时，此房间不得开启紫外灯。

⑤紫外灯管的清洁，应用毛巾蘸取无水乙醇擦拭，不得用手直接接触灯管表面。

⑥紫外灯的杀菌强度会随着使用时间延长逐渐衰减，故应在其杀菌强度降至70%后，及时更换紫外灯，也就是紫外灯使用1 400 h后更换紫外灯。

2.喷雾消毒

(1)喷雾器的使用方法

①将适量消毒药物装入喷雾器中，以八成为宜。

②打气感觉有一定抵抗力(反弹力)时即可喷洒。

③喷洒时将喷头高举空中，喷嘴向上以画圆圈方式先内后外逐步喷洒，使药液如雾一样缓慢下落。喷出的雾滴直径应控制在80～120 μm，不要小于50 μm。

④消毒完成后，当喷雾器内压力很大时，先打开旁边的小螺丝放完气，再打开桶盖，倒出剩余的药液，用清水将喷管、喷头和筒体冲干净，晾干或擦干后放在通风、阴凉、干燥处保存，切忌阳光暴晒。

(2)喷雾消毒的步骤

①根据消毒对象和消毒目的，配制消毒药。

②清扫消毒对象。

③检查喷雾器或喷壶。喷雾器使用前，应先对喷雾器各部位进行仔细检查，尤其应注意橡胶垫圈是否完好、严密，喷头有无堵塞等。喷洒前，先用清水试喷一下，证明一切正常后，将清水倒干，然后再加入配制好的消毒药液。

④添加消毒药液，进行喷洒消毒。打气压，当感觉有一定压力时，即可握住喷管，按下开关，边走边喷，还要一边打气加压，一边均匀喷雾。一般以“先里后外、先上后下”的顺序喷洒为宜，即先对动物舍的最里面、最上面(顶棚或天花板)喷洒，然后再对墙壁、设备和地面仔细喷洒；边喷边退，从里到外逐渐退至门口。喷出的雾滴直径应控制在80～120 μm，不要小于50 μm。

⑤喷洒消毒用药量应视消毒对象结构和性质适当掌握。水泥地面、顶棚、砖混墙壁等，每平方米用药量控制在800 mL左右；土地面、土墙或砖土结构等，每平方米用药量1 000～1 200 mL；舍内设备每平方米用药量200～400 mL。

⑥消毒结束后，按喷雾器使用方法要求清洗、保藏喷雾器。

(3)喷雾消毒注意事项

①使用者必须熟悉喷雾器的构造和性能，并按使用说明书操作。

②装药时，消毒剂中的不溶性杂质和沉渣不能进入喷雾器，以免在喷洒过程中出现喷头堵塞现象。

③药物不能装得太满，以八成为宜，否则，不易打气或造成筒身爆裂。

④喷雾消毒效果的好坏与雾滴粒子大小以及雾滴均匀度密切相关。喷出的雾滴直径应控制在80～120 μm，过大易造成喷雾不均匀和圈舍太潮湿，且在空中下降速度太快，与空气中的病原微生物、尘埃接触不充分，起不到消毒空气的作用；雾滴太小则易被猪吸入肺泡，诱发呼吸道疾病。

⑤喷雾时，房舍应密闭，关闭门、窗和通风口，减少空气流动。

⑥喷雾过程中要时时注意喷雾质量，发现问题或喷雾器出现故障，应立即停止操作，进行校正或维修。

3. 熏蒸消毒

(1)操作步骤

①药品、器械与防护用品准备。消毒药品可选用福尔马林、高锰酸钾、固体甲醛、过氧乙酸等;准备温度计、湿度计、加热器、容器等器材,防护服、口罩、手套、护目镜等防护用品。

②清洗消毒场所。先将需要熏蒸消毒的场所(畜舍)彻底清扫、冲洗干净。有机物的存在影响熏蒸消毒效果。

③分配消毒容器。将盛装消毒剂的容器均匀摆放在要消毒的场所内,如动物舍长度超过50 m,应每隔20 m放一个容器。所使用的容器必须是耐燃烧的,通常用陶瓷或搪瓷制品。

④关闭所有门、窗、排气孔。

⑤配制消毒药。

⑥根据消毒空间大小,计算消毒药用量,进行熏蒸。

⑦熏蒸完毕后,进行通风换气。甲醛熏蒸消毒结束后,若想快速清除甲醛的刺激性,可用浓氨水(2～5 $mL/m^3$)加热蒸发以中和甲醛。

⑧注意个人防护。在消毒时,消毒人员要戴好口罩、护目镜,穿好防护服,防止消毒液损伤皮肤和黏膜,刺激眼睛。

(2)常用熏蒸消毒剂的配制

固体甲醛熏蒸:按3.5 $g/m^3$ 用量,置于耐烧容器内,放在热源上加热,当温度达到20 ℃时即可挥发出甲醛气体。

高锰酸钾与福尔马林混合熏蒸:进行空舍熏蒸消毒时,一般每立方米用福尔马林14～42 mL、高锰酸钾7～21 g、水7～21 mL,熏蒸消毒7～24 h。舍内温度以18～25 ℃较为适宜,相对湿度保持在60%～80%。

过氧乙酸熏蒸:使用浓度是3%～5%,每立方米用2～5 mL,在相对湿度60%～80%条件下,熏蒸1～2 h。

## (二)粪便污物消毒

粪便污物消毒方法有生物热消毒法、掩埋消毒法、焚烧消毒法和化学药品消毒法。

1. 生物热消毒法

(1)发酵池法 适用于动物养殖场,多用于稀粪便的发酵。

在距离饲养场250 m以外,远离居民区、河流、水井等的地方挖两个或两个以上的发酵池(根据粪便的多少而定)。发酵池可以筑为圆形或方形。池的边缘与池底用砖砌后再抹以水泥,使其不渗漏。如果土质干硬,地下水位低,也可不用砖和水泥。先将池底放一层干粪,然后将每天清除出的粪便、垫草、污物等倒入池内。在发酵池快满的时候,在粪的表面铺层干粪或杂草,上面再用一层泥土封好,如条件许可,可用木板盖上,以利于发酵和保持卫生。经1～3个月,即可出粪清池。在此期间每天清除粪便可倒入另一个发酵池。如此轮换使用。

(2)堆粪法 适用于干固粪便的发酵消毒处理。

在距饲养场250 m以外,远离居民区、河流、水井等的平地上设一个堆粪场,挖一个宽1.5～2.5 m、深约20 cm,长度视粪便量的多少而定的浅坑。先在坑底放一层25 cm厚的无传染病污染的粪便或干草,然后在其上再堆放准备要消毒的粪便、垫草、污物等。堆到1～1.5 m

高度时，在欲消毒粪便等的外面再铺上10 cm厚的非传染性干粪或谷草(稻草等)，最后再覆盖10 cm厚的泥土。密封发酵，夏季2个月，冬季3个月以上，即可出粪清坑。如粪便较稀时，应加些杂草，太干时倒入稀粪或加水，使其干湿适当，以促使其迅速发热。

(3)生物热消毒注意事项

①发酵池和堆粪场应远离学校、公共场所、居民住宅区、动物饲养和屠宰场所、村庄、饮用水源地、河流等。

②发酵池要坚固，防止渗漏。

③注意生物热消毒法的适用范围。

2. 掩埋法

(1)方法　消毒前准备漂白粉或新鲜的生石灰，高筒靴、防护服、口罩、橡皮手套，铁锹等。将粪便与漂白粉或新鲜的生石灰混合均匀。混合后深埋在地下2 m左右之处。

(2)注意事项

①掩埋地点应远离学校、公共场所、居民住宅区、村庄、饮用水源地、河流等。

②应选择地势高燥，地下水位较低的地方。

③注意掩埋消毒法的适用范围。掩埋消毒法简单易行，但缺点是粪便和污物中的病原微生物可渗入地下水，污染水源，并且损失肥料。适合于粪量较少，且不含细菌芽孢时应用。

3. 焚烧法

焚烧法是消灭一切病原微生物最有效的方法，故用于消毒最危险的传染病如炭疽等粪便。可用焚烧炉，如无焚烧炉，可以挖掘焚烧坑进行焚烧消毒。

(1)方法　消毒前准备燃料，高筒靴、防护服、口罩、橡皮手套，铁锹，铁梁等。挖坑壕，坑宽75～100 cm，深75 cm，长以粪便多少而定。在距壕底40～50 cm处加一层铁梁(铁梁密度以不使粪便漏下为度)，铁梁下放燃料，梁上放欲消毒粪便。如粪便太湿，可混一些干草，以便烧毁。

(2)注意事项

①应采取活性炭吸附法、高温催化燃烧、冷凝法、湿式回收法、生物法等有效措施，防止焚烧产生的一氧化碳、烟尘、恶臭等对大气环境的污染。

②焚烧时应注意安全，防止火灾。

③注意焚烧法的适用范围。

4. 化学药品消毒法

用化学药品，如含2%～5%有效氯的漂白粉溶液、20%石灰乳等消毒粪便。这种方法既麻烦，又难达到消毒的目的，故实践中不常用。

## (三)污水消毒

污水中可能含有有害物质和病原微生物，如不经处理，任意排放，将污染江、河、湖、海和地下水，直接影响工业用水和城市居民生活用水的质量，甚至造成疫病传播，危害人、畜健康。污水的处理一般分物理处理法、生物处理法和化学处理法三个步骤或三个阶段。

1. 物理处理法

物理处理法也称机械处理法，用于污水的预处理(初级处理或一级处理)。物理处理主要是去除可沉淀或上浮的固体物，从而减轻二级处理的负荷。最常用的处理手段是筛滤、隔油、沉淀等机械处理方法。筛滤是用金属筛板、平行金属栅条筛板或金属丝编织的筛网，来阻留悬浮固体碎屑等较大的物体。经过筛滤处理的污水，再经过沉淀池进行沉淀，然后进入生物处理或化学处理阶段。

2. 生物处理法

生物处理法是利用自然界的大量微生物（主要是细菌）氧化分解有机物的能力，除去废水中呈胶体状态的有机污染物质，使其转化为稳定、无害的低分子水溶性物质、低分子气体和无机盐。根据微生物作用的不同，生物处理法又分为好氧生物处理法和厌氧生物处理法。好氧生物处理法是在有氧的条件下，借助于好氧菌和兼性厌氧菌的作用来净化污水的方法。大部分污水的生物处理都属于好氧处理，如活性污泥法、生物过滤法、生物转盘法。厌氧生物处理法是在无氧条件下，借助于厌氧菌的作用来净化污水的方法，如厌氧消化法。

3. 化学处理法

经过生物处理后的污水一般还含有大量的菌类，特别是屠宰污水含有大量的病原菌，需经消毒药物处理后，方可排出。常用的方法是氯化消毒，将液态氯转变为气体，通入消毒池，可杀死 99%以上的有害细菌。也可用漂白粉消毒，即每 1 000 L 水中加有效氯 0.5 kg。

## 四、饲养场所的消毒

养殖场消毒的目的是消灭传染源散播于外界环境中的病原微生物，切断传播途径，阻止疫病继续蔓延。养殖场应建立切实可行的消毒制度，定期对畜禽舍地面土壤、粪便、污水、皮毛等进行消毒。

### （一）养殖场消毒

**二维码 6-5-1 空栏消毒（视频）**

1. 入场消毒

养殖场大门入口处设立消毒池（池宽同大门，长 4 m，深 0.3 m），内放 2%氢氧化钠液，每半个月更换 1 次。大门入口处设消毒室，室内两侧、顶壁设紫外线灯，一切人员皆要在此用漫射紫外线照射 5～10 min。进入生产区的工作人员，必须更换场区工作服、工作鞋，通过消毒池进入自己的工作区域，严禁相互串舍（圈）。不准带入任何畜产品。

2. 圈舍消毒

圈舍除保持干燥、通风、冬暖夏凉以外，平时还应做好消毒。一般分两个步骤进行：第一步先进行机械清扫；第二步用消毒液消毒。圈舍及运动场应每天打扫，保持清洁卫生，料槽、水槽干净，每周消毒一次，圈舍内可用过氧乙酸做带畜消毒。0.3%～0.5%过氧乙酸做舍内环境和物品的喷洒消毒或加热做熏蒸消毒（每立方米空间用 2～5 mL）。

3. 空圈舍的常规消毒程序

首先彻底清扫干净粪尿。然后用 2%氢氧化钠喷洒和刷洗墙壁、笼架、槽具、地面，消毒 1～2 h 后，用清水冲洗干净，待干燥后，最后再用 0.3%～0.5%过氧乙酸喷洒消毒。对于密闭的圈舍，还应用甲醛熏蒸消毒法进行消毒。

4.圈舍外环境消毒

圈舍外环境及道路要定期进行消毒，填平低洼地，铲除杂草，灭鼠、灭蚊蝇、防鸟等。

5.生产区专用设备消毒

生产区专用送料车每周消毒一次，可用0.3%过氧乙酸溶液喷雾消毒。进入生产区的物品、用具、器械、药品等要通过专门消毒后才能进入圈舍，可用紫外线照射消毒。

6.尸体处理

尸体可根据环保有关法律法规规定，采用掩埋法、焚烧法等方法进行消毒处理。

7.消毒注意事项

(1)养殖场大门、生产区和圈舍入口处皆要设置消毒池，内放火碱液，一般10～15 d更换新配的消毒液。舍内用具消毒前，一定要先彻底清扫干净粪尿。

(2)尽可能选用广谱的消毒剂或根据特定的病原体选用对其作用最强的消毒药。消毒药的稀释度要准确，应保证消毒药能有效杀灭病原微生物，并要防止腐蚀、中毒等问题发生。

(3)有条件或必要的情况下，应对消毒质量进行监测，检测各种消毒药的使用方法和效果。

(4)注意消毒药之间的相互作用，防止互作使药效降低。不准任意将两种不同的消毒药物混合使用或消毒同一种物品，因为两种消毒药合用时常因物理或化学配伍禁忌而使药物失效。

(5)消毒药物应定期替换，不要长时间使用同一种消毒药物，以免病原菌产生耐药性，影响消毒效果。

(6)养殖场内的隔离圈舍及用具的消毒频次应更多，消毒应更严格。

### (二)隔离场消毒

隔离场使用前后，货主用进出境动植物检疫机关指定的消毒药物按动植物检疫机关的要求进行消毒，并接受进出境动植物检疫机关的监督。

1.消毒对象

(1)运输工具的消毒　装载动物的车辆、器具及所有用具须经消毒后方可进出隔离场。

(2)铺垫材料的消毒　运输动物的铺垫材料须进行无害化处理，可采用焚烧方法消毒。

(3)工作人员的消毒　工作人员、饲养人员及经动植物检疫机关批准的其他人员进出隔离区均须消毒、淋浴、更衣，经消毒池、消毒道出入。隔离场饲养人员须专职。

(4)畜舍和周围环境的消毒　对猪舍、消毒池、栏圈、舍内所有用具及周边道路、粪污通道、房舍间隔等定期清洗、消毒。

(5)死亡和患有特定传染病动物的消毒　发现可疑患病动物或死亡的动物，应迅速报告口岸动植物检疫机关，并立即对患病动物停留过的地方和污染的用具、物品进行消毒，患病(死亡)动物按照相关规定进行消毒处理。

(6)动物排泄物及污染物的消毒　隔离动物的粪便、垫料及污物、污水须经无害化处理后方可排出隔离场。

2.注意事项

(1)经常更换消毒液，保持有效浓度。

(2)病死动物的消毒处理应按照有关的法律法规进行。

(3)工作人员进出隔离场必须严格遵守卫生要求。

# 项目 7
# 猪常见传染病防治

**能力目标**

- 能够了解猪常见传染病的病征病理；
- 掌握猪常见传染病的防治技术。

**知识目标**

- 理解猪传染病防治的基础理论知识；
- 掌握猪常见传染病防治的技术要点。

## 工作任务 7-1　猪常见病毒性传染病的防治

【基础知识】

### 一、猪瘟

**【病原】**

猪瘟(HC 或 CSF)是由猪瘟病毒(HCV 或 CSFV)引起的一种急性、热性、高度接触性传染病，对养猪业的发展危害严重，我国把猪瘟列为一类动物疫病。

目前，临床常见的猪瘟可分为由猪瘟强毒引起的古典型和由弱毒引起的温和型两种类型。

**【流行病学、临床症状和病理变化】**

1. 古典型猪瘟

古典型猪瘟发病急、感染率和死亡率高，以全身败血，内脏实质器官出血、坏死和梗死为特征；不同年龄、品种的猪都易感，一年四季都可发生；潜伏期 5～10 d，短的只有 2 d，最长达 21 d。

从临床表现可分为最急性猪瘟、急性猪瘟和慢性猪瘟。

最急性猪瘟生前无明显症状，突然死亡。

急性猪瘟的典型症状是：高热稽留(体温 40.5～42 ℃)，行动迟缓，怕冷、寒战、互相堆叠在一起(图 7-1-1，详见二维码 7-1-1，下同)；脓性结膜炎；在耳、四肢内侧、腹下等处皮肤出现大小不等的红色出血点，指压不褪色(图 7-1-2)；口渴，特喜饮脏水，先便秘、后腹泻或腹泻、便秘交替发生，排出稀的或带有肠黏膜、黏液和血丝的恶臭粪便；后肢无力，站立或行走时歪歪倒倒；部分病猪表现神经症状，四肢呈游泳状划动。

慢性猪瘟由急性转变而来，主要表现消瘦，体温时高时低，食欲不振，便秘和腹泻交替进行，被毛粗乱，步行无力，体表有紫红色出血点。

**二维码 7-1-1　猪常见病毒性传染病（图片）（图 7-1-1 至图 7-1-50）**

古典型猪瘟的特征性剖检变化是：喉头、会厌软骨及扁桃体出血（图 7-1-3、图 7-1-4），肠系膜淋巴结条状肿大、淋巴结切面周边出血（图 7-1-5、图 7-1-6），脾脏梗死，肾脏及膀胱浆膜、黏膜点状出血（图 7-1-7 至图 7-1-10），回盲口、盲肠、结肠或直肠黏膜上有“纽扣状溃疡”（图 7-1-11）。心外膜和肺表面急性出血（图 7-1-12、图 7-1-13）。

2. 温和型猪瘟

温和型猪瘟也叫非典型性猪瘟，临床症状不典型，尸体剖检病变也不明显和不典型，发病率和死亡率也没有古典型猪瘟高。

造成温和型猪瘟的原因十分复杂，主要有以下 5 个方面：①猪瘟病毒发生变异，产生了致病的弱毒株。②猪瘟弱毒苗的免疫程序错误，在母猪妊娠期注射猪瘟弱毒苗引起胎盘感染，中国 C 系兔毒（猪瘟弱毒苗的种毒）注射妊娠母猪可引起胎盘感染，但不造成仔猪死亡，这些经胎盘感染的仔猪，往往成为持续性感染者，可长期携带和排出这种弱毒株；这些猪已产生先天免疫耐受，对猪瘟苗的免疫应答水平很低，表现为免疫无能、抗体水平低下、免疫失败。③猪瘟弱毒苗效力检查方法为兔体热实验。我国猪瘟疫苗出厂检验标准是将疫苗用灭菌生理盐水稀释为 1/150 头份/mL，静脉注射 1.0 mL 能致兔体热反应发生，即为合格。猪瘟疫苗国际标准稀释倍数远高于我国，因此，按国际标准，我国猪瘟弱毒苗 1 头份的含毒量就只有 1/3～1/2 的免疫剂量，产生的低水平抗体不能阻止强毒在体内复制和带毒。④疫苗失效与操作失当。猪瘟弱毒苗需要低温保存（－15 ℃以下），若运输途中和保存时温度过高、装瓶时失去真空、疫苗超过有效期使用、稀释液不合格、疫苗稀释后不能尽快用完等，都会影响疫苗质量。⑤猪群中存在免疫抑制性疾病或饲料霉变等，造成猪瘟免疫失败而发病。

经胎盘感染的仔猪排出的弱毒株，再感染妊娠母猪后，病毒经胎盘感染胎儿，造成妊娠母猪带毒综合征，发生流产、死胎、木乃伊胎、产弱仔及仔猪皮肤发疹、震颤等症，随之仔猪整窝或多数拉稀、死亡，这就是温和型猪瘟造成的繁殖障碍。

剖检温和型猪瘟病例，病变不明显和不典型：往往只能发现喉头点状出血；肾呈土黄色，表面凹凸不平，出现沟状结构，并有米粒大乃至小指头大小的灰白色坏死，病灶深入皮质内（图 7-1-14 至图 7-1-19），肾皮质部出血、肾乳头点状或索状出血（图 7-1-20、图 7-1-21）。这是温和型猪瘟病理剖检变化的特征。

## 二、口蹄疫

口蹄疫（FMD）是由口蹄疫病毒引起的偶蹄类动物共患的急性、热性、高度接触性传染病。临床特征为口腔黏膜、蹄部和乳房发生水疱和烂斑。主要感染牛、猪、羊、骆驼、鹿等家畜及其他野生动物，人也能被感染，但十分罕见。

**【病原】**

口蹄疫病毒（FMDV）属于小核糖核酸（RNA）病毒科口疮病毒属。现已知本病毒有 7 个血清型，即 O、A、C、SAT1（南非 1 型）、SAT2（南非 2 型）、SAT3（南非 3 型）和 Asia-1 型（亚洲 1 型），61 个亚型。各型之间的临床表现基本相同，但彼此均无交叉免疫性。

1. 口蹄疫病毒的毒力和抗原性

口蹄疫病毒的毒力和抗原性均特别容易发生变异。有时也出现病毒对某种特定动物的适应并对其他正常高度易感动物的致病力可能减弱，还出现专门侵害猪的口蹄疫病毒；有的毒株对牛的致病力很强，而对猪较弱；而有的毒株对牛、对猪的致病力都很强；在同一地区流行的毒株，也有强弱之分。1997 年在我国台湾流行的口蹄疫就只感染猪，不感染牛。

口蹄疫病毒毒力变异与在宿主体内生长复制的能力密切相关。其表现是田间分离的强毒株通过细胞、乳鼠、鸡胚等传代使其毒力减弱，但对本动物和实验动物的毒力却逐渐增强。同一毒株对不同动物的致病力有明显差异，如用对牛安全的弱毒疫苗给猪接种，常常引起猪发病，甚至死亡。

2. 口蹄疫病毒的理化特性及抵抗力

（1）口蹄疫病毒粒子对酸、碱特别敏感　保存口蹄疫病毒时，pH 7～7.5 时为最适宜；当 pH 5.0～5.5 时，经 1 min 就有 90%的病毒死亡；当 pH 3.0 时，瞬间即丧失感染力；当 pH 大于 9.0 时，迅速死亡，如放入 1%～2%氢氧化钠或 4%碳酸氢钠溶液内，在 1 min 内被杀灭。

（2）口蹄疫病毒在低温下十分稳定，但对热敏感　温度越低，病毒存活时间越长，反之则越短；在 4～7 ℃下可存活数月，－20 ℃以下可存活数年之久；小块猪肉中的病毒，在 60 ℃下煮 30 min 能杀死，在 70 ℃可存活 10 min，在 75 ℃时 1 min 即可杀死。

（3）阳光对口蹄疫病毒的影响　在自然条件下，阳光照射、温度升高以及阳光中的紫外线共同作用，可杀死口蹄疫病毒。

**【流行病学】**

1. 口蹄疫一年四季都可发生，但以夏季少见

由于口蹄疫病毒怕热不怕冷，所以每年 6—7 月份炎热季节少发，11—12 月份及来年的 1—2 月份寒冷季节多发。如果运输往来频繁，检疫不严，消毒不力，口蹄疫发生的季节性可能被打破。流行周期从 20 世纪的 10 年一次，变为 5 年一次，3 年一次，1 年一次。流行规律相对无序，这给防治工作带来极大困难。

2. 口蹄疫病毒主要感染偶蹄动物

口蹄疫病毒主要感染偶蹄动物，但也感染其他动物，易感动物有牛、猪、羊、鹿和骆驼等。仔猪越小，发病率越高，患病越重，死亡率越高。人也能感染口蹄疫，但十分罕见。

口蹄疫病毒能感染多种动物，无论是感染发病或是隐性感染的动物，均能长期带毒和排毒。口蹄疫病毒在动物体内可以存活数月、数年甚至终生，并在群体中能世代传递。康复猪带毒时间为 70 d。动物携带口蹄疫病毒可以成为传播者，这在口蹄疫流行中起着重要作用。有学者认为：羊是“保毒器”，携带病毒常常无症状表现（隐性感染），即使表现病状也轻；猪是“放大器”，可将弱毒变为强毒，病猪的排毒量远远超过牛和羊，是牛的 20 倍；牛是“指示灯”，牛对口蹄疫病毒最敏感，只要受到病毒感染就发病并表现临床症状。

鸭子也可以携带口蹄疫病毒，其本身不发病，但是一个重要的疫源库。

3. 口蹄疫病毒传播途径广

口蹄疫病毒可以通过发病动物呼出的空气、唾液、乳汁、精液、眼鼻分泌物、粪、尿以及母畜

分娩时的羊水等排出体外，急性感染期屠宰的动物及污水可以排放大量病毒；病畜的肉、内脏、皮、毛均可带毒成为传染源。饲养和接触过病畜的人员及衣物、鞋帽等，接触过病畜的运输车辆、船舱、机舱、猪笼，被病畜污染的圈舍、场地、饲料、饲用工具、屠宰工具、厨房工具、洗肉水、兽医器械等，都可以传播病毒。

随着市场经济和国际贸易的发展，进出境动物及其产品流通量不断增加，检疫不严、消毒不彻底、兽医行政法规执行不力等原因，都可能导致口蹄疫更广泛地传播、流行，特别要警惕从境外输入病原。

4. 口蹄疫的流行受多种因素的影响

易感动物的抵抗力、病毒的毒力、带毒物品的感染力、自然环境、经济和社会等因素都影响着该病的流行形式。地方性流行又可分为经常性地方性流行（具有流行高峰）、间断性地方性流行（流行高峰与无病期交替出现）。

口蹄疫流行的最大特点是传播速度快，某一地区一旦进入疫原，从少数动物突然发病开始，疫情可迅速传开，短短几天内，就可以在该地区牧场、农户中同时出现牛、羊、猪大量发病，疫情好似野火烧山，一个火种很快向四周燃烧、蔓延开来，这就是流行性暴发；疫情迅速扩散蔓延，在短期内传至其他县、市、省（自治区、直辖市），乃至全国，引起牛、羊、猪等动物大批发病，这就是流行性大暴发。

引起口蹄疫突然暴发的疫源有两种：第一种是内源性的，又叫地方性疫源；第二种是外源性的，即从毗邻国家和地区传入。气候、自然环境、地理、经济、社会因素等对口蹄疫的流行有很大影响，从最早的疫点快速传播，空气和风力起着重要作用。此外，通过各种传播媒介和途径也可以引起流行性暴发。

猪口蹄疫的流行有其特点，主要为接触传染，在农村农户分散圈养的情况下，多为点状发生，而在集中饲养的猪场一旦发生，即很快传开造成暴发；随着仔猪、育肥猪的长途运输，往往把口蹄疫带到很远的地方，造成新的疫点。

**【临床症状】**

被口蹄疫感染的牛、羊、猪，潜伏期一般为2～7 d，最短的12 h就发病，最长的达14～21 d。在潜伏期内，病畜还未表现临床症状就已经在排毒，和病畜同群的牲畜，一般都已感染。发病后牛、羊、猪的症状大体一样，也略有不同。猪口蹄疫最早的症状是吻突、唇上发生水疱、烂斑，此时，偶见口内有白色泡沫。最典型的症状是蹄冠、蹄叉出现局部红肿，手触有热感，站立不稳、跛行，蹄上有水疱，蹄冠边缘、蹄踵、蹄叉、副蹄等处都会发生水疱，蹄冠边缘的水疱长、融合成长条；蹄后的水疱常呈T形（图7-1-22），严重者蹄部破溃、蹄壳脱落，肉蹄鲜血淋漓（图7-1-23、图7-1-24），跛行或前肢跪地而行、卧地不起。出现水疱时，体温一般升高达40～41.5 ℃，水疱液呈灰白色，水疱刚破溃时出现红色的烂斑，烂斑边缘附有破碎的水疱皮。

**【病理变化】**

口蹄疫病死畜的剖检变化除口、鼻、蹄上的水疱和烂斑外，最常见到的变化是心肌疲软，幼畜心内、外膜上有出血斑点和淡黄色或灰白色点状、带状及不规则的斑纹，形似虎皮上的斑纹，故称"虎斑心"（图7-1-25）。

## 三、猪繁殖与呼吸障碍综合征

猪繁殖与呼吸障碍综合征（PRRS）是由繁殖与呼吸障碍综合征病毒（PRRSV）引起的、以母猪的繁殖障碍和仔猪的呼吸困难及高死亡率为主要特征的病毒性传染病，又称“蓝耳病”。由于该病的流行，使许多国家的养猪业蒙受重大经济损失，是当今造成养猪业损失最大的疫病之一，特别是近年来我国出现的“高致病性猪繁殖与呼吸障碍综合”，对养猪业影响很大。

### (一)蓝耳病

**【流行病学】**

(1)1977—1978 年欧美各国的猪群中发生了“流产风暴”，当时称“猪神秘病”，到 1991 年荷兰 Wensvoort 等分离到病原，1992 年国际兽医研讨会把该病正式定名为“猪繁殖与呼吸障碍综合征”。1996 年初我国郭宝清等从国内疑似 PRRS 感染猪群中分离出 PRRSV，到目前为止，可以说 PRRS 几乎遍及世界各主要养猪国家。猪是唯一感染 PRRS 并出现临床症状的动物。

(2)蓝耳病多于寒冷季节发病并出现临床症状。其他季节常为隐性感染或表现温和型症状。

(3)蓝耳病通过多种途径感染，其中接触感染、空气传播、呼吸系统传播较为多见，精液和乳汁均可带毒传染，鸟类特别是鸭子可以隐性带毒，但其本身不发病。

(4)PRRSV 感染和接种 PRRS 弱毒苗后，PRRSV 在猪体内能建立起持续性感染，PRRS 的持续性感染是流行病学的一个重要特征，主要表现为 PRRSV 感染后猪体内病毒的持续存在和污染场的猪只持续感染；新引入的猪只受到感染；感染母猪所生仔猪母源抗体的迅速下降成为易感猪群而造成持续性感染。另外，PRRS 弱毒疫苗的使用对 PRRS 的传播起了一定的作用。PRRSV 会感染并破坏巨噬细胞。巨噬细胞是免疫系统中最重要的免疫细胞之一，负责疫苗抗原的加工，故一旦被 PRRSV 感染破坏，就会造成免疫淋巴细胞的流失，感染猪的免疫功能失调，无法产生对疫苗的良好免疫应答。

**【临床症状】**

感染蓝耳病后由于继发感染的影响，症状常常变得严重而复杂，从而会表现出许多不同的临床症状，在不同国家、不同猪场临床表现差别较大，就是在同一猪场由于感染时间不同，感染的年龄、阶段、用途不同，所表现的临床症状也有所不同。据多年的观察，PRRS 感染母猪、哺乳仔猪、保育—生长猪、种公猪、育肥猪时，其临床症状有共同点，也有明显差异，为易懂、易记和便于诊断，现按猪的不同阶段简介。

(1)共同症状　所有猪感染 PRRS 以后都出现厌食、精神不振和发热，体温达 40～41.5 ℃；体表皮肤发绀、出血。体表皮肤发绀多发生于皮肤远端，如耳、眼、吻突、四肢末端、腹下、阴囊、阴户及臀部等皮肤。皮肤严重发绀呈蓝紫色，出现耳部发绀呈蓝紫色的频度最大，因此，又把 PRRS 称为“蓝耳病”。

皮肤发绀呈蓝紫色是 PRRS 的初期症状(图 7-1-26 至图 7-1-28)。体表皮肤出血是 PRRS 病程发展的一个重要症状阶段。体表皮肤出血一般表现 3 种情况：①全身皮肤毛孔四周或附近密布针尖状出血点，饲养员和兽医称之为“毛孔出血”，这种出血点一直为针尖大，不会扩大，若病情好转，出血点会逐渐消失(图 7-1-29)。②公猪阴囊特有出血：公猪感染 PRRSV 后，最常见的症状是阴囊皮肤出血，阴囊皮肤刚开始出血时是密密麻麻的淡血点，远看似淡血斑；出血点随着病情发展(中期)越来越明显、越来越严重，变为蓝紫色(图 7-1-30)；再进一步发展(后期)蓝紫色出血灶坏死、干涸、硬结，类似蓝色球形结痂(图 7-1-31)。③PRRS 病猪全身出现菜籽粒状出血，这种出血随病程的发展逐渐增大到芝麻粒大乃至绿豆大，最后增至指头大小，边增大边变成蓝紫色，到了指头大就坏死、干涸、硬结，最后成为一个个蓝紫色凹陷的瘢痕

(图 7-1-32)。

(2)母猪的症状　妊娠母猪感染 PRRSV 后主要造成晚期流产，早产，产死胎、木乃伊胎，产弱仔及弱仔数增多，部分母猪皮肤“毛孔出血”。

母猪妊娠早期对 PRRS 感染有一定的抵抗力，一旦受到感染可使妊娠率低下或妊娠中止；母猪感染 PRRSV 后，最先出现的症状是厌食，体温升高达 41.5 ℃左右，同时表现呼吸困难、咳、喘，然后就出现流产，早产(妊娠 104～112 d)，产死胎、木乃伊和产弱仔等繁殖障碍症状；少数在妊娠 116～117 d 才分娩，发病率平均在 13%以上(4.1%～22.5%)，产死胎、木乃伊的母猪占分娩母猪数的 50.3%(17.5%～74.1%)，说明本病的危害性之大。

(3)哺乳仔猪的症状　哺乳仔猪往往是经胎盘感染后生下的弱仔发病，这种弱仔多在产后 24 h 内死亡。不论是早产、正产、延期产出的仔猪，3～4 d 后就出现毛焦、消瘦、鼻唇干燥。这些猪表现呼吸困难、体温升高、发抖，四肢做游泳状姿势，站立不起，拉稀，无力吸乳，死亡率高。

(4)保育—生长猪的症状　这个阶段感染 PRRSV 以后，常突然出现厌食，体温升高达 40.0～41.5 ℃，眼眶浮肿、发绀呈蓝紫色，吻突发绀呈蓝紫色，耳发绀呈蓝紫色的三蓝现象。皮肤毛孔出血或坏死、干涸。公猪阴囊、母猪阴户也常发绀。还有少数患猪出现贫血、黄疸症状。这一阶段的猪很少出现呼吸困难，经解热和抗病毒治疗，临床症状可以消失，增重缓慢，部分病猪症状消失后，过一段时间会出现反复，无继发感染症状者死亡率较低。

(5)成年公猪的症状　PRRS 感染成年公猪一般不出现临床症状，只有在种公猪频繁配种、体质消瘦和有其他继发感染时才会出现厌食、体温升高或阴囊出血发绀、性欲下降、精子数量减少及活力下降等情况。

(6)带毒感染问题　成年公猪感染 PRRS 后虽一般不表现临床症状，但从感染后 1～4 d 就向外排毒，由于公猪的品种不同，向外排毒的时间也不同。有报道介绍：大约克夏公猪的散毒时间短，一般为 3～12 d。公猪感染后散毒传染其他猪，也可通过胎盘垂直感染，造成流产、早产、死胎、木乃伊胎和产下带毒的弱仔。

特别要注意的是：PRRS 弱毒疫苗接种健康猪后，能向外散毒，种公猪可通过精液散毒，妊娠母猪可垂直感染和向外排毒感染仔猪。

**【病理变化】**

感染 PRRSV 后发生流产、早产的母猪胎盘大块状出血，胎膜上常有血疱，血疱触之有硬感，切开鲜红色血疱，内为浓稠的血液，黑红色血疱内为糊状的黑红色血(图 7-1-33、图 7-1-34)，流产胎儿与胎膜剥离，胎盘上有出血斑(图 7-1-35、图 7-1-36)。

PRRS 母猪产出的死胎多发生腐败自溶，胎膜上常有黑红血疱(图 7-1-37)。流产胎儿、死胎或母猪死后剖出的胎儿病理变化有 3 个共同点：①皮下广泛性出血并发生红色胶样变；②心脏冠状沟、纵沟周围出血，红色胶样变(图 7-1-38)；③肾皮质部出血。弱仔或仔猪患 PRRS 死亡后，多见眼四周水肿，肺变为灰白色、间有红色斑块、不塌陷，称“花斑肺”(图 7-1-39、图 7-1-40)；肾表面有灰白坏死灶或针尖大出血点，部分肾间质扩大。

## (二)高致病性蓝耳病

**【流行病学】**

从 2006 年夏秋季开始，我国部分地区暴发严重的猪疫情，对养猪业造成很大损失。大多数人把它称为“高热病”，也有的称之为呼吸道综合征。本次疫情以高热、高发病率、高死亡率和治疗效果不佳、饲料报酬降低、母猪繁殖障碍、生长速度下降以及猪群整体的均匀度下降等为特征。以前对于引起此病的病原有很多说法：先有“流感说”，后有“蓝耳病说”“变种蓝耳病说”以及“不知名的新病说”等。2006 年 9 月，人们综合分析湖南、河南、山东等地疫情，提出“高热病”疫情最重要的元凶就是“蓝耳病”，通过采取积极保健防控措施后取得了良好效果。2007 年 1 月经有关专家对猪“高热病”病因调查分析，通过对分离到的病毒采用全基因序列分析、回归本动物感染实验等技术手段，最终确定变异猪蓝耳病病毒是猪“高热病”主要病原，并定名为高致病性蓝耳病。

高致病性蓝耳病造成严重损失的主要原因是：①在疫情暴发之初，部分地区部分养殖户将病死猪乱扔或者到市场甩卖发病猪，导致疫情扩散。②猪舍设计不合理、通风不良，空气中氨气浓度高，呼吸道损害，抗病力下降，造成继发感染。③霉菌和霉菌毒素的影响，导致抗病力下降。④高温地区由于没有通风设施导致高温潮湿，病菌繁殖，使得疫情更趋严重；供水设备不良引起病猪缺水，部分猪出现休克、肺水肿死亡。⑤免疫不到位，猪群没有建立起对蓝耳病的特异性抗病力。⑥猪价低迷时，普遍忽视了对母猪和仔猪的营养供给及管理，猪群的非特异性抗病力低。⑦治疗不当，用药过量，加重死亡。

**【临床症状】**

高致病性蓝耳病临床特征：怀孕母猪大批流产、产死胎、早产、产弱仔，怀孕母猪流产率达 30%，严重的可高达 70%～80%；哺乳母猪严重缺奶，甚至无乳；乳猪发病死亡率随日龄的加大而下降，10 日龄以内死亡率为 70%～100%，10 日龄以上一般为 20%～50%；生长猪和育肥猪出现呼吸道感染症状，育肥猪发病率高，症状严重，死亡率也较高；种公猪症状轻微，只表现咳嗽、昏睡、厌食，精液品质明显下降。此外，感染本病还表现出共同的重要临床特征，即患猪出现结膜炎、眼睑和结膜水肿，个别出现球结膜水肿、目光阴森。

## 四、猪伪狂犬病

**【病原】**

猪伪狂犬病(PR)是由伪狂犬病病毒(pseudorabies virus)引起的多种家畜及野生动物共患的急性传染病。该病引起妊娠母猪发生流产，产死胎、木乃伊胎；仔猪感染出现神经症状、麻痹、衰竭死亡，15 日龄以内仔猪感染，死亡率可高达 100%。除猪以外的其他动物感染发病后，通常具有发热、奇痒及脑脊髓炎等症状，均为致死性感染，常呈散发。

**【流行病学】**

所有哺乳类家畜对伪狂犬病都易感，猫高度易感；绵羊敏感性高，在畜群中能重新激活隐性感染动物；犬中度易感；啮齿类动物在传播伪狂犬病中起重要作用。未获得免疫力而第一次感染暴发伪狂犬病的猪群，会带来灾难性的后果：可以在 1 周内传染至全群，仔猪有 90%以上的感染、死亡；成年猪出现呼吸道感染症状；妊娠母猪流产；病毒可经胎盘、阴道黏液、精液和乳汁传播。

伪狂犬病病毒抵抗力相对差：在潮湿、pH 6～7 的环境中该病毒最稳定；在 4～37 ℃、pH 4.3～9.7 时，经 1～7 d 病毒失去活力；对干燥尤其是阳光直射具有很高的敏感性。

**【临床症状】**

伪狂犬病的症状取决于被感染者的年龄，年龄不同症状也不一样。妊娠母猪感染伪狂犬病主要表现流产，产死胎、木乃伊胎，其中以产死胎为主。

统计33例伪狂犬病流产母猪的胎次，1～7胎都有流产，其中头胎母猪7头、2胎母猪4头、3胎母猪6头、4胎母猪7头、5胎母猪4头、6胎母猪3头、7胎母猪1头。流产时的胎龄，上述33例流产母猪流产时的胎龄（妊娠时间），附植前、胚期和胎期都有流产，但多数发生在胎期，36 d以后流产的30头，占91%；附植前（17 d以前）流产的2头，胚期只流产1头，这两个时期共流产3头，只占9%。值得注意的是，在胚期中，妊娠60 d以上发生流产17头，占54%。流产胎儿的胎龄无论大小都很新鲜，胎膜呈灰白色坏死，坏死层逐渐脱落，使胎膜变得很薄，呈现明显的胎盘炎（图7-1-41）；胎儿体表常见出血斑点（图7-1-42）；母猪一般无异常表现，体温、食欲正常。

二维码7-1-2　猪伪狂犬病（视频）

一头母猪可以产下不同胎龄的死胎（图7-1-43）。

少数产木乃伊胎，所产的木乃伊胎大小都有，小的长度小于17 cm，大的长度大于17 cm，全窝都是木乃伊胎，在很大程度上与伪狂犬病有关（图7-1-44）。细小病毒感染所产木乃伊胎长度都小于17 cm，这是细小病毒感染和伪狂犬病病毒感染的鉴别点。

新生仔猪发病，多于生下第2天开始发病，3～5 d内是死亡高峰期，19日龄内仔猪感染后病情较严重，常常死亡。猪龄越小，感染后死亡率越高。病仔猪常表现明显的神经症状，昏睡、哼叫、呕吐、拉稀。患猪一般无瘙痒症状，个别病猪出现瘙痒。神经症状是本病的特点：开始常见的兴奋状态是盲目走动、步态失调，继之突然倒地，反复痉挛，口吐白沫（图7-1-45），四肢划动，有的角弓反张，有的站立不稳，有的呈游泳姿势，有的因后躯麻痹呈兔子般跳跃。曾发现一头伪狂犬病血清学阳性母猪，产仔12头，不同时期的死胎5头，木乃伊胎2头，5头活仔14日龄先后发病，表现呕吐、转圈、共济失调、倒地呈游泳状、角弓反张等症，体温41.0 ℃。

断奶以后的仔猪发病症状较轻，常表现厌食、高热、喷嚏、咳嗽、呼吸困难等呼吸道病状，偶尔也出现震颤、共济失调等神经症状和呕吐、拉稀，死亡率为10%～20%。

公猪患病主要表现睾丸炎。

**【病理变化】**

伪狂犬病猪的病理变化主要表现为非化脓性脑炎，脑充血、出血（图7-1-46）、水肿；肝、肾和心脏出现1～2 mm大小的黄白色坏死点；肺充血、水肿，上呼吸道常见卡他性和出血性炎症，气管和支气管内有白色泡沫状液体；胃肠黏膜常见卡他性、出血性炎症；流产母猪胎盘呈坏死性胎盘炎，胎儿表面有血斑点。

二维码7-1-3　PCR方法（视频）

## 五、圆环病毒病

圆环病毒分为两种，一种是圆环病毒1型（PCV1），另一种是圆环病毒2型（PCV2）。圆环病毒1型引起仔猪先天性肌震颤，圆环病毒2型引起断奶仔猪多系统衰竭综合征（PMWS），下面分别介绍。

### （一）圆环病毒1型（PCV1）

仔猪先天性肌震颤（congenital tremors of piglet）是仔猪刚出生后不久，出现以全身或局部肌肉阵发性痉挛为主的疾病，俗称“小猪跳跳病”或“小猪抖抖病”。纯种和杂种仔猪都可发生，发病率为4%～7%。

【流行病学】

病毒经口腔、呼吸道等途径感染不同年龄的猪群，以妊娠母猪或肥育猪易感，但呈隐性感染，不表现临床症状，母猪偶尔可发生流产或产木乃伊胎。病毒在母体内通过子宫、胎盘垂直感染胎儿，胎儿在子宫内不存在水平传染。母猪产过一窝或两窝病猪后，不再发病。该病在美国、加拿大、法国等国都有广泛深入的研究，近年来韩国、日本也有报道，我国的规模化猪场中呈散发性流行。

【临床症状】

妊娠母猪一般不表现症状；新生仔猪出生后当即或不久出现肌肉阵发性痉挛，同窝仔猪可以整窝发病，也可以部分发病，症状轻重不一，同窝仔猪发病越少，则症状越轻，全窝发病则症状严重；症状轻的仅见耳朵、尾巴轻微颤动且不易观察到，严重的全身抖动、呈跳跃姿势、行走困难、容易跌倒；随着病猪日龄的增加，症状逐渐减轻或消失，死亡多是由于全身或颈部强烈震颤，无法自主吃奶而饿死。

### (二)圆环病毒2型(PCV2)

PMWS已成为危害养猪生产的主要疫病之一。

【流行病学】

PMWS最早于1991年在加拿大发生，1996年正式报道，此后世界各地都报道有该病发生和流行。PMWS多发生于5～12周龄的仔猪，一般于断奶后1周内发病，发病率为20%～50%不等。急性发病猪群最初的死亡率在10%左右，由于继发细菌或其他病毒感染，死亡率会大大提高，可高达30%以上。除病死猪外，影响大的还有猪只增重缓慢，甚至不增重。据华中农业大学琚春梅等对临床1 257例送检血清用ELISA方法进行检验，PCV2总阳性率为57.27%，仔猪阳性率为30.73%，肥猪阳性率为64.93%，母猪阳性率为71.50%，公猪阳性率为70.27%。这些数据说明，PCV2在我国普遍流行，而且抗体阳性率随年龄增长而升高，但在临床上出现症状的主要是断奶前后的仔猪。

【临床症状】

PMWS最常见的临床症状是猪只渐进性消瘦和生长迟缓，由于肌肉部分的消耗，整个患猪的脊背变成显著的尖突状；猪的头部、耳部与其变瘦及苍白的躯体显得不成比例。其他症状有呼吸困难、咳嗽、消化不良、腹泻、贫血和黄疸(图7-1-47)，发病后期还可见腹股沟淋巴结肿大，多数猪体温达40.0 ℃左右。

【病理变化】

PMWS病死猪剖检时最常见全身淋巴结，特别是腹股沟淋巴结、肠系膜淋巴结、肺门淋巴结、颌下淋巴结等肿大；淋巴结切面外观前期灰白、多汁、质地均匀，后期出血。肺肿胀，间质增宽，质地变硬，不塌陷，肺表面有局灶性出血性炎症，呈弥漫性斑驳状(图7-1-48)；胃变小，肠道纤细，胃黏膜可见溃疡灶，肠壁变薄；肝可从中度黄疸到明显的萎缩；肾髓质部常见散布性或浸润性的白色病灶，并常伴有肾盂周围水肿，致肾明显肿大，有些猪肾脏表面密布点状出血；由于继发感染，常发生胸膜炎、腹膜炎和心包炎。

【与PMWS有关的两种疫病】

PMWS和下列两种病互有影响、互有关系：

(1)猪繁殖与呼吸障碍综合征(PRRS)　在PMWS病例中，有60%左右与PRRS同时感染。这两种病均对猪只的免疫系统及免疫细胞造成伤害，最明显的病变为淋巴结肿大。目前，造成保育猪大量发病、死亡的主要原因就是 PMWS 和 PRRS 这两种病。PRRSV 会增强 PCV2 的增殖速度，使病情恶化，更容易遭受第二次细菌感染，而使死亡率增高。

(2)猪皮肤炎及肾病综合征(PDNS)　PDNS 通常发生于 7～17 周龄的猪只，患猪皮肤上会出现紫色病灶，有时呈群集状，且大部分在会阴部、臀部及四肢的皮肤出现水肿、发炎、点状出血坏死(图 7-1-49、图 7-1-50)。食欲不振，有时体温升高。发病猪通常会在 3 d 内死亡；有些病例在出现症状后 2～3 周才死亡。

剖检病死猪主要表现坏死性皮肤炎和动脉炎，以及渗出性肾小球性肾炎及胸、腹腔积水。

在大部分病猪的血清中，常有 PMWS 和 PDNS 两种病原的抗体存在。

## 六、猪流行性感冒

**【病原】**

猪流感(SI)是由 A 型猪流感病毒引起的猪的一种急性、高度接触性传染性疾病。以突然发病、咳嗽、流鼻液、呼吸困难、衰竭及迅速康复为特点。

猪流感病毒(SIV)属于正黏病毒科，具有多种形态，呈球状、丝状或不规则形状，有囊膜，核衣壳呈螺旋对称，直径在 80～120 nm。流感病毒根据共同核心蛋白、基质蛋白和核蛋白特性，可分为 A、B、C 三个血清型，而只有 A 型流感病毒作为猪流感的病原具有临床意义。

病毒表面覆盖有纤突，纤突由血凝素(HA 或 H)和神经氨酸酶(NA 或 N)两种糖蛋白构成。血凝素可使病毒粒子吸附到红细胞上并引起红细胞凝集，并可介导病毒与宿主细胞唾液酸受体的连接，同时也是诱导中和抗体的主要靶分子。神经氨酸酶能水解细胞表面受体特异性糖蛋白末端的 N-乙酰基神经氨酸，当病毒在细胞表面成熟时，可移去细胞膜出芽点上的神经氨酸，神经氨酸酶通过破坏唾液酸及相邻糖残基的连接键使病毒从被感染的细胞上释放出来。病毒表面抗原 H 和 N 易发生变异，已知 H 有 16 个亚类(H1～H16)，N 有 9 个亚类(N1～N9)，它们之间的不同组合，使得 A 型流感病毒有许多亚型，而各亚型之间无交叉免疫。猪患流感以 H1N1 和 H3N2 亚型最为常见。

流感病毒以 8 个不连续的 RNA 片段编码 10 或 11 个病毒蛋白。流感病毒基因组的这种分段特性，可使感染同一宿主的两个病毒在复制时可交换 RNA 片段，发生基因“重组”。猪对禽源和人源的流感病毒都具有易感性，被认为是基因重组的“混合容器”宿主。

SIV 仅在猪的上呼吸道和下呼吸道的上皮细胞中复制，且只通过呼吸道途径排出并传播。常从呼吸道器官中分离出来病毒，如扁桃体、呼吸道淋巴结、鼻腔、口咽等，脑是唯一的除呼吸道之外能偶尔分离出少量病毒的组织。SIV 在 9～12 日龄的鸡胚中生长良好，也可用尿囊腔或羊膜腔途径接种。该病毒对多种细胞的感受性很高，如牛肾细胞、猴肾细胞、狗肾细胞、胎猪肺细胞、鸡胚成纤维细胞、人二倍体细胞等。病毒不使细胞产生明显病变，但能形成蚀斑。

SIV 对干燥和低温的抵抗力较强，但对高温的耐受力差。在 −70 ℃稳定，冻干可保存数年。粪便中的病毒在 4 ℃下可存活 30～35 d，20 ℃存活 7 d。在冷冻的鸡的骨髓中可存活 10 个月。加热 60 ℃ 30 min 或 70 ℃ 10 min 便可将病毒杀灭。直射的阳光下 40～48 h 便可灭活病毒。一般消毒剂对病毒均有作用，氢氧化钠、消毒灵、百毒灭、漂白粉、福尔马林、过氧乙酸等多种消毒剂在常用浓度下可有效消灭 SIV。

**【流行病学】**

猪流感病毒在全球各地的猪群中广泛存在，但各地区所流行的病毒亚型有较大差异。在北美，20 世纪 80 年代经典 H1N1 流感病毒的抗原性和基因型具有高度保守性，成为当时的主要病原，但从90年代陆续分离出变异株。随着1998年分离到两种重组的H3N2病毒基因型，北美猪流感发生了明显变化：猪群中广泛分布包含人流感病毒谱系基因（HA、NA及PB1）、经典猪流感病毒谱系基因（M、NP及NS）和北美禽源病毒谱系基因（PA、PB2）的三重重组体（tr）H3N2病毒。随后又陆续出现了重组的trH1N2、trH1N1、trH2N3、trH3N1病毒。通常H1和N1基因来自经典猪流感H1N1，其余基因则来自经典的猪源、人源或禽源tr基因型。这些来自猪源、人源和禽源基因的三重混合被称为“TRIG”基因盒。

在欧洲，自1979年从野鸭传到猪后，占主导地位的H1N1型猪流感病毒具有完整的禽源基因组。这些类禽源的H1N1病毒建立了稳定的谱系，在欧洲大陆猪群中呈地方流行性。欧洲的H3N2猪流感病毒起源于1968年的中国香港人流感病毒，通过与类禽源的H1N1病毒重组，使得H3N2病毒带有人源HA、NA糖蛋白及禽源内部蛋白。从20世纪90年代中期，猪体内开始分离出H1N2病毒，该病毒保留了重组体H3N2病毒的基因，也有人类谱系的H1基因。

在亚洲，猪流感流行病学最为复杂。20世纪70年代后H3N2病毒反复从人类向猪传播。各种H3N2重组病毒遍及亚洲，有部分与欧洲和北美洲谱系的病毒相似，有部分病毒具有亚洲独特性。而人H1N1病毒在亚洲猪体内分布并不是很广泛，目前仅在中国有报道发生。2009年以来，在亚洲多次报道H5N1、H5N2和H9N2型禽流感病毒越过种间障碍传播到猪，出现了世界范围内人类pH1N1流感病毒的发生，此次的流行被称为“猪流感”。随后在多个地区未表现明显临床症状的猪体内分离到pH1N1病毒。

不同品种、年龄、性别的猪对SIV都有易感性，此外人类、家养火鸡、水禽也可感染本病。病猪和带毒猪是主要的传染源。康复猪可向外界排毒6～8周。病猪鼻腔中病毒含量较高，传染性强。本病主要经呼吸道感染，以空气飞沫传播为主。病毒在呼吸道黏膜内增殖，当病猪打喷嚏、咳嗽时病毒经呼吸道分泌物排出，易感动物吸入后即可感染。猪也可因吃下含病毒的肺丝虫的幼虫而感染。

猪流感多发生于气候骤变的晚秋、早春以及寒冷的冬季。阴雨、潮湿、寒冷、运输、拥挤、密集饲养以及营养不良等应激因素，可促使本病发生和流行。本病发病率可高达100%，而死亡率则很低，通常小于1%。若本病继发感染或并发感染其他疾病，则可使死亡率升高。

**【临床症状】**

本病潜伏期很短，从几小时到数天，通常自然发病时平均为4 d，人工感染为24～48 h。突然发病，从第一头病猪出现症状后的24 h内，同一猪场中大部分猪被感染。病猪体温升高至40.3～41.5 ℃，有时可达42 ℃。食欲下降，甚至完全废食，精神委顿，反应迟钝。由于肌肉和关节疼痛，病猪常卧地不起，钻草，打堆，捕捉时发出惨叫声。呼吸急促，呈腹式呼吸，发出轰鸣声，夹杂阵发性痉挛性咳嗽。眼和鼻流出浆液性或黏液性分泌物，有时鼻分泌物带有血色，体重减轻，粪便干燥。病程较短，若无继发感染或并发症，在6～7 d内大部分病猪可自行康复。如有继发感染，则病势加重，可发生纤维素性出血性肺炎或肠炎而死亡。个别病例可转变为慢性，出现持续咳嗽，消化不良，瘦弱，可拖延一个月以上，也可引起死亡。有的妊娠母猪可出现流产，或产死胎、弱胎，仔猪在哺乳期或断奶前后死亡，存活者转为慢性病，但生长率低下。

**【病理变化】**

猪流感的主要病变在呼吸器官。病猪的鼻、喉、气管、大支气管黏膜充血、出血，表面有大量泡沫状黏液。小支气管内充满渗出液。肺部病变主要发生于尖叶和心叶，呈不规则对称。感染的肺病变区和正常区界限分明，病变部坚硬呈紫红色似鲜牛肉状，切面有白色或棕红色泡沫样液体渗出。小叶间出现明显水肿，气道充满血色、纤维素性渗出物。支气管淋巴结和纵隔淋巴结充血、水肿、肿胀。脾常轻度肿大。胃肠有卡他性炎症。

在显微镜下，可见鼻腔、气管、支气管黏膜上皮层细胞变性坏死脱落。气道充满坏死的上皮细胞和中性粒细胞为主的炎性细胞浸润。肺脏上皮细胞变性、坏死。肺门淋巴结、颌下淋巴结、肩前淋巴结周边水肿，可见中性粒细胞浸润。

**【实验室诊断】**

1. 病毒的分离鉴定

通过鼻腔拭子或仔猪的口咽拭子获得黏液样本，加双抗，接种于9～11日龄鸡胚或细胞上，33～37 ℃培养3～5 d。取羊水或细胞培养物做凝集试验。

2. 血凝与血凝抑制试验

待检血清样品需经“胰酶-加热-高碘酸盐方法”处理，以去除血清中非特异性凝集抑制因子。以完全抑制4单位抗原的血清最高稀释倍数作为HI抗体滴度。具体操作步骤参照GB/T 27535—2011《猪流感HI抗体检测方法》。

**二维码 7-1-4　猪流感抗体水平检测(视频)**

3. RT-PCR(反转录-聚合酶链式反应)

本方法具有高度的敏感性和特异性，可分为两类。

第一类对任何A型流感病毒的检测通用，但不能检测病毒亚型，常用于临床样本的初次筛选。第二类用于检测病毒亚型，能区分同一亚型中的不同毒株。

**二维码 7-1-5　RT-PCR方法(视频)**

**【防治】**

免疫接种是预防猪流感比较重要的方法。目前商品化的SIV疫苗主要是经肌内注射的含油佐剂的全病毒灭活苗。由于各地区流行株的差异并且不断有新的SIV亚型出现，因此各地区没有统一的标准疫苗株。在欧洲，SIV商品疫苗主要为过去流行的H1N1和H3N2亚型毒株，此外还有一种三价疫苗(含H1N2、H1N1和H3N2毒株)。在美国，商品疫苗多达7种，其中包括单一H1N1毒株和单一H3N2毒株的单剂苗及代表多个H1和H3分支的五价苗。这些疫苗包括了目前流行的新毒株，与欧洲疫苗相比更贴近生产实际需求，这与美国对疫苗采取灵活的批准程序有关。此外，在美国还广泛使用“自家苗”，但这些疫苗必须是专用疫苗，准许在单一猪养殖场内使用。在我国，主要的商品疫苗主要为H1N1和H3N2灭活疫苗，保护效果一般。

大量试验数据表明，在SIV疫苗中添加油佐剂能提高疫苗保护力。建议初次免疫注射两次，间隔2～4周，母猪每年加强免疫2次。研究发现，在产前对母猪进行常规加强免疫可使仔猪获得长时间的母源抗体，从而保护哺乳期仔猪。但需要注意的是，虽然接种免疫能降低组织中病毒滴度，减少临床症状，但却不能完全阻止病毒在宿主体内传播。

A型流感病毒在自然界中亚型很多，且经常发生变异，各亚型之间缺乏交叉免疫，仅依靠少数几个亚型的疫苗很难有效防制本病。所以严格执行卫生防疫是预防本病的有效措施。保持猪舍清洁、干燥，注重防寒、保暖，定期驱虫，搞好卫生和定期消毒，坚持自繁自养，特别是寒冷、多雨和气候骤变季节应注意猪群的饲养管理，尽量减少发病的各种应激。

目前本病尚无特效的治疗药物。一般用解热镇痛等对症疗法以减轻症状，使用抗生素或磺胺类药物控制继发感染。

## 七、猪流行性腹泻

**【病原】**

猪流行性腹泻(PED)是由猪流行性腹泻病毒(PEDV)引起的猪的一种急性接触性传染病。病猪主要表现为呕吐、腹泻和脱水。临床症状和病理变化与猪传染性胃肠炎(TGE)极为相似。

PEDV 属于冠状病毒科杆状病毒属。病毒粒子呈多形性,倾向于圆形,直径 95~190 nm,外有囊膜,囊膜有花瓣状突起。PEDV 在体外培养比较困难,我国学者将病毒接种猪肠组织上皮细胞和胎猪小肠组织绒毛上皮细胞培养已获成功。早期研究认为 PEDV 没有血凝性,但近期研究发现,经胰酶处理后的病毒能凝集兔的红细胞。目前还未发现 PEDV 有不同的血清型,各地区分离毒株的毒力也没有明显差异。PEDV 对外界环境和消毒药的抵抗力不强,对乙醚、氯仿比较敏感,一般消毒药可将其杀死。

**【流行病学】**

1971 年首先发生于英国,部分地区的架子猪和育肥猪暴发了以前从未发生过的急性腹泻,而哺乳猪不发病。随后蔓延至其他各国,当时被称为“猪流行性病毒腹泻”(EVD)。1976 年,在英国各年龄段猪(包括哺乳仔猪)又暴发了类似的急性腹泻。从而将 EVD 定为 1 型和 2 型,2 型可引起乳猪的发病,而 1 型对 4~5 周龄猪不发病。1978 年在英国和比利时分离到一株类似冠状病毒的病原 CV777,通过猪致病性试验发现 EVD 1 型和 EVD 2 型均由该病毒感染所致。1982 年统一命名为猪流行性腹泻。在欧洲,从 1971 年至 20 世纪 80 年代后期 PED 流行较严重并引起仔猪死亡,但 2000 年后鲜有报道发病,仅 2005 年和 2006 年意大利报道有本病流行。在亚洲,1982 年 PED 最早发生在日本,随后不断发生,至 20 世纪 90 年代乳猪的死亡率从 30%上升到 100%。1993 年我国首次发生 PED,研究发现 PED 占所诊断的肠道病毒感染疾病的 50%。在我国,1993 年以来猪场频繁发生 PED,给养殖业带来巨大损失。

本病仅发生于猪,各年龄猪均能感染发病。哺乳仔猪、断奶仔猪和育肥猪的发病率很高,尤以新生仔猪受害最为严重,致死率可达 100%。母猪发病率较高,达 15%~90%。本病毒主要存在于肠绒毛上皮和肠系膜淋巴结,可随粪便排出,污染周边环境、饲料、水源、交通工具和用具。直接或间接的粪—口传播是 PDEV 主要的传播途径。

通常 PED 在某地区或某养殖场流行几年后,疫情逐渐趋于缓和,随着猪群抗体水平下降,病毒可不断感染失去母源抗体的断奶仔猪或母源抗体较低的新生仔猪,造成 PED 再度暴发,使本病呈地方流行性。PED 常发生在寒冷的冬季和春季,以 12 月份至翌年 1 月份发生最多。

**【临床症状】**

由于 PEDV 在小肠中复制和感染过程较慢,故其潜伏期较长,一般为 5~8 d。病猪临床症状的轻重因年龄的大小而有差异,年龄越小,症状越重。本病最主要的临床症状为水样腹泻,吃食或吃奶后出现呕吐。

1 周龄内新生仔猪常持续腹泻 3~4 d,后因严重脱水而死亡,病死率为 50%,严重时可达 100%。育肥猪在与病仔猪同圈饲养感染后 1 周内发生腹泻,随后逐渐恢复正常。母猪、断奶仔猪精神委顿、厌食、腹泻。成年公猪症状较轻,有的仅出现呕吐,严重者水样腹泻 2~3 d 后便自行康复。

**【病理变化】**

眼观变化主要局限于小肠。小肠扩张,肠腔内充满黄色液体并膨胀,肠壁变薄,肠系膜充血，肠系膜淋巴结水肿。胃内空虚，有的充满胆汁黄染的液体。组织学变化，可见小肠上皮空泡形成和脱落，主要发生于绒毛上部。肠绒毛显著萎缩，常萎缩至原来的2/3。绒毛长度与肠腺隐窝深度的比值从正常的7∶1下降到3∶1。

**【实验室诊断】**

PED在临床症状和病理变化方面与猪传染性胃肠炎无显著差别，只是病死率比猪传染性胃肠炎稍低，且在猪群中的传播速度也较慢，需依靠实验室检测进一步确诊。

1. 病原学诊断

在病猪开始腹泻后收集粪便，直接电子显微镜检查可以观察到PEDV粒子。若病毒的纤突丧失或不清晰，不建议使用直接镜检。也可用RT-PCR检测粪便和小肠样品。

2. 直接免疫荧光检查

取病猪小肠做冰冻切片或肠黏膜抹片，风干后丙酮固定，加荧光抗体染色，在荧光显微镜下检查。在出现腹泻后6 h，在空肠和回肠90%～100%、十二指肠70%～80%出现荧光细胞。

3. ELISA检测

目前已建立了许多ELISA方法，如包被全病毒或从Vero细胞中分离的S病毒蛋白或N病毒蛋白，检测PEDV。在感染后的7 d，可以用阻断ELISA检测到抗体。

**【防治】**

做好检疫、消毒措施，特别是严防病毒进入分娩舍侵害新生仔猪。若连续数窝的断奶仔猪都出现病毒感染，可将仔猪断奶后立即移至别处饲养4周。有学者建议，将妊娠母猪暴露在病毒污染的粪便和肠内容物下，能激发母猪产生较高免疫力，从而缩短本病的流行时间。

在欧洲，PED极少发生，因而未研发本病疫苗。然而，PED在亚洲暴发非常严重，多国都在研制疫苗。在韩国研究发现KPEDV-9毒株在Vero细胞上传93代后，对新生仔猪的致病率降低，在母猪分娩前2～4周口服能诱导产生母源抗体。目前我国主要使用两种疫苗：PEDV甲醛氢氧化铝灭活疫苗，保护率达85%；还研制出PED和TGE二联灭活苗。这两种疫苗免疫妊娠母猪，乳猪通过初乳获得保护，在发病猪场断奶时免疫接种仔猪可减少这两种病的发生。

【实验实训】

## 7-1　猪常见病毒性传染病的诊断和防治

### 一、实训目的

1. 实地考察，了解规模猪场病毒性传染病的发病情况。

2. 深入养猪企业，调查猪场病毒性传染病的防控情况。

3. 深入农村，在养猪集中的村镇，调查农村猪病毒性传染病的流行情况。

4. 深入养猪场(户)参与病毒性传染病的防治，并采集相关病料。

5. 利用开放实验室练习实验室诊断技术。

**二维码7-1-6　猪流行性腹泻防治(视频)**

### 二、实训工具与材料

1. 恒温箱、显微镜、手术刀、手术剪、解剖刀、灭菌镊子、灭菌剪刀、研钵、离心机、离心管、酒精灯、载玻片、盖玻片、试管、灭菌毛细吸管、体温计、注射器等。

2. 生理盐水、煤油、甘油、10%氢氧化钠溶液、液体石蜡、营养琼脂培养基、肉汤培养基、革兰氏染液、亚甲蓝染液、猪伪狂犬病 G g 鉴别诊断凝集实验试剂盒等。疑似伪狂犬病病猪 2 头。

**三、实训方法与步骤**

1. 由老师讲解猪常见病毒性传染病的诊断和防治知识。
2. 由老师简要介绍猪场概况。
3. 学生分组到各养猪车间，对病猪进行详细检查。
4. 对病死猪进行剖检并进行实验室诊断。

**二维码 7-1-7 “猪常见病毒性传染病的诊断和防治”技能考核及防治记录(表格)**

**四、实训案例**

对一个规模化养猪场进行实地剖析，写出“猪常见病毒性传染病的诊断方法”实训报告(500 字左右)，并制定“规模化猪场防控常见病毒性传染病的方案”。

【自测训练】

猪瘟的诊断和防制方法是什么？

# 工作任务 7-2　猪常见细菌性传染病的防治

【基础知识】

## 一、猪传染性胸膜肺炎

**【病原】**

猪传染性胸膜肺炎是由胸膜肺炎放线杆菌(APP)引起的猪的一种高度接触性、传染性、致死性呼吸道传染病。临床和剖检上以纤维素性胸膜肺炎或慢性、局灶性、坏死性肺炎为特征。近年来，随着规模化、集约化养猪的发展，本病的发生呈暴发趋势，对养猪业的危害日益严重。目前，发现猪传染性胸膜肺炎有两种生物型共 15 个血清型，其中生物 1 型中的 1、5、9、10、11 种血清型致病力最强。我国发现和流行的血清型有 1、2、3、4、5、7、8、9、10 等型，但以 1、3、7 型为主，各血清型间缺乏交叉免疫性，这就给本病的诊断及疫苗防治带来困难。

**【流行病学】**

胸膜肺炎放线杆菌是一种呼吸道寄生菌，主要存在于患病动物的肺和扁桃体内，病猪和带菌猪是本病的主要传染源。猪传染性胸膜肺炎的发生受外界因素影响很大，气候剧变、潮湿、通风不良、饲养密度大、管理不善等条件下多发。有一个猪场，突然更换饲料又遇天气突然变冷、降温，200 多头种母猪在 11 d 内有 52 头发病。

该病在我国长期存在，并广泛流行，1990 年由杨旭夫首次报道。“九五”期间，华中农业大学传染病室检测来自全国的 6 700 份血清，阳性率为 53%。胸膜肺炎放线杆菌感染的途径主要是接触传播，病猪或带菌猪通过咳嗽、喷嚏喷出的分泌物和渗出物而传播。各种日龄的猪对该病均易感，25～45 日龄仔猪急性感染后，表现出极高的发病率，发病猪迅速死亡，死亡率极高。急性感染猪传染性胸膜肺炎后，耐过或隐性感染的猪成为带菌猪，是该病再次暴发和流行的潜在传染源，给该病的控制和根除带来困难。

**【临床症状】**

临床症状与猪的日龄、免疫状态、环境因素及病原的感染程度有关。一般分为最急性、急性和慢性三型。

1. 最急性型

一般在断奶到保育舍的保育猪群中突然发生，病猪体温升高达 41.5 ℃左右，发病猪最初表现不吃食、懒动，好似很疲乏，有时出现短暂的腹泻或呕吐，后则出现心衰和循环障碍，表现耳、鼻、眼及后躯皮肤发绀，到了晚期出现严重的呼吸困难和体温下降，临死前从鼻、口内流出血性泡沫（图 7-2-1，详见二维码 7-2-1，下同）。有时，病猪在没有出现临床症状下突然死亡。

**二维码 7-2-1　猪常见细菌性传染病（图片）（图 7-2-1 至图 7-2-56）**

2. 急性型

在一群或不同猪群中逐渐出现病猪，病猪体温在 40.5～41.0 ℃，皮肤发红，精神沉郁，不愿站立，厌食，饮水减少。严重者呼吸困难、张口呼吸、咳嗽。该病暴发时怀孕母猪常发生流产。

3. 慢性型

慢性型多在急性型后或同时出现。病猪轻度发热或不发热，食欲减退，间歇性咳嗽，不爱活动，仅在喂食时很勉强地爬起。此型病猪常常被其他呼吸道感染所掩盖或混淆。个别患猪可发生关节炎及在不同部位出现囊肿，感染血清型 3 时，就常出现这些症状。

**【病理变化】**

肉眼可见病理剖检变化主要集中在胸腔和肺部，肺门淋巴结肿大、出血；气管、支气管黏膜肿胀，其内充满血性泡沫、脓性渗出物（痰）（图 7-2-2）；胸膜炎，胸膜出血，纤维蛋白把肺、胸膜、心包膜、膈肌等不同程度地粘连，剖检时很难分离，常常把肺组织撕破、残留在胸壁等处（图 7-2-3、图 7-2-4），胸膜上有桑葚状肉芽组织增生物（图 7-2-5）。

1. 肺的变化

有不同情况和程度的肺炎，急性期肺水肿。肺炎开始时，肺表面有一薄层黄色胶冻样物，间质增宽，增宽的间质内填满黄色胶冻样物（图 7-2-6、图 7-2-7）。进一步发展，肺呈紫色或紫黑色，变暗、坚硬（多见于膈叶、副叶），与正常的肺组织有明显界线（图 7-2-8、图 7-2-9）。随着病程的发展，变暗、坚硬的肺表面出现两种病变：第一种是密布绿豆大小的白色颗粒样病灶，白色颗粒样病灶深入肺组织内，成为白色颗粒样化脓灶（图 7-2-10 至图 7-2-12），此种变化多见于保育猪。第二种是整个肺泡被炎性渗出物、白细胞、坏死肺组织填满，肺灰褐色、变硬（图 7-2-13）。切面散布白色包囊结节，大小不等，多为绿豆大小，包囊膜较厚，一般为 1～2 mm，包囊内充满坏死的肺组织和钙化样物（图 7-2-14），此种变化多见于成年猪。第二种病变是第一种的发展。以上两种病变是传染性胸膜肺炎的特征性病变。

2. 心脏的变化

常常见到心包腔内有胶冻样物附着在心外膜上（图 7-2-15、图 7-2-16），但剖检患该病的活猪时(颈动脉放血致死后立即剖检),刚打开心包膜时常常见到心包腔内有大量淡黄色、半透明的渗出液(图 7-2-17),过 5 min 左右就变成黄色胶冻样物,附着在心外膜上(气温高时变得慢些,气温低时变得快些)。原来,心包腔内的胶冻样物,猪活着的时候呈液态,猪死后体温下降就变成胶冻样。有时心外膜上有白色絮状物覆盖(图 7-2-18),或心外膜变得粗糙(图 7-2-19)。

## 二、猪支原体肺炎

**【病原】**

猪支原体肺炎(mycoplasmal pneumonia)是由猪肺炎支原体引起的一种慢性接触性呼吸道传染病,又称猪地方流行性肺炎,最通俗、最常用的称呼是猪气喘病、猪喘气病。临床表现以干咳、喘、腹式呼吸为主,病变特征是肺呈融合性支气管肺炎。

**【流行病学】**

不同品种、年龄、性别和用途的猪均能感染,以土种猪和纯种瘦肉型猪最易感,其中,又以乳猪和断奶仔猪的易感性、发病率和致死率高;成年种公猪、母猪和育肥猪多呈慢性或隐性感染。病原体主要存在于病猪或隐性感染猪的呼吸道及其分泌物中,传播途径主要是在接触的场合,通过咳嗽、喷嚏和喘气经呼吸道感染。

猪支原体肺炎一年四季都有发生、流行,没有明显的季节性,但以寒冷的冬天、早春、晚秋发病较多。新疫区常呈暴发性流行,并多为急性经过;老疫区多为慢性经过。卫生条件和饲养管理差是造成本病发生的重要因素。继发感染巴氏杆菌病、传染性胸膜肺炎、副猪嗜血杆菌病等导致病情加重,死亡率升高。

**【临床症状】**

潜伏期肺部出现病变的时间,人工感染为 5～10 d,自然感染为 11～16 d。主要症状以干咳、喘、腹式呼吸为主,尤其在早、晚、夜间、运动、驱赶、气候突变时,表现明显,有黏性、脓性鼻液,严重时呼吸加快,出现呼吸困难、张口伸舌、口鼻流白沫、发出喘鸣声、呈犬坐姿势(图 7-2-20)。无继发感染时,体温一般正常。病程一般为 15～30 d,慢性者可达半年以上。病猪能否治愈与卫生条件好坏有关,条件差时并发症多,病死率高。

**【病理变化】**

猪气喘病的病理剖检变化主要见于呼吸系统,在肺的心叶、尖叶、膈叶及中间叶等处,病初呈现对称性的出血性肺炎 (图 7-2-21),出血被吸收后就成为渗出性或增生性的融合性支气管炎,其中又以心叶最为显著,尖叶和中间叶次之,膈叶病变多集中于前下部。病变部位的颜色为淡红色或灰红色的半透明状,界限明显,像鲜嫩的肌肉样,俗称“肉变”(图 7-2-22、图 7-2-23),病变部切面湿润而致密。随病程延长或病情加重,病变部位颜色加深,呈淡紫色或灰白色,半透明程度减轻,坚韧度增加,俗称“胰变”(图 7-2-24)。如有继发性细菌感染时,则会出现肺的纤维蛋白性、坏死性病变。恢复期,病变逐渐消散,肺小叶间结缔组织增生硬化、表面下陷,周围肺组织膨胀不全。肺门和纵隔淋巴结肿大。部分病猪常发生肺气肿(图 7-2-25)。

## 三、副猪嗜血杆菌病

副猪嗜血杆菌病又称格拉瑟氏病,是由副猪嗜血杆菌引起的一种主要危害断奶前后仔猪的传染病。本病在集约化猪场发病率呈上升趋势,危害严重。

**【病原】**

副猪嗜血杆菌具有多种不同的形态,从单个的球杆菌到长的、细长的以至丝状的菌体,多呈球杆状，革兰氏阴性。是一种条件性、依赖性的致病菌，广泛存在于猪的上呼吸道。目前，副猪嗜血杆菌至少可分为15个血清型，各血清型之间的致病力存在极大差异，以4、5和13型最为流行，4型为中等毒力，5和13型为强毒。副猪嗜血杆菌具有明显地方性特征。

**【流行病学】**

副猪嗜血杆菌只感染猪，主要危害2周龄至4月龄的猪，5～7周龄的哺乳和保育阶段的仔猪易感，其他年龄的猪亦能感染。发病率一般为10%～50%。可以整窝仔猪感染发病，死亡率可高达50%。

本病常由于长途运输、捕捉等应激，在猪只抵抗力降低的情况下发病，故又称“运输病”。近几年来，由于猪免疫抑制性疾病的存在，猪群抵抗力有所下降，副猪嗜血杆菌病在不同省份流行、蔓延，给我国的养猪业带来严重损失，应引起养猪工作者的高度重视。

**【临床症状】**

该病的暴发与环境变化、应激有关，临床症状取决于病菌的血清型和炎性损伤的部位，健康猪群在3～7 d内就很快发病。哺乳和保育阶段仔猪发病后，多发浆膜炎和关节炎。急性病例，最早出现的临床症状是发热，体温一般在40.0～41.0 ℃，眼睑发红、浮肿，皮肤和可视黏膜发绀（图7-2-26）；食欲不振甚至厌食，反应迟钝，肌肉颤抖，腕关节、跗关节肿大，负重无力，跛行，并表现疼痛（图7-2-27、图7-2-28）。初次发病的猪场或与链球菌、猪蓝耳病等混合感染时死亡率很高，可达70%以上。病情严重时，出现呼吸困难、喘、腹式呼吸，有的病猪出现震颤、共济失调，临死前呈角弓反张、四肢划水等症状。

慢性病例呈非典型症状，食欲下降，咳嗽、发热、呼吸困难，四肢无力或跛行，生长缓慢，甚至衰竭而死。

母猪感染可发生流产，公猪感染出现慢性跛行。

**【病理变化】**

剖检副猪嗜血杆菌病死猪主要病变是：肿胀的关节皮下呈胶冻样变（主要见于腕关节、跗关节），关节腔内有浆液性炎性渗出液，四周也常呈胶冻样变（图7-2-29至图7-2-33）。胸腔、心包腔、腹腔多发性浆膜炎，腔内常有大量炎性渗出液，心外膜、肺表面常有纤维蛋白或附着有一层灰白色纤维素性渗出物（图7-2-34至图7-2-37），常发生出血性肺炎或纤维素性胸膜肺炎。

## 四、猪肺疫

猪肺疫又叫猪巴氏杆菌病，是由多杀性巴氏杆菌（*Pasteurella multocida*）引起的一种急性、散发性传染病。急性病例以败血症和器官、组织的出血性炎症为主要特征。

**【病原】**

多杀性巴氏杆菌为一种两端钝圆的革兰氏阴性短杆菌或球杆菌，瑞氏或亚甲蓝染色，菌体呈两端浓染，这一特征对本菌的鉴定具有重要价值。本菌为需氧及兼性厌氧菌；对干燥、日光、热和常用消毒剂的抵抗力不强，但在腐败的尸体中可存活1～3个月；1%氢氧化钠和2%来苏尔等能迅速将其杀灭。

**【流行病学】**

本病一年四季均可发生，但多发于5～9月份。对多种动物均有致病性，在一定条件下各种家畜间可互相感染，黄牛、水牛等互相感染，鸡、鸭等禽间互相感染，至于畜、禽间的感染还不很明显。发病猪无年龄、性别的明显差异，但4月龄以上猪易感性大些。病猪、健康带菌猪是主要传染源。病原随分泌物和排泄物排出，污染环境，又通过消化道、呼吸道、皮肤和黏膜的伤口感染。带菌猪因寒冷、闷热、气候剧变、长途运输等因素刺激使机体抵抗力降低时，也可发病。本病多呈地方性流行，也常与猪瘟、气喘病等混合感染或继发感染。

**【临床症状】**

潜伏期1～5 d。猪肺疫的临床症状有最急性、急性和慢性之分，但与流行方式有关，流行性猪肺疫常表现最急性和急性。

1.最急性型

多发于流行初期，突然发病，体温达41.5 ℃以上，呼吸困难，数小时死亡。

2.急性型

最初体温升高达41.0 ℃以上，甚至达42.0 ℃，表现为咽喉炎症状，颈、咽喉部高热、红肿、坚硬（图7-2-38、图7-2-39）。常呈犬坐，伸长头颈“呼啦”呼吸，发出喘鸣声，或干而短的痉挛性咳嗽，因此，又把该病称为“响脖子”“锁喉风”。此时，若出现口、鼻流泡沫样物（图7-2-40），患猪会很快死亡。

3.慢性型

主要表现为慢性肺炎和慢性胃肠炎症状，体温时高时低，食欲不振，常有下痢现象，发病初期呼吸困难，间有咳嗽，随呼吸鼻孔流出黏液，病程2周以上，多数猪死亡。

**【病理变化】**

最急性型猪肺疫的眼观病变主要有：咽喉部及其周围结缔组织有出血性浆液样浸润，喉头、气管内充满白色或淡红色泡沫样分泌物；全身黏膜、浆膜和皮下组织有大量出血点；全身淋巴结肿大，切面多汁、出血；心包膜和心外膜有出血点（图7-2-41）；肺急性水肿、出血（图7-2-42）。急性型的主要病变是：纤维素性肺炎，肺有不同程度的肝变病灶，其周围常有水肿和气肿，切面呈大理石样纹理（图7-2-43），有的在肺叶上有较大的局灶性化脓灶（图7-2-44）。慢性病例可见肺部较大的肝变区，常有较大坏死区，外面有结缔组织包囊，内有干酪样物；心包、肺胸膜、肋胸膜发生纤维素炎和粘连性变化。

## 五、仔猪大肠杆菌病

新生仔猪腹泻（仔猪黄痢）、仔猪腹泻（仔猪白痢）和仔猪水肿病都是由致病性大肠杆菌引起的仔猪肠道细菌性急性传染病，发病率高，死亡率也高，危害严重。新生仔猪腹泻（仔猪黄痢）以剧烈腹泻、排黄色液状粪、迅速死亡为特征。仔猪腹泻（仔猪白痢）以排乳白色或灰白色带有腥臭的糊状稀粪为特征。仔猪水肿病以头部、胃壁水肿和共济失调、麻痹为特征。

二维码7-2-2 仔猪黄痢的病原与流行病学特征（动画）

致病性大肠杆菌是动物肠道内的正常寄生菌，有些菌型能引起疫病。大肠杆菌是革兰氏阴性、中等大小的杆菌。病原性菌株一般能产生一种内毒素和1～2种肠毒素。大肠杆菌抗原有菌体抗原（O）、表面抗原（K）和鞭毛抗原（H）3种。已知O抗原有167种，K抗原有103种，H抗原有64种。引起新生仔猪腹泻和仔猪腹泻的大肠杆菌常为一定的血清型。大肠杆菌对外界的抵抗力不强，一般常用消毒药均易将其杀灭。

## （一）新生仔猪腹泻

新生仔猪腹泻又叫新生仔猪大肠杆菌病，俗称"仔猪黄痢"，属肠分泌过渡性下痢，肠分泌增多，水分吸收减少，以剧烈腹泻、排黄色液状粪、迅速死亡为特征。

**【流行病学】**

本病的发生无季节性，多见于猪场，单只散养的少见，场内一次发生之后，就延绵不断，特别是规模化养猪场该病十分严重，有的场窝窝发生、头头发病，危害严重。本病发生于7日龄内的哺乳仔猪，生后12 h至2～5日龄发病最多，头胎母猪所产的仔猪由于缺乏母源抗体而下痢严重。带菌母猪为传染源，由粪便排出病原菌，污染母猪皮肤和乳头，仔猪在吃乳和舔母猪皮肤时经消化道感染。

**【临床症状】**

在一窝仔猪中突然有1～2头发病，很快传开，同窝仔猪相继拉稀，开始排黄色稀粪，含有蛋花状凝乳块，腥臭，黄色粪便沾满肛门、尾、臀部，严重者病猪肛门松弛、排粪失禁，不吃乳，消瘦、脱水、眼球下陷，肛门、阴门呈红色，站立不起，1～2 d死亡（图7-2-45）。

**【病理变化】**

尸体严重脱水而干燥皱缩，眼窝下陷。腹腔脏器表面和肠浆膜面有黄白色絮状纤维蛋白附着、严重充血（图7-2-46），肠黏膜呈急性卡他性炎症，脾肿大，腹股沟淋巴结和肠系膜淋巴结肿大、出血，肝淤血，胃、肠道内有多量黄色液状内容物和气泡、气体，黏膜充血、出血（图7-2-47、图7-2-48）。

二维码7-2-3　大肠杆菌分离培养生化鉴定试验（视频）

二维码7-2-4　仔猪黄痢的诊断与防制（动画）

## （二）仔猪腹泻

仔猪腹泻又叫迟发性大肠杆菌病，俗称"仔猪白痢"，以排乳白色或灰白色带有腥臭的糊状稀粪为特征。

**【流行病学】**

仔猪腹泻的发病与日龄有关，7～12日龄的仔猪发病多，12～20日龄的发病次之，生后7 d以内、30 d以上的猪极少发病。一窝仔猪先有1～2头发病，紧接着蔓延至全窝。仔猪腹泻虽然一年四季都有发生，但严寒的冬天、炎热的夏天、阴雨潮湿、圈舍泥泞、气候骤变时发病较多。

**【临床症状】**

发病猪体温常在40 ℃左右，一般出现下痢后体温降至正常。病猪下痢严重，粪便呈深浅不等的乳白色、灰白色、混杂黏液的糊状，少数病例夹有血丝，有特异的腥臭气（图7-2-49），随着病情加重，病猪消瘦，眼结膜及皮肤苍白，脱水，最后衰竭而死（图7-2-50）。

**【病理变化】**

仔猪腹泻无特征性的病理剖检变化，尸体消瘦，腹腔内也常有纤维蛋白附着于脏器表面，肝、脾肿大，腹股沟淋巴结及肠系膜淋巴结水肿或出血，肠内容物为灰白或乳白色糊状，有酸臭气，胃肠有卡他性炎症，肠壁变薄而透明(图 7-2-51、图 7-2-52)，病程长者肝变成土黄色、质地如胶泥(图 7-2-53)，部分病例的胃黏膜呈点状、条状溃疡。

### (三)仔猪水肿病

仔猪水肿病是由溶血性大肠杆菌的毒素引起的仔猪的一种急性、致死性传染病。特征为头部、胃壁水肿和共济失调、麻痹。

**【流行病学】**

本病常发于断奶前后的仔猪，发病最小者见于 3 日龄，最大者 3～5 月龄。春季和秋季多发，呈地方性流行，但常局限于某些猪群，发病率为 10%～35%，有时整窝猪突然全部发病，且死亡率高；有时仅有 1～2 头发病。健壮和生长快的仔猪先发病、发病多。传染源为带菌母猪或病猪，由粪便排出病菌，通过消化道而感染。

**【临床症状】**

突然发病，沉郁，头部水肿，共济失调，惊厥，局部或全身麻痹。多数病猪先在眼睑、脸部、颈部、肛门四周和腹下发生水肿，此为本病的特征。有的病猪做圆圈运动或盲目运动，共济失调；有时侧卧，四肢游泳状抽搐，触之敏感，发出呻吟或嘶哑的叫声；有的前肢或后肢麻痹，不能站立。病程长短不一，从几小时到几天不等，病死率在 90%左右。

**【病理变化】**

剖检病变主要是水肿：面部皮下和眼睑皮下有淡黄色胶冻样水肿；胃壁水肿常见于大弯部和贲门部，在胃的黏膜层和肌层之间有一层胶冻样浸润，严重的厚达 2～3 cm，胃底黏膜有弥散性出血；胆囊壁和喉头周围也常有水肿；肠系膜也常有水肿、肿胀变厚且透亮，切面呈胶冻样；肠系膜淋巴结水肿；肾包囊水肿，髓质有时出血。小肠黏膜常见弥散性出血。心包和胸腹腔常有积液。有的病例没有水肿变化，但内脏出血和肠黏膜出血明显。

## 六、猪链球菌病

猪链球菌病是由 C、D、E、L 等血清型链球菌(*Streptococcus*)引起的猪多种疾病的总称。链球菌病是人畜共患病，有重要的公共卫生意义。

**【病原】**

猪链球菌在猪上呼吸道(扁桃体)是最常见的定居菌，是 C、D、E、L 等血清型链球菌的总称，它有 37 个群，每个群又分 5 个种，以溶血性链球菌引起的败血性链球菌病危害最大。

**【流行病学】**

各年龄段的猪都可感染，表现出不同类型的症状。链球菌在自然界中分布很广，多寄生于动物和人体内，引起动物和人的化脓性疾病、败血症等。2005 年 6 月下旬至 7 月 27 日，四川省资阳市和内江市的散养猪户中发生猪链球菌病，死亡生猪 469 头，山羊 1 只。因非法宰杀、加工链球菌病死猪，导致 152 人感染发病，表现急性高热，伴有头痛等全身中毒症状，重者出现中毒性休克、脑膜炎等症状，死亡 31 人。

本病流行无明显季节性，一年四季均可发生，但以 5～11 月份的夏、秋季发病较多，潮湿闷热的天气多发。大、小猪均可感染，哺乳仔猪的发病率和死亡率较高，中猪次之，大猪少发。有时呈地方性流行。

**【临床症状及病理变化】**

潜伏期 1～3 d 或稍长。根据发病的部位、病变情况以及病程分为败血型、心内膜炎型、脑膜脑炎型、关节炎型、化脓性淋巴结炎型。

1. 败血型

常呈暴发性流行，以成年猪多发，最急性的突然死亡。病程稍长的病猪，体温升高达 40.5～42.0 ℃，耳、颈、腹下等皮肤出现紫红色斑，少数病猪出现多发性关节炎或共济失调、昏睡等神经症状。死后剖检呈败血症变化和全身浆膜炎变化。

2. 心内膜炎型

多发生于仔猪。生前不易发现，呼吸困难，皮肤苍白或体表发绀，很快死亡。

3. 脑膜脑炎型

多发生于哺乳仔猪，发病率和死亡率均高。病初体温升高，显热性病症，继而出现神经症状。有的表现出肺炎症状，呼吸急促，严重者腹式呼吸；不吮乳、不吃料、叫声嘶哑、步态不稳、转圈、空嚼、磨牙；有的病猪出现多发性关节炎，不能行走，继而出现后肢麻痹、前肢爬行、四肢游泳状划动或昏迷不醒、运动障碍等症状，一般在几小时或 1～2 d 死亡。耐过不死者，一个或几个关节肿胀，表现痛感、化脓、跛行或不能站立。死后剖检主要是脑膜充血、出血。

4. 关节炎型

病猪发生一个或多个关节肿胀，肿胀部位先硬，后在局部发生小点状破溃，流出血性、脓性渗出物，形成深入关节腔的瘘管(图 7-2-54 至图 7-2-56)。剖检除关节瘘管坏死外，有的病猪还可见到心内膜炎。

5. 化脓性淋巴结炎型

主要见于颌下淋巴结、咽部和颈部的淋巴结。受到侵害的淋巴结高度肿胀、坚硬，有热痛感，影响吞咽和呼吸，严重者肿胀部软化、破溃，流出脓汁。

【实验实训】

## 7-2 猪常见细菌性传染病的诊断和防治

### 一、实训目的

1. 实地考察，了解规模猪场细菌性传染病的发病情况。
2. 深入养猪企业，调查猪场细菌性传染病的防控情况。
3. 深入农村，在养猪集中的村镇，调查农村猪细菌性传染病的流行情况。
4. 深入养猪场(户)参与细菌性传染病的防治，并采集相关病料。
5. 利用开放实验室练习实验室诊断技术。

### 二、实训工具与材料

1. 手术刀、手术剪、解剖刀、镊子、恒温培养箱、显微镜、载玻片、盖玻片、平皿、酒精灯、试管、接种环、一次性注射器、染色架、水槽等。

2. 血液琼脂培养基、肉汤培养基、香柏油、革兰氏染色液、亚甲蓝染色液、培养基等。疑似细菌性传染病病猪 1～2 头。

### 三、实训方法与步骤

1. 由老师讲解猪常见细菌性传染病的诊断和防治知识。

2. 由老师简要介绍猪场概况。

3. 学生分组到各养猪车间，对病猪进行详细检查。

4. 对病死猪进行剖检并进行细菌学分离。

**四、实训案例**

对一个规模化养猪场进行实地剖析，写出“猪常见细菌性传染病的诊断方法”实训报告（500 字左右），并制定“规模化猪场防控常见细菌性传染病的方案”。

提示：主要从以下三大方面诊断猪常见的细菌性传染病。

1. 病猪的临床诊断。

2. 病猪的剖检诊断。

3. 病猪的实验室诊断。

二维码 7-2-5 “猪常见细菌性传染病的诊断和防治”技能考核及防治记录（表格）

二维码 7-2-6 猪肺炎支原体检验方法

【自测训练】

**一、填空题**

1. 急性猪肺疫主要剖检变化是呈现__________；肺有不同程度的__________。

2. 仔猪大肠杆菌病，临床上可分为 3 种类型，它们分别是__________、__________和__________。

**二、问答题**

如何进行猪细菌性疾病的诊断？

# 项目8
# 猪寄生虫病防治

**能力目标**

- 掌握猪常见寄生虫病的防治技术。

**知识目标**

- 理解猪常见寄生虫病防治的基础理论知识；
- 掌握猪常见寄生虫病防治的技术要点。

## 工作任务 8-1　猪常见寄生虫病的防治

【基础知识】

寄生于猪肠道的线虫主要有猪蛔虫、类圆线虫、猪结节虫、猪鞭虫。前两种主要寄生在小肠内，后两种寄生在大肠内。猪肾虫多寄生在输尿管和肾。

### 一、猪蛔虫

猪普遍感染猪蛔虫，但主要危害仔猪，使仔猪发育不良，甚至形成僵猪，造成死亡。

猪蛔虫寄生于猪小肠中，为淡红色或淡黄色大型线虫，体表光滑，中间稍粗、两端较细，虫体长 15～40 cm，直径 3～5 mm，雄虫尾端似鱼钩状，雌虫尾直。虫卵随粪便排出体外，发育成含幼虫的感染性虫卵。猪吞食的感染性虫卵在小肠内幼虫逸出，钻入肠壁，经血液循环进入肝脏发育，再经血液循环进入右心，经肺动脉到肺泡生长发育后，沿支气管、气管上行到咽，进入口腔，再次被吞下，在小肠内发育为成虫。成虫在猪体内寄生 7～10 个月。

仔猪感染猪蛔虫症状明显，主要表现咳嗽，呼吸和心跳加快，体温升高，食欲减少，营养不良，消瘦，变为僵猪，少数出现全身性黄疸。虫体阻塞肠道或进入胆管时，表现疝痛症状。有的猪出现阵发性、强直性痉挛和兴奋等神经症状。成年猪感染猪蛔虫一般无明显症状。

剖检感染蛔虫的患病猪，可见幼虫在猪体内移行时损害的路径，组织和器官出血、变性坏死，常见肝组织致密，肝表面有灰色幼虫移行的遗迹、出血点、坏死灶(图 8-1-1，详见二维码 8-1-1，下同)；蛔虫性肺炎；小肠内有成虫；胆道中有蛔虫时可造成胆道阻塞，肝黄染、变硬。

二维码 8-1-1 猪常见寄生虫病(图片)
(图 8-1-1 至图 8-1-4)

## 二、类圆线虫

类圆线虫寄生于小肠，分布很广，是危害哺乳仔猪的重要寄生虫。只有孤雌生殖的雌虫寄生，成虫很小，长 3.3～4.5 mm。幼虫可经皮肤钻入，经口、初乳及胎盘感染，经胎盘感染是新生仔猪的主要感染途径；发生胎盘感染时，出生后 2～3 d 即可出现严重症状。

被感染的仔猪，临床上常见腹泻和脱水，严重感染时，10～14 日龄前的仔猪生长停滞、发育不良，并可发生死亡。

## 三、猪结节虫

猪食道口线虫的幼虫在大肠形成结节称猪结节虫。该虫广泛存在，为乳白色或暗灰色小线虫，雄虫长 6.2～9 mm，雌虫长 6.4～11.3 mm。虫卵随粪便排出体外，发育成感染性幼虫，猪吞食后受到感染，该虫致病力虽弱，但哺乳仔猪或育成猪严重感染时引起结肠炎，粪便中带有黏膜，腹泻、下痢，特别是幼虫寄生在大肠壁上形成 1～6 mm 的结节，破坏肠道的结构(图 8-1-2、图 8-1-3)，使肠管不能正常吸收养分(含水分)，造成患猪营养不良、贫血、消瘦、发育不良、衰弱。

## 四、猪鞭虫

家猪和野猪是猪鞭虫的自然宿主，人及灵长类也可感染。成年雌虫长 6～7 cm，雄虫长 3～4 cm，虫体前 2/3 细，约 0.5 mm，深深钻入肠黏膜中；后部短粗，约 0.65 mm，形似鞭子，故称鞭虫。卵呈腰鼓形。鞭虫感染可引起肠细胞破坏，黏膜层溃疡，毛细血管出血，常继发细菌感染。猪鞭虫感染可抑制机体对常在菌的黏膜免疫力，导致发生坏死性增生性结肠炎。临床表现食欲减少，腹泻，粪便带有黏液和血液，脱水死亡。

## 五、猪肾虫

猪肾虫是猪有齿冠尾线虫的别称，是猪的一种圆线虫。该虫是热带和亚热带地区平地养猪的主要寄生虫，分布广泛，危害严重，常呈地方性流行。虫体粗壮，似火柴杆状，棕红色、透明，虫长 2～4.5 cm。寄生于肾盂、肾周围脂肪和输尿管壁等处的包囊中，虫卵随尿液排出，在外界发育成感染性幼虫，经口腔、皮肤进入猪体，在肝脏发育后进入腹腔，移行到肾、输尿管等组织中形成包囊，发育为成虫(图 8-1-4)。感染猪肾虫的病猪初期出现皮肤炎，皮肤上有丘疹和红色小结节，体表淋巴结肿大，消瘦，行动迟钝；随着病程发展，后肢无力，腰背软弱无力，后躯麻痹或后肢僵硬，跛行，喜卧。尿液中有白色黏稠絮状物或脓液。公猪不明原因的跛行，性欲减退或无配种能力。母猪流产或不孕。剖检常见肾盂有脓肿，结缔组织增生，有包囊，内有成虫。

# 工作任务 8-2 猪其他寄生虫病的防治

【基础知识】

## 一、猪疥螨病

猪疥螨病又称猪疥癣、癞病，是由猪疥螨引起的一种接触传染的体表寄生虫病。分布很广，几乎所有猪场都有，能引起猪剧痒及皮肤炎，使猪生长缓慢，降低饲料转化率，因此，防制该病具有重要的经济意义。

疥螨寄生在皮肤深层由虫体挖掘的隧道内，虫体呈淡黄色龟状，长 0.2～0.5 mm、宽 0.14～0.35 mm，背面隆起，腹面扁平并长有 4 对短粗的圆锥形肢，前端有一个钝圆形口器。病猪是传染源，虫体离开猪体后可存活 3 周左右，通过直接接触和环境感染。

病变多由头部开始，常发生在眼圈、颊部和耳等处，尤其在耳郭内侧面形成结痂性病灶（图 8-2-1，详见二维码 8-2-1，下同），有时蔓延到腹部和四肢。剧烈瘙痒，患猪常在圈墙、栏柱等处擦痒，患部常常擦出血，严重者可引起结缔组织增生和角质化，导致脱毛、皮肤增厚，尤其在经常摩擦的腰窝部位，形成结痂，结痂如石棉样，松动地附着在皮肤上，内含大量螨虫，皮肤发生龟裂（图 8-2-2、图 8-2-3）。患猪休息不好、食欲减退、营养不良、消瘦，甚至死亡。根据症状和皮肤病变可做出初步诊断。确诊可在皮肤患部与健康部交界处用刀片刮取痂皮，直至稍微出血为止。直接涂片或沉淀检查。

**二维码 8-2-1　猪其他寄生虫病（图片）**
**（图 8-2-1 至图 8-2-9）**

## 二、猪囊尾蚴病

猪囊尾蚴病又称猪囊虫病，是由寄生于人体内的猪带绦虫的幼虫寄生于猪、人等体内引起的一种人畜共患寄生虫病。有猪囊虫的猪肉不能食用，经济损失较大。

本病多见于散养放牧猪、连厕圈地区的猪，猪吃了有孕卵节片或虫卵的人粪便，六钩蚴从虫卵内逸出，钻入肠壁，经血流到达身体各部，发育成囊尾蚴，寄生在肌肉中最多。猪寄生囊虫一般不表现明显的症状。在屠宰或剖检时在咬肌、腰肌、膈肌、心肌等肌肉内可见有白色泡粒，大小如米粒状，内有一头节，故称“米星猪”（图 8-2-4 至图 8-2-6）。

## 三、旋毛虫病

旋毛虫病是由旋毛虫幼虫和成虫引起的一种人和多种动物共患的寄生虫病。人吃了生的或未煮熟的含旋毛虫包囊的肉引起感染。猪吞食了含旋毛虫的老鼠或吞食了含旋毛虫的生肉引起感染。

旋毛虫成虫很小，寄生于小肠，故称肠旋毛虫；幼虫寄生于横纹肌，故称肌旋毛虫。肌旋毛虫在肌肉中外被包囊，包囊呈梭形，虫体呈螺旋状盘绕（图 8-2-7、图 8-2-8）。

旋毛虫病主要是人的疾病，猪自然感染后影响很小，肌旋毛虫一般无临床症状。

由于猪旋毛虫对人类危害严重，在公共卫生方面有重要意义，是肉品检疫的重要项目之一，方法是采取膈肌脚肉样，撕去肌膜与脂肪，先肉眼观察是否有旋毛虫包囊钙化灶；然后剪取 2～4 个肉粒，压片镜检，发现虫体即可确诊。

预防猪感染旋毛虫的措施是灭鼠，禁用混有生肉屑的泔水喂猪，防止饲料受鼠类污染；预防人的感染要严格肉品卫生检疫，不吃生肉及未熟化的肉，切生肉和切熟肉的刀具、案板要分开，及时清洗抹布、案板、刀具等。

## 四、弓形虫病

弓形虫病是由刚地弓形虫引起的人与多种动物共患的原虫病。在猪中常出现急性感染，危害严重。弓形虫为细胞内寄生性原虫，发育需两个宿主，人和猪等多种动物是中间宿主，猫是终末宿主。

各种品种、年龄的猪均可感染本病，但常发于3～5月龄的猪。可以通过胎盘感染，引起妊娠母猪早产、产出发育不全的仔猪或死胎。临床症状与猪流感、猪瘟相似。病初体温可升高到40～42 ℃，稽留7～10 d；食欲减少或完全不食，大便干燥；耳、唇、四肢下部皮肤发绀或淤血；呼吸加快，咳嗽，吻突干燥；常因呼吸困难、口鼻流白沫、窒息而死亡。耐过猪长期咳嗽及呈神经症状，有的耳边干性坏死，有的失明。

弓形虫病的病理剖检变化主要是肺水肿，肺小叶间质增宽，小叶间质内充满半透明胶冻样渗出物，气管和支气管内有大量黏液性泡沫，有的并发肺炎；全身淋巴结肿大，切面湿润，有粟粒大灰白色或黄色坏死灶，其中，肠系膜淋巴结呈囊状肿胀；肝稍肿，呈灰白色，散布有小点坏死；脾略肿，呈棕红色。

从临床和病理剖检变化很难诊断弓形虫病，必须进行实验室检查。

1. 直接涂片检查

取可疑病猪的肝、脾、肺和淋巴结等做成涂片，用吉姆萨或瑞氏液染色，于油镜下检查，发现月牙形、梭形或弓形滋养体，或者发现卵圆形包囊型虫体时即可诊断。

2. 动物接种

将肝、脾、淋巴结或脑组织等病料制成1∶10混悬液，给小鼠腹腔注射0.2～1 mL，观察20 d，小鼠的腹水、肝、脾、淋巴结中可发现大量弓形虫。

3. 间接血凝试验

血清效价达1∶64时，可判为阳性。

预防弓形虫有两点很重要，一是灭鼠；二是消灭野猫和不让家猫进入猪场。

治疗本病可用磺胺类药物，有较好的效果，如：①磺胺嘧啶每千克体重70 mg、乙胺嘧啶每千克体重6 mg，内服，每日2次，首次量加倍。②12%磺胺甲氧吡嗪注射液每头猪10 mL，每日肌内注射1次，连用4次。

## 五、细颈囊尾蚴病

本病是由细颈囊尾蚴寄生于猪、牛、羊等的肠系膜、网膜和肝表面等处而引起的一种绦虫蚴病。

本病分布广泛，凡养狗的地方，猪一般都会患本病。病原体为寄生在终末宿主犬类动物小肠内的泡状带绦虫的幼虫细颈囊尾蚴。患猪一般不显明显症状，只有在屠宰或剖检时可见肝、网膜、肠系膜上有鸡蛋大小的囊泡，形似“水铃铛”，泡内充满透明的囊液(图8-2-9)。

## 六、棘球蚴病

本病是由细粒棘球绦虫的幼虫——棘球蚴寄生于猪、牛、羊等家畜以及人的各种脏器内引起的人兽共患寄生虫病。

犬、猫等是细粒棘球绦虫的终末宿主，猪吃入被犬、猫粪便中的细粒棘球绦虫的卵污染的饲料、饮水而感染此病。

屠宰或剖检时可见肝、肺表面凹凸不平，此处能找到棘球蚴，切开有液体流出，内有不育囊、生发囊和原头蚴。

## 七、猪肺虫病

猪肺虫病对猪有危害，特别对仔猪危害大，严重感染可引起肺炎，造成咳嗽及呼吸障碍。

猪肺虫呈细丝状、乳白色，寄生于支气管、细支气管及肺泡，故该病又称为肺丝虫病。蚯蚓为中间宿主，猪吞食感染性幼虫或含感染性幼虫的蚯蚓而感染。

轻度感染肺丝虫的猪症状不明显，严重感染时，表现强烈的阵咳、呼吸困难，特别在运动和采食后剧烈。

剖检可见肺膈叶腹面边缘有楔状气肿区，支气管壁增厚、扩张，靠气肿区有坚硬的白色小结节，支气管内有黏液和虫体。

剖检时在支气管及肺组织中发现细丝状虫体可确诊该病，疑似该病时用沉淀法或漂浮法检查粪便中的虫卵（按肠道线虫的检查法）。虫卵呈椭圆形、棕黄色，卵壳表面粗糙不平，内含一蜷曲的幼虫。

预防本病发生的主要措施是防止猪摄入蚯蚓。

【实验实训】

### 8-2　猪常见寄生虫病的诊断和防治

**一、实训目的**

1. 实地考察，了解猪场寄生虫病的发病情况。
2. 深入养猪企业，调查猪场寄生虫病的防控情况。
3. 深入农村，在养猪集中的村镇，调查农村猪寄生虫病的防控情况。
4. 深入养猪场（户），参与猪寄生虫病的防治，并采集相关病料。
5. 利用开放实验室练习实验室诊断技术。

**二、实训工具与材料**

1. 显微镜、离心机、天平、剪毛刀、外科刀、酒精灯、培养皿、试管、试管架、胶头滴管、载玻片、盖玻片、粪盆、镊子、漏斗、牙签或火柴棒、纱布、烧杯、量杯等。

2. 50%甘油生理盐水、液体石蜡、10%氢氧化钠溶液、0.5%敌百虫溶液、伊维菌素注射液、硫酸锌溶液、生理盐水、吉姆萨氏或瑞特氏染色液等。疥癣病猪1～2头，新鲜猪粪。

**三、实训方法与步骤**

1. 由老师讲解猪常见寄生虫病的诊断和防治知识。
2. 由老师简要介绍猪场概况。
3. 学生分组到各养猪车间，对病猪进行详细检查。
4. 找出存在问题，制定规模化猪场防控常见寄生虫病的方案。
5. 预防、治疗猪常见寄生虫病。

**四、实训案例**

对一个规模化养猪场进行实地剖析，写出“猪常见寄生虫病的诊断方法”实训报告（500字左右），并制定

**二维码8-2-2　“猪常见寄生虫病的诊断和防治”技能考核及防治记录（表格）**

“规模化猪场防控猪常见寄生虫病的方案”。

提示：主要从以下三大方面诊断猪常见的寄生虫病。

1. 病猪的临床诊断。

2. 病猪的剖检诊断。

3. 病猪的实验室诊断。

【自测训练】

1. 猪常见的肠道线虫主要有__________、__________、__________、__________等。

2. 猪蛔虫寄生于猪__________肠中，为淡红色或淡黄色大型线虫，体表光滑，中间稍粗、两端较细，虫体长__________cm，直径__________mm，雄虫尾端似鱼钩状，雌虫尾直。

3. 猪肾虫是猪有齿冠尾线虫的别称，它是猪的一种__________虫。该虫是__________带和__________带地区平地养猪的主要寄生虫，寄生于__________周围脂肪和输尿管壁等处的包囊中。寄生猪肾虫的猪初期出现皮肤炎，皮肤上有__________和__________，体表淋巴结肿大。

4. 旋毛虫成虫很小，寄生于__________肠，故称肠旋毛虫；幼虫寄生于__________，故称肌旋毛虫。肌旋毛虫在肌肉中外被包囊，包囊呈梭形，虫体呈__________状盘绕。

**二、问答题**

1. 治疗猪寄生虫病最有效的药物是什么？

2. 实验室诊断猪寄生虫病的主要方法是什么？

3. 如何进行猪疥螨病的诊断、治疗？

4. 猪弓形虫病的临床表现有哪些？如何防治猪弓形虫病？

# 项目9
# 猪常见普通病防治

**能力目标**

- 熟悉猪常见普通病的病因病症；
- 掌握猪常见普通病的防治技术。

**知识目标**

- 了解猪常见普通病防治的基础理论知识；
- 掌握猪常见普通病防治的技术要点。

## 工作任务 9-1 猪常见内科病的防治

【基础知识】

### 一、仔猪低血糖症

仔猪低血糖症是仔猪血糖浓度过低而引起的一种代谢性疾病，又称乳猪病。临床上以明显的神经症状为主要特征。新生仔猪对血糖水平非常敏感，因此本病主要发生于1～7日龄的新生仔猪。本病多发于春季，秋季较少。

**【病因】**

低血糖的主要原因是哺乳不足。最常见的原因是母猪怀孕期间饲养管理不当，引起母猪少乳或无乳，母猪不让仔猪吮乳或仔猪头数多母猪乳头少而吃不到母乳，使仔猪饥饿而发病；仔猪因患大肠杆菌病、链球菌病、传染性胃肠炎等疾病，吮乳减少，兼有糖吸收障碍而发病；生后7 d内的仔猪糖原异生能力差，是此病发生的内在因素。

据报道，仔猪肠道内缺少消化乳汁所必需的乳酸杆菌，引起消化不良，也是导致本病发生的因素；圈舍温度过低、潮湿等是诱发本病的主要因素。

新生仔猪在生后第一周内，因其糖代谢调节机能发育不全，糖原异生能力差，肝糖原贮存少，血糖主要来源于母乳和胚胎期间贮存的肝糖原的分解，如果吮乳不足，有限的能量储备很快耗尽，极易导致低血糖的发生。仔猪血糖低时，脑组织首先受影响，病猪呈现抽搐、昏迷等神经症状。另外，低血糖导致肌糖原不足，三磷酸腺苷（ATP）生成减少，肌肉收缩无力，病猪四肢软弱，卧地不起。因肌肉、肝产热减少，病猪体温降低。

【临床症状】

仔猪多在出生后 1～2 d 发病，有的可在第 3～4 天发生。常见同窝仔猪 30%～70%发病，也有全窝发病的。

病初被毛粗乱，精神沉郁，四肢无力，肌肉震颤，运动失调，停止吮乳，离群伏卧或钻入垫草昏睡；皮肤发冷苍白，体温低下，常在 37 ℃或更低；颈下、胸腹下及后肢等处浮肿。后期病猪表现痉挛抽搐，磨牙虚嚼，口吐白沫，眼球震颤，头向后仰或扭向一侧，四肢僵直或作游泳样运动。最后昏迷不醒，意识丧失，很快死亡，病程不超过 36 h。

【防治】

预防本病要加强妊娠母猪的饲养管理，尤其是妊娠后期应给予营养全价的饲料，及时治疗乳房炎。仔猪出生后应尽快吃足初乳并按体质强弱固定乳头。当仔猪过多时应尽早寻找代乳母猪或进行人工哺乳。在冬季和早春产出的仔猪，生后第 1 天和第 3 天各口服 25%～50%的葡萄糖溶液 10 mL，有良好的预防效果。

治疗本病最主要的措施是早期尽快补糖。临床可用 5%或 10%葡萄糖液 20～40 mL、维生素 C 10 mL，腹腔或皮下分点注射，每隔 4～6 h 一次，连续 2～3 d，有良好效果。也可同时口服 25%葡萄糖液，每次 15～20 mL，或喂饮白糖水。

## 二、新生仔猪溶血病

新生仔猪溶血病又称新生仔猪同种免疫性溶血性贫血。本病是母猪血清和初乳中存在抗仔猪红细胞抗原的特异血型抗体所致的新生仔猪急性血管内溶血，临床上以贫血、血红蛋白尿和黄疸为特征。

【病因】

基本病因是仔猪与母体的血型不相合。具体发病机理为：父母血型不合，而仔猪继承的是父亲的红细胞抗原，仔猪红细胞抗原突破胎盘屏障进入母体血液循环中，刺激母体产生对抗仔猪红细胞的特异性同种血清型抗体，抗体（IgM）分子量大，不能通过胎盘，不影响胎儿，但母体抗体在乳腺内浓集，并分泌于初乳中。仔猪出生后，吸吮了含有高浓度抗体的初乳，抗体经胃肠吸收，直接与红细胞表面抗原特异性结合，并激活补体，引起急性血管内溶血。

猪红细胞表面抗原分 16 个系列，其中活性最强的是 A 血型抗原。A 血型抗原公猪和非 A 血型母猪交配，仔猪如继承了公猪的 A 抗原，则母猪血清内将会产生特异性 A 血型抗体，并聚集于初乳中。但新生仔猪的胃液和血浆内有可溶性 A 抗原存在，初乳中的 A 血型抗体首先被胃液内的 A 抗原所结合，少量通过胃肠吸收的 A 抗体又被血浆内游离 A 抗原所结合，极少能抵达靶细胞与表面抗原接触而导致溶血。实际发生仔猪溶血病，主要是母猪在妊娠前后曾多次接种含不同血型抗原的猪瘟结晶紫疫苗，血清中产生和初乳中浓集的同种血型抗体凝集效价很高，与新生仔猪胃液和血浆中游离抗原结合后剩余的抗体，抵达靶细胞与红细胞表面抗原结合而导致血管内溶血。

母猪体内如此产生的同种血型抗体，持续的时间相当长久，有时可连续使几胎仔猪发病。

【临床症状】

最急性型病例，出生时正常，吸吮初乳后数小时突然发病，表现急性贫血，于短时间（12 h）

内很快陷入休克而死亡。

急性型病例，生后 24 h 显现黄疸及血红蛋白尿。病猪精神委顿、畏寒、震颤，皮肤苍白，结膜发黄，尿色暗红，呼吸增数或困难，个别的因游离血红蛋白晶体堵塞肾小管而发生尿闭，多数在生后 5 d 内死亡。如能耐过第 6 天，则可痊愈康复。血液检验：血红蛋白降至 36～55 g/L，红细胞减少至$(1.5\sim3.1)\times10^{12}$/L。

**【防治】**

立即停吮母乳，由近期分娩的母猪代哺或喂给人工调制的初乳代用品，以终止特异性血型抗体的摄入。

为抑制免疫反应和抗休克，可用皮质类固醇治疗，如氢化可的松注射液 2 mL，维生素 C 注射液 2 mL，肌内注射，每日 1 次，连用 2～3 d；防止感染，进行抗生素疗法；补充铁质、维生素 $B_{12}$ 等，增强造血功能。

仔猪发生本病的母猪，不能用上次配种的公猪配种。

## 三、仔猪贫血

仔猪贫血又称仔猪营养性贫血或仔猪缺铁性贫血，是哺乳仔猪由于缺铁所发生的一种营养性贫血。临床上以血红蛋白含量降低，红细胞数减少，以及皮肤、黏膜苍白为主要特征。本病多发生于 2～4 周龄的哺乳仔猪；以冬春季节多发，特别是猪舍以木板或水泥为地面而不采取补铁措施的集约化猪场发病率较高，发病率可达 30%～50%，有的甚至达 90%，死亡率可达 1%～20%。

**【病因】**

新生仔猪体内铁贮存量低，且出生后由于仔猪生长发育迅速，需铁量大。1 周龄时体重为初生重的 1 倍，3～4 周龄则增重 4～6 倍。全血容量亦随体重而相应增长，1 周龄时比出生时增长 30%，到 3～4 周龄时则几乎成倍增加。为合成迅速增长的血红蛋白，每天需铁 7～15 mg，而母乳中供铁不足，哺乳仔猪在生后 3 周内，从母乳中仅能获铁 23 mg，即平均每天获铁约 1 mg，远远不能满足快速生长对铁的需要。仔猪不接触土壤，又没有补充铁剂，母猪营养不良，铜制剂补充不足等，均可引起本病。

**【临床症状】**

一般在 2 周龄发病，开始出现贫血。发病后精神沉郁，离群伏卧，食欲减退，体温不高，消瘦，被毛粗乱无光。可视黏膜苍白，轻度黄染，光照耳壳呈灰白色，几乎看不到血管，针刺亦很少出血。呼吸增数，脉搏疾速，心区听诊可听到第一心音增强或有贫血性杂音，稍微活动即心搏亢进，喘气不止。

血液色淡而稀薄，不易凝固。红细胞数减少至 $3\times10^{12}$/L 以下；血红蛋白含量可降至 20～40 g/L。

本病常于 2 周龄表现症状，3～4 周龄病情加重，5 周龄开始好转，6～7 周龄康复。6 周龄仍不好转的，大多预后不良，多死于腹泻、肺炎、贫血性心肌病等继发症。

**【防治】**

治疗主要是补充铁制剂：右旋糖酐铁注射液 2 mL(每毫升含铁 50 mg)，每次 2 mL 深部肌内注射，一般一次即可，必要时隔周再注射一次；或葡聚糖铁钴注射液，2 周龄内每次 2 mL，深部肌内注射，重症者隔 2 d 重复注射一次。可配合维生素 $B_{12}$、叶酸等进行治疗。

硫酸亚铁 21 g、硫酸铜 7.0 g，纯净水 1 000 mL，每次每头仔猪剂量为 4 mL，用茶匙灌服，每天一次，连服 7～14 d；或每天灌服 1.7%的硫酸亚铁 4～5 mL，连用 1～2 周；或还原铁每次灌服 0.5～1 g，每周 1 次。

妊娠母猪分娩前 2 d 至产后 27 d 的 1 个月期间，每天补饲硫酸亚铁 2～4 g。

猪舍若是水泥地面，仔猪生后 3～5 d 即应补铁，方法是将上述的铁铜合剂涂抹在母猪的乳头上，任其自由舔吮，或逐头按量灌服。生后 3 d 一次肌内注射葡聚糖铁 100 mg，预防效果更加确实。

**【安全用药】**

硫酸亚铁口服对胃肠道有刺激性，可引起食欲减退、腹泻、腹痛等，故宜于饲后投药；用药量不宜过大，因铁与肠内的硫化氢结合，生成的硫化铁具有收敛作用，易导致便秘；如发生便秘，应停药数天。

葡聚糖铁注射液(商品名：牲血素)的刺激性较强，应深部肌内注射。用量过大时可引起毒性反应，表现不安、出汗、呼吸加快甚至发烧。

## 四、感冒

感冒是由于受风寒刺激而引起的鼻黏膜或上呼吸道黏膜的急性卡他性炎症。临床特征为体温突然升高，咳嗽，羞明流泪和流鼻涕。

**【病因】**

主要发病原因是突然遭受寒冷袭击，如气温骤变，特别是大风、降温时多发。圈舍阴凉、贼风侵袭、长途运输遭风吹雨淋等均可发病；动物营养不良、管理不善、抵抗力降低时，更易发病。本病常发生于早春、晚秋及冬季。

**【临床症状】**

精神沉郁，头低耳耷；咳嗽、打喷嚏，流清亮鼻液；眼结膜潮红、流泪；重者体温升高，全身战栗，呼吸、脉搏数加快。

皮温不整，末梢发凉，寒战，喜钻垫草。重者由于肌肉疼痛、僵硬而表现行走迟缓、步态僵直或喜卧少站。

可据病史、临床症状诊断。应与流行性感冒进行鉴别诊断。本病呈散发性、病程短，无传染性。

**【防治】**

本病的治疗原则是解热镇痛，祛风散寒，防止继发感染。

解热镇痛：用安乃近、安痛定、氨基比林等。

防止继发感染：常将解热镇痛药与抗菌药合用。抗菌药可用四环素、土霉素、金霉素、罗红霉素、强力霉素等，也可用青霉素、链霉素或磺胺类。

也可采用中药疗法：

发热轻、怕冷重，耳鼻俱冷，肌肉震颤者多偏寒，治宜祛风散寒，方用杏苏饮(单位：g)：杏仁 5，桔梗 10，紫苏 10，半夏 5，陈皮 10，前胡 5，枳壳 10，茯苓 5，生姜 10，甘草 5，煎汤灌服。

发热重、怕冷轻，口干舌燥，眼红多眵者，治疗宜发表解热，方用桑菊银翘散(单位：g)：桑叶 10，菊花 5，二花 7，连翘 5，杏仁 5，桔梗 5，牛蒡子 10，薄荷 5，生姜 10，甘草 5，煎汤灌服。

## 五、胃肠炎

胃肠炎是胃肠黏膜及其深层组织的重剧性炎症。临床上以体温升高，剧烈腹泻，消化紊乱等全身症状为特征。

**【病因】**

胃肠炎的病因多种多样，大多数是由于细菌、病毒、霉菌、寄生虫等所引起。非病原菌所引起的胃肠炎主要是由于饲养管理不当，饲料品质不良，饲料调制不当，饲料或饲养方式突变等。其次，采食蓖麻、巴豆、刺槐和针叶植物的皮、叶等有毒植物，误食酸、碱、磷、汞、铅等有刺激性的化学物质等，均可引起胃肠炎的发生。也可继发于某些急性、热性传染病，如猪瘟、猪丹毒、仔猪副伤寒、猪蛔虫病等。另外在治疗肠便秘时，反复大量投服泻剂或灌服蓖麻油、番泻叶、巴豆等刺激性强的药物，往往也可继发胃肠炎。当受寒感冒、圈舍潮湿、粪尿污染、长途运输等使猪体防御机能降低时，易受到沙门氏菌、大肠杆菌、坏死杆菌等条件致病菌的侵袭，也易引起胃肠炎。

**【临床症状】**

轻度胃肠炎的主要表现是消化不良，粪便带黏液。严重的病猪由于炎症波及黏膜下层，表现精神沉郁，体温升高，食欲明显减少或废绝，饮欲增加，口腔干燥，气味恶臭，脉搏、呼吸数增加，多发生呕吐，腹部有压痛或呈现轻度腹痛症状。

腹泻是本病的主要症状，粪稀似水样，内含血液或黏液，恶臭。病初肠音亢盛，以后肠音减弱。病至后期，肛门松弛，失禁自痢，里急后重，病猪股后沾满粪便，频频努责，常造成直肠脱。腹泻严重者呈现脱水现象，病猪眼球下陷，皮肤弹性减退，血液黏稠，末梢发紫，尿少色黄，虚弱多卧。出现中毒症状者，多有神经症状，肌肉震颤、痉挛或昏迷。

以胃及小肠炎症为主的病例，腹泻症状不明显甚至粪球干小，口臭，有黄污色舌苔，可视黏膜黄染。有时继发液胀性胃扩张。

**【防治】**

首先应消除病因。治疗原则是：以消炎杀菌、补液解毒为主，辅以清理胃肠、止泻、强心止痛等。

1.抗菌消炎

常用抗菌药如磺胺脒、新诺明、强力霉素、土霉素、喹诺酮类、罗红霉素等。

2.收敛止泻

病初粪便腥臭者，不宜止泻。当粪稀如水，腥臭味不大，不带黏液时，可给予止泻剂。用磺胺脒 3～4 g，活性炭 10～20 g，颠茄酊 2～3 mL，加水适量，一次内服。对粪中带血者，可加入云南白药(0.2～0.5 g)内服。

3.输液疗法

有脱水症状者，静脉注射复方盐水、葡萄糖生理盐水等。

## 六、脑膜脑炎

脑膜脑炎是脑实质及软脑膜发生的炎症，并伴有严重的脑机能障碍性疾病。临床上以高热、脑膜刺激症状、一般脑症状和局部脑症状为特征。

**【病因】**

1. 感染

原发性脑膜脑炎，多数认为是由感染所致。其中病毒感染是主要的，例如疱疹病毒、肠病毒等；其次是细菌感染，如葡萄球菌、链球菌、肺炎球菌、溶血性及多杀性巴氏杆菌、化脓杆菌、坏死杆菌、变形杆菌、化脓性棒状杆菌、嗜血杆菌等。

2. 中毒

中毒因素主要见于食盐中毒、霉玉米中毒、铅中毒及各种原因引起的严重自体中毒等。

3. 继发性因素

继发性脑膜脑炎多见于脑部及邻近器官炎症的蔓延，如颅骨外伤、额窦炎、中耳炎、内耳炎、眼球炎、脊髓炎等。

4. 寄生虫病

脑膜脑炎也见于一些寄生虫病，如脑脊髓丝虫病、脑包虫病、普通圆线虫病等。

**【临床症状】**

由于炎症的部位、性质、持续时间以及严重程度不同，临床表现也有一定差异，但多数表现出脑膜刺激症状、一般脑症状和局部脑症状。

1. 脑膜刺激症状

脑膜脑炎常伴有前几段颈脊髓膜同时发炎，因而背侧脊神经根受到刺激，病畜颈部及背部感觉过敏，对其皮肤轻微刺激，即可出现强烈的疼痛反应，并反射性地引起颈部背侧肌肉强直性痉挛，头向后仰。膝腱反射检查，可见膝腱反射亢进。随着病程的发展，脑膜刺激症状逐渐减弱或消失。

2. 一般脑症状

通常是指运动与感觉机能，精神状态，内脏器官的活动以及采食、饮水等发生变化。病畜先兴奋后抑制或二者交替出现。病初，呈现高度兴奋，体温升高，感觉过敏，反射机能亢进，瞳孔缩小，视觉紊乱，易于惊恐，呼吸急促，脉搏增数；行为异常，狂躁不安，攀登饲槽或冲撞墙壁，不顾障碍向前冲或转圈运动，头部摆动(图 9-1-1 至图 9-1-3，详见二维码 9-1-1，下同)；兴奋哼叫，口流泡沫，头部摇动，攻击人畜；有时举扬头颈，跳跃，狂奔，其后站立不稳，倒地，眼球上翻或呈惊厥状。在数十分钟兴奋发作后，病畜转入抑制则呈嗜睡、昏睡状态，瞳孔散大，视觉障碍，反射机能减退甚至消失，呼吸缓慢而深长。后期，卧地不起，意识丧失，昏睡，出现陈施二氏呼吸，有的四肢作游泳状。

3. 局部脑症状

**二维码 9-1-1　猪常见内科病(图片)(图 9-1-1 至图 9-1-4)**

是指脑实质或脑神经核受到炎性刺激或损伤所引起的症状，主要是痉挛或麻痹。如眼肌麻痹，眼球震颤，斜视，咬肌痉挛，咬牙，吞咽障碍，视觉减退，视觉丧失，味觉、嗅觉错乱。颈部肌肉痉挛或麻痹，角弓反张，倒地时四肢作有节奏运动。某一组肌肉或某一器官麻痹，或半侧躯体麻痹时呈单瘫与偏瘫等。

除上述神经症状外，还有体温升高(41 ℃)，脉搏和呼吸频率加快，食欲废绝等全身症状。

【病理变化】

软脑膜小血管充血(图9-1-4)、淤血，轻度水肿，有的有出血小点。蛛网膜下腔和脑室的脑脊液增多、混浊、含有蛋白质絮状物，脉络丛充血，灰质和白质充血，并有散在的小出血点。慢性脑膜脑炎，有软脑膜增厚，并与大脑皮层密接。病毒性与中毒性的脑膜脑炎，其脑与脑膜血管周围有淋巴细胞浸润。

【防治】

去除病因，加强管理，提高猪的抵抗力可以减少或防止本病的发生。治疗原则是抗菌消炎、降低颅内压和对症治疗。

1. 抗菌消炎

用青霉素、链霉素各4万IU/kg或庆大霉素2～4 mg/kg，静脉注射，每日3～4次。亦可肌内注射氟苯尼考20 mg/kg或林可霉素10 mg/kg，每日3次。或10%磺胺嘧啶钠注射液0.07～0.1 g/kg，静脉注射，或复方磺胺嘧啶钠注射液(含甲氧苄胺嘧啶)0.015～0.02 g/kg，肌内注射，每日2次，连用3～4 d。

2. 降低颅内压

脑膜脑炎多伴有急性脑水肿、颅内压升高和脑循环障碍，视体质状况可适当放血(100～300 mL)，再用等量的10%葡萄糖并加入40%乌洛托品5～12.5 mL，作静脉注射。也可选用25%山梨醇液或20%甘露醇，1～2 g/kg，静脉注射。也可考虑应用ATP和辅酶A等药物以促进新陈代谢。静脉注射时注意药液不能漏到血管外，否则会引起组织肿胀甚至坏死。

3. 对症治疗

先将病猪安放在安静、通风的地方，避免光、声的刺激。若病猪体温升高、头部灼热，可采用冷敷头部的方法，以降低体温。

心功能不全时，可应用安钠咖和氧化樟脑等强心剂；对不能采食者，应适当补液，维持营养。

## 七、心力衰竭

心力衰竭又称心脏衰竭、心功能不全，是指心肌收缩力减弱，导致心输出血量减少，静脉血回流受阻，呈现水肿、呼吸困难、发绀，乃至心搏骤停和突然死亡的一种临床综合征。按病程分有急性和慢性两种。慢性心力衰竭又称充血性心力衰竭；按发生部位分为左心衰竭、右心衰竭和全心衰竭。

【病因】

长途运输，互相攻击，公猪配种过度，均能引起急性心力衰竭。

充血性心力衰竭常继发于急性传染病(口蹄疫、猪瘟、猪细小病毒感染)、寄生虫病(弓形虫病)、中毒病(霉菌毒素中毒、棉籽饼中毒等)、心脏本身的疾病(心包炎、心肌炎、心脏扩张和肥大等)、休克和内毒素血症。

【临床症状】

急性心力衰竭的病猪多表现高度呼吸困难，眼球突出，步态不稳，突然倒地，四肢呈阵发性抽搐，常在出现症状后数秒钟到数分钟内死亡。病程较长者，精神高度沉郁，卧地不起，结膜发绀,浅表静脉怒张,全身出汗,呼吸急促;心动疾速,第一心音高朗,第二心音微弱甚至听不到,心律失常,脉搏细弱几乎不感于手,常在 12～24 h 内死亡。

充血性心力衰竭呈慢性经过。初期精神沉郁,食欲减退,易疲劳,易出汗;运动后呼吸和脉搏频率恢复所需的时间延长,结膜轻度发绀,心率略加快,有的出现心律失常和心杂音。随着病情的发展,病猪体重减轻,心率加快,第一心音增强,第二心音微弱,有的出现相对闭锁不全性缩期杂音及心律失常,心浊音区增大。左心衰竭时还伴有明显的呼吸困难,咳嗽,流出无色或粉红色泡沫样鼻液,肺区有广泛性湿啰音等肺充血和肺水肿的表现;右心衰竭时,伴有结膜发绀,胸腹下水肿,肝脏肿大,腹水等临床特征。

由于各组织器官淤血和缺氧,还可出现腹泻、咳嗽、蛋白尿及反应迟钝、知觉障碍、痉挛等。

**【防治】**

治疗原则是消除病因,增强心肌收缩力,改善心肌营养,恢复心脏功能。

为增强心肌收缩力,增加心排血量,恢复心脏泵功能,可选用洋地黄类药物。临床应用时,一般先在短期内给予足够剂量,以后给予维持剂量。

用洋地黄毒苷 0.03 mg/kg,肌内注射,或地高辛 0.007 7 mg/kg,静脉注射,以后的维持剂量为上述剂量的 1/5～1/7。

为消除钠、水滞留,促进水肿消退,应限制钠盐摄入,给予利尿剂,常用双氢克尿噻 0.05～0.1 g,口服,每日 2～3 次,连用 3～4 d;速尿 2～3 mg/kg 口服或 0.5～1.0 mg/kg 肌内注射,每日 2～3 次,连用 3～4 d,停药数天后再使用 3～4 d。

为改善心肌营养和促进心肌代谢,可使用 ATP、辅酶 A、细胞色素 C 等。

针对出现的症状,采用健胃、缓泻、镇静等对症治疗。

加强护理,限制运动,保持安静,以减轻心脏负担。

## 八、循环虚脱

循环虚脱又称外周循环衰竭,是指在心脏功能正常的情况下,由血管舒缩功能紊乱或血容量不足引起心排血量减少、组织灌流量不足的急性循环机能不全。由于血管舒缩功能紊乱引起的称为血管性衰竭,由血容量不足引起的称为血液性衰竭。

**【病因】**

血容量减少:急性大失血,剧烈呕吐和腹泻,重剧的胃肠道疾病等。

感染:埃希氏大肠菌、金黄色葡萄球菌、绿脓杆菌、病毒、支原体、血液原虫等感染。

过敏反应:注射血清等生物制剂,使用青霉素、磺胺类药物产生的过敏反应以及其他过敏性疾病。

剧烈疼痛和神经损伤:手术、外伤及其他伴有剧烈疼痛的疾病,脑脊髓损伤,麻醉意外等。

感染、过敏反应和剧烈疼痛时,均可引起血管舒缩功能紊乱,血容量相对不足而引发本病。

**【临床症状】**

病初有短暂的兴奋现象,烦躁不安,耳尖和四肢末端厥冷,结膜苍白,心率加快,脉搏微弱;少尿或无尿。随着病情的发展,病猪表现精神沉郁,反应迟钝,甚至出现昏睡,肌肉无力,站立不稳,步态踉跄,体温下降;第一心音增强,第二心音微弱,甚至消失,脉搏细弱或短促,脉律失常,呼吸浅表、疾速,后期出现陈施二氏呼吸或间断性呼吸;最后处于昏迷状态。

因出血引起的,尚有结膜高度苍白、红细胞比容降低等急性出血性贫血的表现;因脱水引起的，尚有皮肤弹性降低、眼球凹陷、红细胞比容增加等表现；因过敏反应引起的，往往突然发生抽搐和肌肉痉挛，有粪尿失禁、呼吸微弱等表现；因感染引起的，多伴有体温升高及原发病的相应症状。

**【防治】**

治疗原则是补充血容量，纠正酸中毒，调整血管舒缩机能，保护重要器官功能，及时采用抗凝治疗。

补充血容量：常用乳酸林格液静脉注射，如同时给予10%低分子（分子量为2万～4万Da）右旋糖酐注射液，对维持有效循环血量，保护肾功能，降低血液黏稠度，疏通微循环，防止弥散性血管内凝血，均有良好的作用。也可使用5%葡萄糖生理盐水、生理盐水、复方生理盐水及5%～10%葡萄糖注射液。

纠正酸中毒：使用5%碳酸氢钠注射液50～100 mL，静脉注射，使用时应以生理盐水稀释3～4倍，注射速度要慢；或在乳酸林格液中加入碳酸氢钠，与补充血容量同时进行。

调节血管舒缩机能：在采取补充血容量和纠正酸中毒的措施以后，再使用调节血管舒缩机能的药物如山莨菪碱，大猪每次5～7 mg，皮下注射。

兴奋呼吸：可用尼可刹米，大猪1～4 mL，肌内注射。

## 九、急性心内膜炎

急性心内膜炎是指心内膜及其瓣膜的急性炎症性疾病。各种家畜都能发生，猪发生最多。

**【病因】**

大多数由感染引起，也可因心包炎、心肌炎、胸膜炎等邻近器官的炎症蔓延而发病。

**【临床症状】**

一般都有发热、心动过速、心内器质性杂音和心力衰竭，同时伴有原发病的症状。病猪常无明显临床症状，尤其是育肥猪和生长猪；母猪常在产后至2～3周出现无乳，继而体重下降，不愿运动，有明显的呼吸困难。

**【防治】**

(1)控制细菌感染是治疗本病的关键。首选药物是青霉素制剂，如青霉素钾盐2万～3万IU/kg体重，或氨苄青霉素10～20 mg/kg体重，肌内注射，每日2次，连用7 d；也可用先锋霉素（头孢噻啶、头孢噻吩钠）20～30 mg/kg体重，口服或肌内注射，至少使用7～10 d。待体温下降后，为防止复发，还应继续用药一周。

(2)根据出现的症状，选用强心药、利尿剂。

(3)积极治疗原发病。

## 十、慢性心内膜炎

慢性心内膜炎又称心脏瓣膜病，是指引起瓣膜和瓣孔器质性病变，导致血流动力学紊乱的慢性心内膜疾病。

**【病因】**

绝大多数由急性心内膜炎转化而来。

**【临床类型与症状】**

二尖瓣关闭不全：心搏动增强，心区缩期震颤。左侧心区可听到响亮刺耳的收缩期心内杂音，在左房室孔区最明显。肺动脉第二心音增强，伴有心肥大时心浊音区扩大。在代偿期内，脉搏无明显变化；代偿机能减弱时，脉搏细弱；代偿失调时出现右心衰竭的表现。

二尖瓣狭窄（左房室孔狭窄）：心搏动增强，心区震颤，脉搏弱小。第一心音正常或稍增强，第二心音多被杂音掩盖。常发生右心肥大和扩张，致使右侧心浊音区扩大。运动后出现呼吸困难和结膜发绀。

三尖瓣闭锁不全：右侧心区震颤，可听到响亮的收缩期心内杂音，脉搏微弱。当发生心力衰竭时，出现水肿、发绀、浅表静脉怒张等。

三尖瓣狭窄（右房室孔狭窄）：心搏动减弱，脉搏细弱。右侧心区可听到舒张期后（缩期前）心内杂音。全身水肿，呼吸促迫，常因心力衰竭而死亡。

主动脉瓣闭锁不全：心搏动增强，左侧心区震颤，可听到响亮的全舒期心内杂音。常因左心室肥大而心浊音区扩大。特征症状为出现骤来急去的跳脉。当左心衰竭时，出现相应的临床表现，跳脉消失。

主动脉瓣狭窄（主动脉孔狭窄）：左侧心区震颤，可听到刺耳的缩期心内杂音。常因左心室肥大而使心搏动增强，心浊音区扩大。特征症状为出现徐来缓去的徐脉。

肺动脉瓣闭锁不全：在左侧肺动脉孔区出现明显的舒期心内杂音，常将第二心音掩盖。易继发右心室肥大，使右侧心浊音区扩大。并发右心衰竭时，出现发绀、水肿、腹水、浅表静脉怒张等临床体征。

肺动脉瓣狭窄（肺动脉孔狭窄）：心区震颤，脉搏细弱。左侧心区可听到缩期心内杂音，常有呼吸困难和结膜发绀。右心肥大时，右侧心浊音区扩大。

临床上单纯的瓣膜闭锁不全和狭窄比较少见，常常是几个瓣膜和瓣孔同时被侵害，或者瓣膜闭锁不全与狭窄合并发生，使临床表现错综复杂。

**【防治】**

在代偿期，一般不采取特殊的治疗措施。

进入代偿失调期后，贵重种猪出现心力衰竭情况时，可酌情采用强心、利尿、限制水和钠盐的摄入、保持安静等治疗措施。

## 十一、肾炎

肾炎是肾小球、肾间质和血管炎症性病理变化的总称。以肾小球炎症为主的称为肾小球性肾炎，以肾间质病变为特征的称为间质性肾炎。

肾小球肾炎按病程有急性和慢性两种。临床上最常见的是急性肾小球性肾炎，各种家畜都能发生，以猪较为多见。

**【病因】**

目前尚未完全阐明，多数认为与感染和中毒有关，而抗原抗体免疫复合物沉积在肾小球基底膜上是导致肾小球肾炎发生的基础。

感染：常发生于炭疽、结核、口蹄疫、传染性胸膜肺炎等的经过中。

中毒：胃肠炎、代谢性疾病、肝炎等疾病中产生的毒素和组织分解产物引起的内源性中毒，采食有毒植物、发霉变质饲料引起的外源性中毒以及误食有强烈刺激性的药物（如砷、汞、松节油等）经肾脏排出致病。

肾盂肾炎、膀胱炎、子宫内膜炎等邻近器官炎症蔓延而引起。

慢性肾小球性肾炎多由急性转来。

【临床症状】

急性病猪精神沉郁，食欲减退，消化不良，常有微热。肾区敏感，不愿走动。站立时背腰拱起，后肢叉开或集于腹下。强迫行走时背腰僵硬，步态强拘，常小步前进，且侧转困难，严重时后肢拖曳前进。肾区叩诊有痛感，触压时出现不安、拱背等疼痛表现。

频频排尿，但尿量很少，尿色变深，比重增高。当尿中含有大量红细胞时，尿液呈不同程度的血红色。尿液蛋白质含量高达 3%，尿沉渣中可见透明管型、颗粒管型、红细胞、白细胞及肾上皮细胞，有的可见病原菌。

慢性病畜的症状与急性者相似，但症状较轻，发展缓慢，持续时间较长。

病至后期，眼睑、胸腹下及阴囊发生皮下水肿，重症病猪呈现尿毒症症状，如肌肉痉挛和昏迷、呼吸困难、呕吐和腹泻等。

【防治】

消除感染：常用抗生素和尿道消毒药。抗生素常用青霉素、氨苄青霉素，配合链霉素效果更好。尿道消毒药用呋喃妥因，每次 2～5 mg/kg，每日 2 次，肌内注射，连用 3～4 d。

利尿：常用双氢克尿噻，大猪 0.05～0.1 g，口服，每日 2 次。

免疫抑制剂：常用强的松，大猪 10～20 mg，口服，每日 2 次。也可使用地塞米松 0.5 mg/kg，肌内注射。

## 十二、肾盂肾炎

肾盂肾炎是指肾盂发生炎症时伴有肾实质病变的疾病。多发生于母猪，公猪较少发生。

【病因】

大肠杆菌、化脓杆菌、变形杆菌、链球菌、葡萄球菌、绿脓杆菌等细菌感染，都可引起肾盂肾炎。

【临床症状】

母猪常在配种后 3～4 周出现症状，如沉郁、厌食、微热，有时表现拱背和排尿疼痛。妊娠后期出现排出带血、浑浊的尿液，尿液内常伴有阴道分泌物。精神沉郁，食欲减退，步态强拘，拱背，肾区有压痛，尿频而量少，有时排出脓样尿液。尿液检查可见脓细胞、细菌、肾盂上皮细胞和脓细胞管型。

【防治】

为控制感染，可用青霉素与链霉素；也可用先锋霉素 10 mg/kg，肌内注射；或用环丙沙星 5～10 mg/kg，肌内注射，每日 2 次，连用 3～5 d。当尿液中的细菌转为阴性后，再用药 3～5 d，以防复发。

## 十三、膀胱炎

膀胱炎是指膀胱黏膜和黏膜下层的炎症。各种家畜都能发生，生长育肥猪及产后母猪多见。

【病因】

（1）细菌感染，如葡萄球菌、链球菌、绿脓杆菌、变形杆菌等经血行或尿路侵入膀胱。

（2）母猪的子宫炎、阴道炎以及肾炎、输尿管炎、尿道炎等邻近器官炎症的蔓延。

(3)粗暴使用导尿管损伤膀胱黏膜。

(4)各种原因引起的尿液潴留、神经性排尿障碍以及尿道有憩室的患猪易发本病。

**【临床症状】**

急性膀胱炎的主要症状是尿频、痛性尿淋漓及终末血尿，经腹壁触诊膀胱有疼痛表现。部分病例有发热症状，伴有精神沉郁和食欲减退。慢性膀胱炎一般无排尿困难，症状较轻，病程较长。

尿液浑浊，带氨臭，轻度蛋白尿或出现脓样尿液。尿沉渣检查可见磷酸铵镁结晶、大量膀胱上皮和脓细胞。尿路感染时，一个高倍镜视野中细菌数超过 20 个。

**【防治】**

抗菌消炎：首选药物是青霉素制剂，常用青霉素钾（钠）盐，猪 2 万～3 万 IU/kg，肌内注射，每 7～12 h 一次。

尿路消毒剂：呋喃妥因每日每千克体重 12～15 mg，分 2～3 次口服；乌洛托品，猪 2～5 g，口服或静脉注射，每日 1～2 次，同时给予稀盐酸或氯化铵以酸化尿液。

膀胱冲洗：先用导尿管导出膀胱内的尿液，然后连接冲洗子宫用的搪瓷吊桶，用 0.1%雷佛奴尔液或 0.1%高锰酸钾液冲洗膀胱，根据洗出物浑浊程度，每天一次或隔天一次。

【实验实训】

## 9-1 猪常见内科病的诊断和防治

### 一、实训目的

1. 实地考察，了解猪场内科病的发病情况。
2. 深入养猪企业，调查猪场内科病的防治情况。
3. 深入农村，在养猪集中的村镇，调查农村猪内科病的防治情况。
4. 深入养猪场（户），参与猪内科病的防治，并采集相关病料。
5. 利用开放实验室练习实验室诊断技术。

### 二、实训工具与材料

1. 温度计、听诊器、玻片、手术刀、手术剪、培养皿、酒精灯、培养基、试管、注射器等。
2. 消毒剂、麻醉药、抗生素、磺胺药、中药等。

### 三、实训方法与步骤

1. 由老师讲解猪常见内科病的诊断和防治方法。
2. 由老师简要介绍猪场概况。
3. 学生分组到各养猪车间，对内科病患猪进行详细检查。
4. 找出存在问题，提出预防和治疗猪常见内科病的措施与对策。

**二维码 9-1-2 “猪常见内科病的诊断和防治”技能考核及防治记录（表格）**

### 四、实训案例

对一个规模养猪场进行实地剖析，写出“猪常见内科病的诊断方法”实训报告（500 字左右），并填写“猪常见内科病防治记录”。

【自测训练】

**一、填空题**

1. 仔猪低血糖症是仔猪血糖浓度__________而引起的一种代谢性疾病，又称乳猪病。临床上以明显的__________症状为主要特征。本病主要发生于__________日龄的新生仔猪。

2. 仔猪贫血又称仔猪营养性贫血，是哺乳仔猪由于缺__________所发生的一种营养性贫血。本病常于__________周龄表现症状，__________周龄病情加重，__________周龄开始好转，__________周龄康复。

**二、问答题**

1. 如何给仔猪补铁？

2. 猪胃肠炎有哪些主要症状？怎样治疗猪胃肠炎？

# 工作任务9-2　猪常见中毒病的防治

【基础知识】

## 一、猪霉菌毒素中毒

谷物和饲料长期贮藏会发霉，产生多种霉菌毒素，猪采食带有霉菌毒素的谷物或饲料后，可出现生长发育停滞、繁殖障碍(死精、不孕、死胎等)、消瘦、抗病力下降等，给养猪生产造成较大的经济损失。

可造成猪中毒的霉菌毒素主要有6种，为了便于兽医和养猪者判断和防治霉菌毒素中毒，现将6种霉菌毒素中毒的症状及防治措施介绍如下：

**【临床症状】**

1. 黄曲霉毒素

黄曲霉毒素是对猪威胁最大的毒素，是由黄曲霉产生的。黄曲霉毒素是一种有毒物质，对猪至少有以下3点危害：①黄曲霉毒素是最强的免疫抑制剂，当猪采食受其污染的饲料后，免疫系统最先受到干扰，猪对疫病的抵抗力下降，免疫应答能力差，猪体对疫病易感性高，患病猪药物治疗的效果也差；②黄曲霉毒素是凝血因子抑制剂，当猪受到外伤或打针时，可使猪的伤口或针孔长时间流血不止，浆膜下层出现淤斑或出血点，肠出血等；③黄曲霉毒素是一种肝毒素，损害肝脏，致使肝功能下降，肝脏肿大，胆汁分泌减少，同时，胰脏分泌的蛋白酶及脂肪酶活性降低，导致饲料中蛋白质和脂肪利用率降低(至少下降10%以上)。

猪饲料中黄曲霉毒素含量大于100 μg/kg时，可造成猪肝脏损伤、生长速度减慢，使饲料转化率变差；黄曲霉毒素还能致癌，因此FAD(美国食品药品管理局)规定日粮中黄曲霉毒素最大允许量为20 μg/kg。含量为2～4 mg/kg时，可导致急性中毒性死亡。发病初患猪精神沉郁和厌食，进一步可发展为贫血、腹水、黄疸和出血性腹泻。剖检可见肝呈淡褐色或土黄色，严重时肝纤维化、肝硬化，小肠和结肠出血。

2. 脱氧雪腐镰刀菌烯醇(DON)

DON 毒素能引起动物强烈呕吐，常称为呕吐毒素。由于 DON 毒素能引起猪条件性味觉厌恶，强烈拒食被污染的饲料，所以猪很少呕吐，与其他家畜相比，猪对这种霉菌毒素更敏感，日粮中的 DON 毒素高时，猪的反应是不食，当日粮中 DON 毒素含量超出 1 mg/kg 时，就会降低采食量和生产性能。

3. 玉米赤霉烯酮(F-2 毒素)

该毒素与 DON 毒素由同一种微生物——粉红镰刀菌生成，是一种生长在玉米、高粱和小麦上的霉菌。玉米赤霉烯酮具有雌激素样作用。猪采食含有玉米赤霉烯酮的饲料，临床症状随食入量和猪年龄不同而异。饲料中含玉米赤霉烯酮 1～5 mg/kg，可以引起小母猪外阴红肿，阴道炎，早熟性乳房发育以及其他雌激素样症状；青年公猪包皮增大，性欲降低，睾丸变小；成年母猪黄体滞留、不发情或发情不规律、假妊娠，直肠、子宫脱垂；后备母猪久配不孕。妊娠母猪饲料中玉米赤霉烯酮超过 30 mg/kg 出现繁殖障碍，配种后 1～3 周出现胚胎死亡和流产。

4. 镰孢霉毒素

镰孢霉又分为念珠镰孢霉和增生镰孢霉，这种霉菌普遍存在于玉米中。猪日粮中镰孢霉毒素低于 10 mg/kg 时一般对猪的生长没有不良影响，高于 120 mg/kg 时可引起肺水肿、胸腔积液和肝脏损伤，发病率高达 50%，病死率 50%～90%。最初症状为嗜睡、不安、精神沉郁和皮肤充血，迅速发展为轻度流涎，呼吸困难、张口呼吸，后躯虚弱、斜卧，肺有湿性啰音，皮肤发绀，衰弱，死亡。妊娠母猪在出现症状的 1～4 d 常发生流产。

5. 麦角菌毒素

麦角菌主要生于黑麦、小麦和大麦，这种真菌感染谷物后，在籽实的顶部生长并产生 3 种有毒生物碱(麦角胺、麦角毒碱、麦角新碱)，这些生物碱对猪和大多数动物有毒，能引起猪血管收缩导致坏疽，在数天或数周内猪只表现精神沉郁、采食量减少、全身状况不佳，最后导致四肢跛行，严重者尾巴、耳和蹄坏死。妊娠母猪常发生产后无乳，仔猪初生重下降、存活率降低及增重缓慢。美国农业部规定谷物中麦角菌毒素允许量为 0.3%。

6. 赭曲霉毒素和橘青霉毒素

赭曲霉毒素是由赭曲霉和纯绿青霉产生的一种肾毒素。橘青霉毒素是橘青霉产生的另一种肾毒素。猪饲喂含 200 μg/kg 赭曲霉毒素的饲料数周可造成肾损伤，腹泻、厌食和脱水，中毒猪生长缓慢、饲料利用率低。剖检时可见肾苍白、坚硬，即橡皮肾，慢性中毒病例常见胃溃疡、胃黏膜上有霉菌结节。

**【防治】**

1. 预防

猪霉菌毒素中毒病关键在于预防，如果猪发生霉菌毒素中毒，治疗是比较困难的，治疗费也比较昂贵，有时治疗费高于患猪的价值也无法治愈。最重要的一点是饲料厂、养殖户或养殖场应严格选择和妥善保管好饲料原料，严禁用发霉的原料特别是发霉玉米做配合饲料；不用发霉变质的饲料喂猪；对轻微发霉的玉米进行反复暴晒，用其制作饲料时每吨再加入大蒜素 200～250 g；发现饲料原料轻度发霉时，在饲料中加入防霉剂及毒素吸附剂，如脱霉素、百安明、霉可吸等，添加量按产品说明并视原料霉变程度而定。

2. 治疗

发现猪霉菌毒素中毒或怀疑是霉菌毒素中毒时，应立即停喂霉变饲料，更换成优质饲料。然后，用硫酸钠加植物油给中毒猪口服，用量：小猪硫酸钠 20～30 g，植物油 100～200 g；中猪硫酸钠 40～50 g，植物油 300～400 g；大猪硫酸钠 60 g，植物油 500 g；用药后以患猪出现轻泻时停药，如粪不变稀可再次投药。同时，静脉注射 10%葡萄糖和 1～2 倍量维生素 C。

## 二、亚硝酸盐中毒

亚硝酸盐中毒又称“饱潲病”或“饱食瘟”，是由于青绿饲料贮藏、加工或调制不当，使其中的硝酸盐转化为亚硝酸盐，或饮水中富含亚硝酸盐，猪吃了这类饲料后，大量亚硝酸盐进入机体造成高铁血红蛋白血症，导致组织缺氧，引起猪的中毒。临床上以突然发病，黏膜发绀，血液呈褐色，呼吸困难，胃肠炎等为特征。

**【病因】**

猪饲料里的白菜、菠菜、甜菜、萝卜叶及一些牧草、野菜、作物幼苗等，都含有大量的硝酸盐，这些饲料如果文火焖煮，或在温度为 40～60 ℃时放置过久，或经日晒雨淋、霜冻、堆垛发热腐烂等，其中的硝酸盐在硝酸还原菌的作用下生成大量的亚硝酸盐，饲喂后则引起猪中毒。

猪主要以食入已形成的亚硝酸盐而引起中毒。在一般情况下，硝酸盐在胃肠道转化为亚硝酸盐的能力比较弱，但当猪的胃肠道机能紊乱，如患肠道寄生虫病或胃酸浓度降低时，可使胃肠道内的硝酸盐还原菌大量繁殖，此时若动物大量采食含硝酸盐的饲料，即可使亚硝酸盐在肠内大量产生，吸收后引起中毒，即所谓“肠源性紫绀症”。

饮水中硝酸盐含量高，也是造成亚硝酸盐中毒的原因。施氮肥地区的田水、污染的井水以及厩舍、厕所、垃圾堆附近的地面水，其硝酸盐可达 1 700～3 000 mg/kg，有的甚至高达 7 000～10 000 mg/kg，极易造成中毒。此外，还有误食硝酸铵(钾)等化肥而中毒的。

猪亚硝酸钠中毒量为 47～77 mg/kg，最小致死量为 77 mg/kg；亚硝酸钾的最小致死量为 20 mg/kg。各种饲料中硝酸钾安全限度是其干物质的 1.5%，饮水的硝酸钾安全限度为 200 mg/kg。

**【发病机理】**

亚硝酸盐属于氧化剂类毒物，吸收进入血液后可使正常的低铁血红蛋白氧化为高铁血红蛋白，从而丧失正常的携氧功能。

正常情况下，高铁血红蛋白形成和还原的速度相等，使高铁血红蛋白含量保持在低水平。健康动物高铁血红蛋白含量只占血红蛋白总量的 0.7%～10%。少量亚硝酸盐进入血液后，生成的高铁血红蛋白可通过上述机制自行解毒，不会引起动物中毒；但若进入体内的亚硝酸盐过多，生成的高铁血红蛋白达到 30%～50%时，即导致动物缺氧，造成全身各组织特别是脑组织的急性损害，加上亚硝酸盐的扩张血管作用，伴以外周循环衰竭，使组织缺氧加重，而出现呼吸困难，神经功能紊乱；当高铁血红蛋白达到 70%～90%时，动物常于短时间内死亡。

**【临床症状】**

猪通常在采食后 1 h 左右突然发病：同群同饲的猪相继发病，且采食量大的猪发病最快，病情最严重。病猪突然不安，口吐白沫或呕吐，流涎，呼吸困难，可视黏膜发绀，呈蓝紫色乃至紫褐色；血液褐变，呈咖啡或酱油色，血液凝固不良；耳、鼻、四肢以及全身厥冷，心跳急速，脉搏细数，体温正常或降低(37～35 ℃)，临死前兴奋不安，无目的徘徊或作转圈运动，不久即昏迷倒地，四肢呈游泳状，最终因抽搐而死。整个病程不超过 1 h。

【病理变化】

尸体腹部多数膨胀，特征性病变是口鼻、眼结膜发绀，血液呈酱油色，凝固不良，暴露于空气中经久仍不转成鲜红色；各脏器血管淤血，胃肠道有不同程度的充血、出血，黏膜易脱落，肠系膜淋巴结轻度出血，肾脏呈暗红色，肺脏充血，气管和支气管黏膜充血、出血，管腔内充满带红色的泡沫液体，心外膜、心肌有出血斑点。

【诊断】

可根据黏膜发绀、呼吸困难等主要临床症状，结合饲喂含有亚硝酸盐饲料、群发性发病等发病史以及血液颜色呈酱油色等病理变化等，做出初步诊断。确诊可采取饲料、饮水、胃内容物、呕吐物等进行亚硝酸盐含量的测定。

【预防】

改善青绿饲料的存放和喂法：使用青绿饲料喂猪时，最好新鲜生喂，这样既保留了饲料的营养成分，又不易使猪发生中毒；如需蒸煮时，应加足火力，敞开锅盖，迅速煮熟并不断搅动，不要闷在锅内过夜。实践证明，在煮料时，加入少量食醋，既可杀菌，又可分解亚硝酸盐。青绿饲料应摊开存放，避免因堆垛发热、发酵、腐烂而产生亚硝酸盐。

接近收割的青绿饲料作物，不应再施硝酸铵等化肥，以免增高其中的硝酸盐或亚硝酸盐的含量。

不喂发热或腐烂变质的青绿饲料。不用含有亚硝酸盐的泔水喂猪。

【治疗】

特效解毒药为亚甲蓝和甲苯胺蓝。

症状严重者，尽快剪耳、断尾放血 100～300 mL；再用 1%亚甲蓝溶液（取亚甲蓝 1 g，溶于 10 mL 纯酒精中，再加灭菌生理盐水 90 mL），每千克体重 0.1～0.2 mL，静脉注射；若同时配合维生素 C 及高渗葡萄糖注射液 300～500 mL 静脉注射，效果更好。

甲苯胺蓝还原高铁血红蛋白的速度比亚甲蓝快 37%，5%的甲苯胺蓝溶液按每千克体重 0.5 mL，静脉或肌内注射，亦可腹腔注射。

对症治疗：对呼吸困难、喘息不止的病猪可注射尼可刹米等呼吸兴奋剂；对心脏衰弱者可注射强尔心、安钠咖等强心剂；对严重溶血者，可放血后输液或静脉注射肾上腺皮质激素，同时给予碳酸氢钠等药物，使尿液碱化，以防止血红蛋白在肾小管内凝集。

## 三、食盐中毒

猪食盐中毒是由于采食过量含盐饲料、日粮内添加食盐过多或搅拌不匀等，尤其是在饮水不足的情况下，发生的中毒性疾病。本病主要病理变化是消化道炎症和脑组织水肿、坏死，伴有脑膜脑实质的嗜酸性粒细胞浸润（特称嗜酸性粒细胞脑膜脑炎）。主要临床特征是神经症状和消化功能紊乱。

食盐中毒，实质上就是钠中毒，因此，近年来多倾向于通称“钠盐中毒”。仔猪对钠盐特别敏感，通常中毒量为每千克体重 1.0～2.2 g，致死量为每千克体重 150～250 g。

【病因】

食盐中毒是由于采食含盐较多的饲料或饮水，如饲喂含盐分较高的酱渣、咸菜、咸鱼粉、泔水、饭店残羹、腌菜水和卤咸鱼水等；配料疏忽，误投过量食盐或对大块结晶盐未经粉碎或充分拌匀;投服较多的乳酸钠、碳酸钠、硫酸钠等钠盐。

**【临床症状】**

根据病程可分为最急性型和急性型两种。最急性型:为一次食入大量食盐而发生。临床症状为肌肉震颤,阵发性惊厥,昏迷,倒地,2 d 内死亡。急性型:当病猪吃的食盐较少,而饮水不足时,经过 1～5 d 发病,临床上较为常见。临床症状为食欲减少,口渴,流涎,头碰撞物体,步态不稳,转圈运动。大多数病例呈间歇性癫痫样神经症状。神经症状发作时,颈肌抽搐,不断咀嚼流涎,犬坐姿势,张口呼吸,皮肤黏膜发绀,发作过程 1～5 min,发作间歇时,病猪可不呈现任何异常情况,一天内可反复发作无数次。发作时,肌肉抽搐,体温升高,但一般不超过 39.5 ℃,间歇期体温正常。末期后躯麻痹,卧地不起,常在昏迷中死亡。

**【病理变化】**

食盐中毒一般表现为胃肠黏膜充血、出血,以胃底部最为严重,有的胃黏膜可见溃疡;实质器官充血或出血,肝肿大、质脆,肠系膜淋巴结充血、出血,心内膜有出血点;脑脊髓各部分可能有程度不同的充血、出血,尤以急性病例的软脑膜和大脑实质最为明显,以至脑回展平和发水样光泽。

**【防治】**

控制日粮中食盐添加量(占总量 0.25%～0.5%的食盐),防止添加过量;限量使用咸菜水喂猪;饲喂含盐分较高的饲料时,应严格控制用量,同时应给以充足的饮水。

食盐中毒尚无特效解毒药,主要采取利尿排钠、双价离子等渗溶液输液(以恢复阳离子平衡)及对症治疗。

应用钙制剂:猪可用 5%氯化钙明胶溶液(氯化钙 10 g,溶于 10%明胶 200 mL 中),以 0.2 mL/kg 的剂量分点皮下注射,每点注射量不得超过 50 mL,以免引起组织坏死。

利尿排钠:可用双氢克尿噻,以 0.5 mg/kg 体重内服。

解痉镇静:5%溴化钾、25%硫酸镁溶液静脉注射。

缓解脑水肿、降低颅内压:25%山梨醇或甘露醇静脉注射,也可用 25%～50%高渗葡萄糖溶液进行静脉或腹腔注射。

## 四、菜籽饼中毒

菜籽饼中毒是由于猪日粮中菜籽饼用量过大而引起的中毒病。菜籽饼营养丰富,蛋白质含量可高达 32%～39%,是饲喂家畜的好饲料,但菜籽饼含有多种有毒成分,不经过适当处理或大量饲喂猪可引起中毒。通常表现为急性胃肠炎、肺气肿、肺水肿和肾炎等临床综合征。

**【病因】**

引起菜籽饼中毒的主要原因是由于其中含有硫葡萄糖苷、单宁、植酸、芥子碱、皂苷等多种有毒成分,其中影响最大的是硫葡萄糖苷。这些成分影响动物采食、消化、吸收和利用等而引起发病。

硫葡萄糖苷及其降解产物:油菜是我国的主要油料作物之一,其中白菜型油菜、芥菜型油菜和甘蓝型油菜均为高芥酸、高硫葡萄糖苷含量的“双高”品种。油菜植株的各部分都含有硫葡萄糖苷,以种子中的含量最高,其他部分较少,其顺序为种子＞茎＞叶＞根。不同类型油菜种子中,硫葡萄糖苷的含量也不同。硫葡萄糖苷的种类已超过 100 种,绝大多数硫葡萄糖苷以钾盐的形式存在于植物中,但少数硫葡萄糖苷的结合物是胆碱衍生物(芥籽碱)。

其他抗营养因子：包括芥籽碱、单宁、植酸、致贫血因子和感光过敏物质等。

**【临床症状】**

中毒猪表现为精神萎靡，食欲废绝，流涎，生长缓慢，腹胀、腹痛、腹泻，严重者粪中带血；排尿次数增多，但每次尿量较少，有时尿中带血；咳嗽、呼吸促迫和困难，鼻孔流出粉红色泡沫状鼻液；可视黏膜发绀。后期全身虚弱，心力衰竭，体温变化不大或稍降低，有时出现神经症状，终因虚脱而死亡。母猪受胎率降低、妊娠期延长，常出现流产、死胎或产弱仔；公猪性欲降低，精液品质差。

**【病理变化】**

剖检可见胃内混有多量的菜籽饼，胃肠道黏膜肿胀、充血、出血，胃黏膜脱落，肠壁肿胀；肝脏肿胀、色黄、质脆；胸腔、腹腔有浆液性、出血性渗出物，有的动物头、颈、胸部皮下组织水肿；肾脏有出血性炎症，有时膀胱积有血尿；肺脏发生水肿和气肿；甲状腺肿大。

**【防治】**

目前还没有可靠的治疗方法，应注意采取预防措施。

限制饲喂量：菜籽饼中硫葡萄糖苷及其降解产物的含量，随油菜品种和加工方法的不同有很大变化，我国的“双高”油菜饼粕中硫葡萄糖苷含量高达12%～17%。在猪饲料中要限量饲喂：母猪、仔猪5%，生长肥育猪10%～15%。

与其他饲料搭配使用：菜籽饼与棉籽饼、豆饼、葵花籽饼、亚麻饼等适当配合使用，能有效地控制饲料中的毒物含量并有利于营养互补。

目前尚无特效解毒疗法，可采取以下对症治疗措施。

洗胃并内服淀粉浆，以保护胃肠黏膜，减少毒素的吸收。猪的淀粉用量为20～30 g，开水冲成浆状温服，或用豆浆水内服；也可用0.05%高锰酸钾溶液让猪自由饮水。

有肺气肿及呼吸困难症状时，可应用抗组胺类药物；有血红蛋白尿时，可静脉注射3%次磷酸钙100 mL；视病猪情况可肌内注射樟脑磺酸钠注射液5～10 mL，静脉注射10%葡萄糖注射液及维生素C。

## 五、马铃薯中毒

猪马铃薯中毒是大量采食发芽、腐烂的马铃薯块根或开花、结果期茎叶所引起的一种中毒病，以出血性胃肠炎和神经损害为其病理和临床特征。

**【病因】**

马铃薯全株含生物碱马铃薯素即龙葵素，也称茄碱，但各部位的含量差别很大，一般以茎、叶、花、幼芽中含量最高。马铃薯素的中毒量为10～20 mg/kg。新鲜成熟、完好的马铃薯含马铃薯素极少，一般不会引起中毒。但贮藏时间过长和保存不当，可使马铃薯素含量增多，存放一年后则增至1.3%。马铃薯发芽、变质或腐烂时，马铃薯素显著增高，极易引起动物中毒。

未成熟的马铃薯还含有硝酸盐，其含量可达4.7%，当转化为亚硝酸盐时，也会对机体产生毒害作用。腐烂、发霉的马铃薯还含有腐败毒，也具有很强的毒性。由此可见，马铃薯素、硝酸盐以及腐败毒，是引起马铃薯中毒的综合因素。

**【临床症状】**

马铃薯中毒的主要表现是出血性胃肠炎、中枢神经（延髓和脊髓）损害、肾炎和溶血。根据中毒程度的不同，其临床症状也有差异。

危重剧量中毒多呈急性经过，以神经系统功能障碍为主（神经型）。病猪初期兴奋不安，狂暴，伴有呕吐、流涎、腹痛、腹泻等胃肠炎症状；经短时间后，很快转入沉郁、昏迷或抽搐，后躯衰弱无力，运动障碍，步态摇晃，共济失调，甚至麻痹；可视黏膜发绀，呼吸无力，次数减少，心脏衰弱，瞳孔散大，全身痉挛，病程一般 2～3 d，最终因呼吸麻痹而死亡。

轻度中毒多呈慢性经过，神经症状比较轻，呈现明显的胃肠炎症状（胃肠型）。病猪食欲减退或废绝，口腔黏膜肿胀，表现为呕吐、流涎或腹胀、腹痛或呈便秘、下痢、便血。病猪精神沉郁，极度衰弱，排尿困难，体表发凉，体温稍偏低或不变，皮温不整；病猪垂头呆立或钻入垫草中，腹部皮肤出现湿疹，头、颈和眼睑部发生水肿；母猪往往发生流产。

**【病理变化】**

尸体剖检，可视黏膜苍白或微黄色，血液呈暗红色且凝固不良，皮肤常有红紫斑，消化道尤其是胃和小肠黏膜充血、出血、糜烂、上皮细胞脱落，慢性病例大部分胃肠黏膜呈黑色皮革状，肠系膜淋巴结肿大、出血，心、肝、脾、肾等实质器官都有程度不同的出血、肿大、变性或小灶性梗死，有时见有肾炎的病理变化，心腔充满凝固不全的暗黑色血液。

**【诊断】**

根据病史调查（有摄食发芽或霉烂、腐败马铃薯的病史）、临床症状（明显的神经机能紊乱、胃肠炎以及皮肤湿疹）和病理解剖学变化（出血性胃肠炎）进行综合分析，可做出诊断，若大批发病时，要注意与猪瘟鉴别诊断。

**【防治】**

应用马铃薯作饲料时，饲喂量应逐渐增加，严禁饲喂发芽或腐烂、发霉的马铃薯。如必须饲喂时，应进行无害化处理：充分煮熟后并与其他饲料搭配饲喂；发芽的马铃薯应去除幼芽；煮熟后应将水弃掉。用马铃薯茎叶作饲料时，用量不宜过多，腐烂、发霉的茎叶不宜用作饲料，必要时应与其他青饲料混合进行青贮后再行喂饲。

目前尚无特效解毒药。当发现病畜有马铃薯中毒的可疑时，应立即改换饲料，停止饲喂马铃薯并对症治疗。

为排出胃肠内容物，可应用催吐剂：1%硫酸铜 20～50 mL，灌服；或用阿扑吗啡 0.01～0.02 g，皮下注射；亦可应用油类泻药。

对狂暴不安的病畜，可应用镇静剂：溴化钠 5～15 g，灌服；或应用 10%溴化钙注射液 10～20 mL，静脉注射，每日 2 次。

对胃肠炎的病猪，保护胃肠黏膜：可应用 0.5%鞣酸液 100～400 mL 内服；或应用黏浆剂、吸附剂灌服。

对中毒严重的病猪，为解毒或补液可应用 5%或 10%葡萄糖注射液，葡萄糖氯化钠注射液（糖盐水）或复方氯化钠注射液静脉注射。

对发生皮炎、湿疹的动物，可静脉注射 10%氯化钙注射液 10～20 mL，并在局部涂擦硫黄水杨酸软膏。

## 六、急性应激综合征

应激是指动物机体对各种强烈的或有害刺激产生的非特异性防御反应。应激反应过强或持续时间过长，则可给机体造成损害而发生应激性疾病。急性应激综合征就是一种类似休克的突发性恶性应激性疾病。猪最常发生，其他家畜也可发生。

猪的急性应激综合征简称为猪应激综合征，因剖检时臀肌、股二头肌和背最长肌苍白、柔软、坏死，又因常发生在运输途中而称为运输性肌病。以皮特兰、长白和波中等瘦肉型猪最易感。我国许多本地品种猪对本病有较强的遗传抗性。

**【病因】**

部分品种猪，尤其是皮特兰、长白和波中等生长快的瘦肉型品种猪，对应激具有易感性。这种应激易感性呈常染色体隐性遗传，且与某些血型，如 Ha/a 型、A 和 O 阴性以及 H 型、A 型和 O 阳性有一定的遗传联系。

应激易感猪在外界应激因素，如拥挤、混群、斗架、运输等生活环境因素，驱赶、粗暴追捕、鞭打、惊吓、强力保定、打针灌药等人为因素以及过冷、过热、惊雷暴雨、地震感应等自然条件因素，氟烷、甲氧氟烷、安氟醚、氯仿、琥珀酰胆碱等药物因素作用下，都会发生应激反应，轻者降低生产性能和抗病力，重者激发急性应激综合征。

**【发病机理】**

当猪受到各种强烈的或有害刺激作用时，便会通过神经与内分泌两大调节系统，产生一系列非特异性防御反应。一般认为，应激原作用于感受器后，信号由传入神经传递到低级中枢。在低级中枢，一方面对感受器的适应能起反馈性调节，另一方面可将信号上传到以丘脑下部为中心的信号处理系统。丘脑下部接收信号后，即分泌促肾上腺皮质激素释放激素，该激素经垂体门脉到达前叶，刺激其产生促肾上腺皮质激素(ACTH)，ACTH 进入血液循环后，又促使肾上腺分泌糖皮质激素。由于应激的性质、强度、时间不同，糖皮质激素分泌增加所产生的结果也不同。当应激原强度较小，持续时间较短时，糖皮质激素可使猪产生适应力，同时，伴有分解代谢增强，免疫反应被抑制，营养物质的吸收障碍，导致机体对感染的抵抗力降低。若应激原作用强烈而持久，则肾上腺皮质的分泌将陷入衰竭或功能暂时丧失，致使动物的应激过程朝更加不利的方向发展，最终导致应激性疾病，乃至急性应激综合征的发生，引起猪的死亡。

**【临床症状】**

最急性的病猪，没有任何临床症状，常在捕捉、打针或灌药时突然死亡，或在运输途中突然死亡，故又称“突毙综合征”。病程稍长的病猪初期出现尾部、背部和腿部肌肉震颤，继而引起高度呼吸困难，张口呼吸，皮肤苍白与潮红不规则地交替出现，体温迅速升高到 42 ℃以上，临死前甚至可达 45 ℃，最终因酸中毒和窒息而死亡。

死后几分钟内发生尸僵，剖检时可见肌肉苍白、柔软和渗水。

**【防治】**

本病受遗传影响，应避免用皮特兰等含应激敏感基因频率高的纯种猪作商品苗猪。

1. 预防

药物预防可选用以下药物。

(1)盐酸苯海拉明：0.04～0.06 mg/kg，肌内注射；或 0.07～0.12 mg/kg，口服。

(2)在饲料中添加维生素 A、维生素 E、维生素 C 和亚硒酸钠，都有一定的抗应激作用。

(3)检出并剔除种猪尤其种公猪中的易感猪，是预防本病的重要手段。

运动试验：将猪做人工驱赶运动，如运动后血清磷酸肌酸激酶活性增高，则可能为易感猪。

氟烷攻击试验：给被检猪氟烷吸入麻醉(3%～7%，$V/V$)5 min，分别测定麻醉前后血清磷酸肌酸激酶活性，如麻醉后的活性比麻醉前增加 20～100 倍，则可认为是易感猪。

实验室检测应激敏感基因是目前最方便、准确的鉴定方法。

(4)兽医工作者抓猪保定时动作要慢,以免使猪过分惊恐。

(5)夏季高温天气,不宜长途调运肥猪或种猪。必须调运时,应避免拥挤,注意通风和降温。

2. 治疗

本病发病急,病程短,常来不及救治而死亡。对于病程稍长的病猪,可给予碳酸氢钠以纠正酸中毒,必要时应输氧;对伴有心动过速和心律失常的病猪,给予普鲁卡因酰胺、心得安等;也可选用苯海拉明等进行治疗。

【实验实训】

## 9-2　猪常见中毒病的诊断和防治

### 一、实训目的

1. 实地考察,了解猪场中毒病的发病情况。
2. 深入养猪企业,调查猪场中毒病的防治情况。
3. 深入农村,在养猪集中的村镇,调查农村猪中毒病的防治情况。
4. 深入养猪场(户),参与猪中毒病的防治,并采集相关病料。
5. 利用开放实验室练习实验室诊断技术。

### 二、实训工具与材料

1. 实验材料:温度计、听诊器、玻片、手术刀、手术剪、培养皿、酒精灯、培养基、试管、注射器等。
2. 常用药品:消毒剂、麻醉药、抗生素、磺胺药、中药等。

### 三、实训方法与步骤

1. 由老师讲解猪常见中毒病的诊断和防治方法。
2. 由老师简要介绍猪场概况。
3. 学生分组到各养猪车间,对中毒病猪进行详细检查。
4. 找出存在问题,提出预防和治疗中毒病的措施与对策。

二维码 9-2-1　“猪常见中毒病的诊断和防治”技能考核及防治记录(表格)

### 四、实训案例

对一个规模养猪场进行实地剖析,写出“猪常见中毒病的诊断方法”实训报告(500 字左右),并填写“猪常见中毒病防治记录”。

【自测训练】

### 一、填空题

1. 黄曲霉毒素是一种________毒素,损害________脏,致使________功能下降,________脏肿大,胆汁分泌减少,同时,胰脏分泌的蛋白酶及脂肪酶活性降低,导致饲料中蛋白质和脂肪利用率降低(至少下降 10%以上)。

2.饲料中含玉米赤霉烯酮 1～5 mg/kg，可以引起小母猪外阴________，阴道________，早熟性乳房________以及其他雌激素样症状；青年公猪包皮________，性欲________，睾丸变________；成年母猪________、________、________，________；后备母猪________。

二、问答题

1. 猪霉菌毒素中毒有何症状？如何预防？
2. 如何预防猪的亚硝酸盐中毒？
3. 如何预防猪食盐中毒？
4. 哪些品种的猪易出现急性应激综合征？
5. 急性应激综合征有何表现？如何预防？

# 工作任务 9-3　猪常见外科病与产科病的防治

【基础知识】

## 一、疝（赫尔尼亚）

腹腔内的脏器，经腹壁的天然孔或病理性裂口，脱出到皮下或邻近腔隙中称为疝。疝是猪的一种常见外科病。根据疝发生的部位分为脐疝、腹股沟阴囊疝和腹壁疝，猪常见的有脐疝、腹股沟阴囊疝。腹壁疝较少发生，见于外伤。

### （一）脐疝

腹腔内脏通过脐孔脱至皮下称脐疝。

二维码 9-3-1　脐疝手术（视频）

【病因】

脐疝是仔猪常见的外科病之一。造成本病的根本原因是先天性脐孔闭锁不全，使肠道通过脐孔进入皮下。接产时扯伤脐带基部，仔猪便秘、过食、挤压，捕捉时过度嘶叫等可诱发本病。

【临床症状】

仔猪脐部出现卵黄大至鸡蛋大的膨隆突出，触诊局部无热无痛，用手触摸时内容物柔软，把猪仰卧，用手很容易将内容物推入腹腔，局部肿胀消失，当手松开或腹压增大，肿物恢复，同时可摸到一圆形的疝孔，听诊有肠蠕动音。病情重的，肠与囊壁粘连，不能缩回腹腔，局部红肿，并有轻度腹痛症状。如疝囊内的肠管阻塞或坏死，则病猪不安，厌食，呕吐，排粪较少，并继发肠臌气，如不及时治疗则很快死亡。

【治疗】

保守疗法：将肠纳入腹腔，在疝环周围肌层用 75%～95%酒精分 4～6 点注射，每点 1 mL。

手术疗法：术前禁止饮食半天以上。患猪仰卧保定，局部剪毛、消毒，最好用 1%普鲁卡因 10～15 mL 作浸润麻醉。纵行切开皮肤（防止切伤公猪阴茎），保存好疝囊（腹膜）。送疝囊内容物入腹腔后，用缝线穿过疝环行间断内翻缝合，将缝线完全布好再打结。最后撒上磺胺结晶，结节缝合皮肤，外涂碘酒。

如肠与腹膜粘连，则在疝囊上用剪刀小心地作一小口，伸入手指进行钝性分离，再照上法处理。在不易分离的情况下，发生粘连的疝囊残壁可留在肠管上，与肠一起送入腹腔后，再用间断内翻缝合法缝合疝孔。

### （二）腹股沟阴囊疝

腹腔脏器经腹股沟环脱出进入腹股沟管中，若继续下滑脱入阴囊内时则称腹股沟阴囊疝。

二维码 9-3-2　漏肠手术（视频）

**【病因】**

发生的原因是腹股沟管内环宽大，大多属于遗传原因，与近亲繁殖有关，有的在阉割后发生。挤压、抓捕、过饱等造成腹压增高也可引起发病。

**【临床症状】**

患侧阴囊明显肿大，触诊柔软、无热无痛，如将两后肢提起使猪头朝下，用手慢慢揉阴囊内容物可还纳腹腔，放开猪后内容物很快又脱入阴囊内，此为可复性阴囊疝。听诊有肠蠕动音。以后常发生粘连。如疝囊内的肠管阻塞或坏死，则病猪不安，厌食，呕吐，排粪较少，腹胀等，此为坏死性或嵌闭性阴囊疝。

**【防治】**

避免近亲繁殖，不良的公、母猪应有计划地加以淘汰。阉割时，切口不要过大。治疗可用下列方法。

将患猪倒提保定，术部剪毛，涂擦5%碘酒消毒两次。在阴囊之前，腹股沟皮下环处的皮肤上，作一与纵轴平行的切口，切口的长度按猪的大小为5～9 cm。暴露鞘膜管后，通过切口分离总鞘膜，将含有内容物的总鞘膜拉到切口外面，用手指将鞘膜腔内的肠管送入腹腔。如果肠管粘连不能整复时，可于鞘膜上作一能够伸入手指的切口，分离粘连部分，并整复肠管。当确定肠管已送入腹腔后（如不能确定，可切开鞘膜检查），将鞘膜管和精索一起扭转数圈直至腹股沟管皮下环处。在距皮下环3～4 cm处，用缝线贯穿已扭转的鞘膜管和精索，然后结扎，将结扎线的两端分别穿过皮下环的两缘。鞘膜管和精索于结扎线之下1～1.5 cm处切断后，将缝线的两端打结。这样即可将被扭转的鞘膜管和精索的断端牢固地填塞到腹股沟内。最后用数针结节缝合皮肤切口，外涂碘酒，也可在切口内撒上一些磺胺结晶后再缝合皮肤。

未阉割患猪的睾丸，可不切开鞘膜连同精索一起切掉，也可切开鞘膜先将睾丸切掉后，再照上法处理。另一个方法是先摘除健侧睾丸，然后以去势的方法固定患侧睾丸，在阴囊底部与阴囊中隔平行切开皮肤，切口要大些，不要切破总鞘膜，将总鞘膜连同睾丸压出，剥离总鞘膜至腹股沟外环处，将肠整复入腹腔，握住睾丸连同总鞘膜捻转数圈，用缝线在腹股沟外环处作贯穿结扎，距打结处1～1.5 cm切断，创口不加缝合。

## 二、不孕症

不孕症也称为母猪繁殖障碍，是指已达到配种年龄的母猪暂时性或永久性地不能繁殖。

造成母猪不孕症的原因很多，概括起来主要有三类，即生殖器官的先天性缺陷和获得性疾病；饲养管理不善及环境改变；繁殖技术不当或错误。不同原因引起的不孕症临床症状及治疗有所差异。

### (一)先天性不孕

先天性不孕症主要是由母猪的生殖器官缺陷或者卵子不正常导致的。常见于：

(1)种间杂种　种间杂种往往不能受孕，但猪比较少见。

(2)幼稚病　是指母猪达到配种年龄时，生殖器官发育不全或繁殖机能障碍。主要表现是母猪达到配种年龄时不发情，有时虽然发情，但屡配不孕。

(3)两性畸形　两性畸形根据性腺不同分为两类：真半雌雄体是性腺同时具有卵巢和睾丸组织，生殖道的特点介于雌雄两性之间；假半雌雄体是只具有一种性别的性腺，但其他生殖器官却像另一种性别。两性畸形猪比较常见。

(4)异性孪生不育　异性孪生不育的特征是母猪缺乏生殖器官的某些部分，或者发育极不完全，猪有时发生。

(5)生殖道畸形　包括子宫角畸形、子宫颈畸形、阴门及阴道畸形等几种情况。如只有一个子宫角；缺少同侧的卵巢；子宫颈闭锁不通或子宫颈缺失；有时有双子宫颈或2个子宫颈外口。

先天性生殖系统异常者，检查可见外生殖器、阴门及阴道细小而无法交配。这些猪往往子宫角极小或无分支，卵巢未发育，有些一侧为卵巢，另一侧为睾丸样组织。

生殖器官发育不全或幼稚型母猪不宜做种用。对于卵巢机能减退或不全病例可用下列药物。

促卵泡素(FSH)100 U，肌内注射，每日1次，2次为一疗程。

绒毛膜促性腺激素(HCG)500～1 000 U，肌内注射，必要时间隔1～2 d重复注射1次。

孕马血清(PMSG)200～1 000 U，肌内注射。

维生素AD 10 mL、维生素E 50 mL，1次肌内注射。

中药可用催情散：淫羊藿20 g，阳起石20 g，当归20 g，香附15 g，菟丝子15 g，益母草20 g，煎汤，每日一剂，连服2～3次。或用促孕散：淫阳藿15 g，益母草15 g，丹参15 g，香附13 g，菟丝子12 g，当归10 g，混合粉碎成末，每头母猪按每千克体重3～4 g计算用量，拌入饲料中1次服用，每日1次，连用2次，一般用药后4～5 d发情。

### (二)饲养管理性不孕

饲养管理性不孕是由于饲养不当，导致母猪生殖机能衰退或受到破坏，使母猪表现不孕。

主要是由于配合饲料营养配给不足，尤其是蛋白质、矿物质、维生素不足或缺乏，造成母猪发育不良、过瘦、营养不良，其生殖机能就会受到抑制。另外，饲料中营养过于丰富，精料多，粗料少，同时又缺少运动，使母猪过肥，也会使母猪卵巢萎缩，导致不孕。

为了确诊饲养管理性不孕，必须调查饲养管理制度，分析饲料的成分及其来源等。瘦弱及过度肥胖引起不孕的母畜，往往在发生生殖紊乱以前即表现出全身变化，因此不难做出诊断。

针对发病原因，改善饲料品质，加强饲养管理，特别是对营养不良的母畜，在配种前更应注意，如增加精料和高质量的青绿饲料，同时补充必需的矿物性饲料；对过肥的，应给予多汁饲料，减少精料，增加运动。也可采取激素疗法。

### (三)繁殖技术性不孕

繁殖技术性不孕是由繁殖技术不当引起的。例如不能正确判断发情，错过配种的时机；工作中疏忽大意，造成漏配或配种不及时而引起不孕；人工授精技术不良，精液处理和输精技术不当，往往可引起大批母猪不孕；未进行怀孕检查或检查技术不准确，不能及时发现未孕母猪，也是造成不孕的主要原因。防止繁殖技术性不孕，首先要提高繁殖技术水平，制定并严格遵守发情鉴定、配种、怀孕检查等制度和操作规程。

### (四)母猪断奶后不发情

一般母猪断奶后 1 周内就会发情，如果断奶后 10 d 还未见发情，则要考虑改善饲养管理，若 15 d 还没有发情，则可作为不发情猪处理。

**【病因】**

(1)胎次　平均 75%～97%的经产母猪在断奶 7 d 内发情，有 65%～70%小母猪断奶后 1 周表现发情。

(2)季节　6～9 月份断奶的成年母猪其乏情率比其他月份断奶的母猪高，此现象在小母猪中最为明显。这些乏情母猪可乏情 120 多天。乏情的原因与季节关系密切。

(3)气温与光照　环境温度较低并不影响母猪断奶后的发情。当环境温度升到 30 ℃以上时，卵巢和发情活动受到抑制。7～9 月份断奶的成年母猪乏情率比其他时间断奶的高，青年母猪尤其明显。这些母猪不发情时间可以超过数十日。季节对舍外和舍内饲养的母猪发情影响都很明显。每日光照超过 12 h 对发情有抑制作用。

(4)猪群大小　在多数圈养状况下，母猪乏情率与猪群大小有关。断奶后单独圈养的成年母猪发情率要比断奶后成群圈养的母猪低，但母猪群养时更应加强发情观察。

(5)营养　引起乏情最常见的营养因素是能量吸收不充足。泌乳期的成年母猪体重损失要严格控制在最低限度，对初产小母猪来说更应如此。泌乳期能量吸收不足通常与使用高纤维饲料及饲料消耗下降有关。在泌乳 1 周后，生产力高的母猪应自由采食。在环境温度较高期间，猪的食欲可能抑制。因此，必须加强泌乳期母猪的营养和饲养管理，保证母猪良好的繁殖体况。

(6)激素　给非妊娠母猪使用雌激素复合物可导致持久黄体形成，使母猪表现乏情。雌激素复合物偶尔可导致配种母猪出现假妊娠综合征。

**【防治】**

对乏情母猪进行激素治疗时，必须根据正确的诊断结果，合理使用各种药物，方能获得良好的效果。

对断奶后 10 d 还不发情的猪，可按以下方法处理：

(1)将此类不发情的母猪混合饲养，一般每栏不超过 5～6 头，然后将日粮减少 50%或整日不给饲料和水，让其处于应激状态，一般 3～5 d 及以后就会发情。

(2)在此期间将公猪赶到母猪舍附近，让其闻到公猪的气味，可刺激发情，每日 2 次，连续 2～3 d。

(3)将患猪转移到另一猪栏里，使其应激。

(4)如果上述方法无效，则使用激素治疗。根据膘情状态、体形大小，可肌内注射 PMSG 制剂 1 000～1 500 IU(1～2 次)。

(5)应用激素治疗还无效的，在确定已采用正确的母猪料后，将病猪淘汰。

### (五)疾病性不孕

疾病性不孕是指母猪生殖器官和其他器官的疾病或机能异常引起的不孕,不孕是这些疾病的一种症状。

1. 卵巢机能减退、不全和萎缩

卵巢机能减退是卵巢机能暂时受到扰乱,处于静止状态,不出现周期性活动,多见于衰老母猪。常见的病因有子宫疾病、全身的疾病以及饲养管理不当等。另外,卵巢炎可以引起卵巢萎缩及硬化;气候变化或者水土不服,也可使卵巢机能暂时减退。症状是发情周期延长或者长期不发情,发情的外表征象不明显,或者出现发情征候,但不排卵。

治疗首先应从饲养管理方面着手,改善饲料品质,增加光照时间,积极治疗原发病。可利用公猪催情,即公母猪混群饲养。激素疗法,可用促卵泡素(FSH)、人绒毛膜促性腺激素(HCG)、孕马血清(PMSG)或全血,还可用天然雌二醇。

2. 持久黄体

怀孕黄体或周期黄体超过正常时限而仍继续保持功能者,称为持久黄体。症状主要是发情周期停止循环。

治疗先从改善饲养管理,积极治疗原发病着手,才能收到良好效果。应用前列腺素 $F_{2\alpha}$ 及其合成的类似物,促卵泡素、孕马血清、雌激素,以及激光疗法、电针疗法等治疗持久黄体。

3. 卵巢囊肿

卵巢囊肿分为卵泡囊肿和黄体囊肿两种。卵泡囊肿是由于卵泡上皮变性,而泡壁结缔组织增生变厚,卵细胞死亡,卵泡液未被吸收或者增多而形成的。黄体囊肿是由未排卵的卵泡壁上皮细胞黄体化而形成的。本病的病因目前尚不完全清楚,可能与内分泌失调有关,即促黄体素分泌不足或促卵泡素分泌过多,使排卵机制和黄体的正常发育受到了扰乱。从实践来看,下列因素可能影响排卵机制:饲料中缺乏维生素 A 或含有多量的雌激素;垂体或其他内分泌腺机能失调以及激素制剂使用不当;子宫内膜炎、胎衣不下及其他卵巢疾病可以引起卵巢炎,使排卵受到扰乱,继发囊肿。卵泡囊肿的主要症状是无规律的频繁发情和持续发情,甚至出现慕雄狂。黄体囊肿则长期不表现发情,猪主要是黄体囊肿。

改善饲养管理,常用促黄体素(LH)制剂,如人绒毛膜促性腺激素(HCG)和猪、羊垂体抽提物(GTH);促性腺激素释放激素(GnRH)类似物治疗。

4. 慢性子宫内膜炎

慢性子宫内膜炎是由急性子宫内膜炎转变而来的子宫黏膜的慢性炎症,是常见的一种母猪生殖器官疾病,也是导致母畜不孕的重要原因之一(详见“三、子宫内膜炎”)。

## 三、子宫内膜炎

子宫内膜炎是子宫黏膜黏液性或化脓性炎症。临床上以不发情、阴道流出多量分泌物为特征。子宫内膜炎可分为急性子宫内膜炎和慢性子宫内膜炎。前者多于母猪产后发生,并伴有全身症状;后者多为缺乏全身症状的局部感染。

**【病因】**

本病主要是由于配种、人工授精及阴道检查等操作时消毒不严以及难产、胎衣不下、子宫脱出、产道损伤之后造成细菌侵入，引起子宫感染导致内膜发炎。引起子宫内膜炎的常见细菌有大肠杆菌、棒状杆菌、链球菌、葡萄球菌、绿脓杆菌、变形杆菌等。有时也可能是阴道内存在的某些条件性病原菌，在机体抵抗力降低时引起子宫内膜炎。此外，某些传染病如布鲁氏杆菌病、副伤寒等也常并发子宫内膜炎。

子宫内膜炎是繁殖母猪的一种常见病，若不能及时合理治疗，往往引起母猪发情不正常、不易受孕或妊娠后易发生流产。所以，本病是导致母猪繁殖障碍的重要原因之一。

**【临床症状】**

根据病程可分为急性和慢性两种。

急性子宫内膜炎：多发生于产后母猪。母猪全身症状明显，精神沉郁，食欲减退或废绝，体温升高，常卧地、拱背、努责，从阴道流出多量黏液性或黏脓性分泌物，分泌物呈黄白色脓样，严重者呈污红色或棕色，常杂有胎衣碎片，具有腥臭味，常黏附在尾根及阴门外。病猪常作排尿动作。如不及时治疗，进一步可发展为败血症、脓毒血症而死亡或转为慢性。

慢性子宫内膜炎：一般由急性转变而来，病猪全身症状不明显，有时从子宫内流出透明、混浊或混有脓性的絮状物。不发情或发情不正常，不易受胎等。有的不表现临床症状，其他检查均未见异常，只表现发情不正常、延迟发情或屡配不孕，即使怀孕也可发生胚胎死亡或流产。发情时从阴道内流出多量不透明的黏液，子宫冲洗物静置后有沉淀。病期更长的病猪，表现拱背，努责，体温微升高，消瘦。

**【防治】**

1. 预防

注意猪舍的清洁卫生，发生难产时助产应小心谨慎，取完胎儿、胎衣后应用0.02%新洁尔灭等弱消毒液洗涤产道，并注入青霉素、链霉素等抗菌药物。母猪产后喂服益母草等中草药，以增强子宫收缩能力，彻底排尽恶露。

母猪产后肌内注射青霉素、链霉素，每日2次，连用3 d，可预防子宫内膜炎的发生。如用罗红霉素注射液肌内注射，效果很好。

2. 治疗

原则上是局部治疗加全身治疗。

对急性子宫内膜炎应施行全身疗法，可用抗生素或磺胺类药。如大剂量青霉素、链霉素肌内注射，每日2次，同时10%磺胺嘧啶钠50 mL，或氨苄青霉素5 g，或四环素1.5 g加入糖盐水静脉注射，效果良好。严迪注射液(含罗红霉素)，每千克体重0.1～0.2 mL，肌内注射，每日2次，连用3～4 d，效果很好。

为了使子宫内容物排出，可用雌激素及子宫收缩剂，选用苯甲酸雌二醇5～10 mL，一次肌内注射，次日再注射缩宫素10～30 IU。

内服中药亦有良好效果：当归30 g，川芎30 g，桃仁20 g，红花15 g，丹皮30 g，赤芍30 g，二花20 g，连翘20 g，黄芩30 g，生地30 g，知母15 g，益母草30 g，煎汤，一次灌服。

由于猪的子宫角很长，在治疗过程中不宜冲洗子宫，因为冲入的液体很难排出，容易引起感染扩散，加重病情。

## 四、难产

难产是指母猪在分娩时，由于胎儿过大、胎儿姿势异常或子宫收缩无力，以致胎儿不能顺利产出。母猪很少发生难产，其发生频率比其他家畜低得多，这主要是因为母猪的骨盆入口比胎儿最宽的横断面约大 2 倍，很容易把仔猪产出。本病多见于初产母猪和老龄母猪。

**【病因】**

分娩能否完成，主要取决于母猪的产力、产道和胎儿三个因素，其中一个或几个因素异常，都可导致难产。

产力：子宫收缩微弱是难产最常见的病因之一。子宫收缩微弱主要见于怀孕母猪营养不良、疾病、运动不足、肥胖、疲劳、激素分泌不足等；不适时地给予子宫收缩药，也可引起产力异常；由于胎位不正或产道堵塞，产程过长使子宫和母体衰竭也会引起子宫收缩无力。

产道：骨盆畸形、骨折，子宫颈、阴门及阴道的瘢痕、粘连和肿瘤，以及发育不良，都可造成产道狭窄和变形，从而引起难产。另外在分娩过程中，如膀胱积液膨大、阴道瓣坚韧、阴门血肿、不正确的反复助产，致使产道肿胀狭窄，也影响胎儿正常分娩。

胎儿：胎儿活力不足、胎儿过大、胎位胎势不正等，均可造成难产。

母猪难产的原因主要有阵缩及努责微弱、产道狭窄、胎儿异常 3 种。

**【临床症状】**

母猪正常分娩两个胎儿娩出间隔时间为 5～20 min，有时可连续排出两个或两个以上的胎儿。如果间隔超过正常时间，分娩母猪阵缩和努责无力，阴道检查时发现在骨盆前口无胎儿存在，则属于由于产程过长引起的难产。如母猪频频努责而不见胎儿排出，或已超过 115 d 仍没有努责反应，母猪反复起卧，在圈内徘徊，并表现痛苦状，用手伸入阴道触知确有胎儿在阴道，则属于胎儿过大或胎位不正引起的难产。如阴道检查时，手插入极度困难，呈现骨盆狭窄或变形症状，即为产道异常引起的难产。无论哪种难产均有以下症状：临产时食欲减退，急躁不安，乳房膨大发红，漏出乳汁，阴户充血肿胀，流出分泌物（羊水），努责，时起时卧，痛苦呻吟。若时间过久，导致仔猪死亡，严重者可致母猪衰竭死亡。

**【防治】**

初配母猪应在 10 月龄以上，不要过早配种。饲喂时营养要充足，母猪不宜过肥，但也要预防营养不良。怀孕期要适当运动，增强体力，保证分娩时有足够的体力。一定要根据预产期进行守护候产，以便发生难产时能及时抢救，以确保母子平安。

对母猪下述三种情况所致的难产，采用相应的助产措施。

（1）对子宫收缩微弱引起的难产，可皮下注射催产素 20～60 IU，一般注射 20 min 后即可产生效果，如仍未收缩，可再注射 1 次。如果因为羊水早流，产道干燥，可用消过毒的胶管或输精管，向产道注入油类润滑剂或无菌植物油；对注入前的油类润滑剂应加温至 37～40 ℃，不要过凉或过热。如母猪体型大，可将已消毒的手伸入子宫，将已接近骨盆腔的胎儿取出，其余胎儿即可随之排出。如仍不能产出，及早施行剖腹产。

（2）如胎儿过大，头已进入产道，不能自动排出，则可用产钩，或用 14 号铁丝将一端磨尖弯曲成钩，消毒后用食指护住钩尖伸进产道，将钩钩住胎儿眼窝，或伸入胎儿口中钩住上腭，一手扶住钩和胎儿头，以避免产钩滑脱伤及阴道，一手握住钩柄，缓缓向外拉出胎儿，如还拉不出胎儿，应迅即施行剖腹产手术。

（3）双胎同时进入产道形成难产，检查产道时，可发现 1 个胎头 4 个前肢，或 1 个尾 4 个后肢。一手抓住胎头或尾部，先稍向里推送，再抓住未随头缩进的两前肢或两后肢，或再用消毒过的木棒将头或尾部继续向里推，便于抓住露出的两前肢或两后肢向外拉，随后的胎儿即可顺利产出，如还难以取出胎儿，应马上进行剖腹产。

实施牵引术时应注意：①牵拉前要尽量矫正胎儿的方向、位置及姿势。②拉出时不可用力太快太猛，防止拉伤胎猪或损伤母猪产道。③产道干涩时须灌注润滑剂。④拉出时应与母猪努责相配合。⑤要沿着骨盆轴的方向外拉。

经过助产后要确定是否还有胎儿，可将一只手伸入子宫，另一只手从腹壁协助进行触诊。仅在外面隔着腹壁检查，在母猪腹膘厚时常难以判断。也可在检查时静脉注射催产素 5 IU，有胎儿时母猪会发生努责，没有胎儿时则母猪表现放乳动作。

难产母猪经助产尚不能将胎猪全部产出者，应马上进行剖腹产术。

## 五、乳房炎

乳房炎又称乳腺炎，是乳腺受到物理、化学、微生物等致病因子作用后而发生的一种炎性疾病。多发生于一个或几个乳腺，临床上以红、肿、热、痛及泌乳减少为特征。本病是泌乳母猪常见的一种疾病，不仅危害患病母猪本身，还殃及仔猪。

**【病因】**

引起乳房炎的主要原因是病菌侵入。母猪腹部松垂，乳房与地面摩擦而损伤；或因仔猪吮奶时咬伤乳头，继发细菌感染，引起乳房炎；母猪在分娩前后或断奶前后，喂给大量营养丰富的多汁饲料而使乳汁分泌过度旺盛，乳房内乳汁积滞，引发细菌感染而发炎；另外母猪患有子宫内膜炎或其他细菌感染性疾病时，也可转移到或波及乳房发炎；其他因素，如乳房过度挤压、应激等也会引发乳房炎。

**【临床症状】**

急性乳房炎，常见单个或相邻乳房发红、发热、肿胀，有痛感，拒绝哺乳。病初乳汁稀薄呈水样，以后乳汁少而浓，混有白色絮状物，有时带血丝甚至呈黄褐色脓样，有臭味。一般无明显的全身症状。如不及时治疗或病情恶化，肿胀的乳房增多或化脓溃烂时，则出现体温升高，食欲减退或废绝，精神沉郁等全身症状，严重者可继发败血症而死亡。

慢性乳房炎，多无全身症状，少数病猪体温略高，食欲降低。乳腺患部组织弹性降低，泌乳量减少，有时由于结缔组织增生而变硬，致使泌乳能力丧失。

**【防治】**

仔猪出生后要及时剪除尖锐的乳牙以免咬伤乳头，同时要防止乳房擦伤。平时要搞好猪舍的清洁卫生，保持猪舍干燥。对于初产、体质良好的母猪，为防止奶汁过早过多地分泌，于产前、产后和断奶前各 2～3 d 内要适当控料。断奶要逐渐进行，以便使乳腺活动慢慢降低。

治疗首先用人工方法挤出炎症乳房中的乳汁，然后作如下治疗。

抗菌消炎：常用的有红霉素、卡那霉素、四环素、环丙沙星及磺胺类药物，静脉或肌内注射，连用 3～5 d。也可用抗菌药配合地塞米松、安痛定等进行治疗。

局部封闭治疗：红、肿、热、痛期可进行冷敷，每日 2 次，每次 15～20 min。同时用 0.25%～0.5%的普鲁卡因 30～40 mL，青霉素 160 万～320 万 IU，在乳房基部周围分点封闭注射，效果良好。

急性炎症缓解后，可用 20%硫酸镁溶液热敷患部 10～20 min，每日 3～4 次，随后涂以乳肿康软膏或鱼石脂软膏。

手术治疗：乳房浅表脓肿，可切开排脓，冲洗，消炎，以免引起脓毒败血症。

中药治疗：可选用公英地丁汤：公英 40 g，地丁 40 g，二花 20 g，连翘 20 g，乳香 15 g，没药 15 g，青皮 15 g，当归 15 g，川芎 15 g，通草 10 g，水煎灌服，每日一剂，连用 3 剂。

在用药期间，哺乳的仔猪应人工哺乳，以减少刺激，同时使小猪免受感染。

## 六、种公猪繁殖障碍

### （一）种公猪性欲缺乏

当见到发情母猪时性欲迟钝，厌配或拒配，爬跨时阳痿不举，或偶能爬跨但不能持久，且射精量不足。

本病的病因很复杂，在临床上应做具体分析，如公猪使用过度，老龄，运动不足，饲料中长期缺乏维生素 E 和维生素 A，以及睾丸炎、肾炎、膀胱炎等均可引起性机能衰退，另外酷暑季节或公猪过肥，也能影响到性欲。

防治：主要是平时要给种公猪提供专用饲料，建立配种制度，对于缺乏性欲的种公猪可一次性皮下或肌内注射甲基睾丸酮 30～50 mg。

### （二）不能交配

种公猪虽然有性欲，但由于外伤、蹄病等原因，不能爬跨和交配。

防治：阴茎损伤或蹄部有病变的，应按外科方法治疗原发病。对于性欲、精液正常的公猪，可采精后进行人工授精。

### （三）阴囊炎及睾丸炎

以睾丸肿胀、潮红、剧痛及硬固为特征，并呈现全身性症状，食欲下降，不愿行动。若转为慢性，疼痛减轻；若转成睾丸实质炎则睾丸变硬，有可能进一步恶化，发展成为坏疽，甚至引起腹膜炎而死于败血症。

治疗：首先对阴囊的病变部位实行冷敷或涂以鱼石脂软膏，再注射抗生素。早期治疗有痊愈希望，若转为慢性，则需淘汰处理。

## 七、生产瘫痪

生产瘫痪主要是因妊娠母猪日粮中钙、磷、维生素 D 供应不足或供应失调而产生的一种代谢病。临床上以四肢麻痹乃至卧地不起为特征。可发生于产前 3～5 d（较少），而较多发生的则是产后瘫痪，多在分娩后数小时即发生，但以产后 2～5 d 多发。产前瘫痪常表现截瘫，产后瘫痪的特征是知觉丧失和四肢瘫痪。

**【病因】**

本病发生的确切原因还不十分清楚。一般认为本病是一种营养代谢病，主要由于怀孕母猪饲料单一，机体内某些矿物质、维生素缺乏及钙、磷比例失调而引发本病。怀孕母猪随着胎儿的生长、胎水的增多，使腹腔器官受压，降低胃肠的活动和消化机能，也影响小肠对钙的吸收功能。在产前易于发生腰椎及后肢骨质变薄、变疏松，容易出现截瘫和骨折。而且一旦分娩，腹内压突然下降，腹内器官被动充血，以及血液进入乳房，引起脑贫血，使大脑抑制程度加深，甲状腺分泌机能亦因之减退，以致不能保持体内钙的平衡，易引起知觉丧失和四肢瘫痪。另外分娩时雌激素分泌增多，亦可降低肠道对钙的吸收，抑制骨钙的动员。经产母猪，尤其是老龄母猪，不仅因怀孕能引起钙的缺乏，而且还有每次妊娠、分娩、哺乳造成缺钙的积累。如果产仔比较多（哺乳10头以上仔猪的母猪骨钙降解速度较快），则更易引发本病。妊娠母猪运动不足，影响血液循环，降低机体生理功能，同时皮肤日照少，也导致维生素D的缺乏，影响钙的吸收和在骨骼中的沉积，而易引发本病。产后大量的钙进入初乳（初乳中的钙浓度约为血钙浓度的10倍），也是本病发生的一个因素。

**【临床症状】**

产前瘫痪：母猪后肢起立困难，长期卧地，知觉反射、食欲、体温均正常。强行使之起立后，步态不稳、后躯摇摆。病程长者，瘦弱，患肢肌肉发生萎缩。如卧地太久，则发生褥疮，最后发生败血症而死亡。

产后瘫痪：食欲减退或废绝，粪便干少甚至停止排粪，体温正常或略偏低，呼吸浅表，精神委顿，甚至昏睡，对周围刺激无反应。强迫其行走，步态踉跄。后躯麻痹，最后丧失知觉，四肢瘫痪，卧地不起，逐渐消瘦死亡。

**【诊断】**

区别钙磷缺乏症。相似处：产后发病，病时食欲减退或废绝，卧地不起，食欲废绝多发生在产后20～40 d。不同处：未怀孕以前即有异嗜，吃食无嚓嚓声。

区别腰椎骨折。相似处：体温不高，母猪瘫卧不起，食欲废绝等。不同处：不一定在产前、产后发病，多在驱赶急转弯时因腰椎骨折随即瘫卧，腰椎有痛点，针刺痛点前方敏感，而针刺痛点后方无知觉，停止排粪尿。

区别股骨骨折。相似处：体温不高，母猪瘫卧不起，食欲废绝等。不同处：不一定在产前、产后发病，检查股部有疼痛，活动肢体时有骨质摩擦音。

**【防治】**

平时应加强妊娠母猪的饲养管理，饲料中应给予足够的蛋白质、维生素和矿物质，尤其应考虑钙、磷和维生素D的补充及比例，并保证适当运动和日照，以满足机体对钙、磷和维生素D的正常需要，避免发病。发病后应迅速治疗，可采取以下治疗措施：

低血钙往往伴随着低血糖，所以治疗常用10%葡萄糖溶液1 000～1 500 mL、10%葡萄糖酸钙溶液150～200 mL、维生素C 10～20 mL、维生素$B_1$ 10 mL，一次静脉注射，有良好的疗效。注射后如果不见好转，12 h后可重复注射，但最多不超过3次。

用维丁胶性钙2～10 mL，维生素$B_1$ 10 mL，维生素$B_{12}$ 5 mL，混合一次肌内注射，每日1次，连用5 d。

血检血磷减少，则用20%磷酸二氢钠注射液100～150 mL、5%葡萄糖250 mL静脉注射，每日1次，连用3 d。

如发生便秘，用硫酸镁20～40 g、液体石蜡50～100 mL、鱼石脂5～10 g，1%盐水1 000～2 000 mL，一次灌服。

为了补充母猪泌乳期间对钙的需要，每日用乳酸钙3～5 g、鱼肝油丸（每丸含维生素A 10 000 IU，维生素$D_2$ 1 000 IU）5～10丸，每日1次，连服10～15 d，为补磷，每日喂麦麸1～2 kg。

在母猪不能起立时，应铺垫干净褥草，并每天翻身2～3次，以免发生褥疮。如已发生褥疮，每天用消毒药液（0.5%高锰酸钾液、0.1%新洁尔灭液）洗净创面后，涂碘仿鱼肝油（1∶10），避免因褥疮继发败血症。

## 八、阳痿

阳痿是指公猪在配种时性欲不旺盛，阴茎不能勃起。

**【病因】**

饲养管理不当或配种过度是引起阳痿的主要原因。饲喂过度而缺乏运动，可使公猪肥胖虚弱，导致阳痿。

采精技术不良，台畜选择不当，或采精场所不安静，更换采精人员等，都可因条件反射扰乱而影响公猪的性欲。

龟头及阴茎疾病引起的疼痛，身体衰弱，后肢不能负重等，也可引起阳痿。

**【临床症状】**

在交配或采精时，公猪阴茎不能勃起，或者勃起而不坚，不能完成性交或采精过程。

由于饲养不良引起的阳痿，患猪瘦弱，精神不佳，或者过于肥胖，行为呆笨。

由于配种过度引起的，患猪精神委顿，呈现疲乏状态。

由于疼痛性疾病引起的，公猪表现不愿或不能爬跨。

**【治疗】**

查明病因，采取相应措施，如改善饲养，加强管理，治疗原发病等。

可用雄性激素，如丙酸睾丸素，每次 100 mg，肌内注射，隔日一次，连用 2～3 次。甲基睾丸素 0.2～0.3 g，口服，每日一次，连用 3～5 次。

垂体促卵泡素 25 mg，垂体促黄体素 5 mg，二者联合使用，可促进精子的生成，对性欲降低有一定作用。

促性腺激素释放激素(GnRH)，每千克体重用 5～10 μg，可改善精液品质，提高公猪性欲。

对阳痿公猪，应补充维生素及微量元素，另外增加青绿饲料、增强运动也有好处。

## 九、脓肿

脓肿是指在组织或器官内形成外有脓肿膜包裹，内有脓汁蓄积的局限性感染病灶。脓肿是大型养猪场常见的外科病，多发于猪的四肢和颈部。常见的化脓因子有葡萄球菌、链球菌、化脓棒状杆菌、绿脓杆菌、大肠杆菌等微生物。

**【病因】**

皮肤黏膜损伤，没有及时处理，使葡萄球菌、链球菌、大肠杆菌等侵入猪体内，并大量繁殖，引起局限性炎症所致。

临床注射药物时消毒不严或漏注、误注某些刺激性药物如氯化钙、松节油等可继发该病。在给猪注射大肠杆菌疫苗时，有个别猪也可继发注射部位的脓肿。

有时也可由原发病灶经血液或淋巴循环转移至新的组织器官形成脓肿。

**【临床症状】**

浅部脓肿，多发生于皮下、筋膜下、肌腱间或肌肉组织中。可见局部有红、肿、热、痛的表现。脓肿成熟后，界限明显而清楚，中央部逐渐变软，皮肤变薄，被毛脱落，用手触压似有波动感。进一步发展，皮肤破溃，向外排脓。

深部脓肿，发生于深层肌肉、骨膜下、腹膜下，局部症状多不明显，仅呈现轻度肿胀，触诊时有疼痛反应和压痕。较大的脓肿如不及时切开，容易发生坏死，最后因脓汁增多可自行破溃，出现明显的全身症状，如脓毒败血症。血常规检查白细胞数明显增多。

**【诊断】**

浅在性脓肿比较容易确诊，某些深部脓肿可进行诊断性穿刺，当脓汁稀薄时，可见脓汁从针孔流出，当脓汁过于黏稠时则不能流出，拔出穿刺针，可见针孔内有黏稠的脓汁流出。

在诊断时应注意脓肿与血肿、淋巴外渗和疝等相区别。

**【防治】**

治疗原则是排除感染的病原体和有毒物质(脓液、坏死组织等)，增强机体抵抗力，恢复组织的修复能力。在急性炎症初期，为限制炎性渗出，促进炎症消散，可采用冷敷和涂布消散剂。渗出停止后，可用温敷以促进吸收。必要时局部和全身应用抗生素和磺胺药。对已经成熟但未破溃的脓肿，采取以下方法，充分排脓。

1.切开法

脓肿已经成熟，局部剃毛，消毒后切开排脓。切口部位在局部解剖条件允许下，垂直地面切开。用3%双氧水和0.1%新洁尔灭溶液彻底冲洗脓腔，洗净后用3%碘酒纱布条填塞引流，经过几次引流后，创内可撒布消炎粉等药物，直至创伤愈合。

2.脓汁抽出法

有些脓肿不宜切开，宜采用抽出法。局部剃毛消毒、用采血针头在脓肿相对应的部位进针，深达脓肿腔后，注入50%尿素液20～30 mL，或5%硫酸镁液20～30 mL，或生理盐水20～30 mL，使脓汁变稀再抽出注入液，反复数次，直至洗净为止，再向腔内注入少量抗生素。隔天冲洗一次，直至没有脓汁为止。

3.脓肿摘除法

对有明显包囊的脓肿，脓肿周围剪毛、剃毛、消毒，局部麻醉，将脓肿包囊一并摘除，对健康组织进行一次性缝合，外涂碘酒。

4.封闭疗法

三种方法进行后，均可在原脓肿腔的周围，即脓肿腔和健康组织的交界处，注射抗生素，如青霉素160万～320万U，注射用水25 mL，3%盐酸普鲁卡因3 mL，进行伤口周围封闭疗法。病情严重时还需全身静脉注射抗生素。

## 十、猪咬尾症

在集约化养猪中，猪咬尾的现象比较常见，多在10～40 kg体重的保育、生长猪中发生，特别是20 kg左右的猪更易发生咬尾，轻者被咬去半截，重者尾全部被咬掉，有的甚至把尾根周围咬成一个凹窝，流血不止。尾部咬伤发炎常常继发猪化脓性放线杆菌感染，猪化脓性放线杆菌顺椎管而上，造成化脓性脊柱炎，引起后躯麻痹、瘫痪，危害严重。

引起咬尾的原因，主要是10～40 kg体重的猪正处在好玩喜斗时期，开始咬尾是为了玩，当尾被咬破流出血液以及血腥味被猪看到、嗅到时，出于好奇心理，就去舔吮、拱咬，成了同栏猪的嗜好；另外，日粮中蛋白质、维生素和微量元素不足或不平衡，猪只也会咬尾；饲养密度大、圈舍通风不良、氨气重、室温过高和光照过强，使猪不舒适、不采食、兴奋烦躁而咬尾。为预防猪咬尾，在仔猪初生时断尾，可以有效防止保育和生长猪咬尾。另外，要消除造成咬尾的原因。

一旦发现猪尾被咬伤，就要立即隔离饲养，按外伤常规治疗。

## 十一、猪耳坏死

猪耳坏死是1～10周龄仔猪发生的一种综合征，特征是耳出现双侧性或单侧性坏死。本病的发生主要是由于耳皮肤损伤后，病原微生物感染造成坏死和溃疡。最常见的病原有葡萄球菌、链球菌和螺旋体。本病的感染率很高，有时高达70%。

小猪发生本病时，病灶多在耳尖和耳郭后缘，大猪多为耳基底部坏死。耳部的病变程度不一，轻者耳尖、耳郭边缘、耳郭基底部表皮层皮炎；重者耳发生渗出性炎症、溃疡、坏死、干涸、结痂、卷曲，最终耳部分或全部脱落。病猪有时表现食欲不振、发热等症状，个别病例还会死亡。

预防本病的发生，主要是避免猪只打斗或咬耳，搞好圈舍卫生。治疗可用青霉素、阿莫西林等抗生素注射，加上局部外伤处理。

## 十二、阴道脱出、子宫脱出及脱肛

二维码9-3-3 猪脱肛处理手术（视频）

阴道脱出、子宫脱出及脱肛从理论上讲是三个不同的概念。阴道脱出是指阴道壁的一部分或全部脱出阴门外；子宫脱出是指子宫翻转脱出于阴门之外；脱肛实际上是直肠脱出肛门之外，习惯上称脱肛。这三个症状不少书上把它定为三种病，并独立列项、进行论述。实际上这三种病在发生原因上多是相同的，有内在的联系，发生阴道、子宫脱出的时候，有时也会伴发脱肛。发生这三种症状时，复位的方法也基本上相同。因此，在这里把这三种病归并在一起论述如下。

这三种病发生的主要原因有：母猪怀孕期饲料营养不足，缺乏蛋白质和矿物质；母猪老龄，长期卧地，运动不足；便秘或长时间拉稀；难产、过度努责等。

阴道脱出多见于妊娠末期，子宫脱出多发生于产后，难产时不仅会发生阴道脱出，也会发生子宫脱出，有时也会发生脱肛。便秘常常造成脱肛。阴道脱出和脱肛多见，子宫脱出少一些。

复位脱出的阴道、子宫和直肠的原则是越早越好，早发现、早复位。阴道和直肠刚发生脱出、不全脱出时就要复位，复位过程是：①清洗消毒脱出的部分，可用0.1%高锰酸钾或10%新洁尔灭溶液冲洗；②如果脱出部分已发生水肿，可用2%～3%的明矾水冲洗（夏天蚊蝇多时，可在明矾水中加适量花椒粉）后，再用细针尖散刺水肿部分，让其水肿液充分溢出，再用明矾水冲洗，除去水肿和坏死组织；③整复脱出部分，用浸泡过消毒液的湿纱布，双手托住脱出部分，慢慢塞回阴门或肛门内；④ 75%酒精40 mL左右，等分三点或四点注射于阴门或肛门周边皮下，注射部位会发生疼痛和肿胀，使猪不敢努责，肿胀能物理性地阻止脱出部分再脱出；⑤脱出部分复位后，要加强饮食管理和护理，喂食七分饱，防止便秘。

## 十三、种猪肢蹄病

### （一）蹄裂

蹄裂（图9-3-1，详见二维码9-3-4，下同）是种公猪和种母猪经常发生的一种蹄病，往往造成种猪跛行，甚至使患肢残废，公猪不能配种，母猪怀孕期不堪重负而中途使胎儿夭折，使种猪失去生产能力而被迫淘汰，造成经济损失，应该引起重视。

造成蹄裂是多因素的，有圈舍地面粗糙、不平损伤猪蹄；有品种（如长白猪）的蹄质差造成；还有一个重要原因是日粮中缺乏生物素，生物素缺乏能引起猪蹄部病变，表现为蹄底青肿、糜烂溃疡、蹄壳开裂。

蹄裂一般由蹄匣边缘纵裂，然后蔓延至蹄匣正中，严重时纵裂部渗血（图9-3-2），裂痕感染时引起蹄肿大，患猪不愿行走，驱赶时出现疼痛状，发出呻吟声。

**二维码9-3-4　猪常见外科及产科病（图片）（图9-3-1至图9-3-9）**

蹄裂发生后，首先要查找原因并加以排除，防止蹄裂的再发生。另外就是要精心护理、防止感染，让其尽快恢复。具体措施如下：①加强猪只运动，锻炼猪的蹄匣和适应性；②在饲料中添加各种维生素和生物素；③改善饲养环境，栏舍地面（板）既要防滑又不宜粗糙，坡度也不要过大；④发生蹄裂时，可先用7%硫酸铜液浸泡蹄30 min左右，再用手术刀剔除蹄裂周围组织，然后再用5%氯化铁溶液或松馏油1份、橄榄油9份混合后涂抹，每日一次。把蹄裂猪转入清洁的猪栏内，加厚垫草单独饲养并精心护理。

### （二）腐蹄病

腐蹄病是猪蹄受损伤后，感染化脓，蹄肿大，跛行，以至不能站立或蹄尖点地，表现疼痛，蹄冠部逐渐肿胀、化脓，严重时变成坏疽性病灶，有脓汁或血液渗出，恶臭，创口很难愈合，有时整个蹄底裂开，蹄匣脱落、变形，蹄部腐烂坏死（图9-3-3）；有些感染可蔓延至整个腿、关节，造成整个肢蹄严重肿大，甚至瘫痪，不能配种。

腐蹄病的治疗可用双氧水或0.1%利凡诺尔溶液反复冲洗伤口，再涂上10%鱼石脂软膏。

## 十四、猪的阉割创伤

猪的阉割是开放性创伤，如果手术中消毒不严、手术后圈舍不清洁，污染创口都易造成感染，成为化脓性创伤。特别是不做种用的后备公猪和淘汰的成年公猪阉割后常常出现感染、化脓。

猪的阉割创感染，表现创口出血、裂开，创缘和创面肿胀，局部增温，创口不断流出脓汁，创面溃烂（图9-3-4），形成很厚的脓痂（图9-3-5），体温升高。当创伤炎症逐渐消退后，创内出现新生肉芽组织，肉芽呈红色平整的颗粒状，表面附有少量灰白色的脓性物，结盖，创口愈合。

为预防阉割创感染，术部必须严格消毒，阉割大公猪时，要先穿线结扎总鞘膜、精索及血管，然后再除去睾丸。用5%碘酊涂擦阴囊内壁，再撒入青霉素、阿莫西林或消炎粉，防止感染。阉割后的猪要放入清洁卫生的猪舍内，并勤扫粪尿、污物，加强消毒，避免感染。一旦感染，要做好清创、排脓，体温升高的注射抗生素，使创口早日愈合。

## 十五、蜂窝织炎

蜂窝织炎是指发生在皮下或肌间等处疏松结缔组织的一种急性、弥漫性、化脓性感染。在瘦肉型猪的耳部常发生蜂窝织炎。

**【病因】**

蜂窝织炎可由皮肤擦伤或软组织损伤感染而引起，也可由局部化脓病灶扩散或通过淋巴、血液转移而来。最常见的致病菌是链球菌、葡萄球菌。

**【临床症状】**

蜂窝织炎常发的部位是皮下(特别是猪耳的皮下)、黏膜下、筋膜下、软骨周围、腹膜下及食道、气管周围。耳部常发生蜂窝织炎,又以保育猪常发,多为一只耳的皮下出现炎症,由耳根部向耳尖发展,膨起、肿胀,切开或用针头穿刺流出淡血水(图 9-3-6、图 9-3-7)。再进一步发展肿胀部位皱缩(图 9-3-8)。随着炎症的消退,耳皱缩成囊状,有似"饺子"样的,有似"鸡冠"样的,或似"马桶"样的(图 9-3-9)。虽对全身无多大影响,但影响体形外貌,尤其会影响卖价。

**【防治】**

蜂窝织炎发生后,刚开始还硬时不要急着处理,待肿胀部位发软、有波动感时再处理。皮肤消毒后,在肿胀部位的下方切开,把炎性渗出液挤出,用 0.1%高锰酸钾液冲洗,再用生理盐水冲洗后,塞入适量青霉素或阿莫西林即可,开创处不必缝合。

## 十六、日射病与热射病

日射病和热射病是猪在炎热的季节中,头部持续受到强烈的日光照射,引起脑充血以及脑实质的急性病变,导致中枢神经系统机能严重障碍的疾病。

日射病与热射病在临床上以高体温、循环衰竭为特征。猪由于皮下脂肪较厚,散热困难,故本病常发生于猪,在炎热的夏季多见,病情发展急剧,甚至迅速死亡,应特别注意。

**【病因】**

猪在高温天气和强烈阳光下驱赶和奔跑等;猪圈拥挤,通风不良或闷热(温度高、湿度大);用密闭而闷热的车船等长途运输及热应激等都是引起本病的常见原因。体质衰弱,心脏、呼吸功能不全,代谢机能紊乱,皮肤卫生不良,出汗过多,饮水不足,缺乏食盐;或在炎热天气从北方运往南方的猪只,适应性差、耐热能力低,都易促使本病的发生。

**【临床症状】**

日射病:本病常突然发生,病猪精神沉郁,四肢无力,步态不稳,共济失调,突然倒地,四肢作游泳样运动。随着病情进一步发展,体温略有升高,呈现呼吸中枢、血管运动中枢机能紊乱甚至麻痹症状;心力衰竭,浅表静脉怒张,脉微弱,呼吸急促而节律失调,结膜发绀,瞳孔初散大后缩小,皮肤干燥;皮肤、角膜、肛门反射减退或消失,腱反射亢进,常发生剧烈的痉挛或抽搐,或呼吸麻痹,通常在几小时或 1～2 d 内死亡。

热射病:突然发病,体温急剧上升,甚至达到 41～44 ℃或以上,皮温增高,甚至烫手,白毛猪全身通红;病猪站立不动或倒地张口喘气,两鼻孔流出粉红色带小泡沫的鼻液;心悸,脉搏疾速,每分钟可达 100 次以上;眼结膜充血,瞳孔扩大或缩小。后期病猪呈昏迷状态,意识丧失,四肢划动,呼吸浅而疾速,节律不齐,脉不感于手,第一心音微弱,第二心音消失,血压下降。濒死前,多有体温下降现象,病猪常因呼吸中枢麻痹而死亡。

**【病理变化】**

日射病和热射病的共同病理变化为脑和脑膜高度淤血,并有出血点,脑组织水肿;鼻腔流出血样泡沫,肺充血、水肿,胸膜、心包膜及胃肠黏膜都有出血点和轻度炎症病变,血液暗红色且凝固不良;肝、肾、骨骼肌变性,尸僵及尸体腐败迅速发生。

**【病程与预后】**

日射病和热射病的病情发展急剧,常常因来不及治疗而发生死亡。早期采取急救措施,有望痊愈，若伴发脑水肿、肺水肿，多预后不良。

【诊断】

根据病史、临床症状、病理变化容易做出诊断。

根据发病季节、病史资料和体温急剧升高、心肺机能障碍和倒地昏迷等临床特征，容易确诊。但应与肺水肿和充血、心力衰竭和脑充血等疾病相区别。

【防治】

加强饲养管理，做好炎热季节的防暑降温工作。首先是猪舍要通风良好，最好用冷水淋洒猪体。添置乘凉设施，并注意补充食盐，给予充足饮水。长途车船运输时，不要过于拥挤，注意通风，途中注意休息，并用冷水泼洒猪体。有条件时，可供给瓜菜或清凉饮水，以防暑降温。

日射病与热射病发病急、病情重、病程短，及时抢救，方能避免死亡。治疗原则是消除病因，防暑降温，强心利尿，镇静安神，补充体液，纠正水和电解质平衡，防止酸中毒；加强护理，促进机体散热和缓解心肺机能障碍。

降温疗法：立即将病猪移至阴凉通风处，用冷水或井水浇身，温凉盐水灌肠，或在头颈部、腋下和腹内侧放置冰袋，或让病猪站在冷水中，亦可用酒精擦拭体表，以促进机体散热。可在耳尖或尾端（尾尖劈成十字）放血 100～300 mL。若病猪站不起来，可就地搭起荫棚，并让其保持安静。

输液疗法：对有脱水的病猪，可用葡萄糖生理盐水或生理盐水静脉注射，为防止酸中毒，可静脉注射 5%碳酸氢钠 50～100 mL。

预防肺水肿：为预防和治疗肺水肿，应立即静脉注射或肌内注射地塞米松 1～2 mg/kg，体质较好者可适当放血，同时静脉注射等量生理盐水。

缓解心肺机能障碍：对心肺功能不全者，可皮下注射 10%安钠咖等强心剂 10～20 mL 和呼吸兴奋剂尼可刹米 2.5～1 g。

## 十七、脐尿瘘

脐尿瘘又叫脐部流尿，是指仔猪排尿时从脐带断端或脐孔流尿、滴尿，主要发生于幼猪，多在脐带脱落之后。

【病因】

由于脐血管与脐孔周围组织联系紧密，断脐后血管不缩回脐孔内，脐尿管也因而收缩不够，封闭不全。

脐带断端发生感染，脐尿管封闭处受到破坏，或者脐带断端被破坏，都可能发生脐尿瘘。

【临床症状】

有的仔猪脐带断后即发现有尿液从脐带断端滴出，但多数脐尿瘘病例是在脐带残段脱落后才被发现，排尿时，从脐孔中滴尿或流尿。

由于经常受尿液浸润，脐孔处发炎，肉芽增生，久不愈合。脐部创面中心可发现一小孔，尿液即从此瘘孔中流出。

【治疗】

脐带残段尚存者，用 5%碘酊浸泡后，紧贴脐孔结扎脐带。

如果脐带残段已脱落，应对脐尿管进行结扎缝合。缝合方法如下：患畜仰卧，脐部剪毛、清洗和消毒，用止血钳夹住脐孔皮肤并提起，用弯针刺入该部组织并穿出，围绕脐孔缝合一圈后，将脐孔连周围组织一并扎紧。围绕脐孔,先在一侧用针线作一次刺入和穿出,继之,在另一侧作同样刺入和穿出,将缝线首尾拉紧并打结。

结扎后脐部涂以 5%碘酊,用 0.25%普鲁卡因 10～20 mL、青霉素 70 万 U,脐孔周围封闭。

如有全身症状,需及时应用抗生素,以免因炎症扩散,引起脓毒血症或败血症。

## 十八、脐出血

脐出血是指新生仔猪脐带断端或脐孔出血。

**【病因】**

断脐后脐动脉收缩不好或脐静脉封闭不好,均会发生脐出血。特别是在仔猪孱弱、窒息时,由于肺脏膨胀不完全或无呼吸,可影响脐静脉的封闭。一般多为脐静脉出血。

**【临床症状】**

脐静脉出血呈点滴流出,脐动脉出血从脐带或脐部涌出。

**【治疗】**

用细绳紧贴脐孔结扎脐带即可。脐动脉断端缩至脐孔内,血液不是流入腹腔,而是流入腹膜外的疏松组织内,很快就凝固,所以结扎后也能促使其断端出血停止。

如果脐带断端过短,无法结扎,可依照脐尿瘘的缝合结扎法缝合脐孔。

## 十九、风湿病

风湿病是一种变态反应性疾病。本病以胶原结缔组织发生纤维蛋白变性,骨骼肌、心肌和关节囊中的结缔组织出现非化脓性、局限性炎症为特征。常侵害对称的关节、肌肉、蹄以及心脏。

**【病因】**

一般认为本病是一种抗原抗体所导致的变态反应。主要与溶血性链球菌感染有关,如咽炎、咽喉炎、扁桃体炎、副鼻窦炎和上呼吸道感染等。猪舍较长时期的潮湿、阴冷、空气污浊,或者猪只受到贼风侵袭、阴雨淋浇,都容易诱发该病。

**【临床症状】**

主要症状是发病的肌肉群和关节疼痛以及机能障碍。一般表现四肢强硬,运动不便,出现跛行,急性病例常突然跌倒,不能起立,喜卧,饮食欲减少或停止,病猪逐渐消瘦。

**【诊断】**

主要是根据病史(如受潮湿、阴冷、风寒的刺激而发生)和临床症状(如跛行、走路不稳、喜卧,强迫运动肌肉发热后有减轻的表现)。

用水杨酸钠皮内反应试验诊断风湿病:首先检查病猪的白细胞总数,然后用 0.1%水杨酸钠液 1 mL,行颈部皮内多点注射。分别于注射后 30 min、60 min 再行采血检查白细胞数,其中有一次比注射前的白细胞数减少 1/5 时,则判定为风湿病阳性。

**【防治】**

加强护理,将病猪放于干燥、温暖、空气流通而无贼风的向阳猪舍内,给以少量营养丰富而容易消化的饲料。

25%葡萄糖注射液 150 mL、10%水杨酸钠溶液 10 mL 混合,一次静脉注射,每日 1 次,连用 4～5 次。注射水杨酸钠的同时再配合静脉注射 10%葡萄糖酸钙 50～100 mL,或 5%小苏打注射液 50～100 mL。

青霉素 240 万 IU，安痛定注射液 10～20 mL，地塞米松磷酸钠 10～15 mg，一次肌内注射，每日 2 次，连续 3～4 d。

风湿宁注射液 4～10 mL，一次肌内注射，并给以红外线照射 20 min，每日 1～2 次，连用 5～7 d。

灌服中药，独活 15 g，寄生 10 g，防风 7 g，秦艽 7 g，细辛 5 g，杜仲 7 g，牛膝 5 g，党参 15 g，茯苓 6 g，当归 10 g，川芎 6 g，白芍 6 g，熟地 10 g，桂枝 5 g，甘草 5 g，煎汤灌服，每日一剂，连灌 3～5 剂。

## 二十、外伤

猪的皮肤、皮下浅层组织等因外界机械原因而发生损伤统称为外伤。外伤轻则影响生长发育，重则导致死亡。根据皮肤是否完整，外伤可分为闭合性外伤和开放性外伤。根据经过时间的长短及有无感染，可分为新鲜创、化脓创及肉芽创。

**【病因】**

各种机械外力突然作用于猪体，或猪狂奔乱跑而受各种钝物或尖锐物的刺伤而发生外伤。外伤根据发生的原因可分为以下几种：

咬伤：见于猪群并圈、运输时，互相殴斗、撕咬而造成外伤。被咬伤部伤口不整齐，常有挫灭组织，出血较少，可继发蜂窝织炎。

刺伤：往往发生在笼舍定位关养的母猪和高床网养的仔猪，由于铁器破损或焊接粗糙而被刺伤。伤口不大，出血多少不等，伤口深浅不一，如果损伤深部血管则易形成血肿。

挫伤：猪群拥挤，捕捉，或患有严重体外寄生虫时，猪只于墙壁、门栏摩擦或挤压而发生挫伤。患部皮肤可出现轻微的致伤痕迹，被毛粗乱、脱落、擦伤等。挫伤处可出现溢血、肿胀、疼痛甚至机能障碍。

切伤：仔猪因断尾、打耳号、去势及各种外科手术而造成的损伤。

褥疮：病猪长期卧于一侧，由局部创伤发展成坏死性溃疡，因血流不畅，营养不良，使创伤长期不能痊愈。多见于肩胛部和髂部。

**【临床症状】**

锐利器物、切割、穿刺等使皮肤明显断开伤及附近组织即为开放性外伤。猪发生开放性外伤后，在临床上主要表现出血。出血的多少，决定于伤口的大小、深浅及血管的损伤程度。其次是疼痛，疼痛程度随外伤轻重而异。此外，创缘裂开程度以及机能障碍在临床上也有不同表现。一般来说，猪发生外伤后，必然行动紧张，厉声嘶叫，很易被人发现。外伤如不及时治疗，细菌极易侵袭，导致体温上升，食欲减少，甚至继发其他疾病。

机体某部受钝物打击、冲撞造成的损伤即为闭合性外伤。损伤部皮肤无伤口。如果受伤程度较轻，则初期肿胀不明显或有轻微的局限性浮肿，以后由于发生急性炎症，局部肿胀坚实而明显，局部温度比周围组织的温度高，有一时性的疼痛。当受伤严重时，疼痛剧烈，白色猪表现皮下淤血，呈青紫色，严重时血肿。四肢发生挫伤则会出现机能障碍。

**【防治】**

预防本病的关键是加强日常饲养管理。治疗外伤主要是防止细菌感染，促进组织的再生机能，增强抵抗力和合理消毒。

1.止血

首先用各种方法，如压迫、钳夹、结扎等进行止血。然后用消毒纱布覆盖外伤面，对伤口周围剪毛、清洗、消毒，待清洗干净后，揭去覆盖面的纱布，用生理盐水或0.1%～0.5%新洁尔灭水溶液冲洗创面，除去创面上的异物、血凝块，再用生理盐水或新洁尔灭水溶液反复清洗创面，直到清洁为止。

2.敷药包扎

如果损伤比较轻，可涂5%碘酒液，撒布少许消炎粉或云南白药粉即可。如果损伤比较严重且在肢蹄部位，则应用灭菌纱布进行包扎，松紧要合适。如果损伤面积较大，创面深，皮肤、肌肉裂开时，在清洗干净的基础上还应进行适当缝合，然后敷药包扎。

3.消炎镇痛、防止感染

创面的周围可分点注射0.25%～0.5%普鲁卡因青霉素。肌内注射安痛定或安乃近等。必要时可全身静脉注射抗生素、磺胺类药物。

4.中药治疗

紫皮大蒜3～5个，去皮洗净，置于干净乳钵或碗中研成糊状，然后包在四层消毒纱布中压挤出蒜汁，在所得蒜液中加入等量生理盐水及1%的普鲁卡因1～2 mL，即成50%的复方大蒜液。一般轻微创伤，进行常规外科处理，然后将已配制的大蒜液均匀洒于创面，每日1次；深部创伤正常处理后，灌注大蒜液，并填塞大蒜液浸泡的纱布条引流，每日1次。对面积较大的创伤，可在涂过蒜液的创面上再薄薄地撒一层细甘草粉末，以免大蒜液流失。轻创一般用药2～3次，重创、化脓创一般用药7～8次。

## 二十一、肠扭转

肠管本身发生扭转称为肠扭转。成年猪尤其是母猪多发，扭转部位常发生于结肠、盲肠和空肠，生长猪散发。饲料过度发酵、酸败或饲料冰冷都能刺激肠管发生扭转。

肠扭转的一般过程是：当一段肠管弛缓而充满食物，充实的肠段系膜就会拉紧，当前段肠管内食物迅速后移，或在猪体突然跳动、翻转等动力作用下，这段肠管即有可能发生扭转，造成肠严重淤血、出血、臌气和移位，致使猪只死亡。肠扭转过程中患猪一般不表现临床症状，扭转后出现疼痛、不安、挣扎，在地上滚动，并出现呼吸困难等症状。剖检时结肠、盲肠内容物呈血样，黏膜严重出血呈乌黑色、坏死，其他肠段也出血。

## 二十二、肠套叠

一段肠管套入邻近的肠管内称为肠套叠。本病多发生于断奶后的仔猪。

发生肠套叠的一般原因是：仔猪在饥饿或半饥饿时，肠管长时间处于弛缓和空虚状态，一旦食物由胃进入肠腔时，前段肠管的肌肉伴随食物急剧蠕动，套入相接的后段的肠腔中。

肠套叠的临床症状是：患猪突然发病，表现剧烈腹痛，哼叫，倒地，卧立不安，四肢划动，跪地爬行或翻滚；有的腹部收缩，背腰拱起；肠套叠初期，频频排粪，后期则停止排粪；体温一般不高，结膜充血，心跳加快，呼吸增数；十二指肠套叠时，常常发生呕吐。肠套叠的预后多数不良。因此，要加强对仔猪的饲养管理，定时喂料，不让其过分饥饿，也不要让猪猛吃、猛喝；更不能喂给刺激性饲料，防止本病的发生。

【实验实训】

## 9-3　猪常见外科病与产科病的诊断和防治

### 一、实训目的

1. 深入养猪企业，调查猪场外科与产科病的发病及防治情况。

2. 采集相关病料，利用开放实验室练习实验室诊断技术。

### 二、实训工具与材料

1. 温度计、听诊器、玻片、手术刀、手术剪、培养皿、酒精灯、培养基、试管、注射器、内窥镜、手电、保定绳、保定台、导尿管、持针钳、止血钳、缝合针、缝合线、创钩、创布钳、创布、纱布、塑料布、橡胶手套等。

2. 消毒剂、麻醉药、生理盐水、5%碘酊、75%酒精、0.5%盐酸普鲁卡因注射液、0.1%新洁尔灭液、青霉素等抗生素、磺胺药、中药等。

### 三、实训方法与步骤

1. 由老师讲解猪常见外科病与产科病的诊断和防治方法。

2. 由老师简要介绍猪场概况。

3. 学生分组到各养猪车间，对病猪进行详细检查。

4. 找出存在问题，提出预防和治疗猪常见外科病与产科病的措施与对策。

二维码 9-3-5　仔猪去势技术(动画)

### 四、实训案例

对一个规模养猪场进行实地剖析，写出“猪常见外科与产科病的诊断方法”实训报告(500 字左右)，并填写“猪常见外科与产科病防治记录”。

二维码 9-3-6　仔猪阉割手术(视频)

二维码 9-3-7　母猪去势手术(视频)

二维码 9-3-8　“猪常见外科病与产科病的诊断和防治”技能考核及防治记录(表格)

【自测训练】

1. 如何处理猪皮肤上的脓肿？

2. 如何防治猪不孕症？

3. 子宫内膜炎是怎样发生的？有何症状？如何防治？

4. 如何治疗母猪难产？

5. 乳房炎是怎样发生的？有何症状？如何防治？

6. 如何防治公猪繁殖障碍？

7. 如何防治猪咬尾症？
8. 如何处置猪脱肛？
9. 如何防治种猪肢蹄病？
10. 如何处置猪耳部蜂窝织炎？
11. 如何防治猪肠扭转？
12. 如何防治猪肠套叠？

# 附 录

## 教学视频索引

# 参考文献


[1] 刘小红,陈瑶生．2020 年生猪产业发展状况、未来发展趋势与建议[J]. 中国畜牧杂志，2021,57(3):196-200.

[2] 李俊柱. 深度解读《生猪产能调控实施方案》与猪市分析[J]. 今日养猪业，2021,11(06):9-11.

[3] 梁柱林,孙德林. 制约生猪产业发展若干要素分析[J]. 猪业科学,2021,38(12):48-49.

[4] 国务院．"十四五"推进农业农村现代化规划．2021.

[5] 农业农村部．生猪产能调控实施方案(暂行)．2021.

[6] 赵书广. 中国养猪大成[M]. 北京:中国农业出版社,2000.

[7] 王燕丽,李军. 猪生产[M]. 北京:化学工业出版社,2009.

[8] 杨和平,杨慧萍. 养猪与猪病防治[M]. 杨凌:西北农林科技大学出版社,2005.

[9] 山西农业大学,江苏农学院. 养猪学[M]. 北京:农业出版社,1990.

[10] 苏振环. 现代养猪实用百科全书[M]. 北京:中国农业出版社,2004.

[11] 王林云. 现代中国养猪[M]. 北京:金盾出版社,2007.

[12] 陈润生. 猪生产学[M]. 北京:中国农业出版社,1996.

[13] 李佑民. 猪病防治手册[M]. 北京:金盾出版社,1997.

[14] 上海农学院. 家畜环境卫生[M]. 上海:上海科学技术文献出版社,1977.

[15] 魏刚才. 养殖场消毒技术[M]. 北京:化学工业出版社,2007.

[16] 李立山,张周. 养猪与猪病防治[M]. 北京:中国农业出版社,2006.

[17] 杨公社. 猪生产[M]. 北京:中国农业出版社,2002.

[18] 李宝林. 猪生产[M]. 北京:中国农业出版社,2001.

[19] 农业部. 全国生猪优势区域布局规划(2015—2020 年).

[20] 熊远著. 中国养猪业的发展道路[J]. 今日畜牧兽医,2007(11):1-4.

[21] 刘海军,刘可越. 农村中小规模猪场生物安全体系的构建[J]. 中国兽医杂志,2014,50(2):100-102.